信息科学与工程系列专著

光电定位与光电对抗
（第2版）

Electro-optic Ranging & Countermeasure, 2nd Edition

付小宁　王炳健　王　荻　编著

电子工业出版社
Publishing House of Electronics Industry
北京·BEIJING

内 容 简 介

本书基于作者多年从事光电定位和光电对抗及相关领域的科研项目和教学成果，系统阐述光电定位和光电对抗的相关原理和方法，主要内容包括：光电制导、光电侦察告警、目标跟瞄和交叉定位、基于光学成像的单站被动测距、光电无源对抗、光电有源干扰等技术，对光电对抗的评估与仿真，以及典型光电对抗装备的介绍，覆盖了紫外、可见光、红外、毫米波和激光等技术在光电定位和光电对抗中的应用。

本书可供从事电子对抗、军事电子学、电子战、红外技术、大气光学等方面研究的科研人员阅读，也可作为高等学校电子对抗、光电信息工程、军事电子学等专业高年级本科生和研究生教材或参考书。

未经许可，不得以任何方式复制或抄袭本书之部分或全部内容。
版权所有，侵权必究。

图书在版编目（CIP）数据

光电定位与光电对抗 / 付小宁，王炳健，王荻编著. —2 版. —北京：电子工业出版社，2018.6
（信息科学与工程系列专著）
ISBN 978-7-121-34644-6

Ⅰ．①光… Ⅱ．①付… ②王… ③王… Ⅲ．①光电子技术－定位－研究②光电对抗－研究 Ⅳ．①TN2 ②E869

中国版本图书馆 CIP 数据核字（2018）第 141292 号

责任编辑：张来盛（zhangls@phei.com.cn）
印　　刷：北京捷迅佳彩印刷有限公司
装　　订：北京捷迅佳彩印刷有限公司
出版发行：电子工业出版社
　　　　　北京市海淀区万寿路 173 信箱　邮编 100036
开　　本：787×1 092　1/16　印张：21.5　字数：550 千字
版　　次：2012 年 2 月第 1 版
　　　　　2018 年 6 月第 2 版
印　　次：2023 年 8 月第 10 次印刷
定　　价：98.00 元

凡所购买电子工业出版社图书有缺损问题，请向购买书店调换。若书店售缺，请与本社发行部联系，联系及邮购电话：（010）88254888 / 88258888。
质量投诉请发邮件至 zlts@phei.com.cn，盗版侵权举报请发邮件至 dbqq@phei.com.cn。
本书咨询联系方式：（010）88254467。

前　言

　　光电对抗技术是由大气光学、光电探测、目标识别、跟踪定位、信息处理、光电打击等多种技术交叉融合而成的综合学科，是"武器信息化，信息武器化"的集中体现。其中，发现目标和保持对目标的定位是光电对抗的基础，光电打击是光电对抗的应用，对抗则主要体现在光电信息的隐身/反隐身、干扰/反干扰方面。

　　本书覆盖紫外、可见光、红外、毫米波和激光等技术在光电定位和光电对抗中的应用，介绍了一些典型的光电对抗装备，论述了相关原理和方法。

　　全书分为10章，各章内容安排如下：

　　第1章为绪论，介绍光电对抗的基本概念、基本特征和技术环节，将光电对抗体制分为光电侦察及告警、光电定位、光电制导、光电干扰和强激光束打击等5个技术环节，并简述相应环节的发展趋势。

　　第2章论述大气的衰减，气象条件的影响及分析模型，背景环境的影响，目标辐射源以及光辐射侦察的方法等。其中所涉及的气象条件，包括霾、雾、雨、雪、云、大气湍流效应、热晕、战场遮蔽与沙尘暴，对这些条件的克服和应用是有效实现光电对抗所必需的，也是后面各章理论分析的基础。所列举的典型目标辐射源包括火箭、导弹、重返大气层的再入段导弹、飞机以及地面军事目标。

　　第3章介绍各种光电制导技术，包括红外点源寻的制导、红外成像制导、激光制导、电视制导、光纤制导、毫米波制导和多模复合制导。光电定位是利用光电系统对目标方位的确定，后来发展到可以确定目标的距离。光电制导是运动的战斗部（导弹、炸弹、炮弹）对已定位目标的锁定和跟踪，是间接光电打击手段；激光武器则是直接光电打击手段（详见第10章有关高能激光武器的内容）。

　　第4章介绍各种光电侦察告警技术，例如主动式激光侦察告警、被动式激光告警、红外侦察告警、紫外侦察告警、毫米波侦察告警和光电综合侦察告警等。关于毫米波在大气中的传播，请参考有关专著。

　　第5章讨论目标跟瞄装备和距离估计方法。首先介绍激光目标指示器、激光雷达和IRST系统等装备；其次论述基于IRST的双波段探测的被动测距、单波段探测的被动测距；然后分析和讨论基于双站基线交叉定位的测距原理及方法的改进，研究从基线测距到双目视觉测距的演化；对激光源，给出了一种被动定位方法；最后，论述基于辐射吸收差异的被动测距。

　　第6章开展基于光学成像的单站被动测距研究。首先，论述透镜成像系统与成像约束，介绍基于透镜成像的被动测距；其次，论述小孔成像系统与成像约束，介绍基于小孔成像模型的被动测距；再次，专门研究基于目标线段特征的被动测距，提出目标虚拟圆特征的概念，并将它应用于被动测距；接着，分析基于特征线度测距的性能分析；最后，介绍基于区域特征的目标距离估计。

　　第7章论述光电无源对抗技术中的遮障、伪装、隐身、光电假目标等技术，并介绍飞行器无源光电隐身技术。光电无源对抗发端于对红外制导导弹的对抗，而制导系统对目标的攻击要经历3个阶段：目标探测、目标识别和目标跟踪。针对这3个阶段，可采用的相应对抗措施为遮障或伪装、隐身和干扰。

第8章讨论多种光电有源干扰技术，包括红外干扰弹、红外有源干扰机、强激光毁伤、激光欺骗干扰、毫米波有源干扰、GPS干扰机以及紫外有源干扰。

第9章针对光电对抗的评估与仿真研究，介绍国内外光电对抗效能评估技术的现状，阐述光电对抗的评估准则、光电对抗效能评估的技术途径、光电对抗系统的实验评估法，并介绍光电对抗系统中的半实物仿真。

第10章讲述光电对抗的典型系统，涉及第四代战机、机载光电定位系统、无人机、舰载光电告警系统、舰载光电干扰系统、舰载高能激光武器（防空和反导）、各种地基激光防空武器系统，以及天基定位与光电对抗系统等。

本书第5、6章内容直接来自国家自然科学基金（60872136）、陕西省自然科学基础研究计划资助项目（2011JM8002）的研究成果。

本书由付小宁、王炳健和王荻编著，其中第1、2章和第5～8章由付小宁编写，第3、4章由王炳健编写，第9、10章由王荻编写，全书由付小宁统稿；参加编写的还有牛建军、王会峰、王洁、高文井、何天祥和侯国强。

白露教授审阅了本书部分章节，特别是对第2章提出了不少宝贵的修改意见，在此表示感谢。此外，感谢杨庭梧、程玉宝、汪大宝在书稿撰写过程中对编著者的帮助，感谢多年来光电探测技术教学班上一些研究生、本科生所收集的素材。

由于时间和水平有限，书中必定存在疏漏和不足，恳请读者不吝指正，以便今后逐步改进和完善。联系方式：xning_fu@163.com。

目 录

第1章 绪论 ··· 1
- 1.1 光电对抗的基本概念 ··· 1
- 1.2 光电对抗的基本特征 ··· 2
- 1.3 光电对抗的技术环节 ··· 3
  - 1.3.1 光电侦察及告警技术 ··· 3
  - 1.3.2 光电被动定位 ··· 3
  - 1.3.3 光电制导技术 ··· 5
  - 1.3.4 光电干扰技术 ··· 6
  - 1.3.5 光电打击中的激光武器 ··· 7
- 1.4 光电对抗的发展趋势 ··· 8
  - 1.4.1 概述 ··· 8
  - 1.4.2 告警技术的发展趋势 ··· 9
  - 1.4.3 被动定位 ··· 12
  - 1.4.4 光电制导的发展趋势 ··· 13
  - 1.4.5 激光武器的发展趋势 ··· 16
- 参考文献 ··· 17

第2章 光在大气中的传播 ··· 20
- 2.1 大气的衰减 ··· 20
  - 2.1.1 普朗克公式 ··· 20
  - 2.1.2 吸收定律 ··· 22
  - 2.1.3 散射分析 ··· 23
  - 2.1.4 大气衰减 ··· 24
- 2.2 大气窗口及能见度 ··· 25
  - 2.2.1 大气窗口 ··· 25
  - 2.2.2 能见度 ··· 26
- 2.3 大气的成分 ··· 27
  - 2.3.1 大气分子 ··· 27
  - 2.3.2 气溶胶 ··· 28
- 2.4 气象条件的影响及分析模型 ··· 29
  - 2.4.1 霾 ··· 30
  - 2.4.2 雾 ··· 30
  - 2.4.3 雨 ··· 31
  - 2.4.4 雪 ··· 32

2.4.5 云 ……………………………………………………………… 32
 2.4.6 大气湍流效应 ………………………………………………… 33
 2.4.7 热晕 …………………………………………………………… 35
 2.4.8 战场遮蔽与沙尘暴 …………………………………………… 35
2.5 路径辐射及地球大气背景环境的影响 …………………………… 36
 2.5.1 路径辐射 ……………………………………………………… 36
 2.5.2 太阳闪烁 ……………………………………………………… 37
 2.5.3 太阳光散射 …………………………………………………… 38
 2.5.4 地表和海洋辐射 ……………………………………………… 38
 2.5.5 天空和云层辐射 ……………………………………………… 39
2.6 目标辐射源 ………………………………………………………… 40
 2.6.1 火箭和导弹 …………………………………………………… 40
 2.6.2 重返大气层的再入段导弹 …………………………………… 44
 2.6.3 飞机 …………………………………………………………… 45
 2.6.4 地面上运动（工作）的军事目标源 ………………………… 47
2.7 光辐射侦察的方法 ………………………………………………… 48
 2.7.1 截获光辐射的方式 …………………………………………… 48
 2.7.2 不同光辐射截获接收方式的理论计算 ……………………… 49
参考文献 …………………………………………………………………… 51

第3章 光电制导技术 …………………………………………………… 53
3.1 概述 ………………………………………………………………… 53
3.2 红外制导 …………………………………………………………… 56
 3.2.1 红外点源寻的制导 …………………………………………… 57
 3.2.2 红外成像制导 ………………………………………………… 60
 3.2.3 红外成像制导的发展趋势 …………………………………… 63
3.3 激光制导 …………………………………………………………… 63
 3.3.1 激光制导的原理 ……………………………………………… 64
 3.3.2 激光制导武器的导引方式 …………………………………… 66
 3.3.3 激光制导武器的应用 ………………………………………… 67
 3.3.4 激光制导武器装备及发展趋势 ……………………………… 69
3.4 电视制导 …………………………………………………………… 70
 3.4.1 电视制导的原理 ……………………………………………… 71
 3.4.2 电视制导武器的应用 ………………………………………… 72
 3.4.3 电视制导技术的发展趋势 …………………………………… 73
3.5 光纤制导 …………………………………………………………… 74
 3.5.1 光纤制导导弹的工作原理 …………………………………… 74
 3.5.2 光纤制导武器的应用 ………………………………………… 75
 3.5.3 光纤制导技术的发展趋势 …………………………………… 76
3.6 毫米波制导 ………………………………………………………… 77

3.6.1　毫米波制导的特点和关键技术 77
　　　3.6.2　毫米波制导的原理 78
　　　3.6.3　毫米波制导武器的应用 82
　　　3.6.4　毫米波制导技术的发展趋势 84
　3.7　多模复合制导 85
　参考文献 90

第4章　光电侦察告警技术 92
　4.1　光电侦察告警系统 92
　　　4.1.1　系统组成 92
　　　4.1.2　基本参数 93
　　　4.1.3　分类 98
　4.2　激光侦察告警技术 98
　　　4.2.1　主动式激光侦察告警技术 99
　　　4.2.2　被动式激光告警系统 100
　　　4.2.3　新型激光告警设备 105
　　　4.2.4　激光告警的关键技术 107
　　　4.2.5　部分告警器及其性能 108
　　　4.2.6　激光告警器发展趋势 110
　4.3　红外侦察告警技术 110
　　　4.3.1　概述 110
　　　4.3.2　红外侦察告警系统的组成 112
　　　4.3.3　红外侦察告警系统工作原理 112
　　　4.3.4　关键技术 113
　　　4.3.5　装备实例 114
　　　4.3.6　装备现状 115
　　　4.3.7　发展趋势 117
　4.4　紫外侦察告警技术 117
　　　4.4.1　紫外侦察告警的原理 118
　　　4.4.2　紫外侦察告警系统组成与战术应用 118
　　　4.4.3　紫外侦察告警的特点 119
　　　4.4.4　紫外侦察告警关键技术 120
　　　4.4.5　紫外侦察告警装备实例 121
　4.5　毫米波侦察告警技术 122
　　　4.5.1　毫米波侦察告警的发展 122
　　　4.5.2　毫米波侦察探测的原理 123
　　　4.5.3　毫米波侦察告警的特点和关键技术 124
　　　4.5.4　装备实例 125
　　　4.5.5　发展趋势 127
　4.6　多模复合光电告警技术 127

参考文献 ·· 130

第5章 目标跟瞄与距离估计 ·· 132

5.1 激光目标指示器 ·· 132
5.1.1 概述 ··· 132
5.1.2 激光器与光学系统 ·· 133
5.1.3 实例 ··· 135
5.1.4 目标距离的主动测量 ··· 135

5.2 激光雷达 ·· 136
5.2.1 激光跟踪雷达 ··· 136
5.2.2 红外成像雷达 ··· 138
5.2.3 激光雷达装备及发展趋势 ··· 139

5.3 IRST ··· 141
5.3.1 概述 ··· 141
5.3.2 基于双波段探测的被动测距 ·· 143
5.3.3 基于单波段探测的被动测距 ·· 145
5.3.4 红外小目标被动测距 ··· 148

5.4 经典三角形测距及其演变 ··· 150
5.4.1 对静止目标的被动测距 ·· 150
5.4.2 对运动目标的被动测距 ·· 152
5.4.3 基于扫描时差的基线被动测距 ··· 153

5.5 交叉定位的单平台应用 ··· 155
5.5.1 交叉定位的特点和问题 ·· 155
5.5.2 当前测角精度下所需的最短基线尺寸 ··· 156
5.5.3 同步测时交叉定位法作用距离 ··· 156

5.6 基于短基线的准单目被动测距 ··· 156
5.6.1 双目视觉测距原理 ·· 156
5.6.2 双目视觉测距误差分析 ·· 157
5.6.3 从双目视觉到准单目视觉测距 ··· 158
5.6.4 基于像差的测距再讨论 ·· 159

5.7 一种激光源定位方法 ··· 160
5.7.1 测距原理 ··· 161
5.7.2 测距实现方案和特点 ··· 162

5.8 基于辐射吸收差异的被动测距 ··· 162
5.8.1 基于A带氧吸收的被动测距 ·· 163
5.8.2 基于红外吸收差异的被动测距 ··· 165

5.9 小结 ··· 167

参考文献 ·· 167

第6章 基于光学成像的单站被动测距研究 ··· 172
6.1 透镜成像系统与成像约束 ··· 172
6.1.1 透镜成像公式与点扩散函数 ··· 172
6.1.2 聚焦法测距和离焦法测距 ··· 173
6.1.3 基于OTF函数或MTF函数的测距 ··· 175
6.2 小孔成像系统与成像约束 ··· 177
6.2.1 小孔成像模型 ··· 177
6.2.2 外标法测距 ··· 178
6.2.3 基于仿射变换的相对测距 ··· 179
6.2.4 基于双目视差的被动测距 ··· 179
6.3 基于目标线段特征的被动测距 ··· 180
6.3.1 借助目标本身特征线段的测距方法 ··· 180
6.3.2 借助旋转不变线段特征的测距方法 ··· 181
6.3.3 基于旋转不变线段特征测距的改进 ··· 186
6.3.4 目标特征线度的选取 ··· 189
6.4 基于特征线度测距的性能分析 ··· 189
6.4.1 观测平台静止情况下的测距性能 ··· 189
6.4.2 观测平台运动时的测距性能 ··· 190
6.5 基于区域特征的目标距离估计 ··· 194
6.5.1 天气对红外成像的影响 ··· 195
6.5.2 基于联合视角-身份流形的目标识别与距离估计 ··· 199
6.5.3 基于AI的目标测距 ··· 201
6.6 小结 ··· 201
参考文献 ··· 202

第7章 光电无源对抗技术 ··· 205
7.1 遮障 ··· 205
7.1.1 烟幕 ··· 205
7.1.2 水幕和水雾 ··· 210
7.1.3 箔条云 ··· 211
7.1.4 沙尘 ··· 213
7.2 伪装 ··· 213
7.2.1 涂料伪装技术 ··· 213
7.2.2 遮障伪装技术 ··· 215
7.3 隐身 ··· 217
7.3.1 视频隐身 ··· 217
7.3.2 红外隐身 ··· 218
7.3.3 激光隐身 ··· 220
7.3.4 毫米波隐身 ··· 221

    7.3.5 紫外隐身 ·· 224
    7.3.6 引射技术 ·· 224
    7.3.7 外形隐身 ·· 226
  7.4 光电假目标 ··· 227
    7.4.1 光电假目标的分类 ··· 227
    7.4.2 光电假目标的工作原理 ·· 228
    7.4.3 光电假目标的现状和发展趋势 ·· 229
    7.4.4 激光欺骗性干扰 ··· 229
  7.5 其他无源光电对抗措施 ··· 231
    7.5.1 红外动态变形伪装 ·· 231
    7.5.2 光谱变换 ·· 233
    7.5.3 环境自适应伪装 ··· 234
    7.5.4 广谱自适应隐身 ··· 235
    7.5.5 毫米波无源干扰技术 ·· 235
  7.6 飞行器无源光电隐身 ··· 236
    7.6.1 飞机隐身 ·· 236
    7.6.2 导弹隐身 ·· 240
  参考文献 ··· 243

第8章 光电有源干扰技术 ·· 246
  8.1 红外干扰弹 ··· 246
    8.1.1 红外干扰弹的分类和组成 ·· 246
    8.1.2 红外干扰弹的干扰原理 ·· 246
    8.1.3 红外干扰弹的技术要求 ·· 249
    8.1.4 新型红外诱饵 ·· 250
  8.2 红外有源干扰机 ·· 253
    8.2.1 红外有源干扰机的分类和组成 ·· 253
    8.2.2 红外有源干扰机的干扰原理 ··· 255
    8.2.3 定向红外干扰机 ··· 257
  8.3 强激光干扰技术 ·· 258
    8.3.1 强激光干扰的分类和组成 ·· 258
    8.3.2 强激光毁伤效果 ··· 259
    8.3.3 强激光干扰的关键技术 ·· 263
  8.4 激光欺骗干扰技术 ·· 265
    8.4.1 激光欺骗干扰的分类和组成 ··· 265
    8.4.2 角度欺骗干扰 ·· 265
    8.4.3 距离欺骗干扰 ·· 267
    8.4.4 激光近炸引信干扰技术 ·· 269
    8.4.5 激光欺骗干扰的关键技术和发展趋势 ··· 271
  8.5 毫米波有源干扰 ·· 272

		8.5.1 毫米波有源干扰的原理与实现	272
		8.5.2 毫米波有源干扰的关键技术	274
	8.6	GPS 干扰机	275
		8.6.1 GPS 易受干扰性	275
		8.6.2 GPS 干扰的原理	275
	8.7	紫外干扰源	276
		8.7.1 紫外光源与紫外干扰源	276
		8.7.2 紫外光源的分类	276
		8.7.3 紫外干扰	277
	8.8	有源干扰的发展趋势	277
	参考文献		278

第 9 章 光电对抗的评估与仿真研究 …… 280

	9.1	国内外光电对抗效能评估技术现状	280
		9.1.1 美国主要光电对抗效能评估系统	280
		9.1.2 国内发展现状	281
	9.2	光电对抗的评估准则	282
		9.2.1 功率准则	283
		9.2.2 概率准则	283
		9.2.3 效率准则	284
	9.3	光电对抗效能评估的技术途径	285
		9.3.1 效能评估的层次	285
		9.3.2 系统层次分析及指标体系	285
		9.3.3 常用的军事装备效能评估方法	285
		9.3.4 计算机仿真	287
		9.3.5 半实物仿真	287
		9.3.6 光电对抗系统中的实验评估法	287
	9.4	光电对抗系统中的半实物仿真	289
		9.4.1 光电半实物仿真系统组成	289
		9.4.2 针对操作的半实物仿真	290
		9.4.3 针对目标特性的半实物仿真	292
		9.4.4 针对原理验证的半实物仿真	294
	9.5	本章小结	296
	参考文献		296

第 10 章 光电对抗的典型系统 …… 298

	10.1	机载光电对抗系统介绍	298
		10.1.1 第四代战机机载光电侦察告警系统	298
		10.1.2 第四代战机机载光电干扰系统	300
		10.1.3 第四代战机光电隐身系统	301

10.1.4　机载高能激光武器系统 …………………………………… 301
　　10.1.5　机载光电定位系统 …………………………………………… 305
　　10.1.6　无人机 ………………………………………………………… 305
10.2　舰载光电对抗系统介绍 …………………………………………… 306
　　10.2.1　舰载光电告警系统 …………………………………………… 306
　　10.2.2　舰载光电干扰系统 …………………………………………… 308
　　10.2.3　舰艇光电隐身技术 …………………………………………… 310
　　10.2.4　舰载高能激光武器 …………………………………………… 311
　　10.2.5　基于舰艇的光电定位和对舰艇的定位 ……………………… 313
10.3　地基激光防空武器系统 …………………………………………… 315
　　10.3.1　"鹦鹉螺"计划 ………………………………………………… 315
　　10.3.2　移动战术高能激光 …………………………………………… 316
10.4　天基定位与光电对抗系统 ………………………………………… 317
　　10.4.1　星载告警 ……………………………………………………… 317
　　10.4.2　卫星定位跟踪 ………………………………………………… 319
　　10.4.3　反卫星武器系统 ……………………………………………… 322
10.5　巡飞器 ……………………………………………………………… 325
　　10.5.1　巡飞器分类 …………………………………………………… 325
　　10.5.2　巡飞弹关键技术 ……………………………………………… 327
10.6　单兵光电对抗装备 ………………………………………………… 328
　　10.6.1　单兵系统的形成 ……………………………………………… 328
　　10.6.2　单兵平台信息化及对抗 ……………………………………… 329
参考文献 …………………………………………………………………… 331

第 1 章 绪　　论

光电对抗是指利用光电对抗装备[1]，对敌方光电瞄准器材、光电制导武器和其他军事设施进行侦察、干扰或摧毁，以削弱或破坏其作战效能，同时保护己方光电器材和武器的有效使用。光电对抗是现代电子战的一个分支，在未来战争中占有重要的地位。

随着红外、激光等光电子技术在军事上的应用，特别是光电探测和光电制导技术的发展，光电对抗技术和装备在现代战争中发挥着越来越重要的作用，各军事强国在光电对抗领域的竞争也日益激烈。有军事分析家预言：在未来战争中，谁失去制谱权，就必将失去制空权、制海权，处于被动挨打、任人宰割的境地；谁先夺取制光电权，谁就将夺取制空权、制海权、制夜权。由此也可以认为，谁拥有了更先进的光电对抗技术和装备，谁就掌握了战场的主动权。光电对抗在军事上的作用主要表现在[2]：

（1）为防御和对抗提供及时的告警和威胁源的精确信息。实现有效防御的前提是及时发现威胁，光电侦察告警设备能够查明和收集敌方军事光电情报，为及时采取正确的军事行动、实施有效干扰或火力摧毁提供依据。美军非常重视战场信息采集和综合处理技术的研究，已连续多年把它列为国防关键技术和重点研究内容，并且在大的军事项目中加以应用。

（2）扰乱、迷惑和破坏敌方光电探测设备和光电制导系统的正常工作。通过有效的干扰使它们降低效能或完全失效，以保障己方装备和人员免遭敌方光电侦察、干扰或火力摧毁，为己方的对抗行动创造条件。光电干扰技术和装备作为对抗敌方光电探测和制导的有效手段，是各军事强国重点研究的内容。

当前，光电对抗的体系包括光电侦察、光电定位、光电干扰、光电打击以及光电反侦察、反干扰和反打击，如图 1.1 所示。光电侦察、光电定位、光电打击是光电对抗的 3 个基本工作周期。其中，光电侦察是发现目标；光电定位是提供目标的精确信息，跟踪/制导是利用自动控制技术对目标定位状态的保持；而光电打击分为两种类型：一种是以光电制导武器为手段的打击，另一种是以强激光束为手段的打击。

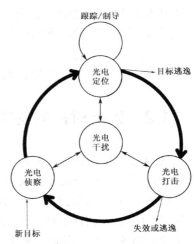

图 1.1　光电对抗的体系

光电制导的内容见本书第 3 章，强激光束打击见本书第 8 章、第 10 章。光电侦察告警见本书第 4 章，第 5 章、第 6 章为光电定位的内容，第 7 章为光电无源干扰，第 8 章为光电有源干扰，第 9 章介绍了光电对抗的评估与仿真研究，第 10 章为光电对抗的典型系统。

1.1　光电对抗的基本概念

光电对抗主要是指在光学谱段内的对抗技术。随着光电技术的发展，电视、激光、红外及紫外等光学探测与跟踪技术被广泛采用，出现了精确制导武器体系。为了对抗光电制导武器的攻击，各类飞机、舰艇和地面指挥中都采用了多种光电对抗设备和技术，包括红外干扰机、干扰弹、假目标及隐身技术等。此外还有激光致盲武器和定向红外干扰技术。在光电对抗过程中，为了增强对抗的效能，光电定位也得到了空前的发展。和电子战一样，光电对抗已成为现代战争中决定胜负的关键因素。

光电对抗包括光电侦察、光电定位和光电打击等3个工作周期，光电干扰和反干扰的此消彼长决定了这3个周期的效能。

光电侦察是利用光电装备查明敌方光电器材的类型、特性和方位等信息，为实施光电干扰提供依据。光电侦察有主动和被动两种方式，主动侦察采用滤光探照灯和激光雷达等装备，被动侦察采用红外/激光告警器。早在20世纪60年代中期，外军就开始装备红外告警器，仅美军就有20多个型号，供多种作战飞机使用；激光告警器目前正处在发展阶段，只有少数型号装备使用。如美国的AVR-2/3激光告警器，它可在360°范围内识别激光源并确定其方向，与雷达告警接收机配合，构成综合告警系统。

光电定位是对光电侦察功能的补充或强化，是对已识别的目标，在探知方位的前提下，实施距离估计、综合威胁度分析。光电定位的关键技术是对目标的被动测距。

光电干扰分为有源压制/欺骗干扰和无源干扰两类。有源干扰设备和器材包括：

（1）红外诱饵弹。这是一种实用而有效的欺骗干扰手段。已装备使用的红外诱饵弹模块能给出真实目标的红外图像，更具欺骗性。

（2）红外干扰机。类似于飞机发动机排气口能辐射出高强度红外线，经调制后向一定方向辐射，使来袭的红外制导武器偏离目标。

（3）激光干扰机。有3种类型：欺骗式干扰机，能发射与敌方激光器相同参数的强激光束，照射在己方被保护目标附近的假目标上，产生强的激光回波，欺骗敌方激光测距机、激光雷达和导弹的激光制导系统；致盲式干扰机，能发射强激光，使敌方激光测距机、激光雷达或激光制导导弹等的光电接收器饱和、过载或迷盲；杀伤性强激光武器。

光电无源干扰是一种非常有效的干扰手段，主要的干扰器材有用于干扰人眼和观瞄器材的烟幕弹，干扰中远红外光和激光的气溶胶和电离气悬体，此外还有光箔条、曳光弹等。

1.2 光电对抗的基本特征[3,4]

光电对抗是否有效，必须符合如下4个基本特征：光电频谱匹配性、干扰视场相关性、最佳距离有效性和干扰时机实时性。

（1）光电频谱匹配性。光电频谱匹配性指干扰光电频谱必须覆盖或等同于被干扰目标的光电频谱。例如，没有明显红外辐射特征的地面重点目标，一般容易受到具有目标指示功能的激光制导武器的攻击，因此激光欺骗干扰和激光致盲干扰都选用1.06 μm和10.6 μm来对抗相应的敌方激光装备；具有明显红外辐射特征的动目标（如飞机）一般受到红外制导导弹的攻击，红外诱饵及红外有源干扰波段与红外制导光电频谱相同，一般选为1~3 μm和3~5 μm。

（2）干扰视场相关性。光电侦察、光电制导和光电对抗均具有方向性较好的光学视场，干扰信号必须在被对抗的敌方装备光学视场范围内，否则敌方光电装备探测不到干扰信号，干扰将是无效的。尤其是激光对抗，由于激光的方向性好，导致对抗的难度非常大。例如在激光欺骗干扰中，激光假目标的布设距离必须根据激光导引头视场范围而设定。

（3）最佳距离有效性。光电对抗最佳的干扰效果就是将来袭光电制导武器引偏，使光电制导武器导引头在其视场内看不到被攻击的目标。在一定引偏距离内是否引偏至导引头视场之外，主要取决于和来袭光电制导武器之间的距离，因此干扰距离的选择也是能否有效干扰的关键问题。例如，红外干扰导弹在距来袭红外制导导弹一定距离范围内发射才具有最佳的诱骗干扰效果。

（4）干扰时机实时性。战术光电制导导弹末段制导距离一般在几千米至 10 km 范围内，而导弹速度很快，一般为 $1 Ma \sim 2.5 Ma$，从告警到实施有效干扰时间必须在很短的时间内完成；否则，敌方来袭导弹将在未形成有效干扰动作前就已命中目标。因此，对光电对抗要求的实时性要求比较强。

1.3 光电对抗的技术环节

根据当前的光电对抗体制，可将光电对抗分为光电侦察及告警、光电定位、光电制导、光电干扰和强激光束打击等 5 个技术环节，在光电定位技术中光电被动定位技术占据主导地位。

1.3.1 光电侦察及告警技术

光电侦察技术包括的内容涉及微光、红外夜视、电视侦察、多光谱照相、红外遥感及激光主动侦察等范畴。在防空作战中，激光主动侦察技术是激光对抗作战的重要技术之一，这项技术集中反映在具有"猫眼效应"的激光雷达中。一般的光电装置都有透镜、光电传感器结构，透镜具有像猫眼晶状体一般汇聚光线的功能，光电传感器表面对猫眼眼底的光具有反射特性。当激光雷达发射的激光波束扫描敌方空域时，一旦照射到一个敌方光电传感器，激光雷达便可探测到其反射光束，从而检测到它的存在及位置。随着导弹武器的发展，导弹逼近告警技术已被各国争相研究与开发。光电告警装备利用光电探测器，对敌方武器设备所辐射或散射的光波进行侦察、截获及识别，判断威胁的性质和危险等级，确定来袭方向，然后发出警报并启动与之相连的防御系统实施对抗，如引导激光致盲武器对来袭导弹进行软杀伤，或引导高能激光武器实行硬摧毁。光电告警设备具有体积小、质量轻、成本低、角分辨率高（可达微弧度级）、无源工作（不易被敌方探测）等特点，目前已广泛应用于战机、战舰和陆上重要目标的自卫。

1.3.2 光电被动定位

对目标空间坐标的确定称为定位。定位包括对目标实施测向和测距。在军事对抗中，对目标的精确定位是制敌取胜的前提。只有实现了对目标的精确定位，才可能实施有效的对抗：主动对抗可以对敌方施以摧毁性的精确打击，被动对抗可以及时规避敌方的打击以保存实力或隐蔽自己。

雷达是目标探测和定位的传统装备，最先出现于第二次世界大战，在对付德军 U 艇中曾大显身手。其后，经过不断改进，特别是经过美苏冷战阶段的军备竞赛、越南战争、第一次海湾战争（1991 年）和科索沃战争（1999 年），其性能有了很大的提高，具有全天候、全波段、高灵敏度和作用距离远等多方面的优点。雷达的定位是对目标发射探测信号,然后通过分析目标的反射回波来确定其空间位置。这类依赖于自身发射探测信号的定位方式称为主动定位。

在雷达定位出现之后,逐渐产生了雷达对抗[2-5]。在现代战争中,基于接收目标反向电磁散射的主动定位系统(如常规雷达)受到电子侦察、反辐射导弹寻踪攻击的严重威胁。因此,研究出一种不发射探测信号,既能隐蔽自己又能对目标实施定位的被动定位技术受到了广泛的重视。故被动定位又被称为无源定位,其定位功能的实现是借助目标的主动辐射(如通信信号、导航信号)、自身辐射,以及反射的第三方电磁辐射(如日光、卫星信号或地面广播信号)等实现的。

按照被动定位接收信号的类别,被动定位可分为声呐被动定位[6]、雷达波被动定位[7]、光电被动定位[8-12],等等。在军事应用中,声呐被动定位只适用于直升机、舰船之类较慢运动目标。无源雷达定位适用于海、陆、空中的多种目标。光电被动定位,尤其是红外无源定位具有高隐蔽性和高精度的优点,是当前的主要研究方向。

被动定位的实现体制取决于定位目标的特性,并根据实际观测距离进行选择。除利用空间几何学原理[13-17]之外,被动定位还应借助电磁辐射或光波的传播特性[5, 18-23]、几何光学的性质[24]、三维运动分析[25]以及图像序列分析的原理[26, 27]来实现。在我们的研究中,定位的对象是空中来袭目标,典型的如飞机,在后续各章节中称其为机动目标。

从理论上讲[28-31],凡是温度在绝对温度零度以上的任何物体都会有红外辐射产生,其射线的波长与温度成反比,即温度越高,其辐射的波长就越短。飞机是一种典型的红外辐射源,其红外辐射主要有两个方面:一方面是涡轮发动机向外喷射的尾焰的辐射,主要在 $3\sim 5\ \mu m$ 波段;飞机飞行中,蒙皮与大气摩擦发热产生的辐射,主要在 $8\sim 14\ \mu m$ 波段。飞机的辐射分布和光源谱特性与环境的差异为目标的红外探测和定位提供了有利条件,使得我们能够在红外辐射传播的"大气窗口"内对目标进行有效探测和定位。

红外被动定位的一个显著特点是对天时环境的依赖性较小。由于红外无源探测和定位系统是利用探测目标与背景之间的红外辐射的差异进行工作的,因而,它具有全天候的工作能力:无论是白天还是夜晚、晴天还是阴天都可进行,差别只是由于白天的背景较强因而效果比夜晚较差,阴天由于云层等对红外辐射的衰减或吸收而效果比晴天较差而已。

在几千米到几十千米的近战范围内,红外被动定位成为首选的被动定位制式,主要原因是:

(1)当目标处于近战距离内时,往往采取"无线电静默"策略,因此,捕获雷达、激光信号几乎不可能。这种情况下,必须采用截获目标主动辐射以外的其他被动定位制式。

(2)因红外辐射的波长较雷达短而具有更高的定位精度[32]。于是,基于目标红外辐射探测的被动定位(即红外被动定位)成为被动定位研究的重点[18]。

为了适应高速搭载平台不可能提供较大空间的实际状况,同时为了获取足够的机动性,近战范围内的红外被动定位多在单一运动平台上实现。可在单一观测站上实现的被动定位即单站被动定位。单站被动定位与多站被动定位并不矛盾,它与多站被动定位的组合使用可提高多站定位的定位精度,增强安全性或抗毁性。

本书主要研究以飞机、导弹为代表的近战距离内来袭目标的红外单站被动定位的原理方案及其实现技术。

1.3.3 光电制导技术

1991 年海湾战争后，包括美国在内的各国军方更深深感到配备红外热成像系统兵器的重要性，再一次唤醒了世界各国对发展和装备智能化精确制导兵器的重视。近年来，随着光电技术的迅速发展，光电制导技术尤其是成像制导技术成为导弹复合制导系统的核心。目前主要的光电成像制导技术有红外成像制导技术、雷达成像制导技术、多模复合制导和智能末制导技术等。

1. 红外成像制导技术

红外成像制导是利用红外探测器探测目标的红外辐射，获取红外图像进行目标捕获与跟踪并将导弹引向目标。红外成像制导的关键部件之一是红外探测器。与其他成像制导技术相比，红外成像制导具有抗干扰能力强、空间分辨率和灵敏度高、探测距离远、制导精度高等优点。但也存在以下缺点：探测器需要制冷，对目标与背景的温差依赖性强；只能被动探测，无法获取目标的距离信息。

2. 雷达成像制导技术

雷达成像制导主要有微波、毫米波雷达以及激光雷达制导，它们都是精确制导武器的主要制导方式。

微波制导是由弹上的微波雷达导引头接收目标的微波能量捕获跟踪目标，导引导弹命中目标的制导技术。微波成像制导中，合成孔径雷达成像制导技术逐渐受到重视。合成孔径雷达是一种主动微波成像雷达，它将天线元在空间各点所接收的信号处理合成后，可获得大型天线阵的分辨率，甚至可以成像，因此它可以在能见度极差的气象条件下得到高分辨率的雷达图像。合成孔径雷达成像技术具有全天候、全天时，可远距离成像，能穿透一定的伪装、掩体成像，精度高等优点，但其费用高、易受电子干扰及不能近距离成像。

毫米波制导是由弹上的毫米波导引头接收目标反射或辐射的毫米波信息捕获跟踪目标，导引导弹命中目标的制导技术。导引头的工作模式有主动式和被动式。主动式采用毫米波雷达，被动式采用无发射机的被动雷达，也称辐射机。与红外相比，毫米波更适应复杂的战场环境和恶劣的天气条件，可探测距离更远；与微波相比，毫米波探测、跟踪目标的精度更高，具有分辨多目标的能力。毫米波雷达导引头还能有效跟踪捕获隐身目标以及抗反辐射导弹。

激光雷达是激光技术和雷达技术相结合的产物。它具有探测精度高，抗干扰能力和目标识别能力强，获取信息量多，能三维成像等优点。因此，激光雷达成像制导技术已经成为先进国家争先研究和发展的重点课题。

3. 多模复合制导和智能末制导技术

复合制导技术是改造已有制导武器和开发先进的精确打击武器或防御武器的一项极为重要的技术手段。因此，多模复合制导方式和智能化导引头已经成为未来发展的主要方向。

多模复合制导并不是单一制导方式的简单组合，它从信号检测、信号处理的角度考虑，运用数据融合技术综合不同信号源的信息来克服单传感器系统所固有的缺陷，利用不同传感器的数据互补和冗余，为目标识别提供更多可利用的判别信息和指令信号。目前各国常用的或在研的复合寻的制导系统主要有微波/毫米波雷达、微波雷达/红外成像、主动毫米波雷达/

红外成像和激光/红外成像等。

智能末制导技术能够扩大搜索范围，降低系统对目标观测定位精度的要求，并增强导弹的抗干扰性能。

1.3.4 光电干扰技术

光电干扰是指以特定手段破坏对光信息的利用，降低其光电装备的使用效能，并保护自己的作战行为。激光（红外）干扰机、红外诱饵弹、烟幕剂、激光致盲、隐形及伪装技术器材等，是常见的光电对抗和干扰设备。

烟幕对抗对于在作战处于弱势的一方有便于实施、成本低廉等优点。海湾战争中，由于天空阴雨连绵，伊拉克又故意点燃多处油井，使得许多地区烟云弥漫，美军的侦察设备很难发挥作用。由于能见度差和其他原因，美军飞机导弹误炸己方战车及人员的误伤事件时有发生。

科索沃战争是巧妙运用隐形及伪装技术器材的典型战例。战争中，南联盟军队令多国部队真伪难辨，被炸损多次的跨国大桥是用聚乙烯制造的，灰飞烟灭的南联盟大炮不过是卡在汽车轮胎上的黑色圆木，而北约摧毁的坦克群现场，大多只是小汽车、大轿车和卡车的残骸，很少有坦克的影子。战争结束后发现，被北约飞行员证实已摧毁的 144 个目标，实际上只有 58 个，伪装技术充分取得了示假隐真的战绩。

根据海湾战争和科索沃战争的战例分析，从战术上讲"可采用分层对抗方法"来对付空中来袭光电精确制导武器的攻击。

第 1 层高度为 20 km 以上，为远方侦察、接收上级及友邻情报和雷达信息及卫星信息层，此层称为光电干扰战术应用的预备层。第 2 层高度为 20～10 km，为侦察、告警、识别和导弹反击层。第 3 层高度为 10～5 km，为施放有源干扰，实施密集炮火反击层，对精确制导武器实施拦截或使其脱离目标。第 4 层高度为 5～0.3 km，为施放无源干扰、机动转移、光电干扰、水雾干扰和气球云干扰层。进一步干扰和诱偏精确制导武器，使其丢失目标。第 5 层高度为 300 m 以下，为伪装隐身层，是最后的光电干扰防御措施。其中第 1、2、3 层方法就是战术主动的手段；而第 4、5 层则是采用被动的手段，采取战术上的光电欺骗干扰，对目标进行光电伪装、隐蔽和欺骗干扰等方法，使敌方光电武器目标搜索捕获和跟踪系统得不到必要的信息，或者为其提供虚假的数据诱敌上当。被动方法的范围包括许多提高目标生存力的措施，在战术应用中，它是光电对抗最有效、成本最低、效果最好的方法[33]。

光电干扰战术应用主要是第 3 层实施激光有源干扰，将敌方光电制导的导弹吸引到假目标上；第 4 层采用多种干扰手段，它可以根据上层来的威胁等级类型发射各种烟幕弹、消光弹、红外弹、光箔条弹、箔条弹，发射的数量要根据敌情而定，其干扰面积要大于保护目标的 2 倍以上，在有条件的情况下要大于 3 倍，还可以采用气球云干扰和激光半球干扰机等，同时水面舰艇可以实施有效机动进行对抗。

为了对付光电干扰，光电装备大都采用了光电反干扰措施，例如：

（1）为了避免激光制导武器受到外界激光干扰而迷失方向，也为了避免在使用多枚激光制导炸弹攻击集群目标时产生重炸、漏炸的现象，就必须依赖于编码抗干扰的方法。编码抗干扰就是给激光制导信号通过加密措施进行编码，只要对方不知密码，那么对方的干扰机就不能发出相同的密码脉冲，制导炸弹遵循加密激光信号，也就不会互相干扰，从而大大提高了激光制导武器的抗干扰能力。

（2）为了避免激光制导武器的导引头受到外界强激光的照射而损坏光敏元器件，不少国家都在研究在光学仪器上配备变色镜。当强激光照射到透镜上时，透镜能在短时间内自动析出大量的银质粒子，对来袭强激光产生强烈的反射作用而阻止其通过，而当强激光小的时候，透镜又恢复到透明状态。

（3）光电制导武器采用复合制导。

1.3.5 光电打击中的激光武器

激光武器指利用激光束直接对目标实施攻击和杀伤的定向能装备[34]。依据美国国防部的提法，常把平均输出激光功率不小于 20 kW 或每个激光脉冲能量不低于 30 kJ 的划为高能激光武器，而功率或能量低于上述水平的则划为低能激光武器。也有人认为，用被攻击的目标对象来划分激光武器可能更为合适：只能有效攻击敌方人员和武器系统传感器者归为低能激光武器；而能直接摧毁或严重损伤敌方大型武器装备（如导弹、飞机、坦克、舰艇等）本身（而不仅仅是传感器）者则划归为高能激光武器，其主要作用是光电打击。

激光武器主要由激光器、光学系统和光束控制系统组成，其关键技术包括激光器技术、光学部件制造技术和光束控制技术[35]。光学部件制造技术用于满足激光器技术、光束控制技术的要求。

激光器是激光武器的核心，其技术难点在于既要功率大，又要体积小。从高空拦截几百千米外处于助推段的弹道导弹需要兆瓦级的功率，而战术防空激光武器所需的功率为 0.1～1 MW。目前，美国 BMD 计划正在研制的激光武器主要是化学激光器。例如，美国空军的机载激光器（ABL）采用的是氧碘激光器，美国陆军的通用区域防御综合反导（GARDIAN）激光武器系统将采用氟化氘中红外化学激光器（MIRACL），美以联合研制的鹦鹉螺战术防空激光武器将可能采用拉斐尔公司正在研制的二氧化碳激光器。

光束控制技术主要有：

（1）自适应光学技术。大气湍流会引起激光束的相位畸变，必须采用自适应光学技术进行补偿。自适应光学系统的主要部件是波前传感器、相位重构器和变形镜。美国空军的机载激光器，其自适应光学系统需要每秒钟对大气湍流引起的畸变进行约 1 000 次的测量，并相应地调整变形反射镜。

（2）精确瞄准与跟踪技术。由于目标飞行速度很快，激光束不仅要瞄得准，而且要能在目标上锁定一定的时间，因此对瞄准与跟踪系统的要求很高。对于射程达几百千米的机载激光器所要求的精度应小于 1 μrad。

随着高能激光武器的关键技术（高能激光器技术、光束控制发射技术、精密跟踪瞄准技术、大气传输技术等）取得重大突破，高能激光武器迅速成为一种具有直接杀伤力的新式武器。它所发射的激光能量高达几百千瓦甚至上兆瓦，可直接毁伤目标，具有其他武器系统无法比拟的特点：定向精度高、响应时间快、应用范围广、摧毁力强、转移火力快、效费比高、抗干扰能力强等。它是对付精确制导武器、卫星，遏制大规模导弹战与进行战略防御的最具威慑的有效武器，是 21 世纪夺取制空权和控制空间的重要的新概念武器，广泛应用于各种装备平台。

根据用途，激光武器可分为：天基激光武器、机载激光武器、地基反卫星激光武器、舰载激光武器、战术高能激光武器等[36]。

美国非常重视高能激光武器的研究,尤其是对高能激光武器的核心器件——高能激光器的研究。目前技术成熟的高能激光器有：化学激光器、自由电子激光器和固体激光器等。高能激光器的进步以及相关技术的提高,为美国激光武器在各平台的应用奠定了基础。几十年来,美国不断地对舰载、机载和车载等多种平台的高能激光武器进行深入的研究和广泛的试验、演示验证,取得了多项重大突破。目前,美国的高能激光武器已达到了工程化的水平[37]。

法国《航宇防务》2004 年 8 月 27 日报道,诺·格公司为美国陆军研制的战术高能激光器（THEL）2004 年 8 月 24 日首次击落迫击炮弹,表明激光武器可以用于战场打击多种常见目标。在白沙导弹靶场进行的实弹打靶试验中,THEL 不但击落了单发迫击炮弹,而且还摧毁了齐射的迫击炮弹[38]。

从目前看来,激光武器的缺点是[34]：

（1）毁伤目标所需的高光能密度与武器系统体积、质量形成矛盾,实用性受限。

（2）大气传输的影响成为一个重要的制约因素。大气折射率的无规则变化、湍流对光束波面的破坏、大气散射与吸收等,都严重影响激光对目标的损伤效果。强激光通道上空气被击穿电离,大气中水汽、尘埃、气溶胶的含量等,也都是影响激光武器作战效果的重要因素。同时,大气状况的随机变化直接影响光束对目标的"锁定"跟踪和对攻击部位的选择。这就对武器的瞄准跟踪系统、随动机构提出了很高要求,并且使远程攻击需要自适应光学支持。因此,系统的复杂性、机动性、环境适应性、可维护性能及成本等,都是很重要的制约因素。以激光热烧蚀为例,它要求激光束被稳定地锁定在要害部位上,并经历约 $0.01\sim 1$ s 的时间。这要有很精密的跟踪系统和优异的光束质量。假定目标距离为 2 km,聚焦光斑直径为 100 mm,则跟踪角精度必须优于 0.05 mrad；若目标距离为 10 km,仍要求光斑直径为 100 mm,则跟踪角精度必须优于 0.01 mrad。一般无线电雷达不可能胜任,必须配以激光精跟踪雷达。

（3）受天气条件、战场烟尘、人为烟雾影响较大,在恶劣天气时难以用于作战。

（4）全系统精密、复杂且庞大,又包含大型易损部件,其战场生存受到威胁。

1.4 光电对抗的发展趋势

1.4.1 概述

随着军用电子技术、微电子技术和计算机技术的发展,光电制导武器及其配套的光电侦测设备性能不断提高,其在现代和未来战争中应用也更加普遍,并对重要军事目标和军事设施构成威胁。因而,光电对抗技术的发展和光电对抗装备的研制,受到世界各国的广泛重视。人们所熟悉的海湾战争中,精确制导武器特别是光电精确制导武器充分展现了其巨大威力。为了应对迅速发展和完善的光电侦察、火控设备,以及红外成像制导、激光制导、电视制导、复合制导等光电制导武器,未来的光电对抗技术和装备将向综合化、一体化、多元化、立体化等方向发展[5,39]。

（1）光电对抗综合一体化。光学技术及计算机技术（包括软硬件）和高速大规模集成电路的飞速发展,为光电对抗技术综合一体化奠定了基础。光电对抗综合一体化,是依靠科学技术、高性能探测器件以及数据融合技术的发展,将信息获取、信息处理和指挥控制融为一体，进而采用智能技术、专家系统等，使光电对抗系统成为有机整体，从设备级对抗发展为分系统、系统和体系的对抗。提高战场作战效能，实现综合一体化要有一个从低级到高级，从局部到全局的发展过程。首先是光电侦察告警一体化，进而是光电侦察告警与雷达告警及光学观瞄系统的综合，最后将多个平台获取的信息进行综合，指挥引导不同平台上的对抗措施，实时检测，闭环控制，以实现更大范围和更高层次的系统综合。

（2）多光谱技术广泛应用。光电技术的发展，使多光谱技术、红外成像技术、背景与目标鉴别技术、光学信息处理技术等新的科技成果不断涌现并被广泛应用。多光谱对抗指光电侦察告警，光电有源/无源干扰、光电反侦察反干扰已经改变了以往的单一波长或单一宽频段的状况，而向紫外、可见光、激光、红外全波段发展[40]。

（3）多层防御全程对抗。现阶段，光电对抗采用单一对抗末端防御，如红外干扰段和激光角度欺骗干扰，这种对抗形成的效果是有限的。新型光电制导武器不断增多和不断改进完善，光电对抗技术必须相应改善和提高。双色制导、复合制导、综合制导武器的出现，要求光电对抗必须向多层防御全程对抗发展，以提高光电精确制导武器整体作战的效能。

1.4.2 告警技术的发展趋势

光电对抗是敌对双方在光波段的抗争，是敌对双方在光波段（紫外、可见光、红外波段）范围内，为削弱、破坏或摧毁敌方光电侦察装备和光电制导武器的作战效能，并保证己方光电装备及制导武器作战效能的正常发挥而采取的战术技术动。近年来，世界范围内光电武器发展迅速，表现出了新的发展态势：光电武器的战术使用性能显著提高，光电武器的品种、型号大大增加，光电武器的技术性能大幅度提升。面对光电武器的发展，光电对抗技术也要有相应的发展，下面就对光电对抗技术的发展趋势作一些说明[41]。

1. 红外对抗技术发展趋势

在过去的 30 年里，红外导弹的卓越战绩已充分证明，红外导弹是作战飞机的最大威胁。为了有效地保护作战飞机，美国等发达国家从 20 世纪 50 年代中期就开始着手研制红外侦察告警设备。红外告警的功能包括连续观察威胁目标的活动，探测并识别出威胁导弹，确定威胁导弹的详细特征，并向所保护的平台发出警报。对威胁目标特征的识别必须可靠，以免出现虚警，告警器的反应时间要短，以使所保护的平台有足够的时间采取相应的对抗措施。随着红外告警技术的飞速发展，将出现以电扫描或多元并行处理接收代替机械扫描的全景凝视接收前端；其探测器件将在高分辨率、高探测度和多光谱方面取得突破；接口电路的设计将更注重功能模块的通用性；图像显示将与其系统共用高分辨率的综合显示系统。

红外干扰弹是极其有效的红外对抗手段，它能将红外制导导弹引偏使其脱靶，从而确保军事平台的安全。作为红外对抗的重要组成部分，红外干扰弹在历次现代战争中都发挥了重要作用。不断发展的红外导弹在未来的战争中将继续是威胁作战飞机的重要因素之一，随着红外技术和制导技术的发展，红外导弹的导引头制导方式已由点源式发展成为成像式。红外成像导引头与红外点源导引头相比，具有更高的灵敏度、更大的动态范围、更好的目标识别能力和更准确的制导精度。在逐渐成熟的红外成像制导系统面前，原有的干扰红外点源制导系统的红外诱饵已无能为力，人们已经开发出面源型红外诱饵。目前很多导弹的末段制导均采用复合制导体系，其主要形式有雷达/红外制导、红外/紫外制导、红外/可见光制导、双波段及多波段红外制导等。发展雷达/红外、红外/紫外等复合诱饵也必将成为红外诱饵新的发展方向之一。另外，红外有源干扰机技术、定向红外对抗技术以及红外引信干扰技术等也是红外干扰技术的重要组成部分。

2. 激光对抗技术发展趋势

以激光制导武器为代表的精密制导武器的大量装备和使用，对机场、军械库、高级指挥所等重要的军事目标造成了极大的威胁。在海湾战争、沙漠之狐、北约空袭科索沃等几次局部战争中，激光制导武器发挥了极其重要的作用。激光侦察告警是防御激光武器攻击的最重要的环节，及时准确的告警是对抗激光武器的前提。但由于激光信号的长重复周期性，甚至在一场战斗中激光测距机只发射一个激光脉冲，所以要求激光告警设备必须是凝视型的，这就要求激光告警器长时间警戒整个空域。然而，由于光电探测元件的白噪声、电磁干扰以及背景光干扰等原因，必须解决激光告警器的虚警问题。在国外，激光告警接收机已成功地应用了多元相关探测技术，即在一个光学通道内，采用两个并联的探测单元，并对探测单元的输出进行相关处理。由于在两个探测单元中噪声干扰脉冲瞬时同时出现的概率几乎为零，所以该电路几乎能滤去全部的噪声干扰信号，并且能保证告警器有较高的探测灵敏度。多元相关探测技术可使激光告警器的虚警率下降达两个数量级。因此，多元相关探测技术兼顾了探测灵敏度和虚警率这两个技术参数，它使激光告警器在具有最大探测灵敏度的同时，保证具有极低的虚警率。

总之，随着激光制导武器的快速发展，对激光侦察告警设备的要求越来越高，不仅要求方位分辨精度高、探测波长范围宽、灵敏度和单脉冲截获概率高、动态范围大，而且要求虚警率低。激光对抗是一种新兴的光电对抗手段，正在快速发展，其中烟幕干扰技术、激光测距距离欺骗干扰技术、激光制导武器有源欺骗式干扰技术、激光近炸引信干扰技术、激光致盲干扰等技术的大量应用，将使未来的光电对抗技术更加现代化、精确化。

高能激光武器是当前新概念武器中理论最成熟、发展最迅速、最有实战价值的前卫武器，具有"杀手锏"作用。它涉及高能激光器、大口径发射系统、精密跟瞄系统（光束定向器）、激光大气传输与补偿、激光破坏机理和激光总体技术六大关键技术，其特点是"硬杀伤"，直接摧毁目标。近年来美国倾入大量资金，加快机载激光武器（ABL）、天基激光武器（SBL）、战术激光武器（THEL）、地基激光武器（GBL）和舰载激光武器（HELSTF）的研制。TRW公司研制的"通用面防御综合反导激光系统（Gardian）"采用中红外（3.8 μm）氟化氘化学激光器，功率为 0.4 MW，并采用 70 cm 光束定向/跟踪器，系统反应时间为 1 s，发射率为 20～50 次/min，辐照时间为 1 s，能严重破坏 10 km 远的光学系统，杀伤率可达 100%。

3. 紫外告警技术发展趋势[42]

在红外光谱区域探测的特点是导弹尾焰的红外成分较多，且大气衰减很小，其结果是探测距离远，探测器的灵敏度高，但是其间会有许多其他信号特征，它们与导弹尾焰一起被探测到，从所有信号中识别出真正的导弹特征有一定的困难，这就会增加虚警率。降低虚警率的方法是采用紫外告警或红外／紫外双色告警。紫外光谱区域内探测的突出优点是：在紫外区域，尽管导弹的尾焰紫外成分比红外成分低几个数量级，但是紫外区位于太阳盲区，所以空间背景造成的紫外辐射非常少，被探测到的绝大多数是导弹尾焰的紫外辐射信号，从而使系统可以获得很高的信噪比，大大降低了目标检测难度。与红外探测器相比，紫外探测器不需要冷却，结构简单，质量轻，体积小，抗干扰能力强。导弹逼近紫外告警已经成为国内外电子对抗技术发展的新热点。第一代导弹逼近紫外告警系统以单阳极光电倍增管为探测器件，具有体积小、质量轻、虚警率低、功耗低的优点，但它同时存在角分辨率低、灵敏度不高等缺点。第二代导弹逼近紫外告警系统是成像型告警器，它以面阵器件为核心探测器，具有角分辨率高、探测能力强、识别能力强（可对导弹进行分类识别）等优点，并能有效引导定向红外对抗设备以及红外干扰弹的投放，同时还具有很好的态势估计能力。自20世纪80年代中期美国推出世界上第一台紫外告警设备AAR-47以来，已经先后有以色列、南非、俄罗斯、德国、法国等十几家公司投入该研究领域，出现了十几种型号的设备。国外的紫外告警技术体制的迅速发展，展示了其良好的发展前景，与此同时，以直升机、运输机为典型的平台，在海湾战争中多次应用。紫外告警主要的发展方向是继续提高告警性能。与最早的ARR-47相比，新型的紫外告警灵敏度和角分辨率均提高了1个数量级，角分辨率可小于1°，探测距离可达到10 km；应用的领域不断扩大，从原来的低速飞机逐渐发展到现在的高速飞机上。

4. 综合告警技术发展趋势

光电综合告警优点非常突出，能提高系统决策的准确度，增强快速反应能力、减小机动平台安装的空间降低设备造价等。近十几年来国外出现了激光、红外、紫外、雷达等多种告警综合应用的装备，可对毫米波、红外、可见光甚至紫外波段的威胁进行告警。综合告警的发展趋势是：不同类型告警的综合一体化是飞机平台电子战装备发展的一大主流。针对日趋复杂的光电威胁环境，研究更加小型化、模块化和具有通用功能的综合光电告警系统，代替分立的单功能告警系统，同时工作波段不断拓宽，并且实现激光主动侦察与光电被动告警，为对抗提供更加可靠的光电威胁特征信息，是光电综合告警的发展趋势。

5. 光电对抗一体化、自动化以及智能化[43]

一体化是一个集战场感知、信息融合、智能识别、信息处理和武器控制等核心技术为一体，旨在实现军事指挥自动化的综合电子信息系统，它几乎涵盖了战场上所有的军事电子技术功能和装备，受到了世界各军事大国的高度重视。

光电对抗自动化是实战的需要，是光电对抗系统今后发展的一个重要方向。光电对抗系统应能自动对截获的光波信号进行精确测量、分选和识别；能自动判定信号的威胁等级；能自动实施干扰的功率管理，以选择最佳的设施干扰；能自动实时提供干扰效果的评估，并自动修改功率管理，参数的选择等。

目前利用光电控制的精确制导武器命中概率并不是很理想，只有50%～60%，但是提高其智能化水平后情况便大不相同。主要措施是：红外探测方式由点源探测向成像探测方向发展，以进一步提高目标探测的精度；探测元件从单元向多元方向发展；采用多种制导头，以对付不同的探测目标，从而适应打击不同目标的需要；采用复合制导技术；信号处理电路由模拟向数字化方向发展。

1.4.3 被动定位

1. 国内外被动定位技术及其发展趋势

单站定位与红外技术的结合始于 20 世纪 70 年代。和雷达波不同，红外辐射不是窄带信号，不是脉冲信号，也不具有相干性。这些特点导致红外单站被动定位技术可以利用的信息相对较少，此外，被动定位的特殊性和复杂性给测量带来了较大的困难，因而确定目标空间坐标的实现难度相对较大。尽管如此，近 30 年来，随着光电对抗技术的快速发展，红外被动单站定位技术一直受到各军事强国的重视[44,45]。

20 世纪 70 年代末，美国就开始研究红外被动单站定位技术。美国海军的有关单位提出了一种测距方法，通过对目标两次测角实现了军舰对来袭飞机或导弹的测距[46]。该方法只适用于二维海面情况，不属于本文研究范畴。

Dowski 在 1994 年提出了一种单目成像测距方法[47]，该测距方法是通过设置距离调制码盘影响红外辐射的光学传递函数来实现的，要求目标物体具有低空间频率特性和较强的辐射强度。Jeffrey W 等人在 1994 年提出了基于双波段能量比值的测距方法[21]，也是基于目标的红外传输特性实现的，该方法限于对助推段战区导弹进行被动测距。

Baldacci 在 1999 年提出了一种单目测距方法，即"外标法"测距[20]。对目标距离的估计参考事先建立好的图像库，这些图像是各种目标在已知距离处拍下的。系统测距时首先对目标成像和识别，然后再与图像库中的参考图像进行比较，并根据目标的尺寸推出目标的距离。这种方案只能适用于在特定条件下对特定目标进行定位，而对于不同的目标、不同的状态、不同的天时和地理条件，这种方案就难以实现了，因为很难建成包罗万象的超量数据库。

近几年来，美国有多家公司一直在强化红外成像单站定位技术。例如，Lockheed Sanders 公司开发出了一种结构紧凑、性能先进的战术红外对抗（ATI RCM）系统，它采用红外焦平面阵列（IRFPA）凝视成像，增大了探测距离和定位精度。又如，Northrop 公司开发的一种导弹逼近告警系统（MAWS），采用 256×256 单元 HgCdTe 探测列阵传感器，它不仅可连续地给出来袭导弹的精确位置，而且还能根据威胁程度自动地发出告警信号。由此可见，选用红外（被动）单站定位方案，并采用先进的红外焦平面阵列（IRFPA）凝视成像，以提高定位精度和增大作用距离[48]，成为国外高价值光电定位技术的发展趋势。

在国内，光电单站定位的研究工作起步较晚，目前的研究工作处于定位体制的探索阶段，相继提出了交叉视线法[17,49-52]、双波段法[44,53]、能量法[54,55]以及红外成像跟踪、序列图像处理和运动分析法[56,57]等诸多定位体制和算法，也有人利用双目视觉原理，实现了准单目红外被动定位[17]，这些成果有力地推动了我国红外单站无源定位技术的理论研究和工程实用化进程。其中，有特色的当属华中理工大学进行的激光单站被动定位研究[58]，国防科技大学进行的"基于扫描时差的同步测时交叉定位法"研究[51]和"利用方向角及其变化率对固定辐射源的三维单站无源定位"研究[59]。西安电子科技大学在光电单站被动定位的研究工作较为深入，不仅提出了基于序列图像处理的红外单站无源定位方案，还结合其战场使用的环境条件，开展了大量的工程实用化的研究工作。理论和实践表明，这种方案具有如下特点：定位精度高、隐蔽性好，尤其是单站模式体积小，它可以很好地满足高价机动平台上对装备所占空间严格限制的特殊要求，其思路及系统性能与国外光电单站定位发展趋势正好吻合。

2. 红外单站被动定位的技术要求

红外单站被动定位系统作为一个特定的测量系统,具有测向和测距功能,其中测向是已经成熟的技术,关键是测距[56,57]。对于红外被动测距,主要技术要求如下。

(1) 测量精度:测量精度是任何一个测量系统最基本的性能指标,而红外被动测距的精度应优于雷达,通常其测距的误差不超过±5%斜距。

(2) 目标适应性:测量原理对多种目标具有适应性,如飞机、军舰、坦克甚至导弹,或者对某种目标有特别优异的性能,并且能够适应目标运动状态、姿态的变化。

(3) 环境适应性:测量系统在实际使用现场能够稳定、可靠地工作,具有相当的抗御外部环境干扰的能力。

1.4.4 光电制导的发展趋势

为了适应未来高技术条件下复杂的战场环境,制导武器的高度精确化、自动化和智能化必将成为 21 世纪世界各国追求发展的主要目标。自动寻的精确制导系统是精确制导兵器中的核心部分。精确制导系统的复杂程度和先进性直接影响武器的作战效能、应用范围和成本。目前和今后相当长的一段时间内,世界各国竞相发展的精确制导技术有红外成像制导、毫米波制导、激光雷达成像制导、复合制导和智能化制导等[60,61]。

1. 红外成像寻的制导技术[62]

红外寻的制导是当前精确制导技术中使用最多的一种,相关信息见表 1-1。国外应用实践证明,红外成像制导仍是当今世界为提高红外制导系统抗干扰能力和命中精度最有效的手段之一,也是世界各国军事应用中重点研究发展的精确制导项目之一。

表 1-1 红外寻的制导的发展

	时 期	探测方式	典型装备	备 注
第 1 代	20 世纪 70 年	短线阵或小面阵红外探测器加旋转光机扫描	AGM - 65 D 反坦克导弹, AGM - 65 F 反舰导弹	休斯公司
第 2 代	20 世纪 70 年代初	凝视红外焦平面探测器阵列成像	"海尔法"(Hellfire)导弹,"坦克破坏者"(Tank breaker)导弹	美国
			"响尾蛇"AIM - 9 L 的改进型, "崔格特"(Trigat)导弹	西欧
第 3 代	20 世纪末	凝视红外焦平面(FPA)探测技术与模式识别相结合	"海尔法",空地反坦克导弹、 AGM-109I"战斧"空地导弹	美国

从国外红外成像制导发展趋势来看[63],虽然凝视红外焦平面成像制导是主攻方向,但是解决弹载红外成像传感器,特别是解决轻型导弹用的微型红外成像传感器的技术问题,不仅仅是发展红外焦平面阵列探测器件,而且是走凝视红外焦平面阵列探测器和微型化视频光机扫描器并存发展的道路。由于红外焦平面阵列探测器实用化程度和高成本的限制,首先采用 4×长线阵 CCD 的光机扫描,然后向使用凝视型 IRFPA 的第 2 代红外成像过渡,这在相当长的一段时间内仍是研制新型战术导弹的发展方向。值得注意的是,在第 2 代凝视低温制冷型

红外热成像系统的快速发展进程中,近两年来,非制冷型凝视红外焦平面阵列探测器技术的突破和应用,使其与制冷型红外热成像系统相比所具有的低成本、低功耗、长寿命、小型化和高可靠性等优势得到很好的发挥,成为当代红外成像技术中最引人注目的突破之一,受到西方许多国家的高度重视,这将是红外热成像发展中的一次重大变革。目前,国外非制冷红外焦平面阵列(UFPA)探测器件主要有 2 种不同的技术途径,即微测辐射热计 UFPA 和热释电 UFPA 探测器,它们都取得了重要的技术突破和应用,并且随着非制冷型红外焦平面阵列探测器性能的进一步提高和工程化应用,必将对小型战术导弹红外热成像制导技术的发展带来新的生机。先进的光纤技术与红外成像技术的结合,产生了新一代光纤图像寻的制导武器,这也是值得重视的发展方向。到 2010 年前后将是红外成像制导走向完善并广泛投入使用的新时期。

2. 毫米波寻的制导技术

由于毫米波兼有微波和红外光学的突出特点,因此,毫米波制导技术在精确制导武器中占有非常重要的地位。毫米波大气传输衰减较小的窗口有 4 个:35 GHz、94 GHz、140 GHz 和 220 GHz。目前,毫米波制导用的是 35 GHz 和 94GHz 这两个窗口,而 35 GHz 导引头作用距离较远。毫米波制导按雷达工作方式不同可分为主动、被动、主动/被动复合 3 种。

在实际战场环境下,光学和红外制导都受到限制,毫米波全天候、全天时、远距离和测距的功能,无疑是人们非常感兴趣的特点;而毫米波寻的制导具有传播性能好、波束窄、带宽、抗干扰能力强、精度高和体积小等显著特点。近几年来,毫米波成像探测制导技术的发展更加具有吸引力,已成为人们追求发展的目标。由于毫米波技术的成功开发,已经实现了利用毫米波宽带特性形成一维(距离)图像,而且性能更加优越的二维、三维成像正在成为国际上研究的热点,弹载相控技术的出现为开拓和发展毫米波成像提供了可能。相控阵天线具有扫描速度快、扫描范围大、抗电子干扰能力强、指向精度高等优点。由于无机械随动系统,因而体积小、质量轻,适宜弹上使用。它基本上具有类似红外凝视成像的优点,并且还具有全天候、全天时的能力。

毫米波发射源、混频器、传输线和单片集成电路等是毫米波导引头中的关键器件。固态共形相控阵由于采用固态器件,实现导引头头罩与天线合二为一,充分利用了导弹的有效空间,使复合探测更容易实现,是理想的天线系统。它正得到世界各国的高度重视,并已取得了重大进展。固态共形相控阵技术向更高阶段发展,将主要取决于微电子技术的发展,而基础技术的突破使共形相控阵的单元数量大幅度增加,集成化和轻型化程度更高,从而大幅度地提高导引头的综合性能。

从目前发展情况来看,预计到 2020 年前后,将会有更多的毫米波寻的制导武器问世并装备部队。毫米波精确制导技术的发展将引起导弹更新换代的变革。

3. 激光成像雷达寻的制导技术

激光雷达工作在红外波段(短波、长波红外),是激光技术和雷达技术相结合的产物。与其他激光制导方式相比具有"发射后不管"的能力;与红外相比,有更强的抗干扰能力,获得更高对比度的目标信息,有利于提高作用距离和识别能力;与电波制导相比,由于波长短、单色性和相干性好、分辨率高,可大幅度地提高探测精度。

由于它具有主动测距和光学探测两个优点,使它的强度、速度、距离三维成像能力以及获得的信息量大为提高,因而突破传统的成像概念,成为先进国家争先研究和发展的重点之一。

激光成像雷达是一种主动式激光雷达,它是以 CO_2 激光和相干探测技术为基础,由景物反射率的差别变化引起光强变化成像。按成像方法不同,大致有 3 种成像类型:扫描反射成像、距离-多普勒成像和干扰全息成像。按辐射的角度不同,亦可分为 3 类,即 CO_2 激光成像雷达、二极管泵浦固体成像雷达和二极管激光成像雷达,其激光器的比较如表 1-2 所示。

表 1-2 三种成像雷达激光器的比较

	优 点	不 足
CO_2 激光器	大气传输性能好,易于实现高灵敏度外差探测和三维成像,信号处理技术很成熟	尺寸较大,而且 HgCdTe 探测器需要低温制冷空间,其在应用中的竞争力受到制约
二极管泵浦固体和二极管阵列激光器	单模稳定运转、高稳频、高功率、高效率,不需要制冷	效率和输出功率低

纵观近年来国外激光成像雷达的研究动态,其发展趋势是:

(1)相干探测体制将是激光成像雷达的主流,相干外差探测可有很高的探测灵敏度,从而使激光发射功率减小,相应的体积和质量大大减小;相干探测采用多普勒频率补偿技术可以消除导弹目标相对运动的影响。

(2)高可靠性、小型化激光成像雷达是发展的必然趋势。

(3)高抗干扰性是激光成像雷达应用于制导的必备条件。

(4)实时成像和精确测量是激光成像雷达发展的最终目的。激光成像雷达必须能够实时提供目标的距离、速度和强度图像,能够精确测距、测速、测角及角速度,具有图像识别和成像跟踪等功能,这是发展激光成像雷达寻的制导的关键技术[64]。

4. 复合寻的制导技术[65]

随着未来战场环境的日益复杂以及光电子学、隐身材料、隐身技术和信息处理能力的飞速发展,精确制导武器面临着严重挑战。战争形态的变化对精确制导武器提出了更高的要求,要求制导系统在较恶劣的气候条件下和复杂的战争环境(雾、雨、雪、烟、尘埃等)中能正常工作,即具有目标自动识别能力、对付多目标能力、抗干扰能力、快速反应能力、命中要害部位和全天候能力等,实现"打了不用管"。显然,单一模式的导引系统将难以适应新的局部战争的要求,而发展和采用复合寻的制导将是唯一的选择。复合寻的制导兼有 2 种或多种频谱的性能优点,既可以充分发挥各自模式的优势,又可相互弥补对方的劣势,在战术使用上将大大提高寻的制导系统的抗干扰性能、全天候性能、反隐身和识别目标的能力,提高制导精度,扩展作用距离,因此是非常重要的发展方向。

复合寻的制导的形式有多种,按制导体制来复合有射频(微波 MMW)和光学(可见光、激光、红外、红外成像)间的复合;按基本方式复合,有指令、程控寻的间的不同复合;按飞行时间顺序,可分为串接复合和并行复合两种方式;按结构来复合,有共口径和分口径的复合。在多种复合形式中,红外/毫米波复合技术性能最佳,该系统光、电互补,克服了各自的不足,综合了光、电制导的优点,仍然是当前和今后相当长一段时间内世界各国研究的重点。复合寻的制导要在突破集能复合传感器技术、高精度稳定系统技术、实时目标识别与信息融合处理等关键技术的基础上实现实用化,这是实现精确复合制导成功与否的关键。

从目前国外复合制导技术发展的趋势可以大致看出，国外在对空武器中由微波雷达/红外复合为主转向毫米波雷达/红外复合，对地武器中则以毫米波雷达/红外复合为主。

5. 智能化寻的制导技术[66]

信息化武器装备发展的最终结果，必将建立起高度可控的新型智能系统，并将极大地提高武器装备的作战效能。随着计算机及其智能技术向武器装备中渗透，使得越来越多的武器装备具有了高度智能化的特征。智能化寻的制导采用图像处理、人工智能和计算机技术，无人参与地对目标自动探测、自动目标识别（ATR）自动捕获和跟踪，并进行瞄准点选择和杀伤效果评估。

未来战场环境异常复杂，精确制导武器要在很短时间内完成对目标的发现和摧毁，并做到首发命中击毁目标，仅靠人工引导是难以实现的，必须使制导武器具有"智能化"。与精确制导武器相比，智能化制导武器是一种"会思考"的武器系统，可以"有意识"地自主搜索、发现、识别和攻击高价值目标的能力，还能够区分真假目标及其型号，筛选、判断和有选择地攻击敌方目标的薄弱环节和易损部位，选择命中点，达到"命中即杀伤"。据有关统计分析，装有智能系统的制导武器，在战场条件不变的情况下，弹药的命中精度可提高3倍。据称，在伊拉克战争中，美英联军所用的炸弹90%都是所谓的"智能炸弹"。

1.4.5 激光武器的发展趋势

相关信息显示，激光武器的发展趋势如下[67]：

（1）激光武器将成为防御战中的重要力量。美军计划2009年部署7架可在400多千米的防区外利用激光武器击落敌方弹道导弹的空基波音747-400F飞机。作为机载激光器的后续项目，天基激光器计划也将在2012年进行包括交战在内的空间试验。在陆基激光器计划方面，美国陆军将主要针对利用激光器对空间和导弹进行防御，并逐步取代地空导弹。海基方面，美国海军利用激光器主要改造舰载自卫武器系统，设想在20 s内与同时到达的4枚超声速巡航导弹交战。

（2）激光武器将逐渐在进攻中发挥作用。如果说对于导弹的攻击仍是一种防御作战的话，则激光对卫星的攻击以及正在计划发展的激光攻击系统将填补激光武器在进攻领域中的空白。除此之外，美国陆军计划在V-22直升机上加载300 kW化学氧碘战术激光器，最大射程为12～20 km，不仅在战场上用于防御巡航导弹，还可在城区或野战场上对地面目标进行超精确打击。

（3）激光武器将成为未来太空战的主要装备。世界各主要军事强国相继进入了精确制导武器时代，对于空间信息支援的依赖性越来越大，但太空防卫能力明显不足。苏联曾对美国卫星致盲，我国也用导弹击落卫星，还有美军涵盖陆、海、空、天各平台的激光武器部署计划和试验，对于太空的争夺必将加剧。由于激光在太空具有传输距离远、能量几乎不衰减等特点，使得目前在空间信息进攻武器方面正在从传统的以动能反卫星武器为重点，转向了以电子进攻武器尤其是定向能武器方向转变。美军天基激光器项目计划在700～1 300 km高度部署20～40颗携带高能激光器的卫星。除美国外，各主要军事强国都在努力加强这方面的研究工作。

（4）心理威慑效能增强。一个拥有激光武器的集团，对付一支没有激光武器甚至不具备防御激光武器能力的集团时,将会使其产生更严重的心理负担。

(5)非对称性、非接触优势更为突出。由于激光武器具有作战距离远、作战能力强、部署方便、受后勤制约小等优势,使拥有激光武器的一方达到作战目的较目前精确制导武器时代更具优势。军事强国利用激光武器可以在更远距离上,超精确地攻击劣势一方的目标,较之以往将更易达到作战目的,非对称性、非接触性也表现得更为突出。

(6)激光武器将成为战场的重要部分。首先,现有武器平台将越来越难以有效抵御激光武器的威胁。美军将激光武器作为防空制天的重要组成部分。目前,激光武器已经具备了对在现代战争中发挥重要作用的作战、支援平台,如战术导弹、巡航导弹、防区外空地导弹以及卫星、太空飞行器等平台,产生极其严重的威胁。美军天基激光器计划决定部署的激光器,其自身储存的燃料能与大约 100 个目标交战。随着激光武器的快速发展,未来它将对各种作战平台产生更加致命的威胁,传统平台的作战能力将被完全压制。其次,激光武器作战效费比高,有被大规模列装的趋势。激光武器虽然研制经费很高,但其作战使用费用低廉。

参 考 文 献

[1] 王洋,张景旭,郭劲. 光电对抗技术[J]. 红外与激光工程, 2006, 36(S): 164-168.

[2] 光电对抗技术装备及其发展. http://dbjohn.blog.163.com/blog/static/26297502200842311465398 4/.

[3] 赵广福. 光电对抗技术评述[J]. 红外技术, 1996, 18(2): 13-19.

[4] 樊祥, 刘勇波, 马东辉, 等. 光电对抗技术的现状及发展趋势[J]. 电子对抗学术, 2003, 18(6): 10-15.

[5] 黄泽贵, 胡国平. 光电对抗新技术的应用与展望. 电子对抗技术, 2002, 17(4): 38-43.

[6] 王昭, 相明, 李宏, 等. 一种基于瞬时频率估计的被动声学测距方法[J]. 兵工学报, 2000, 21(2): 129-131.

[7] 张正明. 辐射源无源定位技术研究[D]. 西安电子科技大学电子工程学院, 2000: 10-25.

[8] 安毓英, 刘劲松. 激光单站定位接收机研究方案论证报告[R]. 西安: 西安电子科技大学, 1994: 25-55.

[9] Reilly J P, Youkins L T, Taylor R J. Infrared passive ranging using sea background for accurate sensor registration[J]. SPIE. 1995, 2469: 319-329.

[10] Reilly J P, Klein T, Ilver H. Design and demonstration of an infrared passive ranging[J]. John hopkings APL technical digest. 1999, 20(2): 1854-1859.

[11] Ronald J Pieper, Alfred W Cooper, G Pelegris. Passive range estimation using dual-baseline triangulation[J]. Optical Engineering, 1996, 35(3): 685-692.

[12] 赵春晖, 赵枫. 多站点准单站无源定位技术的研究[J]. 制导与引信, 1996(2): 33-37.

[13] Berle F J. Mixed Triangulation/Trilateration Techniques for Emitter Location[C]. Proc. IEE part F. 1986, 133(7).

[14] 何友金, 陆斌. 红外告警器对目标定位方法研究[J]. 光电对抗与无源干扰, 1997(1): 13-17.

[15] Ho K C, Chan Y T. Solution and performance analysis of geolocation by TDOA[J]. IEEE Trans. On AES. 1993, 29(4): 1311-1322.

[16] Ho K C. Geolocation of known altitude object from TDOA and FDOA measurements[J]. IEEE Trans. On AES. 1997, 33(3): 770-782.

[17] Ray P S. A novel TOA analysis technique for radar identification[J]. IEEE Trans. On AES. 1998, 34(3): 716-721.

[18] 付小宁，李西安. 单站被动定位及光电实现[J]. 测试技术学报，2002，16(1): 45-47.

[19] 安毓英，曾小东，刘劲松. 激光单站被动测距技术研究[J]. 激光技术. 1998, 22(2)：129-130.

[20] Baldacci A, Corsini G, Diani D. Ranging by means of monocular passive systems[J]. Proceedings of SPIE Conference on signal processing, Sensor fusion and Target recognition. 1999, 3720: 473-482.

[21] Jeffrey W, Draper J S, Gobel R. Monocular Passive Ranging[J]. Proceedings of IRIS Meeting of Special Group on Targets, Backgrounds and Discrimination.1994. 113-130.

[22] Mckay D L, Wohlers R, Chuang C K. Airborne validation of an IR passive TBM ranging sensor[J]. Proceedings of SPIE Conference on Infrared Technology and Applications, 1999, 3698: 491-500.

[23] Randall P. Kinematic ranging for IRSTs. SPIE, 1993 (1950): 96-104.

[24] 付小宁. 关于基线单站被动测距[J]. 激光与红外. 2001，31(6): 374-376.

[25] 李象霖. 三维运动分析[M]. 合肥：中国科学技术大学出版社，1996.

[26] Larry Matthies, Takeo Kanada, Kalman filter-based algorithm for estimating depth from image sequence[J]. International Journal of Computer Vision, 1989, Iss 3: 209-236.

[27] 钟平，冯进良，于前洋，等. 动态图像序列帧间运动补偿方法探讨[J]. 光学技术，2003，29(4): 441-444.

[28] 陈衡. 红外物理学[M]. 北京：国防工业出版社，1985: 1-125.

[29] 白长城，张海兴，方湖宝. 红外物理[M]. 北京：电子工业出版社，1989: 3-69.

[30] 刘景生. 红外物理[M]. 北京：兵器工业出版社，1992: 1-89.

[31] 周书铨. 红外辐射测量基础[M]. 上海：上海交通大学出版社，1990: 1-57.

[32] 韦毅，杨万海，李红艳. 红外三维定位精度分析[J]. 红外技术，2002, 24(6): 37-40.

[33] 什么是"光电干扰"？http://wenwen.sogou.com/z/q209988360.htm.

[34] 王永仲. 现代军用光学技术[M]. 北京：科学出版社，2003.

[35] 未来十大尖端武器之一：激光武器. http://www.yahoo.com.cn/tpk/200807/t20080711_20588.htm.

[36] 徐大伟. 美国激光武器的发展与分析[J]. 激光与红外, 2008, 38(12): 1183-1187.

[37] 任宁，刘敬民，秦凤英. 美国高能激光武器发展现状及远景规划[J]. 红外与激光工程，2008, 37(S): 375-378.

[38] 赵江，徐世录. 激光武器的现状与发展趋势[J]. 激光与红外，2005，35(2)：67-70.

[39] 陈福胜，王江安. 光电对抗技术发展概况及装备需求[J]. 海军工程大学学报，2000(1): 109-112.

[40] 李腾飞. 光电对抗技术的未来. 河南机电高等专科学校学报，2007, 15(3)：6-7, 25.

[41] 徐锦. 光电侦察告警技术的现状与发展趋势. 光电系统，2006(3): 28-32.

[42] 付伟. 导弹逼近紫外告警技术的发展[J]. 光机电信息，2002(8)：26-29.

[43] 吴继宇，卢峰. 光电对抗装备技术现状及发展趋势[C] //2003 年全国光电技术学术交流会暨第十六届全国红外科学技术交流会, 2003 年第 16 卷.

[44] 多目标红外单站被动定位技术[R]. GF 报告，2001 年 4 月.

[45] 对机动平台的光电单站定位技术[R]. 十五武器装备预先研究开题论证报告，2002年6月.

[46] 赵勋杰，高稚允. 光电被动测距技术[J]. 光学技术，2003, 29(6): 652-656.

[47] Dowski E R, Cathey W T. Single lens single–image incoherent passive ranging systems[J]. Application Optics, 1994, 33(29): 6762-6773.

[48] 对机动平台的光电单站定位技术[R]. 十五武器装备预先研究开题论证报告，2002, 6.

[49] 吴晗平. 红外警戒系统的被动测距方法研究[J]. 电光与控制. 1998,71(3): 21-26.

[50] 侯娜，黄道君. 红外无源定位技术研究[J]. 电子对抗技术, 2002, 17(4): 12-15.

[51] 陈前荣. 单站红外被动定位系统[J]. 激光与光电子学进展（增刊），1999(9): 27-30.
[52] 谢邦荣. 机载红外被动定位方法研究[J]. 红外技术，2001, 23(5): 1-3.
[53] 路远，时家明，等. 红外被动定位研究[J]. 红外与激光工程，2001, 30(6): 405-409.
[54] 王刚，禹秉熙. 基于对比度的空中红外点目标探测距离估计方法[J]. 光学精密工程，2002, 10(3): 276-280.
[55] 钱铮铁. 一种用于红外警戒系统的被动测距方法[J]. 红外与毫米波学报，2001, 20(4): 311-314.
[56] 程兵旺. 机动多目标红外无源单站被动定位新技术研究[D]. 西安电子科技大学，1998.
[57] 肖旸. 红外无源单站定位技术[D]. 西安电子科技大学，2000.
[58] 张国平，明海，谢建平，等. 像素高频振动用于实现被动测距[J]. 电子学报，1998, 26(8): 123-125.
[59] 郭福成，孙仲康，安玮. 利用方向角及其变化率对固定辐射源的三维单站无源定位[J]. 电子学报，2002，30(12): 1885-1887.
[60] 殷兴良. 精确自动寻的制导技术发展前景[J]. 系统工程与电子技术，1995(11)：49-55.
[61] 刘永昌，朱虹. 红外寻的制导技术的发展现状与新趋势[J]. 红外技术，1999(4): 7-12.
[62] 刘永昌，王虎元. 红外成像制导多模实时跟踪算法研究[J]. 红外技术，2000(2): 23-26..
[63] 刘永昌，吴鹏. 未来光电精确寻的制导技术发展前景预测[J]. 现代防御技术,2003, 31(6): 46-51.
[64] 刘永昌，吴鹏，张黎. 迈向新世纪的智能化红外成像寻的制导技术[J]. 红外技术，2002(2): 1-6.
[65] 刘永昌. 红外/毫米波复合导引头技术分析研究[J]. 红外技术，1994(4)：1-9.
[66] 信息化武器装备新走势. http://www.china.com.cn/chinese/junshi/471523.htm.
[67] 李源，陈治平，王鹏华. 高能激光武器现状及发展趋势[J]. 红外与激光工程，2008，37(S)：371-374.

第 2 章 光在大气中的传播

对光电对抗系统来说，目标发出的光频电磁辐射要经过一段大气路径才能到达接收探测器，探测器光学系统的设计依赖于大气路径的统计特性；光电对抗系统的使用不可避免地要受太阳、地球大气环境以及地物背景的影响，故了解和研究光在大气中的传播非常必要。

2.1 大气的衰减

光谱的辐射以及大气对辐射的吸收和散射，是大气衰减分析的理论基础[1]。

2.1.1 普朗克公式

1900 年，普朗克抛弃了能量是连续的传统经典物理观念，导出了与实验完全符合的黑体辐射经验公式。在理论上导出这个公式，必须假设物质辐射的能量是不连续的，只能是某一个最小能量的整数倍。由此创立了量子理论，开创了现代量子物理学。当黑体处于热力学温度 T 时，在波长 λ 处的单色辐射出射度由普朗克公式给出：

$$M_{v\lambda b}(T) = \frac{2\pi h c^2}{\lambda^5 \left[e^{hc/(\lambda kT)} - 1 \right]} \tag{2-1}$$

式中，h 为普朗克常数，c 为真空中的光速，k 为玻耳兹曼常数。

令 $C_1 = 2\pi h c^2$，$C_2 = hc/k$，则式（2-1）可改写为

$$M_{v\lambda b}(T) = \frac{C_1}{\lambda^5} \cdot \frac{1}{e^{C_2/(\lambda T)} - 1} \quad (\text{W} \cdot \text{m}^{-2} \cdot \mu\text{m}^{-1}) \tag{2-2}$$

式中，$C_1 = (3.741\,832 \pm 0.000\,020) \times 10^{-12}\,\text{W}\cdot\text{cm}^2$ 为第一辐射常数；$C_2 = (1.438\,786 \pm 0.000\,045) \times 10^4\,\mu\text{m}\cdot\text{K}$ 为第二辐射常数。

图 2.1 所示为不同温度条件下黑体的单色辐射出射度（辐射亮度）随波长的变化曲线。由图可见：

（1）对任一温度，单色辐射出射度随波长连续变化，且只有一个峰值，对应不同温度的曲线不相交，因而温度能唯一确定单色辐射出射度的光谱分布和辐射出射度（曲线下的面积）；

（2）单色辐射出射度和辐射出射度均随温度的升高而增大；

（3）单色辐射出射度的峰值随温度的升高向短波方向移动。

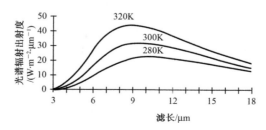

图 2.1 黑体单色辐射出射度随波长的变化曲线

1. **维恩位移定律**

维恩位移定律定量地描述了单色辐射出射度的峰值随温度的升高向短波方向移动。设 λ_m 为峰值辐出度对应的波长，有

$$\lambda_m T = 2\,897.9 \ (\mu m \cdot K) \tag{2-3}$$

2. **斯蒂芬-玻耳兹曼定律**

斯蒂芬-玻耳兹曼定律揭示了黑体的辐出度与绝对温度的4次方成正比，而与黑体的其他性质无关。

$$M_{vb}(T) = \sigma T^4 \tag{2-4}$$

式中，$\sigma = 5.670 \times 10^{-8} \ J/(m^2 \cdot s \cdot K^4)$，为斯蒂芬–玻耳兹曼常数。

3. **普朗克公式的两种近似**

1）维恩近似

当 λT 很小时，$e^{C_2/(\lambda T)} - 1 \approx e^{C_2/(\lambda T)}$，可得到适合于短波长区域的维恩公式：

$$M_{v\lambda b}(T) = C_1 \lambda^{-5} e^{-C_2/(\lambda T)} \tag{2-5}$$

在 $\lambda T < 2\,698 \ \mu m \cdot K$ 区域内，维恩公式与普朗克公式的误差小于1%。

2）瑞利-琼斯近似

当 λT 很大时，$e^{C_2/(\lambda T)} \approx 1 + \dfrac{C_2}{\lambda T}$，可得到适合于长波长区域的瑞利–琼斯公式：

$$M_{v\lambda b}(T) = \frac{C_1}{C_2} T \lambda^{-4} \tag{2-6}$$

在 $\lambda T > 7.7 \times 10^5 \ \mu m \cdot K$ 时，瑞利-琼斯公式与普朗克公式的误差小于1%。

4. **毫米波辐射**[2]

将普朗克黑体辐射强度公式用简化的瑞利-琼斯表达式近似，黑体的谱亮度 B_f 为

$$B_f = \frac{2kT}{\lambda^2} \tag{2-7}$$

式（2-7）表明了黑体辐射强度和物理温度之间存在线性关系，应用瑞利-琼斯近似表达式计算黑体的亮度与普朗克公式的计算误差，在温室 $T=300 \ K$，低于117 GHz 的频率下，小于1%，即使频率提高到370 GHz，相对误差也只有3%。

由式（2-7）可知，在毫米波波段，对于窄频带 Δf，黑体在物体温度 T 时的亮度为

$$B_b = B_f \Delta f = \frac{2kT}{\lambda^2} \Delta f \tag{2-8}$$

实际的物体通常称为灰体，它的发射少于黑体的发射，并且未必能吸收所有入射到它上面的能量。灰体的物理温度为 T，在方向 (θ, ϕ) 上的亮度为 $B(\theta, \phi)$，定义其等效黑体辐射测量温度，称为亮度温度 $T_B(\theta, \phi)$，由式（2-9）确定：

$$B(\theta, \phi) = \frac{2k}{\lambda^2} T_B(\theta, \phi) \Delta f \tag{2-9}$$

灰体的亮度 $B(\theta,\phi)$ 与同一物理温度时的黑体的亮度之比定义为发射率 $\varepsilon(\theta,\phi)$。

$$\varepsilon(\theta,\phi)=\frac{B(\theta,\phi)}{B_b}=\frac{T_B(\theta,\phi)}{T} \tag{2-10}$$

因为 $B(\theta,\phi) \leq B_b$，$0 \leq \varepsilon(\theta,\phi) \leq 1$，实际物体的亮度温度也总是小于或等于它的热力学温度。黑体的发射率为1，故黑体的亮度温度就是它的实际温度。

方向 (θ,ϕ) 的确定如图2.2所示。典型地物表面的发射率如表2-1所示。

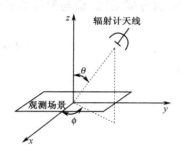

图2.2 方向 (θ,ϕ) 的确定

表2-1 典型地物表面的发射率

地物目标	地物表面的发射率 ε	
	$\lambda=3$ cm 时	$\lambda=8$ cm 时
草地	1.0	1.0
沥青	0.98	0.98
混凝土	0.86	0.92
干沙	0.90	0.86
水面	0.38	0.63
金属面	0	0

2.1.2 吸收定律

在吸收过程中，介质中的原子或分子被激发，吸收的能量可以热能、辐射能（如发光）或化学能（如光化学反应）的形式释放出来。被吸收的总量取决于与光束相作用的吸收剂的总量。

对吸收现象的研究建立在如下的几条假设上：

（1）入射光线是单色的；

（2）吸收粒子（分子、原子、离子等）的吸收行为是相互独立的；

（3）入射辐射由平行光线构成，并与吸收介质的表面相垂直；

（4）光束横截面经历的光程相同；

（5）吸收介质是均匀的，且不会散射辐射；

（6）入射通量不足以导致饱和效应。（对激光来说，其光束非常强，容易把能够吸收光子的原子激发到激发态，使原子的吸收能力饱和，从而不能更多地吸收其他光子，叫作饱和效应。）

考虑吸收剂浓度均匀地吸收介质，设照射在吸收物薄片上的辐射通量为 Φ，而透过的辐射通量为 $\Phi - \mathrm{d}\Phi$。当入射通量增加时，光束中被吸收的光子数量也成比例地增加，也就是说 $\mathrm{d}\Phi$ 与 Φ 成正比；同样，由于与光束相作用的吸收剂的数目和薄片的厚度 $\mathrm{d}b$ 成正比，即

$$\mathrm{d}\Phi = -\beta \Phi \mathrm{d}b \tag{2-11}$$

式中，β 为比例常数，负号表示光通量随厚度的增加而减少。设厚度从0到 b 的变化使得光通量从 Φ_0 变为 Φ，于是，式（2-11）可改写为

$$\int_{\Phi_0}^{\Phi}\frac{\mathrm{d}\Phi}{\Phi}=-\beta\int_0^b \mathrm{d}b \tag{2-12}$$

式（2-12）积分的结果是 $\ln(\Phi/\Phi_0)=-\beta b$，或

$$\Phi = \Phi_0 \exp(-\beta b) \tag{2-13}$$

式（2-13）表明，随着通过吸收剂的路径增加，辐射通量（功率）按幂指数率减小。该式常用于研究辐射在均匀介质中传播时的吸收。

式（2-13）中 β 称为消光系数，包括散射和吸收方面的影响。β 与入射波的波长 λ 有关；对给定的粒子在特定的波长 λ 下有确定的 $\beta(\lambda)$ 值，称为单色消光系数。

当 β 是厚度（或路径）的函数时，可得式（2-13）的一般形式

$$\Phi = \Phi_0 \exp\left(-\int_0^b \beta \mathrm{d}b\right) \tag{2-14}$$

式（2-14）称为 Beer-Lambert 定律。

2.1.3 散射分析

光子与物质粒子的作用会产生散射，其辐射的强度、频率及角度都可用来分析物质的性质，如进行光谱分析。如果散射频率与入射频率相同，称这样的散射为弹性散射；如果散射频率不等于入射频率，则称发生了非弹性散射。

通常以尺寸参数 $x = 2\pi r/\lambda$ 作为散射分类的标准，即瑞利散射、Mie 散射和几何光学散射，其中 r 为粒子半径，λ 为波长。当 $x < 0.1$ 时，为瑞利散射；当 $0.1 < x < 50$ 时，为 Mie 散射；当 $x > 50$ 时，为大颗粒的几何光学散射[3]。

从适用范围上来说，瑞利散射模型仅适用于尺度参数 x 非常小的颗粒光散射，几何光学散射仅适用于大颗粒光散射计算，而基于 Lorenz 连分式修正 Mie 散射理论在一定程度上涵盖了瑞利散射和几何光学散射。

1. 瑞利散射

瑞利（Rayleigh）散射是散射体的大小远比入射光束波长小，比如分子、原子这样一些粒子产生的散射。在这种情况下，可以把散射体当作二次发射的点光源。对单个粒子而言，用非偏振辐射可获得一个关于散射角为对称的散射照度，即

$$(E_{\mathrm{SC}})_\theta = \frac{8\pi^4 \sigma^2 (1+\cos^2\theta) E_0}{\lambda^4 d^2} \tag{2-15}$$

式中，σ 是以 m^3 为单位的粒子极化性；λ 是入射辐射的波长；θ 是入射和散射光线间的角度；E_0 是入射光束的辐射照度；d 是散射中心到探测器之间的距离。极化性是一个给定入射频率在粒子中诱导产生一个偶极的有效程度的一个度量。极化性大致随粒子体积大小不同而变化，式（2-15）表明散射辐射强度将随粒子大小增加而增加。因此，在含有各种大小不同粒子的样品中，较大粒子对散射起的作用较大。此外，用非偏振入射辐射时，在垂直方向产生的散射辐射是线偏振的。

瑞利散射是造成天空呈蓝色、初升太阳呈红色的原因。

2. Mie 散射

1908 年 G. Mie 给出了球形粒子散射问题的解析式，建立了经典的 Mie 散射理论[4, 5]。该理论指出对单色平面波入射到一个均匀、各向同性介质球上，则粒子的入射场、散射场及内部场可利用矢量球谐函数进行展开，利用电磁场边界条件，可以得到这些展开系数，其中散射场的展开系数 a_n 和 b_n 又称为 Mie 系数，可以分别表述为

$$a_n = \frac{\psi_n(x)\psi_n'(mx) - m\psi_n'(x)\psi_n(mx)}{\zeta_n(x)\psi_n'(mx) - m\zeta_n'(x)\psi_n(mx)} \tag{2-16}$$

$$b_n = \frac{m\psi_n(x)\psi_n'(mx) - \psi_n'(x)\psi_n(mx)}{m\zeta_n(x)\psi_n'(mx) - \zeta_n'(x)\psi_n(mx)} \tag{2-17}$$

式中，$x = 2\pi r/\lambda$，通常称为粒子的尺寸系数；r 是粒子的半径；λ 是入射波的波长；$m = m_r + im_i$ 是粒子相对于周围介质的复折射率指数；$\psi_n(z)$ 和 $\zeta_n(z)$ 是 Riccati-Bessel 函数，$\psi_n'(z)$ 和 $\zeta_n'(z)$ 是 Riccati-Bessel 函数对变量 z 的一阶导数。

Mie 系数确定之后，散射场的形式就可以确定下来，例如大气传输、辐射、散射中常用到的消光系数 K_{ext}、散射系数 K_{sca} 等：

$$K_{\text{ext}} = \frac{2}{x^2} \sum_{n=1}^{\infty} (2n+1) \text{Re}(a_n + b_n) \tag{2-18}$$

$$K_{\text{sca}} = \frac{2}{x^2} \sum_{n=1}^{\infty} (2n+1)(|a_n|^2 + |b_n|^2) \tag{2-19}$$

由式（2-18）、式（2-19）可以看出，Mie 理论中决定粒子散射特性的物理量有：粒子与周围介质的相对折射率以及粒子的尺寸参数。

3. 几何光学散射

当微粒的直径比波长大得多时（即 $d \gg \lambda$）所发生的散射称为非选择性散射。这时，散射系数为一常数，散射与波长无关，即任何波长散射强度相同，故又称非选择性散射。例如，大气中的水滴、雾、烟、尘埃等气溶胶对太阳辐射，常常出现这种散射。常见到的云或雾都是由比较大的水滴组成的，符合 $d > \lambda$，云或雾之所以看起来是白色，是因为它对各种波长的可见光散射均是相同的。对近红外、中红外波段来说，由于 $d > \lambda$，所以属非选择性散射，这种散射将使传感器接收到的数据严重的衰减。

2.1.4 大气衰减[6]

当电磁辐射通过大气从辐射源向接收器传输时，可观察到三种主要现象：（1）到达传感器的辐射强度降低了；（2）外界辐射经散射进入视场，降低了目标对比度；（3）图像的重现精度由于紊流和微粒杂质的前向小角度散射而降低。另外，对于背景限系统，路径辐射和散射进入视场，影响噪声水平。这种影响的特性和大小取决于：传感器类型（眼睛、成像系统）、传感器特性（光谱响应、灵敏度、空间分辨率）、大气成分以及环境条件，如图 2.3 所示。

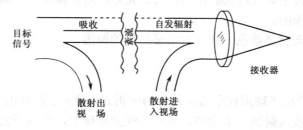

图 2.3 大气的影响：吸收和散射出视场降低了目标信号，紊流和微粒前向散射使图像失真，进入视场的散射和路径辐射降低了目标的对比度

衰减就是辐射沿着视线传输时总的减少量，包括吸收和散射。其中，散射仅改变辐射传输的方向，而散射到视场外的辐射量则形成衰减。根据 Beer-Lambert 定律，可知谱透过率为

$$\tau_{\text{atm}}(\lambda) = e^{-\beta(\lambda)R} \tag{2-20}$$

式中，R 为路径长度，$\beta(\lambda)$ 为谱衰减系数。由于散射和吸收是独立的，有

$$\beta = k_m + \sigma_m + k_a + \sigma_a \tag{2-21}$$

式中，k 表示吸收，σ 表示散射，下标"m"和"a"分别表示来自分子或气溶胶的影响。

衰减取决于所有的大气成分，包括悬浮微粒、废气、雾、雨和雪等，大的湿度使微粒聚集而降低了透过率，尤其是海面上的盐雾。

起因于密度梯度、温度和湿度梯度以及大气压差的折射率的变化所引起的扰动，微粒杂质的小角度散射，尤其是其多重散射使景象辐射的光子沿各个方向散射，会模糊目标图像的细节、影响图像质量。

2.2 大气窗口及能见度

2.2.1 大气窗口[7]

由于大气对电磁波散射和吸收等因素的影响，使一部分波段的光源辐射在大气层中的透过率很小或根本无法通过；而把电磁波通过大气层较少被反射、吸收和散射的那些透射率高的波段，称为大气窗口。目前在大气光学中使用的一些大气窗口如下：

（1）0.3～1.155 μm，包括部分紫外光、全部可见光和部分近红外，即紫外、可见光、近红外波段。这一波段是摄影成像的最佳波段，也是许多卫星遥感器扫描成像的常用波段。比如，Landsat 卫星的 TM 的 1～4 波段；SPOT 卫星的 HRV 波段等。其中：0.3～0.4 μm，透过率约为 70%；0.4～0.7 μm，可见光波段，透过率大于 95%；0.7～1.1 μm，透过率约为 80%。

（2）1.4～1.9 μm，近红外窗口，透过率为 60%～95%，其中 1.55～1.75 μm 透过率较高。该波段是白天日照条件好的时候扫描成像的常用波段。比如，TM 的 5、7b 波段等用以探测植物含水量以及云、雪或用于地质制图等。近红外也叫短波红外（SWIR）。

（3）2.0～2.5 μm，近红外窗口，透过率约 80%。

（4）3.5～5.0 μm，中红外（MWIR）窗口，透过率为 60%～70%。该波段物体的热辐射较强。这一区间除了地面物体反射太阳辐射外，地面物体自身也有长波辐射。比如，NOVV 卫星的 AVHRR 遥感器用 3.55～3.93 μm 探测海面温度，获得昼夜云图。

（5）8.0～14.0 μm，热红外窗口，透过率约 80%。主要来自物体热辐射的能量，适于夜间成像，测量探测目标的地物温度。热红外也叫长波红外（LWIR）。

（6）1.0～1.8 mm，微波窗口，透过率为 35%～40%。1 mm 毫米波波段。

（7）2.0～5.0 mm，微波窗口，透过率为 50%～70%。3 mm 毫米波波段。

（8）8.0～1000.0 mm，微波窗口，透过率约为 100%。由于微波具有穿云透雾的特性，因此具有全天候、全天时的工作特点。其前端为 8 mm 毫米波波段。

上述（1）～（8）中，透过率指中纬度"晴朗"大气氛围下 0 海拔高度处水平路程的平均透过率；而仅有吸收情况下 5 km 海拔高度处的典型的大气透过率曲线如图 2.4 所示。

太阳辐射中的紫外线通过大气层时，波长小于 0.3 μm 的紫外线几乎全被吸收；只有 0.3～0.4 μm 波长的紫外线部分能穿过大气层到达地面，且能量很少，并能使溴化银底片感光。在

0.22~0.28 μm 波段，大气层屏蔽了太阳紫外辐射，有利于探测地面目标的紫外辐射，称为日盲紫外波段。

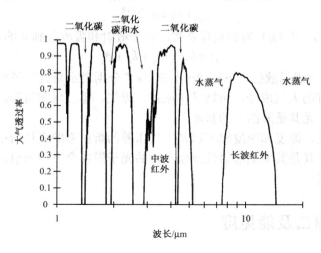

图 2.4 经过 1 km 的路径长度的典型的大气透过率

大气窗口仅是干洁大气对电磁波的作用结果，不包括大气云层、烟尘、水汽作用。

2.2.2 能见度

气象能见度定义为：视力正常的人，在当时天气条件下，能够从天空背景中看到和分辨出目标物（黑体，大小适度）的最大水平距离，或夜间则能看到和确定一定强度灯光的最大水平距离。一般而言，正常人眼的对比度阈值为 0.02，也就是认为只有目标对比度大于 0.02 时人眼才能从天空背景中分辨出目标物[8]。

将能见度的概念代入 Beer-Lambert 定律，可得能见距离 L 与消光系数 $K_{\text{ext}} = k_\text{m} + k_\text{a}$ 的关系

$$L \leqslant \frac{\ln 0.02}{-K_{\text{ext}}} = \frac{\ln 0.02}{-k_\text{m} - k_\text{a}} \tag{2-22}$$

式中 k_m、k_a 与式（2-21）中的相同。能见度 V 定义为能见距离 L 的上限，即 $V = L_{\max} = 3.91/K_{\text{ext}}$。

考虑到能见度是相对于人眼视觉定义的，也即相当于波长为 550 nm 的可见光，因此有必要对能见度和消光系数的关系作一些修正，常用的修正公式为

$$V = \frac{3.91}{K_{\text{ext}}} \left(\frac{\lambda}{555\,\text{nm}} \right)^{-q} \tag{2-23}$$

式中，

$$q = \begin{cases} 1.6 & (V > 50\,\text{km}) \\ 1.3 & (6\,\text{km} < V \leqslant 50\,\text{km}) \\ 0.16V + 0.34 & (1\,\text{km} < V \leqslant 6\,\text{km}) \\ V - 0.5 & (0.5\,\text{km} < V \leqslant 1\,\text{km}) \\ 0 & (V \leqslant 0.5\,\text{km}) \end{cases} \tag{2-24}$$

2.3 大气的成分

2.3.1 大气分子

光波在大气中传播时,大气分子在光波电场的作用下产生极化,并以入射光的频率作受迫振动。所以为了克服大气分子内部阻力要消耗能量,表现为大气分子的吸收。

分子的固有吸收频率由分子内部的运动形态决定。极性分子的内部运动一般由分子内电子运动、组成分子的原子振动以及分子绕其质量中心的转动组成。相应的共振吸收频率分别与光波的紫外和可见光、近红外和中红外以及远红外区相对应。因此,分子的吸收特性强烈依赖于光波的频率。

大气中 N_2、O_2 分子虽然含量最多,但它们在可见光和红外区几乎不表现吸收,对远红外和微波段才呈现出很大的吸收。因此,在可见光和近红外区,一般不考虑其吸收作用。大气中除包含上述分子外,还包含有 He,Ar,Xe,O_3,Ne 等,这些分子在可见光和近红外有可观的吸收谱线,但因它们在大气中的含量甚微,一般也不考虑其吸收作用。

H_2O 和 CO_2 分子,特别是 H_2O 分子在近红外区有宽广的振动-转动及纯振动结构,因此是可见光和近红外区最重要的吸收分子,是晴天大气光学衰减的主要因素,它们的一些主要吸收谱线的中心波长如表 2-2 所示。不难看出,对某些特定的波长,是形成"大气窗口"的原因,目前常用的探测器波长都处于这些窗口之内。

表 2-2 可见光和近红外区主要吸收谱线(黑体字为强吸收峰)

吸收分子	主要吸收谱线中心波长/μm
H_2O	0.72　0.82　0.93　1.13　1.38　**1.46**　**1.87**　**2.66**
	3.15　**6.26**　11.7　12.6　13.5　14.3
CO_2	1.4　1.6　2.05　**2.7**　**4.3**　5.2　9.4　10.4　**14.7**
O_2	0.2~0.25　0.64　**0.76**
O_3	0.2~0.36　0.6　**4.7**　**9.6**　10.5　**14.1**

大气分子的吸收还与海拔高度有关,因为越接近地面(几千米),水蒸气的浓度越大,水蒸气吸收的能量也越大。

水汽和氧对毫米波的吸收系数都是吸收谱线中心频率、谱线强度与谱线半宽度3个参数的函数。氧在 118.75 GHz 有一孤立吸收线;在 48.4~71.05 GHz 的频率范围有 45 根谱线,形成一个以 60 GHz 为中心的吸收带,此外,还有一根谱线在零频。水汽有很多谱线,在 350 GHz 以下频段有三根谱线分别在 22.3 GHz、183.5 GHz 和 323.8 GHz 频率上。

因为大气分子的线度很小($\approx 10^{-8}$cm),所以在可见光和近红外波段,辐射波长总是远大于分子的线度,在这一条件下的散射通常为瑞利散射。对于自然入射光,大气中的分子散射系数 σ_m 可由下式给出:

$$\sigma_m = C_m N \tag{2-25}$$

式中,N 为每单位体积中的分子数;

$$C_m = \frac{8\pi^2(n^2-1)^2}{3\lambda^4 N^2}\left(\frac{6+3\rho}{6-7\rho}\right) \tag{2-26}$$

称为瑞利散射截面,其中 $\rho \approx 0.035$ 是退偏振因子[9],n 是折射率,λ 为入射波长。从式(2-25)可以看出,散射系数近似地与波长的 4 次方成反比,波长越长,分子散射越小。分子散射系数与波长,分子散射系数与高度的关系如图 2.5 所示。

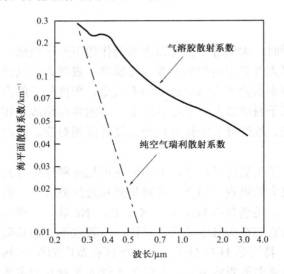

图 2.5　标准晴朗大气海平面水平传输大气散射系数与波长之间的关系

大气分子对紫外线的辐射,采用经过各向异性修正后大气分子的体角散射系数表达式[10]:

$$\sigma_{\mathrm{m}} = \frac{2\pi^2(n^2-1)^2}{3N\lambda^4}\left(\frac{6+3\rho}{6-7\rho}\right) \times 0.7629(1+0.9324\cos^2\theta) \tag{2-27}$$

式中,θ 为散射方向角,当 $\theta = \pi$ 时,即为后向散射系数。

2.3.2　气溶胶

大气中有大量的粒度在 0.03～2 000 μm 之间的固态和液态微粒,它们大致是尘埃、烟粒、微水滴、盐粒以及有机微生物等。由于这些微粒在大气中的悬浮呈胶溶状态,所以通常又称为大气气溶胶。气溶胶微粒的尺寸分布极其复杂,受天气变化或气象条件的影响也十分大。

气溶胶衰减包括气溶胶散射和吸收,它依赖于气溶胶粒子的数密度、大小分布和复数折射率。在标准晴朗大气模式下,如果气溶胶为球形粒子,其衰减系数可表示为:

$$\beta_a = k_a + \sigma_a = \pi \int_{r1}^{r2} Q_e(\lambda,m)n(r)r^2 \mathrm{d}r \tag{2-28}$$

式中,r 为粒子的半径,$n(r)$ 是每单位体积中具有半径在 $r \pm (1/2)\mathrm{d}r$ 之间的粒子数,$Q_e = Q_s + Q_a$ 为消光效率因子,Q_s 和 Q_a 分别为散射和吸收效率因子,它们是粒子折射率(包括实部 n_r 和虚部 n_i)和尺寸参数 x 的函数,可由 Mie 散射理论精确地计算。

Van de Hulst 发展了一个容易计算而又有足够精度的近似计算公式[11]:

$$Q_s(x,n) = 2 - 4\exp(-a\tan b)\left[\frac{\cos b}{a}\sin(a-b) - \left(\frac{\cos b}{a}\right)^2 \cos(a-2b)\right] + 4\left(\frac{\cos b}{a}\right)^2 \cos(2b) \tag{2-29}$$

$$Q_a(x,n) = 1 + \frac{\exp(-4xn_i)}{2xn_i} + \frac{\exp(-4xn_i)-1}{8x^2 n_i^2} \tag{2-30}$$

式中，$a = 2x(n_r - 1)$；$b = \arctan(\dfrac{n_i}{n_r - 1})$。

由于大气中气溶胶粒子分布的不确定性，实际应用时常常采用工程近似方法进行计算。例如，常用以下的公式来估计晴朗、霾、雾大气衰减系数：

$$\beta_a = \dfrac{3.91}{V}\left(\dfrac{\lambda}{0.55}\right)^{-q} \tag{2-31}$$

式中，V 为能见度（km）；λ 为激光波长（μm）；q 是与波长和能见度相关的常数，有

$$q = \begin{cases} 0.585V^{1/3} & (V \leqslant 6\text{ km}) \\ 1.3 & (6\text{ km} < V < 50\text{ km}) \\ 1.6 & (V \geqslant 50\text{ km}) \end{cases} \tag{2-32}$$

紫外光在雾中存在严重的散射。在多次散射影响下，光束的前向几度范围内存在一个比较大的峰值，这种前向峰值效应使得光衰减大大降低。经过修正，消光效率因子变为

$$Q'_e = Q_a(\alpha, n) + R_c(x\theta) Q_s(\alpha, n) \tag{2-33}$$

式中，$R_c(x\theta)$ 为前向散射修正系数。Deepak 和 Vaughan 提出了一个修正系数的近似公式[12]：

$$R_c(x\theta) = \left[1 + J_0^2(x\theta) + J_1^2(x\theta)\right]/2 \tag{2-34}$$

式中，x 为尺度参数，θ 为散射角，$J_0(x\theta)$ 和 $J_1(x\theta)$ 分别为零阶和一阶第一类贝塞尔函数。同时，在 $r > \lambda$ 和 $\theta \leqslant 1.5°$ 时，与精确公式相比，误差小于 2%。

在紫外波段，由水的复折射可以看出，粒子对光的吸收相对于散射可以完全忽略。于是

$$Q'_e = Q_a(\alpha, n) + R_c(x\theta) Q_s(\alpha, n) \approx 2R_c(\alpha\theta) \tag{2-35}$$

衰减率通常用分贝表示，定义如下：

$$A = \dfrac{10}{z} \lg \dfrac{I_0}{I} \quad \text{（dB/km）} \tag{2-36}$$

取 $z = 1$ km，得

$$A = 4343 Q_a(\alpha, n) \tag{2-37}$$

于是，在紫外段，修正后的衰减率计算公式为

$$A = 8686 \int_{r_1}^{r_2} \pi r^2 R_c(x\theta) n(r) \mathrm{d}r \quad \text{（dB/km）} \tag{2-38}$$

该式适用于计算云雾中的紫外衰减。

大气辐射传输理论方面已有相当深入和广泛的研究，应用方面也已经发展了很多种解法和算法。当前国际国内已有的大气辐射传输的模式和算法有：渐近法、蒙特卡罗方法、离散纵标法、累加法-倍加法（Adding-doubling），以及二通量法、四通量法、四流近似解等。

2.4 气象条件的影响及分析模型

气象条件具体指霾、雾、雨、雪、云等情况。毫米波的传播比较复杂，对它在大气中的传播的深入讨论请参考有关专业著作。从图 2.6 可以看出在 3 cm～0.3 μm 波长范围内不同气象条件下的大气衰减特性。

根据图 2.6 可知，雾对可见光至红外波段影响衰减严重，雨的衰减基本上与降雨量成正比，空气中 H_2O、CO_2、O_2、O_3 在全波段多储存在显著的吸收峰。

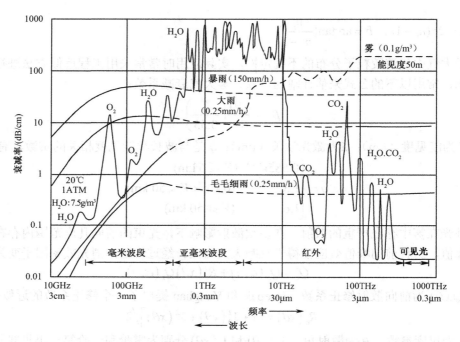

图 2.6　3 cm～0.3 μm 波长范围内大气衰减的特性曲线

2.4.1　霾

霾是大气中常见的自然现象，理论上霾的衰减可以按特定的气溶胶大小分布模式进行计算。目前为了使用上的方便，一般以能见度近似地描述霾的衰减。Elterman 利用地面能见度的概念，定义霾的上限和下限分别为能见 10.5 km 和 1.2 km，并假定在这个能见度范围内的粒子大小分布不变，从而得到地面水平光程霾的衰减与能见度的关系为：

$$\beta_a(V,\lambda) = \frac{\beta_a(V_0,\lambda) \cdot [3.91/V - \beta_m(0.55)]}{[3.91/V_0 - \beta_m(0.55)]} \quad (2\text{-}39)$$

式中，V 是以 km 为单位的能见度，$\beta_m(0.55)$ 是波长为 0.55 μm 的分子散射系数（km^{-1}），β_a 的单位为 km^{-1}。由式（2-39）可知，对于某一波长 λ，如果已知能见度为 V_0 的 $\beta_a(V_0,\lambda)$ 值，就可以求出各种不同能见度下的 $\beta_a(V,\lambda)$ 值。

用式（2-28）计算霾的影响，可采用 Yongyu Junge 霾分布函数模型，其形式为：

$$n(r) = dN/d\lg r = cr^{-\nu} \quad (2\text{-}40)$$

式中，c 是常数，其值依赖于浓度；N 是单位体积的粒子数；指数 ν 决定了分布曲线的斜率。

将式（2-40）写成非对数形式，可以得到：

$$n(r) = dN/dr = 0.434cr^{-(\nu+1)} \quad (2\text{-}41)$$

式中，$3<\nu<4$，符合典型的霾；$\nu \approx 2$，则表征了很多雾[13]。

2.4.2　雾

云和雾都是由大气中的水滴和（或）冰晶质点组成的一种气溶胶系统，就其物理本质而言，都是大气中的水汽凝结物，与晴空间有明显的边界。

液态的云雾粒子由于其表面张力和自身重力的作用，基本上呈球形或椭球形。液态的云雾粒子半径绝大多数为 1～60 μm，总体上偏向小滴一端，一般在 1 μm 至十几微米之间；冰云中的冰晶粒子形状十分复杂，且大多数是非球形的，粒子直径一般在 18～334 μm 之间。云雾滴数密度在几十至几百 cm^{-3} 之间，云滴数密度多大于雾滴数密度，但一般不会超过 500 cm^{-3}。雾的液态含水量一般在 0.01～5 g/m^3 之间，水云的含水量一般在 0.1～1 g/m^3 之间，积云的含水量较高，平均为 2 g/m^3，最大可达到 25～30 g/m^3；冰云中冰晶粒子不论是数密度还是含水量都要比水云小 1～2 个数量级。

雾对激光的衰减最为严重。在理论计算中，可采用经 Chu 和 Hogg 修正的 Deirmendjian 分布模型：

$$n(r) = Cx^{\alpha} \exp(-bx^{\gamma}) \tag{2-42}$$

式中，$x = r/r_m$，r_m 是具有最大密度的雾滴半径；$b = \alpha/\gamma$，α 和 γ 是模式参数；常数 C 由以下积分方程决定：

$$r_m \int_0^{\infty} n(x) \mathrm{d}x = (r_m/r) C b^{-(\alpha+1)/\gamma} \Gamma[(\alpha+1)/\gamma] \tag{2-43}$$

雾中衰减的一般性结论为[14]：

（1）在雾中衰减的波长依赖关系与雾滴的大小分布密切相关。一般来说，波长越长，衰减越小。对于 $r_m > 5$ μm 的某些重雾，雾中的衰减趋于与波长无关。

（2）对于同样的含水量来说，r 越大，衰减越小。

（3）当 r_m 在 0.3～2.0 μm 之间时，10.6 μm 激光辐射的衰减与雾滴的大小分布关系不大，近似为 0.5 dB/(km·g·m^{-3})。这时，衰减系数可以近似地用雾的含水量来估计。

根据形成雾的地域和形成雾的机理，可把雾分为平流雾和辐射雾，进行有关分析计算，其中平流雾的雾滴尺寸分布与能见度的关系为

$$n(r) = 1.059 \times 10^7 V^{1.15} r^2 \exp(-0.8359 V^{0.43} r) \quad (m^{-3} \cdot \mu m^{-1}) \tag{2-44}$$

辐射雾的雾滴尺寸分布与能见度的关系为

$$n(r) = 3.104 \times 10^{10} V^{1.7} r^2 \exp(-4.122 V^{0.54} r) \quad (m^{-3} \cdot \mu m^{-1}) \tag{2-45}$$

式中，V 为能见度。

2.4.3 雨

雨滴半径一般为 200～2000 μm，雨最常用的参数是雨强 J(mm/h)（又称降雨量）。对雨滴谱，一般认为 Marshall-Palmer 指数分布能比较好地描述雨滴的平均尺度分布[15]：

$$\frac{\mathrm{d}N(r)}{\mathrm{d}r} = n(r) = a\exp(-bJ^{-0.21}r) \quad (m^{-3} mm^{-1}) \tag{2-46}$$

式中，r 为雨滴粒子的半径直径（mm）；$n(r)$ 为粒子尺度谱分布；$n(r)\mathrm{d}r$ 表示单位体积雨介质雨滴半径在 $r \sim r+\mathrm{d}r$ 之间雨滴数目的多少。典型值 $a = 16\ 000\ m^{-3} \cdot mm^{-1}$，$b=8.2$。

雨滴相对于红外波长可认为是大粒子，$Q_e(x,n) \approx 2$，可得

$$\beta(\lambda) = 0.365 J^{0.63} \tag{2-47}$$

式（2-47）表明衰减与波长无关，只是降雨强度的函数。

对毫米波，单位衰减 A_r(dB/km) 具有如下形式：

$$A_r = aJ^b \tag{2-48}$$

式中，a 和 b 是给定频率和降雨温度时的常数。为了计算 A_r，需要知道在雨滴温度下水的复折射指数，下落速度和雨滴大小。

采用 Weibull 分布，可得雨中紫外光能量的衰减率为[16]

$$A = -\ln\left(\frac{p'}{p_0}\right) = -\ln\left[1 - \frac{\pi \int_0^\infty N(D)D^2 dD}{4\,000}\right] \quad (2\text{-}49)$$

式中，D 表示雨滴直径，雨滴尺寸分布函数 $N(D) = M_g(D)/v(D)$，而 $v(D)$ 表示雨滴的最终下落速度，$M_g = 2.13\dfrac{M_{gt}}{D_0}\left(\dfrac{D}{D_0}\right)^2 \exp\left[-0.71\left(\dfrac{D}{D_0}\right)^3\right]$，$M_{gt} = 154\sqrt{J}$，$D_0 = aR^b \exp(-cJ)$，表示雨滴的平均直径，$a$、$b$、$c$ 三个参数的取值与具体地理位置有关，常取值为 $a=0.941$，$b=0.336$，$c=0.471\times 10^{-2}$。

$$v(D) = \begin{cases} 28D^2, & D \leqslant 0.075 \text{ mm} \\ 4.5D - 0.18, & 0.075 \text{ mm} < D \leqslant 0.5 \text{ mm} \\ 4.0D + 0.07, & 0.5 \text{ mm} < D \leqslant 1.0 \text{ mm} \\ -0.425D^2 + 3.695D + 0.8, & 1.0 \text{ mm} < D \leqslant 3.6 \text{ mm} \end{cases}$$

2.4.4 雪

激光在雪中的衰减与雨中类似，衰减系数与降雪强度有较好的对应关系，不同波长在雪中衰减差别不大。对于同样的含水量来说，雪的衰减比雨大，比雾小。

根据 Mie 散射理论，当散射粒子的尺寸远大于入射辐射的波长时其衰减系数与波长无关。雪片散射是符合这种情况的。但不少现场测量结果却表明红外激光波长上的衰减系数要大于可见波长的衰减系数。这个现象很可能是有衍射效应引起的。雪片散射图形中在前向有一个很窄的衍射瓣，其宽度随波长的增大而衰减。

Seagtaves 考虑了衍射效应后提出用能见度来表征降雪的衰减系数，按照 Koschmieder 关系导出了如下表达式[17]：

$$\beta(\lambda) = [\exp(-0.88k') + 1.0]\frac{1.96}{V} \quad (2\text{-}50)$$

式中，$k' = \dfrac{2\pi r_d \bar{r}}{\lambda V}$，其中 $\bar{r}$ 为雪片的平均等效半径，r_d 为探测器的半径。

2.4.5 云

云对激光光束的衰减随云型和地理位置的不同而有一定的差异，即使在同一云型下，云的厚度、不均匀性对衰减系数的影响也不相同。云的不均匀性可以使衰减系数相差一个数量级，地理位置的影响也很大，内地云的衰减比沿海云要大 60%左右，云的厚度和相对于云底的高度不同，衰减系数也有一定的差别，但相对不很明显。

在 8 种云型中，晴天积云衰减最小。即使在这种情况下，10.6 μm 波长的激光衰减也达到 50 dB/km，如表 2-3 所示。

表 2-3　不同波长激光在各云型中的衰减系数

云　型	不同波长激光的衰减系数/(dB/km)				
	0.488μm	0.694μm	1.064μm	4.0μm	10.6μm
雨层云	550	559	568	632	585
高层云	464	469	481	559	361
层云1	434	434	444	490	447
浓积云	298	300	307	349	291
层积云	195	198	203	256	107
层云2	288	292	300	387	184
积雨云	187	188	191	197	219
晴天积云	80	81	83	100	50

因为大部分时间都存在云，对毫米波，云也产生衰减。云中微水滴的直径通常小于100μm。在计算云引起的衰减时可利用 Rayleigh 近似或低频近似。衰减系数可以表示为[8]

$$A = k_c J \tag{2-51}$$

式中，k_c 为比衰减系数，在给定的频率为常数时其单位为 dB/(km·g·m^{-3})；J 表示水含量，单位为 g/m³。

2.4.6　大气湍流效应

在气体或液体的某一容积内，惯性力与此容积边界上所受的黏滞力之比超过某一临界值时，液体或气体的有规则的层流运动就会失去其稳定性而过渡到不规则的湍流运动，这一比值就是表示流体运动状态特征的雷诺数 Re：

$$Re = \rho \Delta v_l / \eta \tag{2-52}$$

式中，ρ 为流体密度（kg/m³）；l 为某一特征线度（m）；Δv_l 为在 l 量级距离上运动速度的变化量（m/s）；η 为流体黏滞系数（kg/m·s）。雷诺数 Re 是一个无量纲的量。

当 Re 小于临界值 Re_{cr}（由实验测定）时，流体处于稳定的层流运动，而大于 Re_{cr} 时为湍流运动。由于气体的黏滞系数 η 较小，所以气体的运动多半为湍流运动。

大气湍流气团的线尺度 l 有一个上限 L_0 和下限 l_0，即 $l_0 < l < L_0$，L_0 和 l_0 分别称为湍流气团的外尺度和内尺度（见图 2.7）。在近地面附近，l_0 通常是毫米量级，L_0 则是观察点（如激光传输光路）离开地面高度。

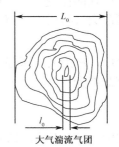

图 2.7　大气湍流气团

所谓激光的大气湍流效应，实际上是指激光辐射在折射率起伏场中传输时的效应。湍流理论表明，大气速度、温度、折射率的统计特性服从"2/3 次方定律"：

$$D_i(r) = \overline{(i_1 - i_2)^2} = C_i^2 r^{2/3} \tag{2-53}$$

式中，不同的下标"i"分别代表速度（v）、温度（T）和折射率（n）；r 为考察点之间的距离；C_i 为相应场的结构常数，单位是 m$^{-1/3}$。

大气湍流折射率的统计特性直接影响激光束的传输特性，通常用折射率结构常数 C_i 的数值大小表征湍流强度，即：

$$\text{弱湍流} \quad C_n = 8 \times 10^{-9} \text{ m}^{-1/3}$$
$$\text{中等湍流} \quad C_n = 4 \times 10^{-8} \text{ m}^{-1/3}$$
$$\text{强湍流} \quad C_n = 5 \times 10^{-7} \text{ m}^{-1/3}$$

1. 大气闪烁

光束强度在时间和空间上随机起伏，光强忽大忽小，即所谓光束强度闪烁。大气闪烁的幅度特性由接收平面上某点光强 I 的对数强度方差 σ_I^2 来表征，即

$$\sigma_I^2 = \overline{[\ln(I/I_0)]^2} = 4\overline{[\ln(A/A_0)]^2} = 4\overline{X^2} \tag{2-54}$$

式中，$\overline{X^2}$ 可通过理论计算求得，而 σ_I^2 则可由实际测量得到。在弱湍流且湍流强度均匀的条件下有[18]：

$$\sigma_I^2 = 4\overline{X^2} = \begin{cases} 1.23 C_n^2 (2\pi\lambda)^{6/7} L^{11/6} & (l_0 \ll \sqrt{\lambda L} \ll L_0) \\ 12.8 C_n^2 (2\pi\lambda)^{6/7} L^{11/6} & (\sqrt{\lambda L} \gg L_0) \\ 0.496 C_n^2 (2\pi\lambda)^{6/7} L^{11/6} & (l_0 \ll \sqrt{\lambda L} \ll L_0) \\ 1.28 C_n^2 (2\pi\lambda)^{6/7} L^{11/6} & (\sqrt{\lambda L} \gg L_0) \end{cases} \begin{matrix} \text{对平面波} \\ \\ \text{对球面波} \end{matrix} \tag{2-55}$$

可见，波长短，闪烁强，波长长，闪烁小。然而，理论和实验都表明，当湍流强度增强到一定程度或传输距离增大到一定限度时，闪烁方差就不再按上述规律继续增大，却略有减小而呈现饱和，故称之为闪烁的饱和效应。

2. 折射率的变化引起扰动——光束的弯曲和漂移

接收平面上，光束中心的投射点（即光斑位置）以某个统计平均位置为中心，发生快速的随机性跳动（其频率可由几赫到数十赫），此现象称为光束漂移。若将光束视为一体，经过若干分钟后会发现，其平均方向明显变化，这种慢漂移亦称为光束弯曲。弯曲表现为光束统计位置的慢变化，漂移则是光束围绕其平均位置的快速跳动。如果忽略湿度的影响，则在光频段大气折射率 n 可近似表示为

$$n - 1 = 79 \times 10^{-6} P/T \quad [\text{或 } N = (n-1) \times 10^6 = 79 P/T] \tag{2-56}$$

式中，P 为大气压强，T 为大气温度（K）。根据折射定律，在水平传输情况下不难证明，光束曲率为

$$c = \frac{\mathrm{d}N}{\mathrm{d}h} = -\frac{79}{T}\frac{\mathrm{d}P}{\mathrm{d}h} + \frac{79P}{T^2}\frac{\mathrm{d}T}{\mathrm{d}h} \tag{2-57}$$

式中，c 为正数，光束向下弯曲；当 $|\mathrm{d}T/\mathrm{d}h| < 35\text{℃/km}$ 时，c 为负数，光束向上弯曲。实验发现，一般情况下白天光束向上弯曲，晚上光束向下弯曲。

对于光束漂移，理论分析表明，其漂移角与光束在发射望远镜出口处的束宽 W_0 关系密切；漂移角的均方值 $\sigma_a^2 = 1.75 C_n^2 L W_0^{-1/3}$。由此可见，光束越细，漂移就越大。采用宽的光束可减小光束漂移。当 $C_n > 6.5 \times 10^{-7} \text{ m}^{-1/3}/\text{h}$，$c$ 值约为 40 μrad，不再按 $\sigma_a^2 = 1.75 C_n^2 L W_0^{-1/3}$ 变化，表明漂移也有饱和效应；漂移的频谱一般不超过 20 Hz，其峰值在 5Hz 以下；漂移的统计分布服从正态分布。

上述讨论表明，光束弯曲不同于光束漂移。

3. 空间相位起伏

如果不是用靶面接收,而是在透镜的焦平面上接收,就会发现像点抖动。这可解释为在光束产生漂移的同时,光束在接收面上的到达角也因湍流影响而随机起伏,即与接收孔径相当的那一部分波前相对于接收面的倾斜产生随机起伏。

折射率的变化引起扰动,它由密度梯度、温度和湿度梯度以及大气压差而引起,微粒杂质的小角度散射,尤其是其多重散射使景象辐射的光子沿各个方向散射,因而模糊了细节。对于光电成像系统,扰动同样影响图像质量。在成像系统分析中,通过 MTF 理论来描述图像质量,大气的 MTF 用以表征大气的紊流和微粒散射。当前的自适应光学技术能够在一定程度上克服大气湍流效应带来的影响。

2.4.7 热晕

当强激光通过大气时,大气中的分子及气溶胶粒子由于吸收激光辐射能量而导致自身加热。这样,大气就存在局部的温度升高,介质以声速膨胀,密度减小,如此就导致了相应的局部折射率的减小。对于初始强度为高斯分布的激光束,此时光轴上的介质受热处于极大值,因而局部折射率处于一个极小值。按折射定律,光束中心附近的光线将向着气体稠密的区域折射。这时,空气类似于一个负透镜的作用,当激光束连续通过时,光束将发散。这种大气和激光束的非线性作用所造成的激光束的扩展、畸变等现象,称之为热晕。

受重力影响,热晕典型的结果是一个新月形光斑,如图 2.8 所示。

热晕效应主要受以下几个因素的影响:(1)激光光束的特征参量,如激光波长、光强和相位分布、时间类型;(2)介质对激光能量吸收的动力学过程,它决定了被吸收的能量加热大气所需的时间;(3)大气的热交换机制,它用来平衡大气吸收的激光能量,包括热传导、自然对流、强迫对流、声波等;(4)传输场景参量,包括传输距离、大气吸收和消光系数以及温、压、湿、风等大气参量[19]。

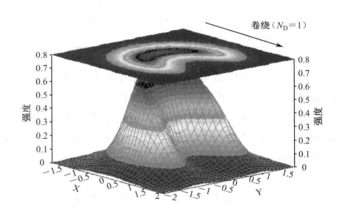

图 2.8 畸变参数 $N_D=1$ 的典型辐射度图案

对付湍流及热晕的一个有效方法是采用自适应光学系统。

2.4.8 战场遮蔽与沙尘暴

战场带来了其他地方没有的杂质微粒,这些战场"垃圾"包括泥土、被炸到空中的植物、燃烧的灰、掩饰用的烟雾和枪炮口喷出的硝烟,是一种人工沙尘暴,其中许多高温成分产生了路径辐射。

土壤的类型、湿度、植被决定了由炸弹爆炸带来杂质微粒的成分,而其传播取决于当地的气象条件,它的保持时间部分取决于微粒的尺寸,重力的存在也会限制由大颗微粒组成尘雾的持续时间。

由爆炸带来的尘雾经历三个阶段：（1）撞击；（2）上升；（3）移动和消散。在冲击碰撞阶段，随着弹坑形成，大量的碎屑、潮湿泥土和水滴向空中抛射出去。在上升阶段，由于热浮力作用，颗粒迅速上升，最后尘雾随风飘移，最终消散。这种不均匀的快速变化使得微粒很难用一个模型来描述。

现代战场，烟幕干扰成为对抗光电武器装备最常用、最有效的手段，加之战场上各种武器弹药发射产生的烟尘，使战场大气中含有大量的灰尘、烟幕和碳氢化合物，对激光的传输造成了很大的影响。

烟尘对光辐射的衰减作用遵循Lambert-Beer定律，且与消光系数及散射粒子浓度有关[20]：

$$\Phi_{\lambda t}(x) = \Phi_{\lambda i}(0)\exp\{-x[\mu_{\lambda a} n_a + \mu_{\lambda s} n_s]\} \tag{2-58}$$

式中，$\Phi_{\lambda t}(x)$ 指在烟尘中传播距离之后的光辐射通量；$\Phi_{\lambda i}(0)$ 指在 $x=0$ 处的光辐射通量；x 指烟尘中传播的光程；$\mu_{\lambda a}$ 和 $\mu_{\lambda s}$ 指光谱吸收系数和光谱散射系数；n_a 和 n_s 指吸收微粒浓度和散射微粒浓度。表2-4示出了部分烟剂的消光系数。

表2-4 部分烟剂的消光系数[20]

烟 剂	消 光 系 数					
	可见光	1.06 μm	3.39 μm	10.6 μm	3~5 μm	8~12 μm
油雾	3.20	3.64	0.96	0.047	0.36	0.10
红磷	3.36	1.93	0.34	0.47	0.29	0.27
油雾（S_2O_3，氯磷酸）	3.85	2.19	0.31	0.15	0.17	0.23
六氯甲烷	2.38		0.35	0.79	0.20	0.53

光电系统大气效应库（EOSAEL）是一个包含战场悬浮微粒的综合计算机程序库，微粒的衰减系数取决于微粒尺寸分布和浓度，对于自然存在的微粒（如薄雾、浓雾等）浓度可由气象学距离推断，战场的污染和掩蔽烟雾，其浓度受产生方法控制。尘雾的均匀性取决于环境条件，其中风是一个主要因素。由于战场的模糊浓度会发生变化，改写Beer-Lambert定律是合宜的：

$$\tau_{obs} = e^{-\alpha C L_{obs}} \tag{2-59}$$

式中，α 是以 m^2/g 为单位的衰减系数，C 是以 mg/m^3 为单位的浓度值。这种方法的优点在于 α 是由微粒成分、尺寸、形状所决定的一种固有属性，浓度与路径长度的乘积（CL_{obs}）只是视线上的微粒的质量，其典型值可在国防部手册178（ER）中查到[6]。模糊的路径长度 L_{obs} 通常只占总传输路径 R 的一部分，总的透过率是模糊路径的透过率和剩余部分大气透过率的乘积（正如LOWTRAN计算的那样）。

2.5 路径辐射及地球大气背景环境的影响

2.5.1 路径辐射

路径辐射和大气自身的辐射与辐射源无关，即使没有辐射源它们也存在。背景辐射的幅度随观察方向、高度、位置、一天中的时间和气象条件不同而变化，路径辐射降低了信噪比，对于背景限系统而言，引入了噪声。

2.5.2 太阳闪烁

太阳的光谱类似于色温为 5 900 K 的黑体的光谱,达到地球的辐射已被大气透射改变。大气透射率因太阳光角度而变化。太阳 90°直射时透过率时最大,角度越小,透过率越小。图 2.9 所示是仰角为 90°、30°、10°时地表处的太阳光谱,它是用美国标准大气和乡村悬浮微粒模型,由 LOWTRAN 计算得出的;作为比较,同时给出了一个 300 K 理想黑体的谱辐射出射度。

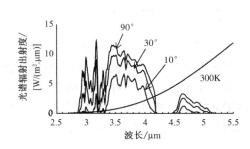

图 2.9 仰角为 90°、30°、10°时地表处太阳光谱

由于水蒸气的原因,在 LWIR 区域内的阳光强度比 MWIR 区域小一个数量级,同时一个 300 K 目标的黑体辐射比 MWIR 区也大约高 6 倍,因此,在 LWIR 区域内太阳光的反射可忽略。

在 MWIR 区域,阳光反射一开始就是个问题。因此,许多系统被设计用以最小化阳光反射。这也许不必要,但是否考虑阳光反射取决于系统的应用。

太阳光反射的大小取决于目标的反射率(或发射率),若目标发射率为 1,由定义可知,太阳光反射不存在。在图 2.9 中给出了整个太阳光谱且当反射率是 1 时反射辐射的大小,随着反射率降低,太阳光反射的辐出度也降低。表 2-5 示出了一些常用的材料的反射率和发射率。发射率取决于表面状况(光滑、凹凸不平或被氧化)以及表面受污染情况(露珠、灰尘、泥块或油漆)。理想黑体的发射率是 1,而理想反射体是 0。

表 2-5 常用材料的反射率和发射率

	皮肤	油漆	塑料	氧化铁	普通红砖	氧化铜	轻度氧化铸铁	铜质汽车扶手	铝盘	抛光铜
反射率	0.08	0.06	0.09	0.13	0.17	0.22	0.36	0.6	0.84	0.97
发射率	0.92	0.94	0.91	0.87	0.83	0.78	0.64	0.4	0.16	0.03

对于预防性维护、预见性维护或非破坏性的测试,目标温度是由目标发出的辐射推断出的。系统校准允许发射率小于 1,但需要知道周围环境辐射的反射,可以用简单方法估算周围环境辐射的平均值,其中一个方法就是判断电子元器件是否太热。许多元器件是裸露金属,这些元器件发射率较低(参见表 2-5),因而能反射大量的环境辐射,太阳光反射的变化量与太阳的角度、视角、目标角度以及目标形状有关,这就使描述太阳辐射变得很困难。因此,大部分设计的非破坏性测试系统工作在 LWIR 区域,当然在室内或夜晚也能使用 MWIR 系统。

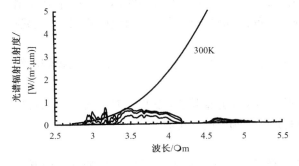

图 2.10 一个 300 K 涂漆目标的热发射(典型发射率 0.94)和反射的太阳辐射

大部分军事目标经过上漆,其发射率很高,因此太阳光的反射就很小(如图 2.10 所

示）。太阳光的反射可以发生在平坦的表面（如车辆的玻璃），这种反射实际有助于探测，这种反射可能与探测热点相似。若背景产生太阳光反射，它们就成为杂散。当试图探测海上船只时，这种影响就十分令人讨厌了。MWIR 和 LWIR 相比而言，MWIR 系统在高湿度环境中更为有用，当然这包括对船只的探测。当考虑了太阳光反射之后，MWIR 系统的优点就不复存在了。

2.5.3 太阳光散射

悬浮微粒对辐射有散射，散射的数量和方向取决于粒子组成、尺寸和波长。随着目标和太阳之间角度减小，散射的太阳辐射增加，尽管对大部分 LWIR 应用系统而言，阳光散射并不是一个问题，但是对 MWIR 而言，其影响却是必须考虑的。当在与太阳光线成 20° 角的范围之内观察物体时，散射的辐射会产生明显的路径辐射，而路径辐射是可以被 MWIR 系统探测到的，这种增加的路径辐射在系统内就表现为噪声。

2.5.4 地表和海洋辐射

1．地表辐射

大地也可近似看作黑体，向外辐射能量。大地辐射能量分布如表 2-6 所示。

表 2-6 大地辐射能量分布

波 长	0～3 μm	3～5 μm	5～8 μm	8～14 μm	14～30 μm	30～100 μm	>1 mm
百分比	0.2%	0.6%	10%	50%	30%	9%	0.2%

由于大气的作用，太阳光的 20%～30% 返回太空，20% 漫散射到达地面（天空光），17% 被吸收，40% 直接到达地面。

太阳、云层向下辐射，地表向上反射或发射，在贴近地表的上方形成了一个相对稳定的地表保温层。

对可见光至毫米波，除平静的海面外，所有地物都是粗糙面。

由于地表温度比太阳低得多（地表面平均温度约为 300 K），因而，地面辐射的主要能量集中在 1～30 μm 之间，其最大辐射的平均波长为 10 μm，属红外区间，与太阳短波辐射相比，称为地面长波辐射。

地面的辐射能力，主要决定于地面本身的温度。由于辐射能力随辐射体温度的增高而增强，所以，白天地面温度较高，地面辐射较强；夜间地面温度较低，地面辐射较弱。遥感夜晚成像可以反映地表温度。

地物对不同波长入射光有不同的反射率，这就构成了地物反射光谱[21]。这也是我们能够用颜色、色调分辨各种地物的原因。

不同地物由于物质组成和结构不同而具有不同的反射光谱特性，如图 2.11 所示。因而可以根据遥感传感器所接收到的电磁波光谱特征的差异来识别不同的地物。

图 2.11 中不同地物的反射特性如下：

（1）雪。雪的反射光谱和太阳光谱很相似，在 0.4～0.6 μm 波段有一个很强的反射峰，反射率几乎接近 100%，因而看上去是白色，随着波长的增加，反射率逐渐降低，进入近红外波段吸收逐渐增强，而变成了吸收体。雪的这种反射特性在这些地物中是独一无二的。

（2）沙漠。在红、橙、蓝波段反射率较大，强反射峰位于橙光波段 0.6 μm 附近，因而呈现出橙黄色，在波长达到 0.8 μm 以上的长波范围，其反射率比雪还强。

（3）湿地。湿地对可见光~红外很宽的波区反射率都很低，绝大部分光能被吸收，尤其在水的各个吸收带处，反射率下降更为明显。因而，在遥感图像上呈黑色或深灰色。

（4）小麦。小麦反射光谱曲线主要反映了小麦叶子的反射率，在蓝光波段（中心波长为 0.45 μm）和红光波段（中心波段为 0.65 μm）上有两个吸收带，其反射率较低，在两个吸收

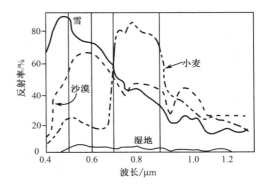

图 2.11 雪、沙漠、湿地、植物的反射光谱

带之间，即在 0.55 μm 附近有一个反射峰，这个反射峰的位置正好处于可见光的绿光波段，故而叶子的天然色调呈现绿色。大约在 0.7 μm 附近，由于绿色叶子很少吸收该波段的辐射能，其反射率骤然上升，至 1.1 μm 近红外波段范围内反射率达到高峰。小麦反射率的这一特性主要受到叶子内部构造的控制。这种反射光谱曲线是含有叶绿素植物的共同特点（即叶绿素陡坡反射特征）。

一个物体的反射率本身受多种原因影响，包括有：入射角、入射光、波长、物体本身状态。

2. 海洋辐射

海面热辐射的光谱分布几乎和黑体相同，其峰值在 8~14 μm 的中红外波段上，又称为海面红外辐射。根据斯蒂芬-玻耳兹曼定律，黑体辐出度和温度的 4 次方成正比，故可以用红外遥感手段探测海面的温度（称为红外等效温度）。

海洋表面的红外辐射可包括以下三部分：来自海面本身的热辐射；天空大气辐射照射到海面经海面反射的红外辐射；太阳辐射照射到海面经反射的红外辐射。

海面的反射包括对太阳和天空辐射的反射，其中在 3~5 μm 范围内太阳的辐射影响较大，但在 8~14 μm 范围内太阳辐射的作用很小，而主要是天空的热辐射。

与海水相比，由于油膜对紫外辐射的反射很高，即使是油膜厚度小于 0.05 μm 也是如此。因此，可以利用紫外遥感器的成像区分油膜和海水[22]。利用卫星上的红外装置探测海水的温度可精确到 0.01℃，有可能侦察到水下舰艇的踪迹[18]。

2.5.5 天空和云层辐射

1. 天空

晴朗无云时天空辐射的光谱分布偏蓝，天空亮度主要集中在短波段部分[23]，光谱辐射亮度约在波长 480 nm 左右达到峰值，然后随着波长的增加，光谱辐射亮度呈下降趋势。在天空光谱辐射亮度曲线上，可以看到明显的波长 950 nm 左右的 H_2O 吸收线，波长 830 nm 左右的 H_2O 吸收线和波长 730 nm 左右的 O_2 和 H_2O 吸收线，其中波长 950 nm 左右的 H_2O 吸收线比较深。图 2.12 所示为晴朗天空光谱辐射亮度。

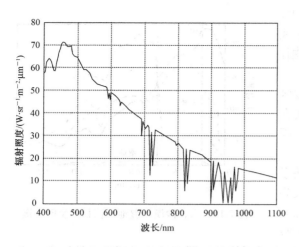

图 2.12 晴朗天空光谱辐射亮度

2. 云层

云的红外辐射、反射和透射可以用二流近似、灰体辐射和黑体辐射模型来描述，3 种模型在 8～12 μm 波段均将云作为灰体或黑体来处理，二流近似法也可用于云层对太阳和大气红外波段反射、透射和自身辐射的计算[24]。通过光谱辐射计对实际层积云红外光谱辐射的测量和分析结果表明：云对太阳光的反射主要集中在中波红外波段，且在此波段辐射具有很强的选择性；在 8～12 μm 波段光谱辐射率也具有光谱选择性，但总体上波动较小，采用灰体模型可得到较好近似。因此，对于 3～5 μm 波段的红外导引头，云层对太阳光的反射易造成明显的干扰，而对于 8～12 μm 波段的红外导引头，云团自身的辐射易造成一定的干扰。在导引头的设计和分析中需要注意云层的辐射和反射特性。

云层中几乎没有紫外辐射，天空或云层的毫米波辐射用亮温表征。

晴天条件下，天空的毫米波亮温表达式为[25]：

$$T_{\text{sky}}(\theta) = \sec\theta \int_0^\infty k_g(z)T(z)\mathrm{e}^{-\tau(0,z)\sec\theta}\mathrm{d}z \tag{2-60}$$

式中，θ 是天顶角，$k_g(z)$ 和 $T(z)$ 分别是高度为 z 处的大气吸收系数和热力学温度，$\tau(0,z)$ 是光学厚度。

2.6 目标辐射源[26]

2.6.1 火箭和导弹

机载紫外导弹逼近告警的原理，就是利用大量存在于废气团内固体微粒反射或散射来自高温燃烧室辐射出来的紫外光子，被反射或散射的紫外光子在空中 4π 球面度有一个立体角分布，安装在飞机上的紫外光子传感器，正是因为接收到了前向反射或散射的这部分光子而发出警报信号的（以导弹飞行方向为前向）。

紫外辐射的来源有两个：

（1）热辐射。导弹羽烟的温度高达 2 000 K 左右，根据黑体辐射定律，可以产生一定量的紫外辐射，其辐射的连续谱同一般灰体发射的谱相似，尤其含铝的推进器的尾气流中，大量的高温 AL_2O_3 粒子会产生强烈的紫外辐射。

（2）化学荧光。在几乎所有碳氢焰的燃料同氧化剂燃烧过程中，OH 基团都可发出强烈的紫外辐射。当燃料燃烧时，激发态的 OH 基团衰变到基态时产生一个紫外光子，这个电激发 OH 基团是紫外辐射的一个主要源。另外，NO 化学荧光发射也以相似的方式对 UV 辐射产生贡献。

总的来说，导弹的红外辐射占主导地位。火箭和导弹作为一种红外辐射源，很难笼统地用某一个数学模型表达，应该把它发射后的飞行全过程分为几个阶段来描述。从点火发射到发动机熄火（有时称这一段为初始段或加力段），这个过程主要感兴趣的是尾焰的可见光和红外辐射及羽烟的红外辐射。羽烟结构与环境压力和火箭的速度有关。尾焰及排出后不久的废气团粗略可视为灰体。从火箭发动机的燃烧室及喷口处可直接观察到高温发光体。废气中大量高温固体微粒不但本身是一个红外辐射源，而且它们还反射来自燃烧室内的辐射。

火箭熄火后，火箭利用惯性向前运动，此时火箭作为一个红外源主要有两部分辐射：一部分是火箭助推加力往往把火箭加速到超过声速几倍，超声速物体与空气摩擦产生蒙皮的气动加热，蒙皮温度高低与火箭飞行速度、飞行高度及加速时间长短有关；另一部分是火箭发动机工作时的高温，使尾管温度也升高，虽然发动机已熄火，但它的温度还是远远高于环境温度，因此尾管及喷口表面也是一个红外辐射源。由于战术导弹一般工作时间为几十秒到几分钟，导弹一旦熄火，其红外辐射强度下降好几个量级，因此熄火后的导弹探测的难度可想而知。

这里我们只对废气羽烟辐射进行分析，解决火箭和导弹在初始段的探测问题。要确定火箭废气羽烟辐射的强度是一个十分复杂的问题，这是因为：

（1）通过流体力学和热化学可确定羽烟在不同高度有不同形式，甚至连化学组分都是不同的。

（2）从物理光学出发，要求出综合的、非均匀、非等温、非等压的气体纯光谱辐射也是不现实的。

我们试图通过对化学组分、羽烟结构和羽烟红外辐射三个方面的分析，获得描述火箭和导弹发动机工作时红外辐射的基本方法。

1. 羽烟的化学组分

羽烟辐射的光谱分布与羽烟中的分子种类有关。表 2-7 示出了有代表性的几种液体推进剂（燃料/氧化剂）燃烧后的主要产物和次要产物。羽烟组分，尤其是次要成分，与发动机工作条件和燃料/氧化剂比率有关。

表 2-7　几种液体推进剂燃烧后的产物

燃料	氧化剂	主要产物	次要产物
联氨（NH_2-NH_2）	三氟化氯	HF、N_2、HCL	H_2、H、CL
联氨（NH_2-NH_2）	氟	HF、N_2	H_2、F、H
联氨（NH_2-NH_2）	过氧化氢	H_2O、N_2、H_2	H、OH
联氨（NH_2-NH_2）	氧	H_2O、N_2、H_2	H、OH
氢（H_2）	氟	H_2、HF	H
氢（H_2）	氧	H_2、H_2O	H、OH
RP-1（$C_{10}H_{20}$）	氧	CO、H_2O、CO_2、H_2	H、OH、O、O_2
酒精（C_2H_5OH）	氧	H_2O、CO、CO_2、H_2	H、OH、O
不对称二乙（UDMH（CH_2）$_2N_2H_2$）	$HNO_3 + NO_2 + N_2O + HF$	H_2O、N_2、CO、CO_2、H_2	H、OH、O、NO、HF
五硼烷	四氧化二氮 N_2O_4	H_2、N_2、HBO_2、B_2O_3	H、BO、H_2O、B_2O_2、OH、O、NO

应当指出的是，为了使发动机高效工作，往往使它工作在富燃料状态下，因此羽烟中含

有大量可燃烧物质，这些可燃烧物质一旦得到空气中氧气的补充，会再次燃烧。这个再燃烧过程称为二次燃烧。二次燃烧是火箭发动机在低空工作时的主要特征之一。二次燃烧的温度可达 500 K。随着高度的增加，高空氧气密度降低，二次燃烧程度随之降低。固体燃料的羽烟中含有更多微粒，含有 13%铝的聚亚胺酯固体燃料，燃烧后的产物重量比如表 2-8 所示。

表 2-8　聚亚胺酯固体燃料燃烧后的产物重量比

成分	H_2O	CO_2	CO	H_2	HCL	ALZO	N_2
重量百分比/%	4.8	3.8	35.1	3.4	20.2	24.6	8.1

在废气中还可能包含其他成分粒子，这是因为燃烧室高温熔蚀了喷嘴及室内壁材料的原因。了解了燃烧后产物，便可进一步从它们的光谱分布中研究羽烟的红外辐射分布。

2．羽烟结构

了解羽烟结构是分析羽烟红外辐射的重要途径。羽烟结构的研究是一个比较复杂的课题。通常以工作在低空的火箭发动机以液体推进剂为燃料的羽烟结构为典型羽烟结构模型，以发动机喷口出口平面为参考面。出口有一个不受干扰的锤形区，锤形区内的物质是匀质的，温度最高且等温。锤形区外就与大气混合，经过一定距离后才出现二次燃烧区。当火箭工作高度超过设计值时，喷嘴出口处由于环境压力变小而逐渐膨胀，锤形区外部迅速扩大，温度也急剧下降，它的变化可用图 2.13 表示。

有趣的是，羽烟内固态微粒按它们的大小分布。一般粒子半径在几微米量级上，但半径大小变化范围会超过一个数量级。羽烟的远场等温线分布图如图 2.14 所示，其中温度单位°R（兰氏温标）的换算公式如下：

$$T/°R = 1.8 T/K \tag{2-61}$$

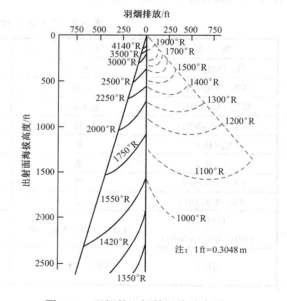

图 2.13　不同高度锤形区变化的示意图　　　图 2.14　羽烟的远场等温线分布图

在图 2.14 中，右边虚线所表示的等温线是羽烟内半径为 0.79 μm 粒子流所形成的。而左边实线则是由半径为 2.94 μm 的粒子流形成的。半径为 0.79 μm 的粒子流形成的羽烟近场等温线如图 2.15 所示。图中，x/r_n 从 32 左右开始发生大量的二次燃烧，使温度骤然升高，比喷口出口处温度要高 1 倍多。

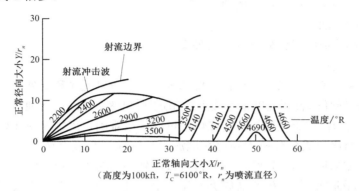

图 2.15 半径为 0.79 μm 的粒子流形成的羽烟近场等温线图

3. 羽烟的红外辐射

由于羽烟内存在大量粒子，羽烟的光谱分布是在高温粒子辐射和散射的连续谱上叠加分子带光谱组成的。表 2-9 示出了通常燃烧产物的主要辐射带的中心波长。

表 2-9 燃烧产物的主要辐射带的中心波长

产物	辐射带的中心波长/μm	产物	辐射带的中心波长/μm
H_2O	1.14，1.38，1.88，2.66，2.74，3.17，6.27	NO	2.67，5.30
CO_2	2.01，2.69，2.77，4.26，4.82，15.0	OH	1.43，2.80
HF	1.29，2.52，2.64，2.77，3.44	NO_2	4.50，6.17，15.4
HCL	1.20，1.76，3.47	N_2O	2.87，4.54，7.78，17.0
CO	1.57，2.35，4.66		

因为粒子的直径与红外波长在同一量级上，所以严格地讲粒子的辐射不能看作灰体辐射，而应该视为粒子散射。含铝固体推进剂火箭的近场光谱分布见图 2.16。从图 2.16 可以明显看到，羽烟中粒子辐射和散射的连续谱（虚线）对整个辐射起了很大作用。

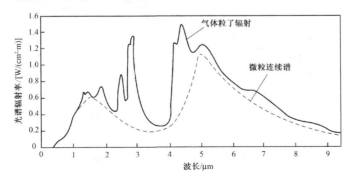

图 2.16 火箭近场光谱分布图

2.6.2 重返大气层的再入段导弹

重返大气层的再入段导弹的红外辐射由四部分组成：
(1) 导弹头部与空气摩擦产生的热；
(2) 原来热的表面；
(3) 由熔蚀物形成的导弹外部的一层外套；
(4) 尾流热空气形成轨迹。

在红外光谱区，第二、第三种热占主要部分；在辐射可见光和紫外光谱区，以被加热的空气为主。再入段导弹的表面温度常常接近或超过 2 500 K。对来自熔蚀粒子的红外辐射很难进行精确计算，因为在实验室模拟时，在熔蚀过程中很难确定熔蚀速率和熔蚀粒子的大小，但是却能从尾流的化学成分分析中知道在尾流中熔蚀粒子有没有达到足以影响辐射值的程度。经过大量测试发现，用一定纯度有机材料做的外层套的熔蚀粒子没有达到上述水平，而所有其他材料（如酚醛族类、硅酸盐族类）先与空气进行接触，会产生很强的辐射，其波段为可见光和紫外。进一步升温可以发现 CO、CO_2 以及 H_2O 熔蚀产物的分子辐射。这些辐射的谱分布与导弹燃料燃烧产物的光谱辐射分布一样，但是大小要低几个量级。再入段物体红外辐射的计算是极其复杂的，下面给出计算步骤。

为了计算高超声速物体周围的气动流体力学，首先要了解物体形状。如果物体是圆头的，如图 2.17 所示，那么边界层加热的空气来自图中 A_1 区隔开的空气。过热空气产生的激波的法线通常垂直于物体表面。A_1 区温度往往高达好几千 K，A_2 区要略低一些。如果物体头部尖而细长，则 A_1 区变得越来越小直至消失。虽然现代技术已发展到可以建立各种条件下的空气动力学模型，但是不同高度处由于空气密度和组分不同，应用方法也将随之改变。因此对再入段导弹辐射特性的分析显得格外复杂。边界层流体性质确定之后，物体表面受高温空气的对流和传导影响而加热的参数也就建立了。每种状况的数学关系也可以建立，关系式中主要包括大气密度、物体热导率、最外层保护套在再入段各高度上受热特点和热力学性质等。经过这些计算可得出物体表面的热分布图。为了把计算得到的热图转换成物体表面的红外辐射值，必须把热图划成几个等温区，每一个区在给定方向的辐射值就可以计算出来了。其辐射率往往取 0.9 左右，而且表面一般都被认为是朗伯面，这样再入段物体的辐射角分布曲线也就可以作出来了。

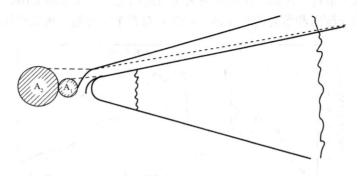

图 2.17 再入段导弹周围结构图

2.6.3 飞机

喷气式飞机主要有 4 个红外辐射部分：

透平发动机罩和尾喷管的红外辐射；

排出废气的红外辐射；

蒙皮的气动加热红外辐射；

反射太阳等外部辐射源的红外辐射。

图 2.18 所示为飞机辐射部分示意图。当喷气飞机在 90°太阳方位角、以 $1.2Ma$ 速度飞行时，其各种辐射的光谱分布及相对辐射如图 2.19 所示。

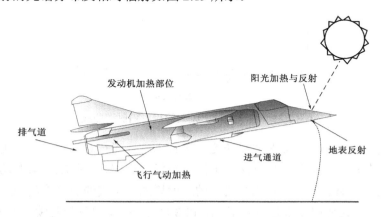

图 2.18 飞机辐射部分示意图

本节讨论的是军用飞机，它们与民航飞机相比具有更大的动力。飞机的最主要红外源是发动机罩和尾喷管部分。这两部分的金属一般可看成具有高辐射率的灰体。从飞机后侧向看，红外辐射呈现较强分布，对着尾向看还能发现可见的内部燃烧的火焰，然而辐射强度很快跌落，从迎头看这部分辐射几乎全部挡住。在排出的羽烟废气中，由于航空汽油燃烧的产生物为水分子和二氧化碳分子，因此主要辐射发生在 2.7 μm 附近的二氧化碳分子和水分子光谱带及 4.3 μm 附近的二氧化碳光谱带。图 2.20 所示为飞机红外辐射强度角分布示意图。

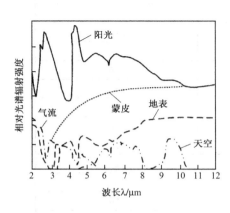

图 2.19 飞机各种辐射的光谱分布及相对辐射

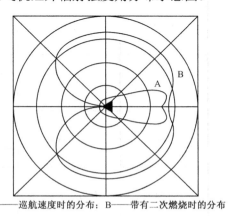

图 2.20 飞机红外辐射强度角分布示意图

图 2.20 中 A 为没有二次燃烧，而 B 为有二次燃烧的光强角度分布图。人们观察、跟踪飞机都是在较远距离上进行的，废气中水分子和二氧化碳分子的光谱辐射又受到了传输途中大气中的水分子和二氧化碳分子的强烈吸收，因此实际上影响羽烟辐射的水分子和二氧化碳分子吸收带的两侧会有一些较强辐射。十分典型的例子是二氧化碳 4.3 μm 吸收峰附近出现了两个相对强峰——蓝峰和红峰，如图 2.21 所示。人造卫星上的光谱仪通过对这两个峰的光谱探测，可发现机群的航迹和航向。

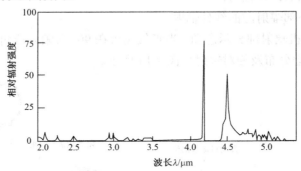

图 2.21　喷气发动机废气的相对辐射谱曲线

飞机蒙皮的气动加热，主要与飞机速度、飞行高度及飞行时间有关。当飞机的速度低于 $0.8Ma$ 时，飞机蒙皮的气动加热所能达到的温度较低，这部分红外辐射与发动机罩、喷口以及尾气辐射相比往往略去不计。然而当飞机的速度增加，蒙皮的温度将与速度成平方关系上升，此时的红外辐射将变得越来越重要了。在 12 300 m 高空，热平衡时蒙皮的表面温度 T（单位为 K）与速度的关系可从以下的经验公式得到

$$T = 216.7 \times (1 + 0.164 Ma^2) \tag{2-62}$$

式中，Ma 为飞机速度的马赫数。

几种飞机在不同状态下的 0.7～12 μm 红外辐射强度如表 2-10 所示。

表 2-10　几种飞机在不同状态下的 0.7～12 μm 红外辐射强度

机型	状态	方向	辐射强度/(W/sr)
B-29	巡航	头部	570
		两侧	1050
		尾向	1050
B-17	巡航	头部	610
		两侧	790
		尾向	680
F-80	加力（96%）	头部	77
		两侧	310
		尾向	1240
F-84	加力（96%）	头部	108
		两侧	155
		尾向	770

注：飞行时间半小时以上。

2.6.4 地面上运动（工作）的军事目标源[27]

地面上运动或工作的军事目标主要是指坦克、装甲车及人等，作战时对方通过仪器和设备发现并跟踪对象，因此它们的红外辐射也是需要关注的。在充分了解这些军事目标的红外辐射特性，包括红外光谱和空间角分布的基础上，攻击一方可以利用这些特性制造出诸如红外制导反坦克导弹等武器；而防御一方却可以通过采用诸如伪装、隐身技术、光谱转换技术或无源干扰等手段，掩盖、转移、遮挡自己平台的红外辐射特征，免受对方摧毁或降低被摧毁的概率。要了解和分析地面上运动军事目标的红外辐射往往有两个途径：其一是通过了解温度分布及表面材料辐射率并假定它们是一个灰体，经过不太复杂的理论计算就可得到该辐射源的红外辐射参数，如有必要还要进行大气传输修正、背景辐射的修正；其二是利用各种仪器设备进行近场、远场测试，必要时对测试结果加上大气传输理论修正，也可得到所需红外辐射参数。这些方法和技术十分成熟，但应当指出的是，不论用哪一种方法得到结果，在实际运用中都应考虑目标运动及它所处环境的实际情况。例如，坦克在全速行进时，由于功率变得很大，排气口温度突然升高，坦克两边的红外辐射相差很大。测试时坦克的状态与作战时坦克的状态可能大不一样。又例如，坦克大部分表面蒙上了一层泥或灰，此时坦克的红外辐射和对阳光的反射率就不是钢铁的辐射率和反射率了，而是泥或灰的辐射率和反射率。再比如，快速行进中的坦克在其后方形成一片扬尘区，扬尘区本身对红外有很大的衰减，尤其是坦克群作战时，前面坦克掀起的扬尘，对后面坦克群是一个很好的掩护。美国利用这一原理，设计并在坦克上安装了一个设备，该设备的作用是当坦克行进在泥沙地段时，从地上挖取适量沙土，经筛、滤、研粉、干燥等工序把泥沙变为粒径仅几微米的微粒，然后在高压气体作用下向左右两侧前方喷出，使坦克三面处在被大量悬浮粒子包围的状态之中，对可见光、红外、激光制导武器是一种极好的干扰手段。表2-11示出了几种目标（坦克、装甲运兵车和人等）在0.7～12 μm 范围内每球面度的红外辐射强度。

表 2-11　几种目标在 0.7～12 μm 范围内的红外辐射强度

目标名称	方　向	辐射强度/（W/sr）	温度/℃	国别、型号
坦克1	后向	56	25	美国 M-24 停下不动
	两侧	35	100	
	前向	10	150	
	满载后向	100	100	
	顶部	65	100	
坦克2	后向	74	100	美国 M-26 停下不动
	两侧	48	100	
	前向	12	25	
	满载后向	150	150	
	顶部	68	100	
坦克3	后向	320	200	美国 M-46 停下不动
	两侧	220	200	
	前向	65	150	
	满载后向	1600	600	
	顶部	1000	200	
	满载两侧	580	300	

续表

目标名称	方向	辐射强度/(W/sr)	温度/℃	国别、型号
坦克4	后向	20	50	俄罗斯 T-34 停下不动
	两侧	16	50	
	前向	12	25	
	顶部	40	50	
	满载后向	50	100	
装甲运兵车 （卡车）	后向	8	25	美国 2.5t 载重车 停下不动
	带排气管一侧	42	100	
	不带排气管一侧	16	50	
	前向	16	50	
人	站立	1.4	25	
	俯卧前向	0.3	25	
	俯卧侧向	0.8	25	
	冬天站立	2.2	25	
机枪1	侧向立即测	134	500	0.50 口径，3 分 15 秒发射 260 发
	侧向冷 2 分钟测	70	400	
	侧向冷 5 分钟测	56	350	
	侧向冷 10 分钟测	34	250	
	侧向冷 20 分钟测	16	200	
机枪2	侧向立即测	43	400	0.50 口径，3 分 15 秒发射 260 发
	侧向冷 2 分钟测	36	300	
	侧向冷 5 分钟测	25	250	
	侧向冷 10 分钟测	14	200	
	侧向冷 20 分钟测	5	100	
冲锋枪	侧向立即测	3	50	冲锋枪 m1，发射 48 发子弹后测
炮	停后冷 1 小时测	320	250	155mm 炮连续射击

2.7 光辐射侦察的方法[26]

2.7.1 截获光辐射的方式

对光电侦察系统而言，截获光辐射的方式有以下几种：

（1）直接截获接收。直接截获接收是指接收器直接接收来自光源的光辐射能量，所以可以接收到的额能量最强，给出的接收信号也是最强的，探测距离远，定位精度高。对于激光辐射来说，由于激光束发散角小，为了要直接截获激光束能量，则要求激光发射器与接收器的光轴同轴或平行，且接收器必须处在光束的截面之内，因而直接截获接收的对准性要求很高。

（2）散射辐射的截获接收。散射辐射的截获接收是指接收器接收光束中被大气分子或气溶胶粒子散射的少量辐射。这种接收方式探测空域大，对准性要求低，但方向识别能力差，要求接收灵敏度高，所接收的信号强度取决于光速和探测器的相对方向及当时的大气条件。

（3）漫反射辐射的截获接收。漫反射辐射的截获接收是指接收的光束经过目标或其周围的物体一次或多次反射后的光辐射能量。所以这种方式会完全与光束发射方向无关。

（4）复合截获接收。复合截获接收是把上述几种光辐射截获接收方式综合起来，实现直接接收和散射接收的复合系统。这种方式综合了各种截获接收方式的优点，并能适应各种复合条件。

2.7.2 不同光辐射截获接收方式的理论计算

1. 一般发光目标（非相干光辐射）的直接截获接收

设目标是面积为 A_1 的小面源，其光源辐射量度为 L_λ 与接收器相距为 R，倾角为 θ_1，接收器入射孔的面积为 A_2，倾角为 θ_2，接收器内探测器的面积为 A_d，如图 2.22 所示。于是目标 A_1 向接收器所在方向发射的光辐射功率为

$$P_{1\lambda}=L_\lambda \cdot \cos\theta_1 \cdot A_1 \cdot A_2 \cdot \cos\theta_2/R^2 \quad (2\text{-}63a)$$

到达接收器 A_2 处的光谱辐射功率为

$$P_{2\lambda}=P_{1\lambda} \cdot e^{-\int_0^R \delta(\lambda,x)dx} \quad (2\text{-}63b)$$

式中，大气的光谱衰减系数为

$$\delta(\lambda,x) = K(\lambda,x)n_k(x) + \sigma(\lambda,x) \cdot n_\sigma(x) \quad (2\text{-}64)$$

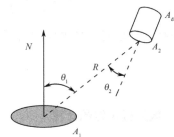

图 2.22 发光目标的直接截获接收示意图

式（2-64）中，$K(\lambda,x)$，$\sigma(\lambda,x)$ 分别为插入大气粒子（大气分子或气溶胶粒子）的光谱吸收系数和光谱散射截面；$n_k(x)$，$n_\sigma(x)$ 分别为大气的吸收粒子浓度与散射离子浓度。

到达光电探测器上的光谱辐射功率为

$$P_{3\lambda} = \frac{A_1 \cdot A_2}{R^2}\int_{\lambda_1}^{\lambda_2} L_\lambda \cos\theta_1 \cos\theta_2 \cdot e^{-\int_0^R \delta(\lambda,x)dx} d\lambda \quad (2\text{-}65)$$

若光电探测器的电压响应度为 R_u，则探测器的输出电压为

$$U = P \cdot R_u \quad (2\text{-}66)$$

2. 激光束（相干光辐射）的直接截获接收

设激光在大气中传播遵守几何光学规律，大气是均匀的、各向同性的，接收器与发射源的主光轴相互平行且靠近。若激光器输出的光功率为 P_t，则经过发射光学系统后的辐射强度为

$$I = \frac{4P_t}{\pi\theta_t^2}\tau_t \quad (2\text{-}67)$$

式中，θ_t 为光束的发散角，τ_t 为发射光学系统的透射率。

与激光源相距为 R 远处的接收器上的辐射度为

$$E = \frac{dP_t}{dA} = \frac{I_t \tau_R}{R^2} = \frac{4P_t}{\pi\theta_t^2}\tau_t \cdot \tau_R \cdot \frac{1}{R^2} \quad (2\text{-}68)$$

而 $\tau_R = e^{-\mu R}$，表示 R 这段路程上插入大气的透射率，μ 为其衰减系数。所以接收器处的

辐照度为

$$E = \frac{4P_t}{\pi\theta_t^2}\tau_t \cdot \frac{1}{R^2} e^{-\mu R} \tag{2-69}$$

对于按基模或低阶模工作的激光器，可以近似认为光束内的能量分布是相对光轴对称的高斯分布，则在与激光器相距 R 远处像平面上的照度分布为

$$E_t(\theta_1) = \frac{4P_t}{\pi\theta_t^2}\tau_t e^{-4\frac{\theta_1^2}{\theta_t^2}} \cdot \frac{1}{R} e^{-\mu R} \tag{2-70}$$

式中，θ_1 为偏离光轴方向的角度。

若接收器入射孔的面积 A_s 小于主瓣光斑，则该接收器所拦截的激光功率为

$$P_r = \frac{4P_t}{\pi\theta_t^2} \cdot \frac{1}{R^2} \cdot e^{-\mu R} \int_{A_s} e^{-4\frac{\theta_1^2}{\theta_t^2}} ds \approx \frac{4P_t A_s \tau_t}{\pi\theta_t^2 R^2} e^{-\mu R} e^{-4\frac{\theta_1^2}{\theta_t^2}} \tag{2-71}$$

于是，接收器的光电探测器所接收到的光辐射功率为

$$P_d = \tau_r P_r = \frac{4P_t \tau_t \tau_r \cdot A_s}{\pi\theta_t^2 R^2} e^{-4\frac{\theta_1^2}{\theta_t^2}} \cdot e^{-\mu R} \tag{2-72}$$

3. 散射截获能的计算

设激光源与告警接收装置之间的几何关系如图 2.23 所示。

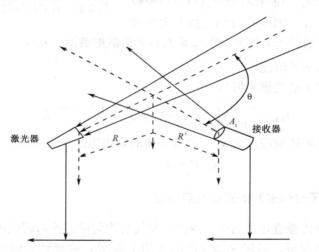

图 2.23 激光源与接收机之间的几何关系

由激光束与接收机瞬时视场相交部分的体积 V 内的介质作为散射体。散射体中心与激光器相距为 R'，式（2-69）散射体 V 内的光源辐射度为

$$E_\lambda = \frac{4P_{t\lambda}\tau_t}{\pi\theta_t^2 R^2} \cdot e^{-\mu R} \tag{2-73}$$

又假定光束在散射体内只有单次散射，于是从散射到接收机方向的光谱辐射强度为

$$I_\lambda(V) = E_\lambda \cdot V \cdot P(\theta) = \frac{4P_{t\lambda}\tau_t}{\pi\theta_t^2 R^2} \cdot e^{-\mu R} \cdot V \cdot P(\theta) \tag{2-74}$$

式中，$P(\theta)$ 为散射相函数，它表示每单位体积、每单位立体角的散射截面，对于瑞利散射有 $P(\theta) = \frac{3}{4}(1+\cos^2\theta)$，其中 θ 为散射角。

接收机截获的光谱辐射功率为

$$P_{r\lambda} = I_\lambda(v) \cdot \Omega_\tau \cdot \tau_R = \frac{4P_{t\lambda}\tau_t}{\pi\theta_t^2 R^2} \cdot e^{-\mu R} \cdot V \cdot P(\theta) \cdot \frac{A_r}{R'^2} \cdot e^{-\mu R'} \quad (2-75)$$

式中，A_r 为接收机的入射孔径面积。

参 考 文 献

[1] 付小宁，牛建军，陈靖. 光电探测技术与系统[M]. 北京：电子工业出版社，2010.

[2] 李兴国. 毫米波近感技术及其应用. 北京：国防工业出版社，1991.

[3] 盛裴轩，等. 大气物理学[M]. 北京：北京大学出版社，2003.

[4] Bohren C F, Huffman D R. Absorption and Scattering of light by small particles. New York: Wiley Science, 1983.

[5] Van de Hulst H C. Light Scattering by little Particles. New York: Dover. 1981.

[6] Holst G C. Electro-Optical Imaging System Performance [M]. Society of Photo Optical, 2006, 4.

[7] 大气窗口. http://baike.baidu.com/view/696404.htm.

[8] 吴健，杨春平，刘建斌. 大气中的光传输理论[M]. 北京：北京邮电大学出版社，2005.

[9] Penndorf. Tables of the refractive index for standard air and the Rayleigh scatter-ing coefficient for the spectral region be-tween 0.2 and 20.0-and their application to atmospheric optics [J]. Opt. Soc.Am, 1957，47: 176.

[10] 胡云，廖志杰，邢廷文. 紫外激光雷达后向散射光强的模拟计算[J]. 光散射学报,2007, 19（3）: 230-235.

[11] Van de Hulst H C. Light Scattering by Small Particles. New York: John Wiley & Sons, 1957：179.

[12] Deepak A, Vaughan O H. Extinction-sedimentation inversion technique for measuring size distribution of artificial fogs [J] .1978.

[13] 汤双庆. 非球形混合气溶胶紫外和可见光的传输与散射特性[D]. 西安电子科技大学硕士学位论文，2010.

[14] 王瑞. 激光在雾媒质中的传播衰减特性研究[D]. 西安电子科技大学硕士学位论文, 2007年3月.

[15] 宋正方. 应用大气光学基础[M]，北京气象出版社，1990：17-60.

[16] 徐香，王平，闫颖良，等. 紫外光在雨中的传输衰减研究[J]. 通信技术，Vol.42, No.05, 2009.

[17] 陈万奎，严采繁. 云中冰晶尺度谱特征与分布函数. 气象，1998，13（11）：13-17.

[18] 安毓英. 光电子技术（第三版）.北京：电子工业出版社，2011.

[19] Glen P. Perram, Michael A. Marciniak, and Matthew Goda. High-energy laser weapons: technology overview[J]. Proc. SPIE 5414, 1 (2004); doi:10.1117/12.544529

[20] 陈富强. 单兵综合战术对抗训练激光模拟系统研究[D]. 国防科学技术大学硕士学位论文，2007-06.

[21] 邓良基. 遥感基础与应用[M]. 北京：中国农业出版社，2003.

[22] Fingas M F, Crown C E. Review of Oil Spill Remote Sensor[A] . The Sixth International Conference on Remote Sensing for Marine and Coastal Environments[C] . Charleston ,South Carolina ,1-3 May 2000.

[23] 苏毅，万敏，胡晓阳，等. 晴朗无云天空光谱辐射的近似计算模型[J]. 强激光与粒子束, 2005, 17（10）:

1469-1473.

[24] 孙再龙. 红外与光电系统手册第五卷[M]. 天津航天工业总公司三院 8358 所翻译出版, 2001.
[25] 乌拉比, 等. 微波遥感[M]. 侯世昌, 马锡冠, 等, 译. 北京: 科学出版社, 1987.
[26] 李云霞, 蒙文, 马丽华, 等. 光电对抗原理与应用[M]. 西安: 西安电子科技大学出版社, 2009.
[27] 王永仲. 现代军用光学技术[M]. 北京: 科学出版社, 2003.

第3章 光电制导技术

3.1 概述

光电制导是将由光电传感器获取的目标信息经过处理，形成指令，导引（控制）弹体击中目标的一种技术手段。

导弹的制导方式可分为自主制导、寻的制导、遥控制导[1]。其中，自主制导的类型有：惯性制导（INS）、程序制导、地形匹配制导、星光（天文）制导、GPS 制导；寻的制导分为主动寻的制导、半主动寻的制导以及被动寻的制导；遥控制导按传输方式可分为指令制导和波束制导，其中指令制导又分为无线电指令和有线电指令，波束制导分为雷达波束制导和激光波束制导。按照所用传感器不同，又可划分为红外制导、激光制导、电视制导、光纤制导、毫米波制导。复合制导是指在同一武器上采用两种或两种以上制导方式组合而成的制导技术，多模制导是指在同一武器上采用两种或两种以上频段或末制导方式组合而成的制导技术；它们是增大制导距离、提高制导精度和抗干扰能力的有效技术途径。

1. 光电制导的方式

1）寻的式制导

寻的式（又称自动寻找式）制导系统是通过弹上的导引系统（导引头或寻的头）感受目标辐射或反射的能量，自动形成控制命令并跟踪目标，导引制导武器飞向目标。这种制导方式按感受能量（波长）可分为（微波）雷达寻的、红外寻的、毫米波寻的、电视寻的和激光寻的制导；若按弹上安装的导引系统可分为主动寻的、半主动寻的和被动寻的制导。目前，世界上多数导弹和一部分空地导弹都采用这种制导方式。它比较适合攻击短距离目标。主动式雷达寻的制导具有"发射后不用管"的优点，能从任何角度攻击目标，精度很高，但易受电子干扰；毫米波制导虽然具有制导系统强、精度高、抗干扰能力强的特点，但作用距离短。目前，世界各国发展较多的是激光雷达寻的制导。

2）惯性制导（INS）

惯性制导是利用惯性测量设备测量导弹参数的制导技术。它是一种自主式制导方式。惯性制导系统全部安装在弹上，主要是陀螺仪、加速度表、制导计算机和控制系统。一般用于攻击固定目标。根据惯性测量仪表在弹上的安装方式，可分为平台式惯性制导和捷联式惯性制导两种。惯性制导的优点是抗干扰性强、隐蔽性能好、不受气象条件限制。其弱点是制导精度随飞行时间（距离）的增加而降低。因此工作时间较长的惯性制导系统，常用其他末制导方式来修正其积累的误差。

3）程序制导

程序制导是预先将导弹命中目标所需要的飞行弹道，存储在程序控制机构内。导弹发射后，弹上程序控制机构按照预先安排好的飞行方案，按时输出控制指令，按部就班地控制导弹按预定弹道飞向目标。程序制导系统又称为"方案制导系统",其优点是设备简单,制导系统与外界无联系,抗干扰性好,但导引误差会随飞行时间的增加而增加。

4）地形匹配制导

地形匹配与景象匹配制导系统又称地图匹配和景象匹配区域相关制导。它是通过遥测、遥感手段按其地面坐标点标高数据绘制成数字地图,预先存入弹载计算机内,导弹飞临这些地区时,弹载的计算机将预存数据与实地数据进行比较,并随时根据指令修正弹道偏差,控制导弹飞向目标。由于绘制地图的方法不同,因此,又有转达图像匹配、可见光电视图像匹配、激光雷达图像匹配和红外热成像匹配制导等方式,它不受天气影响。地形匹配制导与惯性制导配合,可大大减小惯性制导的误差,这样导弹就会像长着眼睛似的迂回起伏,准确地飞向预定目标。

5）星光（天文）制导

以选定的星体（恒星）为参考点,自动测定载体的方向和位置,将导弹导向目标的自主式制导系统。它由星光跟踪器、陀螺平台、计算机（信息处理电子设备）和姿态控制系统（自动驾驶仪）等组成。星光跟踪器通常安放在飞行器的陀螺平台上,利用光学或射电原理接收星体的光辐射或无线电辐射,识别和跟踪预先被选定的单个或多个星体,并以这些星体为固定参考点,测量这些星体的方位角和高低角,输送给计算机。计算机按预先装定（存储）的星历表、标准时间和制导参数等进行实时运算,得到飞行器当时的坐标位置和航向,输出修正量,控制发动机按预定轨道飞行并导向目标。受能见度的限制,一般不单独使用,通常与惯性制导系统组成复合制导系统。

6）GPS制导

全球定位（GPS）制导系统属于导航制导方式。它是利用空间导航卫星的准确定位功能为制导武器提供全天候、连续、实时和高精度的导航服务,保证制导武器得到位置、速度和精确的时间三维信息。安装GPS接收机的制导武器可以取消地形匹配制导,可以缩短制定攻击计划所需的时间,或攻击非预定目标。目前,美国陆军战术导弹ATACMS、"联合防区外发射武器"（JSOW）、"联合直接攻击弹药"（JDAM）等采用这种制导方式。

7）遥控制导

遥控制导系统指导引系统的全部或部分设备安装在弹外制导站,由制导站执行全部或部分的测量武器与目标相对运动参量并形成制导指令,再通过弹上控制系统导引制导武器飞向目标。按指令传输方式可分为指令制导和波束制导。其中指令制导又分有线指令制导、无线指令制导和电视指令制导3种。其特点是弹上设备简单、成本低,如使用相控阵雷达,还可以对付多个目标。波束制导则包括雷达波束和激光波束制导两种。其弱点是射程受制导站跟踪探测系统作用距离的限制,精度随射程增加而降低。

2. 光电制导武器的特点[2]

（1）射程远。普通的地面压制火炮：大中口径火炮射程一般为20～30 km,最远为40 km左右；而地对地导弹的射程近的为几百千米,远的可达上万千米。比如苏制SS-18导弹,射程为 12 000 km。而"爱国者"、S-300 等防空导弹，最大高度可达 24 000 km 和 27 000 km。

（2）命中精度高。精确制导武器直接命中目标的概率可达到 50% 以上，对点目标的圆概率误差最小可在 0.9 m 以内，对普通地域的圆概率误差最小可在 1 m 以内。

（3）高效能（作战效能高）。精确制导武器的技术复杂，单枚（发）成本较高，但它的作战效能更高。

（4）高技术。其关键技术是微电子技术和光电技术。微电子技术的发展，使制导系统可以小型化，在炮弹的弹头上也能装自寻的系统；而计算机微型化，给在 20 世纪 60 年代基本上要被淘汰的巡航导弹带来新的活力，使其精度可达 30 m。同时，探测技术和高速信号处理技术也为制导精度和抗电子干扰提供了条件，实现了全天候、自动寻的能力。

（5）威力大。比如一枚战术常规导弹，如果携带 1 吨重的战斗装药，则相当于 18 门火炮齐射 10 发的威力；比如 SS-18，弹头当量 2 500 万吨，相当于投在广岛的原子弹当量的 1 000 多倍，其破坏威力可想而知。

3．精确制导的典型应用[2]

在越南战争、中东战争等几场局部战争中，精确制导武器又显示出了很高的作战效能，引起了各国军队的高度关注。认识到精确制导武器在战争中的重要地位，各国都加快了武器系统制导化和精确化的研制和发展。

从 1991 年海湾战争开始，精确制导武器更是大显身手，充当了战场的主角，成为引领唱响未来高技术战场的主旋律。多国部队使用了 20 多种精确制导武器，如"战斧"巡航导弹、"爱国者"防空导弹、"斯拉姆"空地导弹、"哈姆"反辐射导弹、"海尔法"反坦克导弹、"响尾蛇"和"麻雀"空空导弹及激光制导炸弹等，并在战争中显示了超常的作战能力，但其使用量仅占总弹药量的 9% 左右；1999 年科索沃战争中，精确制导炸弹占了全部投弹量的 35%；阿富汗战争中，精确制导炸弹占了全部投弹量的 56%。同样，1999 年第二次车臣战争中，俄军吸取了第一次车臣战争血的教训，在战场上大量运用空中优势和各类精确制导武器，对目标进行了高精度、远距离的精确打击，使战场局面陡转。在 2003 年的伊拉克战争中，美英联军在空袭中使用的精确制导武器占总弹药量的 68%。今天，人们已经看到，精确制导武器在战争中使用比例的大幅度上升已成为时代的必然，它不但是新军事技术革命的产物，并且正在引领唱响未来高技术战场主旋律。

综上所述，光电制导武器已成为现代战争的优选装备，表 3-1 示出了几种典型导弹采用的制导方式[3]。

表 3-1　几种典型导弹采用的制导方式

类别	国家或地区	型　号	制 导 技 术
战略导弹	美国	民兵 - 3	采用 NS-20 全惯性制导，其制导系统主要由陀螺制导平台、数字计算机、放大器组件、电子控制装置和电池组成
	俄罗斯	白杨 - M	惯性+星光修正+地形匹配末制导
	法国	M45	惯性+星光定位或子午卫星修正

续表

类别	国家或地区	型号	制导技术
巡航导弹	美国	战斧 Block4	INS/GPS+DSMAC2A+红外成像制导+数据链传输系统
	法国	APTGD	中段：惯导+雷达/高度相关 末段：雷达/红外成像双模制导
	俄罗斯	X-101	中段：光电修正惯性制导 末段：匹配修正电视制导
	英国	CALAM	INS/GPS+DSMAC2A+红外成像制导
地空导弹	美国	爱国者 PAC-3	程序+指令+TVM 复合制导体制
	俄罗斯	安泰 2500	惯性+无线电指令修正+末段半主动雷达寻的
	法国	新一代响尾蛇	光电复合制导 雷达采用频率捷变和脉冲压缩技术增强抗干扰能力
反舰导弹	美国	捕鲸叉 Block1	中段：GPS/INS 末段：宽频带捷变雷达
	俄罗斯	X-65Ca	中段：捷联惯性制导 末段：主动雷达或红外成像导引头
	法国	飞鱼 MM40 Block2	中段：简易惯性系统 末段：计算机控制单脉冲捷变雷达
	中国台湾	雄风 2	中段：惯性制导 末段：主动雷达制导+红外制导

3.2 红外制导

许多军事目标，特别是一些运动目标，如飞机、火箭、坦克、军舰等都具有大功率的动力部分，都要不断地向外发射很强的红外辐射，尤其是飞机和火箭，其运动速度很快，这样其外壳与大气摩擦的结果必将产生大量的热量，从而使它们向外辐射出的红外线强度增大很多。红外制导就是利用红外探测器捕获和跟踪目标自身辐射的能量来实现寻的制导，是精确制导武器一个十分重要的技术手段。在各种精确制导体制中，红外制导因其制导精度高、抗干扰能力强、隐蔽性好、效费比高等优点，在现代武器装备发展中占据着重要地位。

红外制导分为红外点源寻的制导和红外成像制导。红外点源制导系统已广泛应用于空空、地空、岸舰和舰舰导弹等数十种战术导弹上。点源指对系统的张角小于系统的瞬时视场且其细节无法分辨的目标信号源。红外成像制导利用红外图像探测器探测目标及背景的红外辐射以捕获目标，其图像质量与电视相近，却可在电视制导系统难以工作的夜间和低能见度下作战。

红外制导导弹的发展经历了以下 3 个阶段[4]。

第一阶段是 20 世纪 60 年代中期以前，始于 1948 年美国的"响尾蛇"（Sidewinder）导弹的研制。在此期间红外制导技术主要是点源探测，工作在 $1\sim 3~\mu m$ 波段，这一时期红外武器主要用于攻击空中速度较慢的飞行目标。红外点源制导的代表型号为美国的"红眼睛"、苏联的"SAM-7"地空导弹。由于第一代红外制导导弹工作波段为 $1\sim 3~\mu m$，只能尾追攻击飞机，攻击角度小，受背景和气象条件影响严重，抗干扰能力弱，使其战术性能受到很大局限。

第二阶段是 20 世纪 60 年代中期到 70 年代中期。由于飞机的速度和机动能力大大提高，红外诱饵的有效使用,使得第一代红外制导导弹作战效能明显下降。随着工作在 3~5 μm 波段的 InSb 红外元件的研制成功,并达到工程应用水平,国外出现了可攻击高速、机动能力强的飞机的第二代红外制导导弹。第二代红外制导导弹改进了调制盘,提高了抗干扰能力,增大了对飞机的攻击角度,同时在信号处理电路上进行了改进,使这一代导弹的作战性能得到了较大的提高。其代表型号为美国的"尾刺"(Stinger)及法国的"西北风"等地空导弹。

第一代和第二代红外制导武器都采用非成像制导系统,把被攻击的目标视为点源,用调制盘或者圆锥扫瞄、章动扫瞄等方式,对原信号进行相位、频率、幅度、脉宽等调制,以获得目标的方位信息。这种系统结构简单、造价低、分辨率高、使用方便、不依赖于复杂的火控系统等,有许多优点,但这种系统对存在强辐射红外干扰的环境,特别是对于攻击复杂红外背景的地面坦克、装甲目标,就显得无能为力了。

第三阶段是 20 世纪 70 年代中期以后,由于工作在 8~14 μm 波段,高性能线列长波 HgCeTd 红外元件的工程应用及红外成像制导技术的成熟使红外制导导弹产生了一次大的飞跃[5]。第一代红外成像导弹的代表产品是"幼畜-65D"空地导弹,它采用双色(红外/紫外或双色红外)多瓣梅花图形扫描的成像制导体制的红外成像导引头,性能比较差,成像质量比较低。20 世纪 80 年代后期,采用凝视型红外焦平面阵列(IRFPA)的第二代成像导弹,具有更高的灵敏度和抗干扰能力,8~14 μm 的红外辐射透过能力强,作用距离是可见光的 3~5 倍,并具有目标选择和敌我识别能力。代表型号有美国的"海尔法",用于直升机和攻击机空地反坦克,它采用 128×128 元的"铟砷锑/硅"红外混合 CCD 焦平面阵列。属于这一代成像制导技术的战术导弹还有:美国的"捕鲸叉"和 AGM-109I"战斧"空地导弹(末端红外成像制导)ASTAAM 空空导弹,等等。

3.2.1 红外点源寻的制导

红外点源寻的制导是利用活动目标本身的红外辐射作为导引信号,将被攻击目标当作热辐射点源进行探测,经过处理后实现对目标的跟踪和对制导武器的控制,使制导武器飞向目标的一种被动寻的技术[6]。其特点是系统结构简单、体积小、质量轻、角分辨率高、工作可靠、效费比较高。

1. 红外点源寻的导引头

红外点源寻的导引头由红外搜索与跟踪系统组成。搜索系统扫描导弹或飞机前方一定的空域,当发现辐射红外线的目标后,经红外检测、变换,并以一定的信号形式驱动,使系统由搜索状态转换成跟踪状态。目标在视场内运动时,光学接收系统将目标红外辐射收集并聚焦至红外探测器。探测器输出的电信号携带着目标的角坐标信息,此信号经过处理后一方面送至陀螺跟踪机构使跟踪系统光轴盯住目标;另一方面形成控制信号给执行机构,控制全系统跟踪目标。

红外点源寻的导引头中的红外探测系统由光学系统、光电转换机构构成。对红外探测系统的输出进行信号处理,可以确定目标偏离光轴的方位和大小。图 3.1

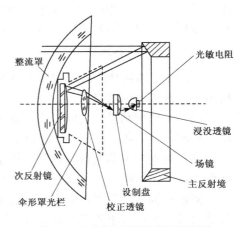

图 3.1 红外探测系统结构示意图

所示为红外探测系统结构示意图。

2. 目标空间方位信息的提取

图 3.2 示出了目标像点在调制盘上的位置与目标空间方位之间的关系[7]。

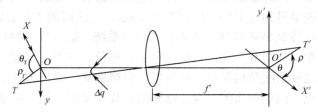

图 3.2　目标像点在调制盘上的位置与目标空间方位之间的关系

图 3.2 中 T 为目标，T' 为 T 在光学系统焦平面上所成的像，T 在物方坐标系中的位置由极坐标（ρ_T，θ_T）确定，T' 在像方坐标系中的位置由极坐标（ρ，θ）确定。Δq 是 T 的失调角，则有

$$\rho = f' \tan\Delta q, \quad \theta = \theta_T \tag{3-1}$$

式中，f' 是光学系统的像方焦距。于是，像"点"的坐标便与目标方位联系起来。在光学系统焦平面处引入的调制盘，其主要功用之一就是以一定的载波提供关于像"点"坐标的信息。

3. 调制盘

1）调制盘的功能

（1）把恒定的辐射通量变成交变辐射通量，以便用交流放大器把信号放大；
（2）进行空间滤波——抑制背景，突出目标；
（3）提供目标的方位信息。

2）调制曲线

由探测器输出的有用调制电信号与目标失调角之间的关系曲线通常称为调制曲线。它反映了调制盘的调制特性，是调制盘本身图案与目标像"点"共同作用的综合效果。对于相同的调制盘和光学系统，当目标距离近时，像"点"面积增大较快，表现出调制深度减小，有用信号变弱，调制曲线频率减小；而在距离较远时，系统接收的能量因素影响比像"点"面积因素要强，有用信号随距离减小，调制曲线频率增大。

3）调制盘的分类

（1）旋转调制盘。以调制盘本身的旋转实现像"点"在调制盘上扫描，调制盘的输出就携带了目标的方位信息。

（2）章动调制盘。调制盘不是旋转工作，而是使其中心绕系统光轴作圆周平移运动。章动一周时，其上各点扫出半径相同的圆。

（3）圆锥扫描调制盘。圆锥扫描系统令调制盘不动，而以光学系统的扫描机构运动，实现像"点"在调制盘上的圆锥扫描，扫描圆的中心位置代表了目标的角坐标。

圆锥扫描导引头采用圆形对称的调制盘，当目标图像处于视轴上时，调制盘产生恒定的载波信号。在有较小的跟踪误差时，圆锥扫描导引头作频率调制；当目标像点的章动环在扫描周期的部分时间内扫出调制盘外且有较大的跟踪误差时，圆锥扫描导引头作振幅调制。圆锥扫描调频调制盘如图 3.3 所示。

若目标在视场中心，即像点扫描圆（如图 3.3 中的 A）与调制盘同心时，输出波形如图 3.4（a）所示，载波频率为一常量，如图 3.4（b）所示；当目标偏离视场中心时，即像点扫描圆（图 3.3 中的 B）不与调制盘同心，像点扫过调制盘中心区时，产生的光脉冲比扫过边缘区时更密集，输出波形如图 3.4（c）所示，此时，当像点扫描一周时，载波频率连续变化，如图 3.4（d）所示。

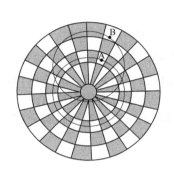

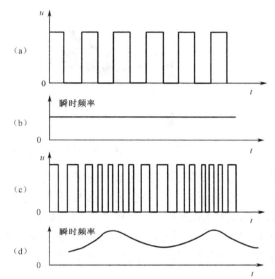

图 3.3　圆锥扫描调频调制盘　　　　图 3.4　调制波形图

跟踪误差的有关相位信息由章动环的中心相对调制盘的运动方向提供，如图 3.5 所示。

4．不用调制盘的系统

采用某些探测器，如四象限 PSD、L 形探测器、十字架探测器的导引头，利用像"点"扫描多元探测器阵列，并借助相应的电路处理，也可获得目标像"点"的位置信息，这样就形成了不用调制盘的"点"源跟踪系统。例如，十字形探测器则将目标方位信息转化为 4 脉冲编码信息。

玫瑰线扫描导引头也不需要调制盘，其巧妙之处在于将目标方位信息转化为脉冲位置信息。

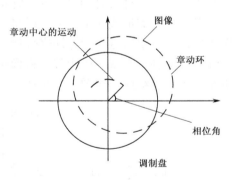

图 3.5　章动环的运动

5．红外导引头作用距离估算

红外导引头作用距离就是红外导引系统正常工作所需最小信噪比所对应的距离，它与目标辐射到探测器上的辐射功率、探测器的响应特性及背景辐射等因素有关。

$$R = [\tau_0 I] R = [\tau_0 I]^{\frac{1}{2}} \cdot \left[\frac{\pi}{2} D_0 (\mathrm{NA}) \tau_1\right]^{1/2} \cdot [D^*]^{1/2} \cdot \left[\frac{1}{(\Omega \Delta f)^{1/2} (I_s / I_n)}\right]^{1/2} \quad (3\text{-}2)$$

通常，每平方厘米只要有约 $1\times10^{-9}\sim1\times10^{-6}$ W 的红外功率，就足以将内置有红外导引头的导弹引向目标，导引距离可以从几百米到几十千米。

采用非成像制导的导弹有美国的"响尾蛇"及由其发展而来的地空导弹"小桷树"，地空导弹"红眼睛"及其改进型"尾刺"，法国的西北风，苏联的萨姆－7等。图3.6所示为美国 AIM-9L/M 空空导弹（第三代红外点源寻的）。

图 3.6　美国 AIM-9L/M 空空导弹（第三代红外点源寻的）

红外点源寻的制导技术采用被动寻的方式，攻击隐蔽性好，不受无线电干扰的影响，可昼夜作战；但它的正常工作易受云、雾和烟尘的影响，并有可能被曳光弹、红外诱饵、云层反射的阳光和其他热源诱惑而偏离或丢失目标。此外，红外制导系统作用距离有限，一般用作近程武器的制导系统或远程武器的末制导系统。在精确制导领域它逐渐被具有更好目标识别能力和制导精度的红外成像制导系统取代[8]。

3.2.2　红外成像制导

红外成像是一种实时扫描技术，它将景物表面温度的空间分布解析成按时序排列的电信号，并以可见光的形式显示出来，或将其数字化储存在存储器中，为数字机提供输入。红外成像制导是用数字信号处理方法来分析这种图像，从而得到制导信息的技术。

红外成像制导系统一般由红外摄像头、图像处理电路、图像识别电路、跟踪处理器和摄像头跟踪系统等组成，如图 3.7 所示[9]。

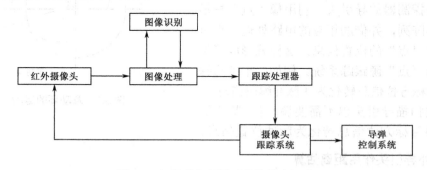

图 3.7　红外成像制导系统的基本组成

1. 红外成像制导工作原理

红外成像制导系统的工作原理为：发射导弹前，首先由控制站（如飞机上）红外前视装置搜索和捕获目标，依据视场内各种物体热辐射的微小差别在控制站显示器上显示出图像。

一旦目标位置被确定,导引头便跟踪目标(可在发射前锁定目标或发射后通过数据链传输指令对目标锁定)。发射导弹后,摄像头摄取目标的红外图像并进行预处理以得到数字化目标图像,经图像处理和图像识别,区分出目标、背景信息,识别出真目标并抑制假目标。跟踪装置则按预定的跟踪方式跟踪目标图像,并送出摄像头的瞄准指令和引导指令信息,使导弹飞向选定的目标。

2. 红外成像制导技术的特点

红外成像制导技术有其突出的优点,具体表现在:

(1) 抗干扰能力强。红外成像制导系统的探测是靠目标和背景的辐射率不同,且制导信息源是热图像,因而要对其形成有效的干扰是很困难的。

(2) 灵敏度和空间分辨率较高。红外成像系统一般采用二维扫描,数学分析表明,它比一维扫描的灵敏度和空间分辨率要高。

(3) 探测距离较远。红外较易穿透雾、霾,与可见光相比,其探测距离可大3~6倍。

(4) 命中精度高,能识别敌我目标。红外成像制导技术使用的信息源是目标的热图像,目标形态结构上的微小差异,都能从热图像上显示出来。即使是隐蔽和伪装的目标,也由于各种物体的辐射特性不同,能在分辨率较好的热图像上识别出来。因而,红外成像技术识别目标的能力强。与弹载计算机的结合,使红外成像制导武器可以根据存储或锁定的目标热图像识别特征在目标群中自动搜索,跟踪所要攻击的目标。

(5) 昼夜工作,穿透烟雾能力强,是一种准全天候系统。

图 3.8 所示是 AIM-9X 红外成像制导导弹,它采用第五代凝视焦平面阵列寻的器实现智能制导,具有红外对抗能力和在晴空下更高的目标辨识能力,能清楚分辨是人工热源还是自然热源。AIM-9X 在飞向目标过程中还具有抗干扰能力。它已具有很好的偏离轴线射击能力,就是说不单会直线攻击,还能选择不同角度甚至向后方向攻击,使飞行员能选择更佳机会攻击目标。

图 3.8　AIM-9X 红外成像制导导弹

3. 红外成像制导的发展与关键技术

红外成像导引头的发展大致可以分为两代[10],第一代从 20 世纪 70 年代中期开始,采用光机扫描体制,其典型代表是美国的"幼畜"AGM265D 空地反坦克导弹。第二代始于 80 年代初,其特点是利用红外焦平面阵列,其典型代表是美国的"标枪"和"海尔法"改进型。"标枪"采用 64 × 64 碲镉汞探测器,工作波段 8~10 μm;而"海尔法"改进型工作波段为 8~14 μm 时,采用碲镉汞探测器,工作波段为 3~5 μm 时,相继采用 32×32,64×64,128×128 元铟砷锑/硅混合 CCD 焦平面阵列。随着红外器件水平的不断提高和大规模红外面阵器件的出现,红外成像导引头向大规模凝视焦平面发展。

近年来,随着抗干扰技术的发展,对红外成像制导系统提出了更高的要求,出现了一些新的技术,主要表现在以下方面:

(1) 凝视红外成像制导技术。凝视红外成像制导技术采用大规模数量探测单元和凝视工作方式，连续积累目标辐射能量，具有分辨率高、灵敏度高、信息更新率高的优点，便于对付高速机动小目标、复杂地物背景中的运动目标或隐蔽目标。由于省去了复杂光学系统和扫描部件，集成化程度不断提高，不仅易于满足弹载要求，而且还能促使精确制导武器向轻小型化方向发展。

（2）多传感器信息融合技术。20世纪80年代兴起的多传感器信息融合技术为红外目标的识别开辟了一条新途径。它利用不同传感器工作方式上的互补性，可以提高在复杂背景中对目标进行检测、识别与跟踪的能力，如毫米波/红外、雷达/红外等。

（3）ATR技术。ATR（自动目标识别）技术涉及目标和背景特性、目标探测传感器、处理算法、实时目标识别处理机硬件体系结构等多种技术和学科领域。在实现中，目标所处自然环境和电磁环境的复杂性，增加了ATR的困难；ATR系统实现中采用了复杂的算法与技术，使其工作机制愈加复杂；ATR系统的质量、体积、功耗受限，实时实现必须有小型化的实时图像信息处理器芯片等硬件的支撑。ATR算法可分为两类：第一类是基于目标特征提取的ATR算法；第二类是基于模板匹配的ATR算法研究[11]。

（4）非制冷红外成像技术。传统的红外探测器在低温下工作，因此必须配备相应的制冷器。近年来，非制冷凝视红外焦平面阵列在国外已取得了突破性的进展。245×328元规模的热释电型红外焦平面，其噪声等效温差（NETD）已达到0.05 K；240×320元VO_2辐射热计（Bo2-lometer）型红外焦平面，其噪声等效温差也已达到0.05 K。这两类焦平面都已有产品。

4．红外成像制导武器装备

表3-2示出了部分典型红外成像制导武器系统的制导方式、成像制导特点及现状。

表3-2　部分典型红外成像制导武器系统的制导方式、成像制导特点及现状

国别	型号	制导方式	探测器	成像制导特点	现状
美国	AGM114A "海尔法" 反坦克导弹	凝视型红外焦平面成像制导	3.4～4.0 μm：32×32，64×64，128×128，铟砷锑/硅混合CCD器件	有发射前锁定和发射后锁定两种，锁定后用多模跟踪器跟踪	大量装备
	海尔法改进型	红外焦平面成像制导	8～14 μm 碲镉汞，3～5 μm 32×32 锑化铟，或64×64，128×128 SiPt		1994年投入使用
	AGM-65D "小牛" 反坦克导弹	串-并光机扫描	8～12 μm：4×4 碲镉汞	发射前锁定，有人参与捕获	大量装备
	AAWS-M 先进中程反坦克系统	凝视型红外焦平面成像制导	8～12 μm：64×64 单片式碲镉汞		1994年批量装备
	"铜斑蛇"-II型 155mm制导炮弹	红外焦平面成像/半主动激光	512×512 SiPt 红外焦平面	红外焦平面成像制导用于末制导	已被"神剑"制导炮弹替代
	"标枪" 反坦克导弹	红外焦平面成像制导		发射后不管	1996年正式列装
德法英	远程 "崔格特" 反坦克导弹	凝视型红外焦平面成像制导	8～12 μm：32×32 单片式碲镉汞	发射前锁定，锁定后可同时跟踪4个独立目标	1992年以后开始列装
德英	ASRAAM "先进" 近距空空导弹	凝视型红外焦平面成像制导	8～12 μm：多元镉汞焦平面阵列	发射后不管	装备
挪威	"企鹅" MK2 系列反舰导弹	光机扫描型红外成像制导		发射后不管	大量装备

3.2.3 红外成像制导的发展趋势[12]

对现有的和在研的红外成像制导武器系统进行综合分析，可以看出有如下发展趋势：

（1）非制冷红外制导系统。非制冷红外成像系统的关键技术，涉及非制冷红外探测器的噪声控制、饱和抑制、均匀性校正，以及红外焦平面阵列的工程化、可靠性等问题。近年来，国外在非制冷凝视红外焦平面阵列技术方面已经取得了突破性的进展，并正在逐步走向工程化应用。

（2）加强 IRFPA 器件的集成度，不断提高导引头的探测灵敏度和分辨率。IRFPA 探测器是红外成像导引头的关键器件。随着材料生长技术和微电子技术的发展，未来的重点必然是发展高密度、多光谱、高响应度、高探测率、高工作温度及更大面积、更小像元及更高灵敏度的器件，以不断提高导引头的探测灵敏度和分辨率。

（3）采用复合制导，不断提高导引头的抗干扰能力。采用复合制导，可以弥补单一成像制导体制之不足，并大大提高目标的探测概率及导引头的抗干扰能力。例如，美国的马丁·玛丽埃塔（Martin Marietta）公司为"铜斑蛇"（Copperhead）制导炮弹研制的红外成像/激光制导双模导引头，当成像制导模式受阻时，则以主动模式工作的激光制导体制仍能将炮弹准确导向目标。

也有人将复合制导技术划分为光学双色制导和多模复合制导。光学双色制导为采用红外双色、红外/紫外、红外/可见光复合探测器的制导方式；多模复合制导有主动雷达/红外、被动雷达/红外、微波/红外等。

美国正在研制的主/被动微波/红外成像三模复合制导高速反辐射导弹，在保证导弹制导精度和抗干扰能力的前提下，又可以对抗目标雷达关机，从而大大提高了导弹的命中率。

多模复合制导技术综合了多种模式制导体制的优点，比单模制导和双模制导方式具有更强的环境适应性，但在共孔径结构设计、头罩技术、电磁兼容、信号处理与数据融合、工程小型化设计等方面必将面临着更加严峻的挑战。

（4）向通用化、系列化、标准化及多功能方向发展。目前，无论是成像导引头本身还是它的部件，都在不断地朝着通用化、系列化、标准化及多功能方向发展。在这一方面，英、美、法等西方各国已率先推进了通用组件计划（有光学接收、探测器、信号处理等 13 个标准组件），大大推动了成像制导技术的发展，因而也代表了发展方向之一。

（5）采用更先进的技术。为了使红外成像导引头能对视场中的所有目标都具有探测、定位、识别、分类和选择攻击的能力，要求导引头不断提高边搜索边跟踪的处理速度。随着数字信号处理技术及人工智能专家系统的发展，高速可编程视频信号处理器也将会不断研制成功并投入使用。导引头从复杂的背景中识别出目标的能力、跟踪目标的能力及按最佳捷径攻击目标的能力将大大提高。

3.3 激光制导

激光制导是利用激光获得制导信息或传输制导指令，使导弹按一定导引规律飞向目标的制导方法。激光制导有"寻的式"和"视线式"两类。当前，"寻的式"系指半主动激光制导

（主动式寻的器方案已有报道，但还未形成武器装备）；而"视线式"又有激光架束制导和激光视线指令制导之分[13]。具体激光制导武器又可分为 3 类：激光制导炸弹（如美国"宝石路"）、激光制导导弹（如美国"海尔法"反坦克导弹）和激光制导炮弹（如"铜斑蛇"）。

激光波束方向性强、波束窄，故激光制导精度高，抗干扰能力强。但是 $0.8\sim1.8\ \mu m$ 波段的激光易被云、雾、雨等吸收，透过率低，全天候使用受到限制。如采用 $10.6\ \mu m$ 波段的长波激光，则可能在能见度不良的条件下使用。

3.3.1 激光制导的原理

1. 半主动式激光制导系统[14]

使用位于载机或地面上的激光器照射目标，导弹上的激光导引头接收从目标反射的激光从而跟踪目标并把导弹导向目标。武器系统主要有目标指示器、弹上寻的器、弹上控制单元和战斗部等几部分，如图 3.9 所示。典型装备如 AGM-114A "海尔法"反坦克导弹。

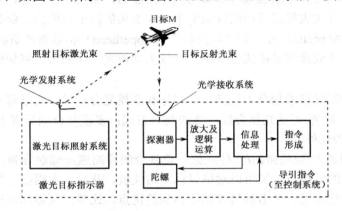

图 3.9 激光半主动寻的系统的工作原理图

半主动式激光制导系统的特点是：激光器和寻的器分开放置，寻的器在弹上，激光器放在弹外的载体上。

1）工作过程

激光探测器通过光学系统接收由目标反射来的微弱的激光束后转换成电信号，从而发现激光束指示的目标并测量目标所处的位置。放大器把电信号进一步放大，并经过逻辑运算产生角误差信号，信息处理器依据角误差信号求出导引信息；指令形成器依据导引信息产生导引指令，控制导弹沿着正确的弹道飞向目标。

2）关键部件

（1）激光目标指示器：通常由光学瞄准镜和激光器组成，两者同光轴。

（2）激光寻的器：一般由探测器、放大及逻辑运算器、信息处理器、指令形成器和陀螺稳定平台组成。其中，探测器一般采用四象限光电探测器。

2. 激光驾束制导

激光接收器置于导弹上，导弹发射时激光器对着目标照射，发射后的导弹在激光波束内飞行。当导弹偏离激光波束轴线时，接收器敏感偏离的大小和方位并形成误差信号，按导引规律形成控制指令来修正导弹的飞行。

在激光驾束制导系统中,激光需要产生空间编码信息再发射出去,信息产生主要采取调制技术,调制技术分内调制和外调制。经内调制后主要产生时间信息。外调制产生时间和空间信息,空间信息使得当导弹处于横截面的不同位置时,其弹上接收机所探测到的信号便不相同,利用这一信号可形成纠偏指令。

按激光器的连续发射和脉冲发射,将调制可分为模拟调制、脉冲调制、脉冲编码调制(简称编码调制)。编码调制是通过有或无脉冲的不同排列形式来表示各个时刻模拟信号的瞬间值。就是先将模拟信号变换成脉冲系列,变成代表信号的代码来传递信息。编码调制不仅有利于减小和克服大气涡流的影响,而且抗干扰能力强,对于激光驾束制导技术非常有利,可分别提供给导弹方位和俯仰制导信息。解码技术应与编码技术应互相兼容、互相匹配,不同的编码技术对应不同的解码。

光束调制编码使光束横截面内的光场分布能提供导弹相对于光束中心线的方位信息,称为空间光强度调制编码。具体实现方式有[15]:

(1)条带光束扫描。在投射激光束的横截面内,以互相正交的两扁平矩形条带光束交替地扫描,见图3.10(a),当条带扫过 $y=z=O$ 坐标位置时,发射同步信号光束(正方形光斑)。当导弹处于光束横截面内的不同方位时,弹尾激光接收机探测到条形扫描光束的时刻不同。将其与同步基准信号比较,即得到导弹相对于激光束中心线的方位信息,基此提取误差信号形成纠偏指令,控制导弹飞行。瑞典型号 RB S-70 即属此例。

(2)飞"点"扫描。以一很细的光束在与瞄准线正交的平面上进行方位和俯仰扫描,取代前面所述条带扫描,其扫描轨迹如图3.10(b)所示。在与瞄准线正交的任一平面(局限在由激光投射器至目标之间)上,都可探测到由扫描细光束形成的一小光斑,依据弹上接收机探测到该光斑的时刻,可以提取导弹相对于瞄准线的方位信息。由于扫描光斑很小,在同一扫描线上,光斑会两次(往返各1次)通过同一点,由这两次的时差即可确定导弹的方位,因而不需借助专门的基准信号。

这种扫描对扫描速率偏差要求不很苛刻,光束能量非常集中,扫描范围易于控制,具有一定的优势。类似的还有螺旋线扫描、玫瑰线扫描、圆锥扫描等。

(3)空间相位调制。借助空间相位和空间光束脉冲宽度的分布来提取导弹相对于瞄准线的方位,这种方法叫空间相位调制。它要利用具有一定透光图案的调制盘旋转提供光束横截面内的方位信息,见图3.10(c)。以色列的 Mapats 反坦克导弹即为一例。

(4)空间数字化调频编码。采用调制盘(或其他元件)使光束横截面内的不同部位具有不同的光脉冲频率,并表现为数字化信号,见图3.10(d)。使得当导弹处于横截面的不同位置时,其弹上接收机所探测到的数字信号便不相同。利用这种数字信号可形成纠偏指令。

实现空间光调制编码的方法很多,除上面所述方法之外,还有空间偏振态编码、利用线性斯托克斯效应的空间调制编码,等等。

3. 激光传输指令制导[16]

与红外半自动指令制导方式类似,所不同的是用激光脉冲代替了红外信号。具体过程是:弹外控制台生成的控制指令经过编码由激光光学系统投射向导弹,被由安装在导弹尾部的光电探测器接收,转换成相应的电信号,经整形解码后,将指令送至导弹的控制系统,以修正导弹的航向,达到准确攻击目标的目的。脉冲编码时,常采用具有一定纠错能力的汉明码。

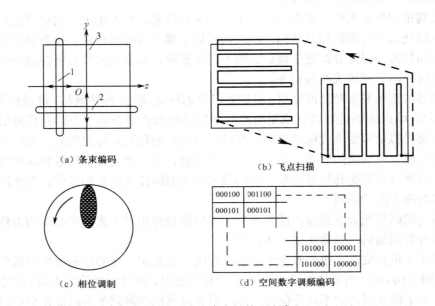

图 3.10　光束空间编码方案

1、2——条形光束；3——同步信号光束（同时表示视场）

3.3.2　激光制导武器的导引方式[13]

激光制导武器的导引方式亦称导引规律。在寻的器测得目标的失调角之后，以什么样的数学思想去减小这种误差，使之逐渐趋近于零。或者说，以何种数学规律调整弹丸的速度方向，使之与目标视线趋于一致。这里所说的数学规律就叫导引规律。

已经实现的导引方式有比例式和继电式两种，目前绝大多数属前者。

1. 比例式导引

在激光制导武器被导向目标的过程中，由于运动，目标视线（位标器入瞳中心与目标的连线）会不断改变方向。同时，飞弹也在不断调整自己的速度矢量方向，力图使目标对应的失调角逐渐减小。若飞弹速度矢量转动的角速度 ω_M 与目标视线转动的角速度 ω_T 成比例，即

$$\omega_M = k\omega_T \tag{3-3}$$

式中，k 为比例系数，又叫导引常数。这种导引方式叫比例式导引。

一般来说，飞弹刚进入目标区接收制导控制时，其速度矢量 V_M 的方向与目标视线方向夹角较大，飞弹在接受导引的过程中，这个夹角被不断减小，最终使 V_M 与目标视线方向重合。

比例式导引能使飞弹连续稳定地转向目标，弹道较平直，飞弹承受的过载较小，因而能达到较高的制导精度，使圆概率误差小于 1 m。又因为它是以目标视线为基准的，而目标视线的建立涵盖了目标和飞弹相对于惯性坐标系的运动，故这种导引能对坦克类机动小目标进行精准打击。因为这种导引系统需要设置感知 ω_T 和 ω_M 的传感器，会在一定程度上使结构复杂起来。比例式引导原理如图 3.11 所示。

设目标起初位于 T_1，并沿直线 T_1T_7 匀速运动；飞弹寻的器在 M_1 点开始锁定目标，此时

目标视线为 M_1T_1。由于弹和目标都在运动，在不同时刻有视线 M_2T_2、M_3T_3 等，弹上传感器测量视线转动的速率并把结果送往弹上控制系统，使飞弹速度矢量转动速率与之成比例。这样，飞弹会很快被调整到一个确定方向（如 M_5T_5 方向），此后目标视线不再转动（转动速率为零），直至击中目标。

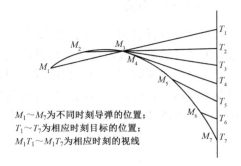

$M_1 \sim M_7$ 为不同时刻导弹的位置；
$T_1 \sim T_7$ 为相应时刻目标的位置；
$M_1T_1 \sim M_7T_7$ 为相应时刻的视线

图 3.11　比例式引导原理

2. 继电式导引

继电式导引系实施恒力矩控制。即不论目标误差角是多大，都以同样的力矩进行控制。或者说，控制信号只呈现"有"或"无"两种状态。好像是普通继电器，只有"通"、"断"两种表现，故称之为"继电式"。与此相应，飞弹的控制翼舵面要么偏到正向最大，要么偏至反向最大。

目标误差角越大，则控制动作实施的时间就越长。由于惯性，飞弹会在目标视线附近以来回摆动的形式接近目标。随着误差角的变小，每一控制动作的实施时间间隔逐渐缩短，飞弹相对于目标视线的来回摆动幅度不断降低，直至命中目标。

这种系统具有结构简单、成本低廉的优点。但由于弹道曲线拐点多，飞弹承受过载较大，飞行的晃动影响制导精度，故不宜用于攻击机动的或小型目标，常只在摧毁桥梁、交通枢纽、工厂、仓库等静止的大面积目标时被采用。

图 3.12 示出了以上两种导引方式所对应的航线的不同（这里假设目标静止）。

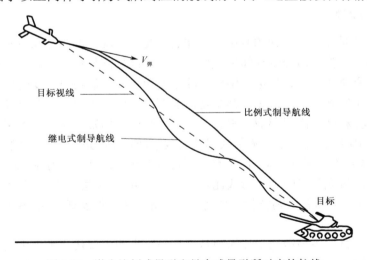

图 3.12　激光比例式导引和继电式导引所对应的航线

3.3.3　激光制导武器的应用[17]

由于激光源和寻的器分开放置，技术实现程度相对容易，目前，激光半主动寻的制导技术是运用最多、最广泛的一种成熟技术。在武器装备应用上主要有激光制导导弹、激光制导炸弹与激光制导炮弹。

1. 激光制导导弹

激光制导导弹目前已发展到第 2 代。第 1 代于 20 世纪 60 年代首次投入战场使用，采用激光半主动寻的制导技术；第 2 代采用激光主动制导技术，但目前还是未成熟技术。

激光制导导弹以其优势，已经成为国外精确制导武器的发展重点，是现代战争中空地攻击的主要武器。目前，各国已大量装备的激光制导导弹主要有：美国的"海尔法"空地反坦克导弹；美国的"幼畜"AGM-65E 空地导弹；美国的"斯拉姆"空地导弹；美国的先进技术巡航导弹（ACM）AGM-129A；法国的 AS-30L 空地导弹（见图 3.13）；俄罗斯的 X-25ML、X-29L；日本的 KAM-10 导弹；以色列的直升机载"猎人"；西班牙的 TOLEDO 导弹等。

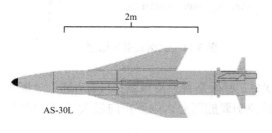

图 3.13 法国的 AS-30L 空地导弹

法国的 AS-30L 型激光制导导弹主要用于攻击地面和海上目标，包括空军基地、桥梁、建筑物和油船等，其射程超过 10 km，这一距离超出了普通高射炮和一般地空导弹的防区。该导弹装在执行精确攻击任务的"美洲虎"飞机的右翼下方，飞机的左翼下装有 1 200 L 燃料箱，机身下中轴线位置吊挂机载激光指示系统（ATLIS）吊舱。该吊舱提供导弹所需要的目标捕获、跟踪和激光指示功能。驾驶员一般在距离目标 16～20 km 处开始利用 ATLIS 吊舱指示器进行侦察，距离达到 10 km 左右时便可发射导弹。AS-30L 型导弹具有目标自动锁定功能，因而只需向目标的大致方位发射，然后按锁定程序作战，并由 ATLIS 吊舱的激光指示器为末端制导照射目标。

2. 激光制导炸弹

激光制导炸弹是在普通炸弹的基础上，加装激光半主动寻的制导系统和气动舵面发展而成的一种"灵巧"炸弹。激光制导炸弹发射后可以继续导向目标，且命中精度极小，可达到 1 m 之内，还具有杀伤力大、目标范围广和战术使用灵活、经济可承受性好等优点。现已发展到第 4 代，美国发展的型号最多，其次是俄罗斯、法国、以色列、英国和南非等。

从近 15 年以来的 4 次局部战争来看，制导炸弹的使用数量正在呈不断上升的趋势，尤其是在 2003 年的伊拉克战争中，美英联军共投放了超过 17 000 枚以上的制导炸弹，占精确制导武器总数（19 146）的 89%，占所有武器投放总数（28 397）的 60%。

国外已装备的激光制导炸弹已形成比较完整的系列，较典型型号主要有美国的"宝石路"系列激光制导炸弹，法国的"马特拉"系列激光制导炸弹，俄罗斯的 KAB-1500L-F 激光制导炸弹等。

美国的"宝石路"系列激光制导炸弹是美国空军为适应现代战术攻击飞机实施精确空地轰炸，而在现役常规低阻爆破炸弹的基础上，改进发展而成的一类新型航空炸弹。1968 年服役，也是近几次局部战争中使用量最大的机载武器之一，目前已发展了 4 代，是世界上品种最多（30 余种）、生产数量最大的精确制导炸弹。其原有的第 2、3 代产品仍在生产、服役，广泛装备于美国及其他国家。"宝石路"系列激光制导炸弹的结构基本相同，均由 3 部分组成：(1) 头部的制导和控制组件；(2) 中部的作为战斗部的常规通用爆破炸弹；(3) 尾部的稳定尾翼。该系列炸弹的性能，与其形成的 4 代产品相对应，分为 4 个等级的性能水平，分布于不同口径的各个型号中。从作战性能上看，第 1 代适用于中高空、近距攻击；第 2 代适用于中低空、近中距攻击；第3代适用于低空、防区外攻击；正在研制中的第4代适用于对固定/活动目标实施全天候、防区外攻击，特别适用于攻击坚固的目标和地下深处的设施。

3. 激光制导炮弹

激光制导炮弹的制导方式需要用配置在阵地前沿观察所、装甲车、直升机、无人机以及军舰上的目标指示器发射激光来照射目标，炮弹上的制导系统接收目标的反射信号，从而根据视线精确制导。在炮弹飞行的过程中，尤其是在末段，目标指示器需要始终瞄准照射目标。制导炮弹是炮弹发展的飞跃，号称是"长了眼睛"的炮弹，加上相应的制导设备后，可使炮弹的命中率得到显著提高。

目前装备或待装备的激光制导炮弹主要型号有：(1) 美国的"铜斑蛇"激光制导炮弹；(2) 俄罗斯研制的"红土地"激光制导炮弹；(3) 以色列正在研制的被称为"火球"120 mm激光制导迫击炮弹等。

美国研制的"铜斑蛇"激光制导炮弹是一种155 mm口径的炮弹，采用半主动激光制导，配备了激光追踪器、陀螺仪、自动驾驶仪、控制系统、主翼和控制尾翼。它由155 mm榴弹炮发射，射程4~20 km。飞行过程中，它能追踪由激光密码照亮的目标，并自动导向目标，然后以锥形装药弹头摧毁目标，命中精度0.4~0.9 m，命中率达到80%以上。在海湾战争的一次战斗中，尽管激光目标指示器的性能在沙漠环境中受到影响，但只用了90发"铜斑蛇"炮弹就摧毁了伊拉克阵地上的坦克装甲车、观察所及雷达站。

目前，美军在"铜斑蛇"炮弹上对激光寻的器进行了较大的改进，最大的不同之处在于采用了新型的球形气浮轴承式激光寻的器，同时加装了数字化电路。这使得激光寻的器的逻辑电路可以保证在激光目标指示器偶尔中断的情况下仍能正确跟踪目标，或在较长时间中断情况下，使寻的器重新进入搜索状态。

另外，俄罗斯研制的"红土地"激光制导炮弹在性能上较"铜斑蛇"更胜一筹。该炮弹由152 mm火炮发射，采用了火箭增程，射程超过22 km，命中概率高达90%。而俄罗斯近年来对激光制导的迫击炮采用了新型的晶面系统。该系统几乎适用于所有120 mm滑膛迫击炮和线膛迫击炮，可用于摧毁单一目标和多目标、静止目标和动目标以及装甲目标与非装甲目标等。其制导系统在风速为15 m/s的条件下可对速度不超过36 km/h运动目标进行射击，在配备大威力杀伤爆破战斗部时，可有效地对多种目标进行摧毁。这种激光制导的迫击炮弹还采用了独特的炮弹结构技术，能保证系统在所有允许射击距离上进行恒角（45°）射击。再辅以小型射击诸元计算器，大大简化了迫击炮的发射操作，可对突变的作战情况作出快速而准确的反应，提高了适应现代化作战的能力。

3.3.4 激光制导武器装备及发展趋势

表3-3示出了部分激光制导武器[13]。

激光制导在空间技术领域也大有可为，如飞船会合、停靠等。激光制导武器的发展方向可归纳为如下几点[18]：

(1) 智能化——激光主动寻的；
(2) 提高抗干扰能力和突防、生存能力；
(3) 向标准化、规模化和低成本努力；

(4) 采用长波长激光和对人眼安全的波段；
(5) 与红外、毫米波制导方式复合；
(6) 采用新的激光编码方法；
(7) 多功能集成和提高对多目标和远程目标的攻击能力。

表 3-3 外军已装备的激光制导武器

制导方式	型号和名称	制造国	用途	射程/km	发射载体
激光半主动制导	AS-30L 导弹	法国	空对面	3～12	"美洲虎"战斗机
	Matra 炸弹	法国	空对面	0.5～5	各种轰炸机
	AT-6 螺旋导弹	苏联	空对面	7～10	Mi-24 直升机
	Maverick 导弹	美国	空对面	12～16	USMCA-4M 攻击机
	"宝石路"炸弹	美国	空对面	0.5～5	F-5 型轰炸机
	"铜斑蛇"制导炮弹	美国	地对地	12～20	155 毫米榴弹炮
	"海尔法"反坦克导弹	美国	反坦克	9	AH-64 直升机
	"佩刀"反坦克导弹	英国	反坦克	1～6	战斗机
	5in 制导炮弹	美国	反舰	24	舰载或海岸
激光驾束制导	RBS-70 导弹	瑞典	防空或直升机自卫	5	地面或直升机
	ADATS 防空反坦克系统	美国	防空或反坦克	5～6	地面或车载
	AP-BRM 反坦克导弹	以色列	反坦克	4.5	单兵肩射
	MAF 反坦克导弹	比利时	反坦克	3	单兵肩射

3.4 电视制导

电视制导指利用电视来控制和导引导弹飞向目标的技术。电视制导有两种方式，一种是遥控式电视制导，另一种是电视寻的制导[19]。

遥控式电视制导系统是早期的电视制导系统，借助人工完成识别和跟踪目标的任务。其导引系统的部分或全部导引设备不在导弹上，而是位于导弹发射点（地面，飞机或舰艇）上，由在导弹发射点的相关设备组成指挥站，遥控导弹的飞行状态。导弹在攻击飞行过程中，始终与指挥站进行信息的交互，直至导弹准确命中目标。

电视寻的制导系统是近期发展的电视制导系统，它与红外自动寻的制导系统相似，其导引系统全部装在导弹上。装在导弹头部的电视摄像机摄取的目标图像经过导引系统的处理，形成导引指令，传送给控制系统以控制导弹的飞行状态。导弹自主地完成目标信息的获取、处理和自身飞行姿态的调整等一系列工作，实现自动搜寻被攻击目标。此制导方式的导弹具有"发射后不管"的能力。

电视制导具有抗电磁干扰、能提供清晰的目标图像、跟踪精度高、可在低仰角下工作、体积质量小等优点，但因为电视制导是利用目标反射可见光信息进行制导的，所以在有烟、雾、尘等能见度差的情况下，作战效能下降，夜间不能使用，无法实现全天候工作。

3.4.1 电视制导的原理

1. 遥控式电视制导

遥控式电视制导由于导弹上的制导设备比较简单，命中精度高和使用方便等优点而受到重视。

在遥控式电视制导系统中，电视摄像机摄取目标的可见光图像，经过传送，显示在指控站中的荧光屏上。控制人员通过观察荧光屏上的目标信息，根据相应的导引规律作出正确的判断，发出导引指令给飞行中的导弹；导弹上的接收装置收到指令后，由导弹上的控制系统根据具体指令内容调整导弹的飞行姿态，直至命中目标[20]。

遥控式电视制导导弹系统在实现上主要有两种类型。一种是将电视摄像机安装在导弹头部，这时制导系统观测目标的基准是在导弹上，例如英、法联合研制的 AJ-168 "马特尔" 空地导弹、美国的 "秃鹰" 空地导弹、以色列的 "蜂蛇" 反坦克导弹等均采用这种方式。另外一种是将电视摄像机安装在弹外的指控站上，这时制导系统观测目标的基准就是指控站上，其典型代表是法国的新一代 "响尾蛇" 地空导弹系统。以上两种遥控类型的共同点是：制导指令均在导弹外的指控站上形成，遥控导弹根据指令修正飞行弹道。

2. 电视寻的制导

电视寻的制导作为武器的末制导，是电视精确制导技术的发展方向。制导设备全部安装在导弹上，导弹一经发射，它的飞行状态由它自身的导引系统导引，控制它飞向目标。这种"发射后不管"的特性非常适合飞机的对地攻击行动，使飞行员有更多的回旋余地作机动飞行，以躲避对方防空武器的攻击。电视寻的制导由于利用的是目标上发射的可见光信息，因此它是一种被动寻的制导。

电视寻的制导以导弹头部的电视摄像机拍摄目标和周围环境的图像，从有一定反差的背景中自动选出目标并借助跟踪波门对目标实施跟踪，当目标偏离波门中心时，产生偏差信号，形成导引指令，并自动控制导弹飞向目标。

电视导引头一般由可变焦距的光学系统、高分辨率 CCD 摄像机、稳定伺服平台、稳定伺服控制器、图像处理模块、图像传输/指令接收接口模块以及二次电源、舱体结构等部分组成，如图 3.14 所示[21]。

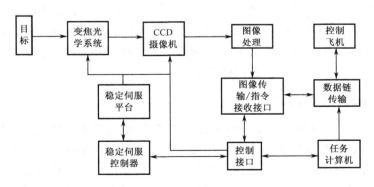

图 3.14 电视导引头的组成

电视导引头完成获取目标图像、向传输系统提供模拟图像（或压缩数字图像）、锁定跟踪目标、向任务计算机（或制导计算机）输出目标角偏差信息（或目标角速度信息）等功能。

"发射后不管"方式主要适用于对近程简单背景目标（如海上舰艇）的攻击，该方式又可分3种使用方法：

（1）自动捕获。载机（舰）使用雷达、光电指挥仪等探测系统发现目标后为导弹提供航速、航向等信息；导弹转入自导阶段后，电视导引头应进入自动扫描搜索状态，一旦目标出现在视场并满足电视导引头的捕获条件，电视导引头即捕获目标并立即转入跟踪状态，稳定跟踪目标。

（2）图像预装订。当飞机（舰）上的光电跟踪仪发现和捕获目标时，飞机（舰）上的指挥仪通过导引头的接口系统为导弹提供目标的航向、航速、距离和目标图像信息，电视导引头能自动调整光轴与弹轴的初始俯仰角，并根据光电跟踪仪送入的图像进行目标的特征提取，将此作为后续图像处理的依据。导弹发射并转入自控平飞段后，电视导引头随即进入自动搜索状态，此时导引头根据光电跟踪仪捕获并存入的目标图像信息捕获目标。当导引头经过搜索后发现了与发射前装订的图像相吻合的目标时，导弹进入自动捕获跟踪状态。

（3）直接瞄准。导弹发射前，目标离发射飞机（舰）较近时，电视导引头在飞机（舰艇）上直接捕获并跟踪目标；导弹发射后，电视导引头应能稳定跟踪已经捕获的目标。

3.4.2 电视制导武器的应用

1. 遥控式电视制导空地导弹系统

英、法联合研制的AJ-168"马特尔"（Martel）空地导弹（如图3.15所示）是一种比较典型的采用遥控式电视制导技术的导弹系统。这种导弹系统的指控站就设在飞机座舱内，它采用的是追踪导引技术。飞机座舱内的指控人员通过操作（作用于导弹），使目标保持在电视屏幕的十字线的中央，这时指令装置就根据操作杆的动作转换成指令信号，然后通过数据传递吊舱中的天线发送给导弹，导引导弹对准目标飞行，直至命中目标。这种导弹可在低、中、高空发射，最大射程为60 km，最大速度超过 $1Ma$（超声速）。若作战距离较远，则导弹会自动进行低空飞行，以防止被敌方雷达发现。当目标进入电视摄像机视界内时，飞行员再将导弹导向目标。这种制导方式的主要缺点是载机在导弹命中目标之前不能脱离战区，易损性较大。

图 3.15　AJ-168 Martel 空地导弹

2. 电视寻的制导的典型应用

美国研制的"小牛"（Maverick，也译成"幼畜"）空地导弹系列武器，分别采用电视制导、红外成像制导、激光制导等多种制导方式。目前，"小牛"导弹除装备美国空军、海军和陆战队外，还装备了一些国家和地区的战斗机，成为世界地空导弹领域最大的家族。在"小牛"空地导弹家族中，AGM-65A，AGM-65B和AGM-65H这3种型号的导弹均采用电视寻的制导技术。

在作战中，首先由导弹载机的驾驶员通过光学系统发现目标（如坦克），随后操纵载机使之对准目标，并进入准备攻击状态。与此同时，驾驶员启动导弹上的摄像机（导弹尚未发射），目标及背景的电视图像出现在载机座舱的显示器上；驾驶员调节人工跟踪系统，实现视频上的十字轴线中心对准目标，而后锁定目标，摄像机进入自动跟踪状态，便可随时发射导弹。载机驾驶员在敌方火力圈外发射导弹后，载机应马上脱离战场或继续留在敌方火力圈外观察导弹作战效果或转入攻击第二个目标。发射后的导弹能够自动跟踪发射前锁定的目标并把它摧毁。

3.4.3 电视制导技术的发展趋势

在电视遥控制导技术方面，由于电视视线制导存在着作战距离近、隐蔽性较差的缺点，目前主要是发展电视非视线制导，尤其是发展非视线光纤指令制导。这是由于光纤制导具有作用距离远、隐蔽性和安全性比较好的优点，而且光纤不向外辐射能量，不易受干扰。同时，光纤传输数据的速率高、容量大，可快速向制导站回传电视图像，因此，导弹的命中精度高。但光纤制导也存在不足的一面，如导弹的飞行速度较慢，可能在中途被敌方拦截。另外，系统比较复杂，因而造价较高。

电视寻的末制导技术已成为电视精确制导的发展热点。其优点是制导精度高，可对付超低空目标（如巡航导弹）或低辐射能量的目标（如隐形飞机）；可工作在宽光谱波段；无线电干扰对它无效；体积小、质量轻、电源消耗低、使用小型导弹。电视寻的制导的不足之处是对气候条件要求高，在雨雾天气和夜间不能用。此外，由于电视寻的制导属于被动式制导，除非用很复杂的方法，否则得不到目标的距离信息。

发展电视、雷达、红外、激光等的复合制导是必然趋势。例如法国的新一代"响尾蛇"地空导弹，就有雷达、电视和红外 3 种制导方式并存，根据情况需要灵活应用。而美国的"小牛"空地导弹则品种系列化，例如，在晴天，可以挂装 AGM-65B 电视制导导弹；在夜间，可挂装 AGM-65D 红外成像制导导弹；攻击点状小目标时，可挂装 A6M-65C/E 激光半主动寻的制导导弹等。

电视制导无人攻击机是继电视制导导弹之后出现的新型精确制导武器，具有更大的灵活性、机动性以及长时间巡航能力。它可以深入敌方腹地，对目标进行先发制人的攻击和压制，在当今及未来战争中起着不可忽视的作用。

将电视制导无人攻击机模型划分为 4 个子模块：电视导引头模块；电视制导无人攻击机运动学和动力学模块；电视制导无人攻击机与目标相对运动模块；制导控制模块。

1）电视导引头模块

电视导引头主要由 CCD 光学成像系统、陀螺稳像系统和图像处理系统三大部分组成。电视导引头采用同轴安装的内框架结构，微型 CCD 摄像系统安装于位标器陀螺转子轴上；电子线路部分由集成电路及 FPGA 为主的各控制电路板构成；图像的跟踪控制由 DSP 及内部软件完成。

电视制导无人攻击机的电视导引头用来测量并实时计算目标形心偏离预定航迹的陀螺转子轴的角偏差，形成控制指令，驱动陀螺进行方位和俯仰方向进动，跟随目标，并输出视线角速度信号提供给电视制导无人攻击机制导系统使用。它是一个独立的测量系统，由某型导引头加装 CCD 成像系统构成。

2）电视制导无人攻击机运动学和动力学模块

电视制导无人攻击机运动方程是表征电视制导无人攻击机运动规律的数学模型，也是分析、计算或模拟电视制导无人攻击机运动的基础。完整描述电视制导无人攻击机在空间运动和制导系统中各元件工作过程的数学模型是相当复杂的，这里不再详细介绍。

3）电视制导无人攻击机与目标相对运动模块及制导控制模块

电视制导无人攻击机与目标相对运动模块是描述电视制导无人攻击机与目标相对运动的模块。制导控制模块是描述如何利用比例式导引法将电视制导无人攻击机导引头输出信号转化成舵机控制信号的模型。

3.5 光纤制导

光纤制导导弹（FOG-M）具有导线制导和无线电波、红外、可见光制导及激光制导导弹所不具有的独特优点，如保密性强、隐蔽性好、制导精度高、信息传输容量大，抗电磁、核辐射和化学反应的干扰以及成本低、体积小、质量轻等，是近年来国外广泛用于对付武装直升机和坦克的一种制导技术和制导体制，颇受以美国为首的西方国家陆、海、空三军的高度重视，是很有潜力的制导体制。

3.5.1 光纤制导导弹的工作原理[22]

光纤制导导弹（FOG-M）的工作原理和发射制导控制框图如图 3.16 所示。它由发射制导系统、光缆和导弹等组成。

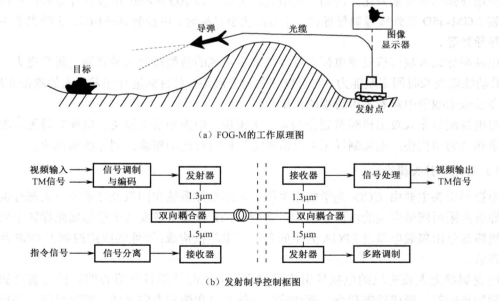

(a) FOG-M的工作原理图

(b) 发射制导控制框图

图 3.16 光纤制导导弹的工作原理和发射制导控制框图

在图 3.16 中，导弹从不可见目标的发射点垂直向上空发射到 100～200 m（随地形或障碍物高度而定）后，经光缆将导弹导引头摄取到的包括目标在内的场景图像传送到发射点，射手以此识别选择和跟踪目标或由火控计算机自动识别跟踪目标，对导弹发出控制指令，再经光缆传送到导弹并控制导弹飞向目标。由图 3.16 可看出：

（1）导弹发射制导系统由激光发射接收器，双向耦合器，信号处理、指令形成和目标自动跟踪器，目标图像显示器四部分组成。其中，激光发射接收器用于发射、接收 1.5 μm 的上行信号和 1.3 μm 的下行信号；双向耦合器完成激光信号和电信号的相互转换；信号处理、指令形成和目标自动跟踪器，用于对导弹传送给发射点的目标信息和弹上信息进行修正处理后，形成导弹运动控制和弹上探测器的转动控制等指令信号，对目标进行自动跟踪并控制导弹命中目标；目标图像显示器用于实时显示目标的图像和导引头的飞行轴向。

（2）导弹由导引头、万向支架、惯性测量装置、控制器和激光发射接收器等组成。其中，导引头是导弹探测目标的关键部件，一般采用可见光 TV 摄像机、前视红外（FLIR）成像探测系统或红外搜索跟踪（IRST）点源探测系统或毫米波（MMW）雷达等，用于实时获取目标图像；万向支架用于控制和稳定导弹的飞行轴向；惯性测量装置用于测量并实时提供导弹运动状态的信息；控制器是根据地面发射制导系统的指令信息，用于控制导弹的飞行状态；激光发射接收器由向下行（地面）发送光信号的激光发射器和接收来自上行（地面）光信号的接收器以及光导纤维双向耦合界面组成，并经光纤界面发射和接收光信号，提供电信号与激光信号之间的相互转换。

（3）光缆包括光纤卷盘和光缆两部分，其中光缆是经光纤卷盘连接导弹和地面发射制导系统的光导纤维，一条光缆通过两个波分复用通道可以同时发送上行 1.5 μm 的光信号和下行 1.3 μm 的光信号；光纤卷盘主要用于释放信息传输和指令制导的光缆。

3.5.2 光纤制导武器的应用

自 1985 年美国陆军首次将光纤制导导弹用于非瞄准线上对付武装直升机和坦克以来，扩大了美国各军、兵种的如下应用范围：

（1）1992 年美国国防部和陆军提出，从 1994 年起研制出间瞄式武器系统增强型光纤制导导弹（EFOG-M），装备快速反应部队，用于对付机动性强的武装直升机和装甲部队。

（2）美国海军海洋系统司令部提出"海光"（Staray）计划，从舰上发射光纤制导导弹（FOG-M），于 1994 年从大量试验中取得了可靠数据；美国海军防空系统司令部于 1993 年分别提出"空光"（Skyray）计划和光纤技术计划（FOT），其中"空光"计划是从空中发射光纤制导的反舰导弹，于 1994 年进行了多次试验；光纤技术计划是一种从空中发射光纤制导的"白星眼"制导炸弹，从 A-7"海盗"攻击机上发射"白星眼"光纤电视或红外成像制导炸弹，目前从 20 多次试验中取得了大量数据，待装后用于对付海上舰艇。

（3）美国空军早于 1988 年与罗克韦尔公司签订了一项有 275 万美元的合同，用于论证光纤制导的 GBU-15 炸弹和研究 AGM-30 导弹的光纤制导系统，并于 1991 年经大量试验后又签订了 5 000 万美元的研制合同[23]。

在美国之后，日本、英国、瑞典、法国、德国及意大利等国也都在研制光纤制导导弹。典型的系统有德国的"玛姆巴"（MAMBA）光纤制导导弹（如图 3.17 所示），巴西的 MACMP 光纤制导反坦克导弹，法、德、意联合研制的"独眼巨人"（Polypheme）光纤制导导弹，以

图 3.17 欧洲独眼巨人光纤制导导弹（发射 3D 图）

及瑞典的激光驾束制导导弹 RBS-70 的改进型等。最值得一提的是"独眼巨人"，该弹采用的高分辨率红外摄像机可使射手观察宽 523 m、长 3 000 m 的视场，能发现 4 km 处的目标，识别 2 km 处的目标，确认 1 km 处的目标。既可由地面发射，又可由海下 300 m 深处的潜艇发射，被誉为反潜飞机的克星，已于 1996 年由法国的一个导弹连完成部队试验，并于 20 世纪 90 年代末装备部队使用[24]。国外部分光纤制导导弹型号和战术性能比较如表 3-4 所示。

表 3-4 国外部分光纤制导导弹型号和战术性能比较

国别	导弹型号	作战距离/km	发射方式	弹长/m	弹径/m	发射质量/kg	速度/(m/s)	导引头（或战斗部）关键技术	
美国	陆军 NLOS	10	6 联装垂直发射	1.68	0.150	32.70		导引头采用 CCD 摄像机	
	陆军 EFOG-M	15	8 联装垂直或倾斜发射均可	1.93	0.165	15.00	巡航 125	采用 640×480 元 PtSi 红外导引头	
德法意	"独眼巨人"	30~60	最大发射角 60°		0.200	140.00	最大 220	3.4 μm~5.5 μm 摄像机，视场 7.5°×10°，扫描范围 ±30°，探测距离 9km	
巴西	FOG-MPM	20	8 联装垂直发射	1.50	0.180			战斗部能穿透 1m 厚的钢装甲车	
以色列		2						类似标枪导弹	
西班牙	MACAM	5						采用 CCD 摄像机	
日本	XATM-4	10						采用红外成像导引	
英国	FOG-M	10	6 联装垂直或倾斜发射					采用 CCD 摄像机或红外成像导引	

3.5.3 光纤制导技术的发展趋势

对现有的和在研的光纤制导导弹进行综合分析，可以看出有如下发展趋势[25]：

（1）采用更先进的红外成像探测器。随着材料生长技术及微电子技术的发展，高密度、高响应率、高探测率、高工作温度、更小像元及更高灵敏度的 IRFPA 必将被研制出来并投入使用，这必将提高光纤制导导弹的昼夜作战能力，在敌我混杂的近战环境中准确地识别、锁定和攻击目标的能力。如，"龙"的后继型采用的 256×256 元凝视 IRFPA 器件及非瞄准线武器采用的 244×400 元硅化铂肖特基势垒 IRFPA，都是较新的红外成像器件，因而代表了光纤制导导弹的发展方向之一。

（2）制导光纤由多模向单模方向发展，并不断拓延光纤的长度。多模光纤传输损失大，但便于拼接，多用于近距离制导；单模光纤传输损失小，但拼接难度大，多用于中、远距离制导及抗干抗性要求较高的场合。随着作战距离的增大及作战环境的日益恶化，以及随着光纤拼接技术的发展，由单模光纤取代多模光纤并不断拓延光纤的长度，必将成为光纤制导导弹的又一发展方向。

（3）向通用化、标准化及小型化方向发展。目前，无论是光纤制导导弹本身还是其部件，都在不断地朝着通用化、标准化及小型化的方向发展。因为组件的标准化、通用化可以提高武器系统尤其是成像系统、制导光纤、跟踪与瞄准系统的通用性与可靠性，并改善武器的维护使用条件及降低成本；小型化可以提高武器系统的机动能力，便于车载及空运。

（4）采用更先进的技术。为了提高攻击能力，光纤制导导弹无论是整机还是部件都在不断采用更先进的技术。例如：随着光电子学科及相关学科的发展，高抗张强度、低损耗、抗疲劳及更能承受储存期和高放线应力的光纤必将被研制成功并投入使用；随着光纤拼接技术的发展与采用，接头处的附加损失将不断减小，故障率也会越来越低；随着光纤绕放技术的改进及微型化高性能光端机的研制成功，导弹的飞行速度将会进一步提高，成像质量也会得到进一步改善，等等。

3.6 毫米波制导

毫米波雷达制导兼有微波制导和光电制导的优点。同激光与红外制导武器相比，毫米波制导武器在其传输窗口的大气衰减和损耗低，穿透云层、雾、尘埃和战场烟雾能力强，能在恶劣的气象和战场环境中正常工作。毫米波独特的优点使得发达国家竞相开发毫米波制导武器，毫米波制导技术有了惊人的发展，已大量应用于导弹、末制导炮弹、末制导迫击炮弹和末敏子母弹。

3.6.1 毫米波制导的特点和关键技术

1. 特点

毫米波制导主要有以下技术特点：

（1）器件尺寸小、质量轻。毫米波的元器件大小基本上与波长成一定比例，随着毫米波单片集成和混合集成技术的发展，小尺寸的毫米波器材易于在弹上集成化，有利于减小导弹的体积，减轻导弹的质量。

（2）测量精度高，分辨能力强。雷达分辨目标的能力取决于天线波束宽度，波束越窄，则分辨率越高，天线波束宽度为 $\theta = k\lambda/D$。其中，k 为与天线照射函数有关的常数，一般为 0.8～1.3；λ 为波长；D 为天线直径。

当天线尺寸一定时，毫米波导引头的波束宽度比微波导引头要窄得多。因此，毫米波导引头能提供很高的测角精度和角分辨率，当然，毫米波的分辨能力比不上光电制导的分辨能力，但在实际应用中它足以分辨出坦克、装甲车等目标。

（3）抗杂波和抗干扰能力较强。采用"窄波束技术"后，电磁波所照射的背景（地面、海面等）区域的面积变窄，由背景产生的杂乱回波的影响自然减弱；采用"窄波束技术"后，敌方很难探测到我方的电磁波信号。

（4）具有目标识别和攻击点选择能力。雷达扩展到毫米波波段后，由于分辨率的改善，通过回波处理已能够获得目标的精细形状与结构特性，使目标识别成为比较现实的雷达功能；

分辨率的改善使鉴别和分辨多目标，分辨目标的要害部位以及在复杂背景中分辨出目标的能力得到提高。

（5）在不利气候条件和恶劣战场环境中工作性能好。毫米波穿透云、雨、雾、尘和稀疏树林的能力远胜于红外及可见光，具有昼夜和有限全天候能力。

2．毫米波制导的关键技术

要研制出性能良好的毫米波导引头，必须具备一定的技术基础，其中关键技术包括[26]：

（1）天线罩技术。毫米波天线罩是毫米波导引头研制的一项关键技术。应当选用耐高温、高强度的材料制造天线罩，并且要有符合需要的电磁波透射率、瞄准线角误差以及瞄准线角误差斜率。特别是瞄准线角误差斜率将影响导弹的脱靶量和高空飞行时的稳定性。

（2）天线技术。天线直接影响导引头的基本性能，如作用距离、抗干扰、低空下视、测角精度、角分辨率和对目标的角度截获能力等。对于毫米波单脉冲测角雷达而言，应该使天线的主要性能满足要求，如和波束增益、旁瓣电平、差波束零值深度、驻波系数、和差各路间的隔离度等。毫米波天线包括反射面天线、透镜天线、喇叭天线、介质天线、漏波天线、微带天线等。另外，毫米波阵列天线目前在精确制导领域应用较多，该天线具有增益高、旁瓣低、质量轻、体积小的优点。

（3）发射技术。毫米波发射系统的射频源大致可分为3类：电真空器件、固态器件和光导毫米波源。其中，固态器件是毫米波源的发展趋势，具有轻小、成本低、可靠性高、开机反应时间短、电源电压低、易维护等优点。固态器件单片产生毫米波功率较小，通常采用多个单元进行功率合成，目前国内合成功率可达到百瓦量级。

（4）接收技术。毫米波雷达接收机中通常采用低噪声平衡混频器，这样可以改善本振源对射频系统的隔离度，且可较好地抑制调幅噪声。通常采用肖特基二极管混频器，悬置带线平衡混频器，也可采用分谐波混频技术。目前，肖特基二极管混频器在 183 GHz 上双边噪声系数已达到 5 dB 以下，采用肖特基二极管混频器的缺点是需要有几毫瓦的本振功率。近年来，利用 SIS 结的混频作用获得了较好的结果，在毫米波频段上其噪声系数比肖特基二极管混频器低。另外，对于毫米波单脉冲测角雷达而言，三通道接收机的幅相一致性也是影响系统性能的重要指标。

（5）信号处理技术。信号处理器是导引头中的核心部件，它要完成许多重要的工作，例如：控制发射机的工作射频和脉冲重复频率，多普勒频率跟踪，目标识别和抗干扰，末制导指令计算，导弹自检和导引头工作逻辑控制等。

（6）抗干扰技术。抗干扰是一个广泛的概念，它包括使敌方电子干扰减弱和失效的一切行为，除电子方法外，还包括战术、运用等方面的问题。在电子技术方面，就导引头而言，主要有频域、时域、空域和极化域几个方面的抗干扰措施，它们可以通过总体和天馈、接收、发射、信号处理等分系统的优化设计来实现。

3.6.2 毫米波制导的原理

毫米波制导是一种由弹上的毫米波导引头接收目标反射或辐射的毫米波信息，捕获跟踪目标，并导引导弹/弹药命中目标的制导技术。毫米波制导有5种方式：指令制导、波束制导、主动式寻的制导、被动式寻的制导和半主动寻的制导。应用领域最广、最灵活的毫米波制导方式是主动式和被动式两种,这两种方式不仅可以用于近程导弹的制导系统,也可以用于各种远程导弹的末制导系统。主动制导的工作体制有脉冲体制和连续波体制:脉冲体制作用距离较远;连续波体制作用距离较近,但体积小,质量轻,可以设计成低截获概率雷达[27]。

1. 毫米波导引头

毫米波引导头是20世纪70年代以来得到迅速发展的新一代导引头,主要工作于波长为8 mm和3 mm的大气窗口波段,它是毫米波精确制导技术的重要组成部分。

毫米波导引头由天线罩、天馈系统、毫米波前端、发射机、接收机(包括频率源)、信号处理机、伺服电路与机构以及专用电源装置组成,如图3.18所示[28]。

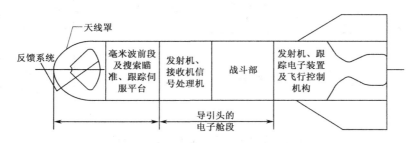

图3.18 小直径导弹的基本构成简图

毫米波雷达导引头主要用于末段制导,图3.19所示为末制导导引头的工作过程示意图。首先发射装置将导弹投入预定的捕获区,实质指向目标区域,然后导弹以完全自主的方式去搜索、探测、分辨和跟踪目标。

导引头的寻的主要有主动式、被动式和半主动式体制。

主动式寻的引信的工作体制有锥扫和单脉冲两种形式。单脉冲型抗干扰能力强、跟踪精度高,但这些是靠增加射频组件获得的。为降低成本、简化结构,

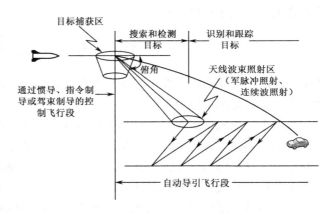

图3.19 末制导导引头的工作过程示意图

选锥扫工作方式更为合适。锥扫方式中,射频前端部分的天线一般都采用喇叭馈电反射器或喇叭透镜锥扫天线。发射机通常也有两种形式:可以产生脉冲波形的雪崩二极管发射机和可以产生连续波形的耿氏二极管发射机。主动式毫米波雷达的优点是作用距离较远。缺点是存在目标的"角闪烁效应",即复杂目标的多反射体散射的合成使得目标视在散射中心产生跳动。当寻的引信接近目标时,目标闪烁噪声影响较大,它干扰目标回波的振幅和相位,引起寻的部分的瞄准点漂移。

被动式体制采用毫米波辐射计寻的,不发射探测信号。

半主动式体制在导弹的导引头中没有毫米波发射机,只有接收机。发射机装在另外的武器平台上,对目标进行照射。导引头接收从目标反射回来的信号进行制导。这既能保证作用距离,又能避免角闪烁效应;还因为发射机和导弹不在一起,提高了抗干扰能力。

2. 毫米波辐射计

全功率毫米波辐射计是最早应用的，也是最简单的一种辐射计。对于一般远距离探测，要求精度不高，特别是对于弹载之类的特殊应用情况，这种辐射计的实用价值较高。典型的全功率毫米波辐射计的系统框图如图 3.20 所示。它包括检波前部分、平方律检波器、低通滤波器和积分器，系统积分时间 τ 由检波后积分器来确定。

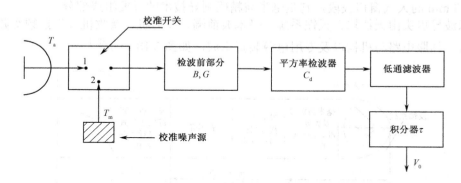

图 3.20　全功率毫米波辐射计的系统框图

在全功率毫米波辐射计中，检波电压由直流分量、噪声分量和增益起伏分量组成，辐射计灵敏度（即最小温度分辨率）为

$$\Delta T_{\min} = (T_a + T_m)\left[\frac{1}{B\tau} + \left(\frac{\Delta G}{G}\right)^2\right]^{1/2} \tag{3-4}$$

式中，T_a 是辐射计天线温度；T_m 是系统噪声温度；B 是系统带宽；τ 是积分时间；ΔG 是系统增益变化；G 是系统增益。

交流全功率辐射计是一种作用距离从几十米至 200 m 的全功率辐射计，其辐射计天线波束在地面投影面积与探测目标面积相近，辐射计波束扫描线速度可达几千米每秒，积分时间为几毫秒。这种辐射计不但体积小，成本低，而且系统设计及测试均有自己的特色，可广泛应用于各种弹载反装甲目标探测系统[29]。

图 3.21 所示为交流全功率辐射计原理框图。该辐射计的最大特点是在中放与检波之间不是直接耦合，而是加一隔直流电容，其目的是使本机噪声的平均直流分量不输入低频放大器，并起到检波与低频放大器之间的交流耦合作用。天线波束在"冷"目标与"热"背景（一般地物）之间进行扫描，目标与背景之间的毫米波辐射能量之差，进入接收机，经中放、检波后，由低频放大器输出。

3. 成像寻的制导

采用高分辨率成像技术进行寻的制导是目前最先进的主动寻的制导方式，通过高分辨率成像可以将目标从复杂的背景中识别出来，对目标进行"选点"攻击，这同时也是复杂电磁环境下抗干扰的最有效手段。

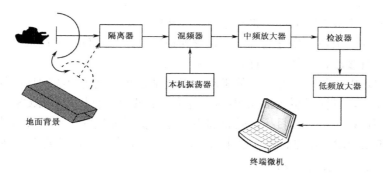

图 3.21 交流全功率辐射计原理框图

目前,可采用的成像末制导技术包括:三通道高分辨率一维距离像、SAR/DBS 偏置寻的、SAR/DBS 加单脉冲寻的。

1)三通道高分辨率一维距离像成像寻的制导

毫米波雷达具有高距离分辨率,可以将目标的散射点区分开,使得各散射中心不再彼此干涉而产生目标的幅度起伏和视在中心的闪动,这样目标的角闪烁和目标幅度起伏问题可以大为缓解。

高距离分辨雷达对三个通道回波进行处理,获得三个高距离分辨距离像,并从这些距离像中可获得目标的角度信息,从而得到目标的三维距离图。这种成像技术具有与单脉冲跟踪功能相兼容的优点,但不足之处是角分辨率没有提高,由于受单脉冲测角精度的限制,对远距离目标无横向分辨率,只适用于近距离的目标三维成像。

目前,在反坦克导弹末制导导引头中,距离分辨率已达到 0.3 m 以上,可以保证导引头对目标的精确跟踪。

2)SAR/DBS 偏置寻的

合成孔径雷达(SAR)是一种全天候、全天时的主动式的高分辨率成像雷达。通过发射大时间带宽积的线性调频信号,然后对回波信号进行脉冲压缩处理,获得距离像高分辨率;利用雷达平台与目标之间的相对运动形成等效的合成孔径天线阵列,获得方位高分辨率。SAR具有在任何时间、对任何地域高分辨率成像能力。SAR 是合成孔径技术、脉冲压缩技术和数字信号处理技术融合的产品。DBS 指多普勒波束锐化。

图 3.22 所示为 SAR 成像制导系统组成原理框图[30],其中 n 为过载响应,(x_T, y_T) 为静止目标坐标。

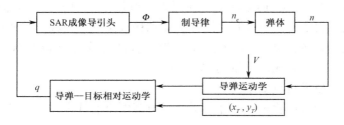

图 3.22 SAR 成像制导系统组成原理框图

采用 SAR/DBS 等高分辨率成像技术不仅可以有效识别复杂背景下的目标,而且可选择目标的攻击点,实现真正意义下的精确打击。随着固态功放、微波器件的迅速发展及成本的降低,合成孔径雷达技术现在已经能用于精确制导。合成孔径雷达精确制导技术的发展,对未来武器的发展和作战效能的提高将产生巨大的影响。

该类制导方式要求在成像寻的的前端，导弹速度矢量与弹目视线在水平面的投影存在一个夹角，以保证直接对目标区域进行高分辨率成像。

由于 SAR/DBS 偏置寻的对导弹的机动性能要求较高，采用该类制导的导弹可对静止目标进行高精度攻击，目标类型包括强 RCS（雷达散射截面）目标和弱 RCS 目标。同时，该类末制导方式还可以攻击运动目标，是目前雷达导引头最先进的寻的制导方式。

采用偏置 SAR/DBS 寻的的缺点是计算复杂、处理量大，对设备要求较高。

3）SAR/DBS 加单脉冲寻的

该类末制导方式结合了 SAR/DBS 的高分辨率成像、目标识别、攻击点选择能力，同时结合了单脉冲寻的高速率、高精度的优点，对弹道要求比 SAR/DBS 偏置寻的要求低。缺点是其寻的技术只能对强 RCS 目标进行攻击，工作过程复杂。

3.6.3 毫米波制导武器的应用

1. 机载空空、空地弹

该种导引头要求具有发射后不管、全方位探测（特别是良好的低空及下视性能）和与初段惯导中段制导相配合实现远程攻击的能力。为此，通常采用脉冲多普勒工作体制，足够高的脉冲重复频率可保证无杂波区检测目标。

用于反地面装甲武器的美国"长弓海尔法"空地导弹、英国"硫磺石"先进远程空地导弹，均采用 3 mm 毫米波导引头。其中，"长弓海尔法"于 1998 年 7 月装备部队，是美国陆军的重要武器装备之一，代表了未来直升机载武器系统的发展方向。"硫磺石"于 2004 年底开始批量生产，2005 年 3 月开始进入英国皇家空军装备。

2. 拦截战术弹道导弹系统（ATBM）

在现代局部战争中，战术弹道导弹（TBM）是构成主要威胁的进攻武器。对付这一威胁的反导弹武器自然也就特别受到重视。

毫米波主动寻的制导有许多优势，成为一种优选体制。在超高速导弹中应用时，一方面微波以下电波不能穿过飞行器高速飞行产生的等离子鞘套，另一方面由于气动光学效应的影响，红外探测十分困难。毫米波具有穿透等离子鞘套的能力，且不受气动光学效应影响。

美国的"爱国者"改进型 PAC-3 就是在原来 C 波段半主动导引头的基础上，增加 Ka 波段的毫米波导引头。它由天线罩及其可展开的盖和释放装置、天线、三通道微波接收机、常平架及附加电子设备、中频处理器、数字处理器、行波管放大器/调节器/功率电源、主频发生器等组成，其长度为 1.04 m，质量为 27.3 kg。

该雷达导引头的技术特点如下：

（1）设计针对两种目标状态：高速、雷达反射截面小的战术弹道导弹和低速、雷达反射截面大的吸气式目标；

（2）连续跟踪的双轴单脉冲天线支撑在常平架上，可最大限度地隔离弹体运动对稳定天线的影响，使导引头具有在拦截弹助推段高加速环境和交战中高机动环境下作战的能力；

（3）基于不同的多普勒频移，可全自动识别和确定目标；

（4）信号接收机提供多级变换，最后以中频数字脉冲放大器输出，至少可达到 50 kHz

的总信号处理带宽。

虽然 PAC-3 毫米波导引头不提供目标的图像，但是提供目标的仿形波形数据。仿形波形数据由判别目标头部、尾部和雷达质心的信息构成，能使制导处理器决定要击中目标的位置（导弹的弹头段）。制导处理器处理这些数据，并向姿控发动机提供指令，引导拦截弹飞向目标。

3. 灵巧弹药

灵巧弹药又称自导弹药，实际上是一种小型自主制导式导弹、炸弹和炮弹。灵巧弹药对于体积、质量、功耗以及战场恶劣环境中工作等方面的要求，使毫米波制导技术成为其优选制导技术。美国的改进型子母弹 IBAT、英国的灰背隼制导炮弹、法国的 TACED 子母弹等均采用了毫米波制导技术。

4. 毫米波末制导炮弹

英国 BAE 公司研制的"莫林"（Merlin）末制导迫击炮弹，采用主动制导，战斗部为聚能破甲战斗部。当该弹飞抵作战区域后，导引头在 300 m^2 范围内对活动装甲目标进行搜索。如果不存在活动目标，则扫描系统启动，按第二种搜索方式对 100 m^2 范围内的固定目标进行扫描。发现目标后，前舵自动张开，从而制导迫击炮弹飞向目标。英、法、瑞士、意大利联合研制的 120 mm 末制导迫击炮弹"鹰狮"，采用改进的"莫林"导引头和串联式聚能战斗部。该弹发射后，沿弹道轨迹飞行，在弹道的最高点时战斗部与弹体分离，接着打开减速伞，6 个稳定翼处于工作状态。此后，导引头系统开始工作，启动专门固体燃料发动机校正航向。在 900 m 以上高度时，导引头对 500 m×500 m 的区域进行扫描，以搜索活动装甲目标。如未发现活动目标，则转而在 150 m×150 m 范围内搜索静止目标。

法国 TBA 公司研制了 120 mm 反坦克末制导迫击炮弹。目前西方国家正在研制的毫米波制导和红外/毫米波复合制导的 155 mm 炮弹有：美国等北约八国正在发展的代号为 APGM 通用制式的、自主打硬点目标的 155 mm 末制导炮弹；法国吉亚特工业公司在 1994 年展出的 155 mm 反坦克主动毫米波制导炮弹；由瑞典 Bofors 公司研制，命名为"博斯"（boss）的 155 mm 主动毫米波末制导炮弹；德国研制的 155 mm 毫米波末制导炮弹，该炮弹有 EAP 和 EPHRAM 两个方案。

5. GPS 制导炮弹

美军在伊拉克首先使用"十字剑"制导炮弹，这是一种 GPS 制导的 155 mm 炮弹，可以从 M198 牵引榴弹炮、M777 轻型榴弹炮、M109 自行榴弹炮等多种武器平台发射，圆概算偏差 20 m，前线步兵分队只要离爆点 150 m 就保持足够的安全距离，适合于城镇作战。"十字剑"炮弹的射程在 40～57 km，采用折叠式滑翔弹翼增加射程。相比之下，常规 155 mm 炮弹在中等射程（约 20 km）上的圆概算偏差为 200～300 m。"十字剑"炮弹单价 85 000 美元，大批生产后可望下降到 50 000 美元。2007 年开始在伊拉克投入实战后，92%的炮弹落在离目标 4 m 以内，这对传统火炮来说是闻所未闻的精度。"十字剑"炮弹还具有一定的绕过障碍曲线射击的能力，这对前方射界有山包或者高大建筑阻挡的时候特别有用。图 3.23 所示为美军"十字剑"制导炮弹的宣传照。

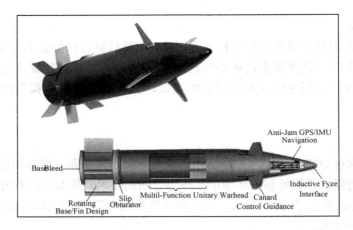

图 3.23 "十字剑"制导炮弹宣传照

3.6.4 毫米波制导技术的发展趋势

毫米波精确制导的主要发展趋势为高测量精度和高分辨率成像[31]，具体如下。

1. 主/被动复合反辐射导弹导引头

主/被动复合反辐射导弹导引头包括宽频带被动反辐射寻的导引头和主动毫米波雷达导引头。宽频带被动反辐射寻的导引头装有宽频带被动共形天线阵，能自动探测、识别、跟踪目标并对目标定位测距；主动毫米波雷达导引头用于末段目标搜索、跟踪、制导和起爆。这样即使在敌方雷达关机或使用有源诱饵时，由于采用了主动毫米波制导，就能不受诱饵影响，引导导弹命中目标。

2. 远程空地导弹中引入 SAR 技术

迄今为止，远程对地攻击导弹大多采用光学技术实现末制导，单一的光学成像制导很容易受到欺骗，失去作战能力。在远程空地导弹导引头中引入合成孔径雷达技术可以很好地解决这个问题。

远程对地导弹雷达导引头采用合成孔径雷达技术，利用高分辨率距离方位图像完成远程对地导弹末制导。SAR 导引头末制导实现方式有两种：（1）图像匹配制导；（2）人在回路中的制导方式。采用人在回路中的制导方式可以把系统实现成本降到最低。

3. 多模复合探测技术

目前精确制导武器主要制导方式包括：红外成像制导技术、毫米波主动寻的技术和复合制导技术等几类。红外成像制导技术的优点是分辨率高，目标分类、识别能力强，但在扫描速度、作用距离和全天候等方面特性较差；毫米波主动雷达导引头技术具有全天候、全天时作战能力，但在接近目标时会出现角闪烁现象，引起制导精度下降。采用红外和毫米波复合制导方式的双模导引头技术，目前备受重视，并得到了飞速发展。

3.7 多模复合制导

多模复合制导技术综合了光学、电子、雷达、传感器等领域的先进技术，引导精确制导武器在作战中进行精确打击。导引头的多模复合制导技术，综合了多种模式制导体制的优点，比单一模式制导方式更加适应和满足现代战场中复杂环境作战的需求。为了不断提高其先进性，各国在不断开发新的制导频段，提高原有制导方式的分辨率和灵敏度的同时，更加重视多模复合制导技术的研究和应用范围[32]。

1. 单一制导方式的性能比较

目前，各种单一模式的导引头都有各自的特点，有其长处，也有其不足。各种单一模式寻的导引头的性能见表 3-5[21]。

表 3-5　各种单一模式寻的导引头的性能

模式	探测特点	缺陷或使用局限性
主动雷达寻的	全天候探测；有距离信息，作用距离远；可全向攻击	易受电子干扰；易受电子欺骗
被动雷达寻的	全天候探测；作用距离远；隐蔽工作；可全向攻击	无距离信息
红外点源寻的	角精度高；隐蔽探测；抗电子干扰	无距离信息；不能全天候工作；易受红外诱饵欺骗
红外成像寻的	角精度高；抗各种电子干扰；能目标成像和识别	无距离信息；不能全天候工作；距离较近
电视寻的	同红外点源寻的	同红外点源寻的
激光寻的	角精度高；不受电子干扰；主动式可测距	大气衰减大，探测距离近；易受烟雾干扰
毫米波寻的	角精度高；可测距；全天候工作；抗干扰能力强；有目标成像和识别能力	只有四个频率窗口可用，作用距离目前较近

根据对表 3-5 的分析可知，任何一种模式的寻的装置都有其缺陷和使用局限性，使得纯粹的单模寻的制导已不适应现代战争的需要。若把两种或两种以上模式的寻的技术复合起来，取长补短，就可以取得寻的系统的综合优势，从而大大提高精确制导武器的突防能力和命中精度。

2. 多模寻的复合制导的优点

多模寻的复合制导利用了同一目标的两种以上的目标特效，信息量充分，便于发挥各自优势，来解决单一制导所难以解决的难题。复合制导有以下优点[33]：

（1）有效地增大了末制导作用距离；
（2）提高了导弹的突防能力和生存能力；
（3）提高导弹战术使用的灵活性，可根据作战需求预编程自动切换两种导引头的工作状态；
（4）提高对复杂战场环境的适应能力，有两个工作波段可相互补充，实现全天候作战；
（5）提高可靠性；
（6）反隐身能力强，目前隐身材料难以覆盖两个工作波段。

3. 多模复合寻的原则

多模复合寻的绝不是简单意义上单模寻的的相加，各种模式复合的首要前提要考虑作战目标和电子、光电干扰的状态，根据作战对象选择、优化模式的复合方案。从技术角度出发，优化多模复合方案还应有一些复合原则可供遵循[34]。

（1）模式的工作频率。在电磁频率上相距越远越好。多模复合是一种多频谱复合探测，使用什么频率、占用多宽频率、主要依据探测目标的特征信息和抗电子、光电干扰的特性决定。参与复合的寻的模式工作频率在频谱上距离越大，敌方的干扰手段占领这么宽的频谱就越困难，否则，就逼迫敌方的干扰降低干扰电平。当然，在考虑频率分布时，还应考虑它们的电磁兼容性。

（2）参与复合的制导模式应尽量不同，尤其当探测的能量为一种形式时，更应注意选用不同制导方式进行复合，如主动/被动复合、主动/半主动复合、被动/半主动复合等。

（3）参与复合模式间的探测器口径应能兼容，以便于实现共孔径复合结构。这是从导弹的空间、体积、质量限制角度出发的。

（4）参与复合的模式在探测功能和抗干扰功能上应互补，只有这样才能提高导弹在恶劣作战环境中的精确制导能力和突防能力[35]。

（5）参与复合的各模式的器件、组件电路实现固态化、小型化和集成化，满足复合后导弹空间、体积和质量的要求[36]。

4. 主要技术性能

多模复合导引头由不同的传感器组成，如光学（红外、紫外、激光、可见光等）与微波或 GPS+惯导装置；也可由不同频谱或不同制导体制（主动、半主动或被动）的同一传感器组成。不同类型的多模复合导引头具有各自不同的技术性能。目前，多模复合制导主要类型有光学多模、微波/红外、毫米波/红外以及加装 GPS 接收机等几种[37]。

1) 光学多模导引头

光学多模导引头是发展较早、技术比较成熟的一种导引头，主要用于防空导弹和空空导弹。光学多模引导主要是指红外双色、红外 / 紫外双色和红外 / 可见光双色。多模光学复合导引头可有效克服此前红外导引头易受红外诱饵和背景的干扰，易丢失目标的缺点，目前许多近程或超近程防空导弹都采用该导引头。多模光学复合导引头的主要技术有：（1）灵敏的红外双色、红外 / 紫外双色和红外 / 可见光复合探测器技术与工艺；（2）双色成像光学系统和扫描结构的设计与装调；（3）高透过率的头罩材料、设计与加工；（4）双色信道的信号处理技术。双模（双色）光学复合导引头可有效克服老式红外导引头易受红外诱饵和背景的干扰、易丢失目标的缺点，目前许多近程或超近程防空导弹都采用该导引头。苏联的 SA-13 防空导弹，采用了双色技术改进原弹型，提高了抗干扰能力，而且低空作战能力强，作战距离可达 7.5 km；法国近程 SADRAL 舰空导弹，采用了双红外波段的红外自动导引头，可抗击距舰 300～600 m、高度为 3 050 m 以下、速度小于 $1.2Ma$ 的来袭目标。

2) 微波/红外多模复合导引头

微波/红外多模导引头有主动（半主动）雷达/红外和被动雷达 / 红外两种。这种多模复合导引头是当前发展较快的复合形式，它具有全天候作战能力强、制导精度高、抗干扰能力较强的特点。该导引头的技术有：（1）成像共孔径双模导引头的关键技术；（2）双模头罩的材料及研制；(3) 毫米波集能器件和固态功率发生器的研制；(4) 先进的红外成像探测器的研制；(5) 信息处理器和数据融合技术的应用。它能大大提高导弹抗隐身目标的能力，装有该导引头的导弹装备部队后，已成功地拦截了各类带有主动寻的雷达的反舰导弹，如法国的飞鱼反舰导弹、俄罗斯的冥河反舰导弹等。如果这种导引头再与人工智能技术相结合，则完全可能成为新一代智能化的精确制导武器，这是值得重视的一个发展方向。

3) 毫米波/红外多模复合导引头[36]

毫米波雷达具有全天候和对烟、雾穿透良好等优点，同时因波束较窄而具有更高的目标分辨率和跟踪精度，天线口径尺寸小，器件体积小。毫米波相对红外有较宽的波束，更适用于较大范围搜索与截获目标，红外寻的器适于在小范围跟踪和精确定位。该制导模式的武器典型型号有德国 SMART 末制导灵巧弹药、美国的 SADARM 遥感反装甲灵巧弹药、法国的 TACED 末制导反坦克炮弹等。随着微电子技术的发展，以砷化镓材料为主的单片集成电路使毫米波制导体制可和红外制导一样发展为成像制导。

4) 加装 GPS+INS（惯导）复合制导

GPS 在制导过程中，目前主要在中段采用与惯导组合的方式来辅助导弹制导。这种组合制导方式不仅可以在飞行前确定相关的任务规划，还可以在飞行过程中不断接收 GPS 卫星发出的有关目标位置、高度、距离数据以及随时变化的数据，来修正惯导测量装置由于时间积累而产生的误差，以更高精度打击目标。GPS 在制导过程中，目前主要在中段采用与惯导组合的方式来辅助导弹制导。这种组合制导方式不仅可以在飞行前确定相关的任务规划，还可以在飞行过程中不断接收 GPS 卫星发出的有关目标位置、高度、距离数据以及随时变化的数据，来修正惯导测量装置由于时间积累而产生的误差，以更高精度打击目标。采用先进的末制导与 GPS+INS 中制导复合先进技术，可使精确制导武器命中率达到 90%以上，而且提高了弹药的全天候作战能力，大大降低了成本。

最早采用 GPS/INS 组合制导技术的机载精确制导武器，是美国海军的舰载攻击机 A-7E 装备使用的"斯拉姆"(SLAM) AGM-84E 空舰导弹。该弹采用 GPS/INS 组合制导为中段制导，红外成像加视频数据链遥控为末段制导，在 1991 年初爆发的海湾战争中，以其很高的命中精度取得引人注目的战绩。由于加装 GPS 技术简单，可将普通弹药改造成精确制导弹药，该技术已成为美国目前优先发展的项目。典型型号有美国的联合直接攻击弹药（JDAM）、联合空地防区外发射导弹（JASSM）等。

表 3-6 所示为双模精确制导武器一览[13]。

表 3-6 双模精确制导武器一览

弹 型	类 别	复合方式	国家或地区
尾刺（Stinger Post）	地空	红外/紫外	美国
爱国者 PAC-III	地空	主动雷达/半主动雷达	美国
HARM Block-VII	反辐射	被动雷达/红外	美国
鱼叉改进型 AGM-84E	空地	主动雷达/红外成像	美国
HARM 改型 VI	反辐射	被动雷达/主动毫米波	美国
海麻雀 AIM-7R	空舰	主动雷达/红外	美国
斯拉姆	反辐射	射频/红外成像	北约

续表

弹　型	类　别	复合方式	国家或地区
小牛	反辐射	雷达/电视	美国
SA-13	地空	红外双色	俄罗斯
3M-80E	舰舰	主动雷达/被动雷达	俄罗斯
RBS-90	地空	激光/红外	瑞典
TACED	反坦克导弹	毫米波/红外	法国
ACED	反装甲弹	毫米波/红外成像	法国
ARAMIGER	空地	主动雷达/红外	德国
SMART	灵巧弹药	毫米波辐射计/红外	德国
ZEPL	制导炮弹	毫米波/红外	德国
EPHRAM	制导炮弹	毫米波/红外	德国
RAM	舰空	被动雷达/红外	美国、德国、丹麦联合
RARMT	反辐射	被动雷达/红外	德国、法国联合
Griffn 鹰头狮	迫击炮弹	红外/毫米波	英、法、意大利、瑞典联合
雄风 II	舰舰	主动雷达/红外	中国台湾

5．多模复合制导的数据融合

多模复合寻的制导首先要解决的关键技术之一是数据融合问题。数据融合是把若干单独的数据，通过某种方式组合起来，以获得更有效的信息的过程。合适的数据融合算法能提高制导武器的可靠性、准确性和抗干扰性[38]。因此数据融合有两个基本要点：

（1）采用何种方式融合，这是数据融合的基本方法问题；

（2）融合后信息获取多少（或有效性），这是数据融合最优性问题。

多模复合制导的数据融合是典型的信息融合。美国国防部信息融合实验室小组推荐的定义为：信息融合是一个多级、多层面的数据处理过程，主要完成对来自多个信息源的数据进行自动检测、关联、相关、估计和组合以达到精确的状态估计和身份识别，以及完整的态势评估和威胁评估[39]。

1）信息融合的分类

根据不同的分类原则，信息融合系统可以划分为以下几种主要类型：

（1）按信息的抽象程度来分，信息融合可分为三级：像素级、特征级和决策级；

（2）根据处理融合信息方法的不同，数据融合系统可分为集中式、分布式和混合式三种类型；

（3）根据融合处理的数据种类，数据融合系统可以分为时间融合、空间融合和时空融合三种。

对于具体的融合系统而言，它所接收到的数据和信息可以是单层次上的，也可以是多种抽象层次上。融合的基本策略是先对同一层次上的信息进行融合，然后将融合结果汇入更高的数据融合层次。总的来说，数据融合本质上是一种由低（层）到高（层）对多源信息进行整合、逐层抽象的信息处理过程。

2）信息融合理论的关键问题

信息融合的基本功能是相关、估计和识别。它涉及多方面的理论和技术，如模式识别、信息处理、估计理论、不确定性理论、优化理论、人工智能以及神经网络[40]。就目前信息融合理论和应用现状以及未来发展的趋势来看，其关键技术主要集中在以下几个方面[41]：

（1）数据对准。在多传感器信息融合系统中，每个传感器提供的观测数据都在各自的参考框架之内。在对这些信息进行组合之前，必须首先将它们变换到同一个参考框架中去。但要注意的是，由于多传感器时空配准引起的舍入误差必须得到补偿。

（2）同类或异类数据。多传感器提供的数据在属性上可以是同类也可以是异类的，而且异类多传感器较之同类传感器，其提供的信息具有更强的多样性和互补性；但同时由于异类数据在时间上的不同步，数据率不一致以及测量维数不匹配等，使得对这些信息的融合处理更困难。三模导引头中的被动雷达传感器、主动雷达传感器和红外传感器就属于这样的问题。

（3）传感器观测数据的不确定性。由于传感器工作环境的不确定性，会导致观测数据含有噪声成分。在融合处理中需要对多源观测数据进行分析验证，并补充综合，在最大限度上降低数据的不确定性。

（4）数据关联。数据关联问题广泛存在，需要解决单传感器时间域上的关联问题，以及多传感器空间域上的关联问题，从而能确定来源于同一目标源的数据。

（5）粒度。多传感器提供的数据可能是在不同的粒度级别上的。这些数据可以是稀疏的，也可以是稠密的；它们也可能分别处于像素级、特征级或决策级等不同的抽象级别上，所以一个可行的融合方案应该可以工作在各种不同的粒度级别上。

6. 多模复合制导的发展趋势[32]

由于高新技术的大量涌现及其在精确制导技术中的广泛应用，如成像制导技术、GPS技术等的广泛采用，将不断提高精确制导武器的信息化含量和智能化水平，从而带动多模复合制导技术向以下方向发展：

（1）继续开发多模导引头与GPS+INS的复合制导方式的适用范围。一体化的GPS/INS组合制导系统质量轻、体积小，具有更好的抗干扰性能，可以使武器在任何气象条件下发射并具有控制目标的能力。与其他多模导引头组合制导，互补的制导优势使精确制导武器极大地提高了精度，是多模复合制导技术发展的方向之一。目前，已多用于制导炸弹以及巡航导弹等空地武器。各国将不断尝试这种多模、复合制导体制的适用范围，尤其是在远程、超远程导弹和攻击海上目标导弹的导引头上，将会广泛采用此种多模复合制导体制。

（2）毫米波/红外制导技术将成为各国发展多模导引头技术的重点。红外成像与毫米波主动雷达双模复合制导是一种极为重要的、潜在开发功能极强的制导技术，也是国外多模复合制导技术优先发展的主要方式。它可以获取更多、更丰富的目标信息，提高目标识别能力及反隐身、抗干扰能力。其四项优势是：全天时、全天候工作能力；抗多种电子干扰、光电干扰和反隐身目标能力；复杂环境下识别目标能力；对快速运动目标精确定位能力。

（3）研制新型三模复合寻的制导技术。双模寻的复合制导技术日趋成熟，未来将出现三模复合寻的制导，如日本已着手研制对空导弹用的微波/毫米波/红外三模寻的导引头，这种导弹具有更高的命中精度和更强的抗干扰能力。

（4）拓展制导技术的新领域和新的多模复合制导方式。随着高新技术领域的拓展和进步，新的制导技术将不断涌现，如发达国家已经开始光学制导技术新频段——红外多光谱、超长波红外、亚毫米波等方面的研究，并取得一定进展。这些技术将在多模复合制导技术中得到新的突破和应用。

（5）成像制导技术是多模复合制导技术中的关键技术之一。成像制导技术可以直接获取目标外形或基本结构等丰富的目标信息，能抑制背景干扰、可靠识别目标，并在不断接近目标过程中区分目标要害部位，具有较高的分辨率。其中红外成像技术，尤其是凝视红外焦平面阵列技术，是成像制导技术的发展重点和方向。凝视红外成像制导技术采用了大规模探测单元和凝视工作方式，连续累积目标辐射能量，具有高分辨率、高灵敏度、高信息更新率的优点，适用于对高速机动小目标、复杂地物背景中的运动目标或隐蔽目标的成像，而且能推动精确制导武器向小型化方向发展。

激光主动成像制导技术具有主动测距和光学探测两个优点，因而具有三维成像能力，获得的信息量大为提高，并可全天候、全航程制导。激光主动成像制导也将成为成像制导的发展方向，是发达国家重点技术的发展方向之一。

虽然成像技术难度较大，但它的发展可使红外或激光技术越来越先进，用于制导技术中将具有更高的分辨率和灵敏度，与其他模式复合制导将使武器具有更高的打击精度，是多模复合制导技术研究的重点之一。

参 考 文 献

[1]　导弹的制导. http://wenwen.soso.com/z/q156083206.htm.

[2]　精确制导武器. www.defence.org.cn/aspnet/Vip-Usa/uploadfile.

[3]　李志平，郑万千. 国内外导弹技术对比分析. 现代防御技术，2003，31（6）：41-45.

[4]　红外制导的发展趋势及其关键技术. 电光与控制，2008年05期.

[5]　红外制导. baike.baidu.com/view/821718.htm.

[6]　红外点源寻的制导系统. http://jpkc.hnadl.cn/2010jpkc/nudt/gdjs/kechengjingjiang/1141.htm.

[7]　梁永刚. 高速动能导弹制导系统分析与研究[D]. 长春理工大学，2006-6.

[8]　红外制导. baike.baidu.com/view/821718.htm.

[9]　张中南，王富宾，李晓. 发展中的红外成像制导技术[J]. 飞航导弹，2006(1): 40-42.

[10]　方有培，汪立萍. 红外成像制导武器现状及其对抗[J]. 航天电子对抗，2004(2): 60-64.

[11]　张冬青，张纯学，文苏丽. 自动目标识别技术在导弹上的应用研究[J]. 战术导弹技术，2010(5): 01-06.

[12]　赵超，杨号. 红外制导的发展趋势及其关键技术. 电光与控制，2008, 15(5): 48-53.

[13]　王永仲. 现代军用光学技术[M]. 北京：科学出版社，2003.

[14]　激光制导系统. http://jpkc.hnadl.cn/2010jpkc/nudt/gdjs/kechengjingjiang/1142.htm.

[15]　梁永刚. 高速动能导弹制导系统分析与研究[D]. 长春理工大学，2006-6.

[16]　蔡永鑫，时顺森，杨大林，等. CO_2激光传输指令制导装置与外场试验[J]. 应用激光，1988, 8（6）：241-244.

[17]　范保虎，赵长明，马国强. 激光制导技术在现代武器中的应用与发展[J]. 战术导弹技术，2006（4）：12-17.

[18]　陈世伟. 激光制导技术发展概述[J]. 制导与引信，2007（3）：10-15.

[19]　电视制导. http://baike.baidu.com/view/818087.htm?fr=ala0_1.

[20] 电视指令制导. http://zhidao.baidu.com/question/21142445.html?fr=ala0.
[21] 李云霞, 等. 光电对抗原理与应用. 西安：西安电子科技大学出版社, 2009.
[22] 光纤制导导弹技术发展概述. http://www.81tech.com/2010/0710/27678.html.
[23] 沧桑. 国外近几年光纤制导弹发展现状. 应用光学, 1993, 14(5): 1-5.
[24] 侯晓艳, 徐文. 法、德、意三国合作研制独眼巨人光纤制导导弹. 飞航导弹, 1995（6）: 18-21.
[25] 刘永昌. 光纤制导关键技术分析和研究. 应用光学, 1994.15(3): 49~56.
[26] 苏宏艳, 朱淮城. 毫米波精确制导技术及其发展趋势, 制导与引信, 2008, 29(2).
[27] 曾荣亮. 新一代低空防御系统的代表作——"天盾"35防空系统. 现代兵器, 2000(8)：32-33.
[28] 魏伟波, 芮筱亭. 毫米波精确制导技术. 火力与指挥控制，2005, 30（增刊）.
[29] 娄国伟, 李兴国. 3 mm 交流辐射计研究. 微波学报, 2000, 16(3).
[30] 朱学平, 杨军, 刘俊, 等. 一种SAR成像制导弹制导律研究. 测控技术, 2009(9).
[31] 刘逸平. 国外毫米波精确制导技术的发展趋势[J]. 火控雷达技术, 2008, 37(3): 1-6.
[32] 孙静, 于艳梅, 孙昌民. 多模复合制导技术与装备发展分析[J]. 制导与引信, 2005, 26(3): 5-10.
[33] 杨祖快, 吴立杰. 多模寻的复合制导方案与技术研究[J]. 现代防御技术, 2003, 31(5): 37-42.
[34] 杨祖快, 刘鼎臣, 李红军. 多模复合制导应用技术研究[J]. 导弹与航天运载技术, 2003(3): 13-18.
[35] 裴虎城. 多模复合制导数据融合器性能评估系统方案设计[J]. 战术导弹技术, 2003(4): 55-59.
[36] 何景瓷. 寻的制导技术的应用[J]. 激光杂志, 2007, 28(5): 16-17.
[37] 刘隆和, 鲍虎. 双模复合寻的制导导弹对抗技术研究[C]//中国电子学会电子对抗分会第十三届学术年会论文集, 2003: 428-433.
[38] 刘隆和, 郭志恒. 用贝叶斯法实现雷达—红外双模复合寻的制导的数据融合[J]. 系统工程与电子技术, 1998(1): 14-16.
[39] Lawrence A. Klein, 著. 多传感器数据融合理论及应用. 戴亚平, 刘征, 郁光辉, 译. 北京：北京理工大学出版社, 2004: 2-10.
[40] 郁文贤, 雍少为, 郭桂荣. 多传感器信息融合技术评述. 国防科技大学学报, 1994, 16(3): 1-11.
[41] 陈玉坤. 多模复合制导信息融合理论与技术研究[D]. 哈尔滨工程大学博士学位论文, 2007.

第 4 章 光电侦察告警技术

随着信息技术的发展，现代战争也已经逐渐转变为信息技术的战争。预警技术也逐渐成为军事技术中的重要一环而越来越受到人们的重视。

预警技术是指在灾难或威胁发生前根据以往总结的规律或观测得到的可能性前兆，向相关部门发出紧急信号，报告危险情况，以避免危害在不知情或准备不足的情况下发生，从而最大程度地降低危害所造成的损失的行为。而在军事预警技术中，主要是利用电磁波技术对未知的威胁的距离、高度等一系列参数进行监测并发出警示，以提前作出有利的决策。

预警的实现是通过遥感技术探测空间中未知威胁，并通过定位技术对发现的未知威胁目标进行定位，最后利用成像等技术对目标进行识别判断，判断是否构成威胁以便最终发出预警信号。

4.1 光电侦察告警系统

搜索侦察在军用红外技术中占有重要地位，是各发达国家竞相发展的领域。红外搜索侦察系统按设定的规律不断扫描待查地域、海域或空域，持续收集红外辐射，借此发现目标，进而标示目标位置并发出一定信号。

毫无疑问，从军事应用角度而言，实际侦察的范围越大越好，但过大空域内信息的同时收集势必大量增加干扰和假信息。于是，只好借助于小的瞬时视场去扫描足够大的空间范围，使每一瞬间实时获取信息的空域足够小。

一般来说，搜索侦察系统的首要任务是发现目标，其次是粗略测定目标方位。至于目标的精确定位，则不是此类系统所能完成的。

4.1.1 系统组成

搜索侦察系统通常包括搜索信号发生器、测角机构（含光学系统、调制盘、探测器等）、放大器、执行机构等部件。搜索信号发生器发出搜索指令，经放大器放大后送给执行机构，驱动系统光轴进行扫描。测角机构输出与执行机构转角成比例的信号，并把此信号与搜索指令信号作比较，将比较的差值放大后又去控制执行机构，使执行机构服从搜索指令而运动。若搜索系统是一个理想的伺服系统，则执行机构的运动规律就完全复现搜索指令的变化。

搜索侦察系统的搜索指令可由方位和俯仰两路输入。此时的执行机构也相应按方位、俯仰两个方向控制系统光轴进行扫描。搜索指令也可用极坐标信号输入，此时可用一个三自由度陀螺作为执行机构，控制位标器光轴运动。

上面强调了所谓"光轴扫描"或"光轴运动"。在实际系统中，这种"扫描"或"运动"可能是整个测角机构的动作，也可能是某个光学部件（如活动反射镜）的动作。在系统尚未搜索到目标时，这种"扫描"或"运动"一直在持续，一旦目标进入视场，其红外辐射经光学系统、调制盘、探测器后转变成电信号，此电信号经过放大变换，成为反映其位置误差的信号，误差信号驱动显示器的目标标记移动，正确指示目标的具体位置。

4.1.2 基本参数[1]

1. 系统分辨率或检出限

对激光、毫米波系统来说，系统分辨率或检出限为最小检出功率；对红外系统来说，则多用最小可探测温差（MDTD）。

最小可探测温差是在观察者不受观察时间的限制且显示系统和电路增益允许调整到最佳条件（如对比度为 100%等）的情况下，观察处于均匀背景中的一定尺寸的方形或圆形目标，当从零开始逐渐增大目标与背景之间的温差，使观察者刚好能分辨出（50%观测概率）该方形或圆形目标及所处的位置时，对应的目标与背景之间的等效黑体温差。最小可探测温差既是观测概率的函数，又是目标尺寸的函数，很适合于外场测试。

2. 虚警概率与虚警时间

如果搜索视场内本来没有目标而系统却误认为有目标，这种错误出现的概率叫虚警概率（简称虚警率）。虚警时间是指发生一次虚警的平均时间间隔。

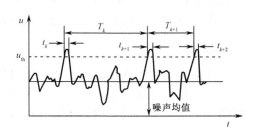

图 4.1 噪声随时间的变化曲线

虚警概率和虚警时间都与噪声密切相关。图 4.1 所示是典型的噪声电压随时间的变化曲线。它表现为一种随机过程。图中 u_{th} 是门限电平；t_k、t_{k+1}…是噪声电压超过门限电平的持续时间；T_k、T_{k+1}…是相邻两次出现噪声超过门限情况的时间间隔。按定义可写出虚警概率为

$$P_{fa} = \left(\sum_{K=1}^{N} t_K\right) / \sum_{K=1}^{N} T_K = \left(\frac{1}{N}\sum_{K=1}^{N} t_K\right) / \left(\frac{1}{N}\sum_{K=1}^{N} T_K\right) \quad (4-1)$$

虚警时间为

$$T_{fa} = \lim_{N \to \infty}\left(\frac{1}{N}\sum_{K=1}^{N} T_K\right) \quad (4-2)$$

无目标时，噪声的概率分布函数为瑞利分布，即

$$p(\upsilon) = \frac{\upsilon}{\sigma^2}\left[-\frac{1}{2}\left(\frac{\upsilon}{\sigma}\right)^2\right] \quad (4-3)$$

式中，υ 是检波器输出的噪声电压幅值，σ 是噪声电压均方根偏差。于是，噪声电压超过门限电平 u_{th} 的概率为

$$P(u_{th} < \upsilon < \infty) = \int_{u_{th}}^{\infty}\frac{\upsilon}{\sigma^2}\exp\left[-\frac{1}{2}\left(\frac{\upsilon}{\sigma}\right)^2\right]d\upsilon \quad (4-4)$$

实际上，这就是虚警概率

$$P_{fa} = \exp\left[-\frac{1}{2}(u_{th}/\sigma)^2\right] \quad (4-5)$$

由此可知，若已知噪声电压的均方差 σ，并确定了门限电平 u_{th}，就可算出系统的虚警概率；

同样，若给出了虚警概率，又已知上述 σ，则可计算需要设置的门限电平 u_{th}，这时的比值（u_{th}/σ）就是与该虚警概率相应的最低信噪比。

在式（4-1）中，噪声超过门限电平的平均持续时间 $\left(\dfrac{1}{N}\sum\limits_{K=1}^{N}t_K\right)$ 可近视视为系统电路带宽 Δf 的倒数，即

$$\Delta f^{-1} = \frac{1}{N}\sum_{K=1}^{N}t_K \tag{4-6}$$

于是，综合式（4-1）、式（4-2）、式（4-6），有

$$P_{\text{fa}} = (T_{f_a}\cdot\Delta f)^{-1} \tag{4-7}$$

结合式（4-5），有

$$T_{\text{fa}} = \frac{1}{\Delta f}\exp\left[\frac{1}{2}\left(\frac{u_{\text{th}}}{\sigma}\right)^2\right] \tag{4-8}$$

若设定了门限电平 u_{th}，并已知噪声电压的均方差 σ，就可由上式计算虚警时间 T_{fa}。同样，给定了虚警时间，也可算出相应的门限值。

3．探测概率

探测概率是，在搜索视场中出现目标时，系统能够将它探测出来的概率。

由于目标出现，故它的信号与噪声一同被系统接收。这时的情况与上面讨论虚警时大不相同（上面讨论时只考虑噪声）。在信噪比较大时，系统输出电压的幅值分布近于高斯函数：

$$p(A) = \frac{1}{\sigma\sqrt{2\pi}}\exp\left[-\frac{(A-a)^2}{2\sigma^2}\right] \tag{4-9}$$

式中，A 为信号加噪声的总幅值；a 为信号与噪声的和超过门限的概率，此即探测概率

$$\begin{aligned}P_{\text{d}} &= \int_{u_{\text{th}}}^{\infty}p(A)\,\text{d}A \\ &= \int_{u_{\text{th}}}^{\infty}\frac{1}{\sigma\sqrt{2\pi}}\exp\left[-\frac{(A-a)^2}{2\sigma^2}\right]\text{d}A \\ &= 1 - \int_{-\infty}^{u_{\text{th}}}\frac{1}{\sigma\sqrt{2\pi}}\exp\left[-\frac{(A-a)^2}{2\sigma^2}\right]\text{d}A\end{aligned} \tag{4-10}$$

令 $z = \dfrac{A-a}{\sigma}$，则式（4-10）变成

$$P_{\text{d}} = 1 - \int_{-\infty}^{\frac{u_{\text{th}}-a}{\sigma}}\frac{1}{\sqrt{2\pi}}e^{-\frac{z^2}{2}}\text{d}z = 1 - \phi\left(\frac{u_{\text{th}}-a}{\sigma}\right) \tag{4-11}$$

一般情况下，$u_{\text{th}} < a$，故 $(u_{\text{th}} - a) < 0$，而标准正态分布函数 $\phi(x)$ 表只能查到 $x > 0$ 时的值，故利用下式转换：

$$\phi\left(\frac{u_{\text{th}}-a}{\sigma}\right) = 1 - \phi\left(\frac{a-u_{\text{th}}}{\sigma}\right) \tag{4-12}$$

代入式（4-11），得到探测概率

$$P_d = \phi\left(\frac{a - u_{th}}{\sigma}\right) \tag{4-13}$$

可见，已知信号幅值、噪声均方差和确定门限电平后，可由正态分布函数表查得探测概率值。反过来，若给出 P_d，也可由表查得相应的 x，而

$$x = (a - u_{th})/\sigma = \text{SNR} - \sqrt{-2\ln P_{fa}} \tag{4-14}$$

在 a、u_{th}、σ 三者中，只要其中两个已知，便可由式（4-14）求出第三个；或者可以由 SNR 和 P_{fa} 估计探测概率 P_d。

4. P_{fa}、P_d 及信噪比（SNR）之间的关系

由式（4-14）可知，虚警概率 P_{fa} 与噪声的性质密切相关，而探测概率 P_d 则依赖于噪声加信号的具体分布、平均值、方差和信噪比。二者都与门限电平 u_{th} 的选定密切相关。u_{th} 选得较大，则 P_{fa} 可以降低；但与此同时，P_d 也下降了，不利于发现目标。可见，P_{fa}、P_d 有相互制约的一面。

容易理解，提高信噪比有利于探测。图 4.2 示出了探测概率、虚警概率与信噪比之间的关系曲线。图中信噪比是用 dB 表示的。有资料称，在用倍数表示时，系统的峰值信噪比应在 5～8 之间。

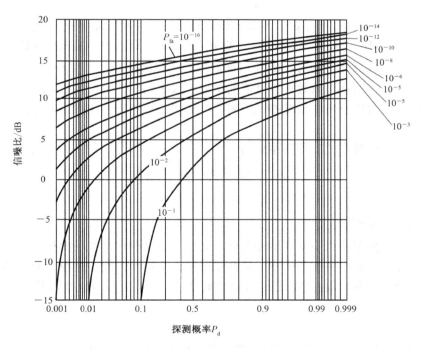

图 4.2 探测概率、虚警概率与信噪比之间的关系曲线

图 4.3 示出了无目标时的噪声概率密度 $p(N)$、有目标时信号加噪声的概率密度 $p(S+N)$ 之分布曲线，同时也用"曲线下的面积"表示了虚警概率 P_{fa}、漏警概率 P_l 及与之相应的探测概率 P_d。

上述漏警概率是搜索视场中有目标存在而没有被系统发现的概率。

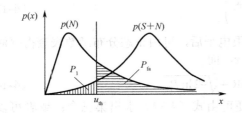

图 4.3 噪声和信号加噪声的概率密度曲线

图 4.3 中 u_th 为设定的门限，在其右侧之 $p(N)$ 曲线与横轴所围的面积即为虚警概率 P_fa 数值。相应地，$p(S+N)$ 曲线在 u_th 之右的部分与横坐标轴所围的面积就是探测概率 P_d。$p(S+N)$ 曲线在 u_th 之左的部分与横轴围成的面积即为漏警概率 P_l（毫无疑问，漏警就意味着要承担风险）。显然，u_th 改变时，P_d、P_fa、P_l 都会改变。例如，当 u_th 右移时，P_d、P_fa 都减小，P_l 会增大。

5. 作用距离

作用距离指预警系统在正常气象条件下，使输出信号不低于一定信噪比的前提下，所能达到的最大工作距离。

对于红外系统，不计背景辐射时的作用距离表达式为

$$R = \sqrt{\frac{D_\text{max}^* L A_\text{t} A_0 k}{(A_\text{d} \cdot \Delta f)^{\frac{1}{2}} (V_\text{s}/V_\text{n})}} \tag{4-15}$$

式（4-15）表明，其作用距离 R 与其入瞳直径成正比（与入瞳面积 A_0 的平方根成正比）；式中 $(A_\text{d} \cdot \Delta f)^{1/2} \propto \text{NEP}$（噪声等效功率），故 R 与探测器 NEP 的平方根成反比，与要求的极限信噪比之平方根成反比。同时，R 还与探测器的比探测率 D_max^*、目标辐射强度（$L_\text{t} A_\text{t}$）及系统对目标辐射功率的利用系数 k 等量值的平方根成正比。其中，系数 k 又包含了目标的光谱辐射功率特性、大气及光学系统的透过率曲线形状、探测器的比探测率光谱特性等因素的影响。

均匀背景下，红外系统的作用距离为

$$R = \sqrt{\frac{D_\text{max}^* A_\text{t} A_0 (L_\text{t} k - L_\text{b} k_\text{b})}{(A_\text{d} \cdot \Delta f)^{\frac{1}{2}} (V_\text{s}/V_\text{n})}} \tag{4-16}$$

式中，$L_\text{b} k_\text{b}$ 代表背景的影响。

对于使用单个探测器或小阵列器件且借助光机扫描来覆盖全视场的搜索侦察系统，瞬时视场每扫过目标一次就产生一个脉冲。脉冲波形接近于矩形，故占有很宽的频谱。而信号处理系统的实际带宽非常有限，必造成部分信号被衰减，其被衰减的程度可用"信号过程因子" δ 来描述：

$$\delta = V_\text{p}/V_\text{p0} \tag{4-17}$$

式中，V_p 是信号峰值，V_p0 是假定信号处理系统中脉冲不受衰减时的峰值。

此外，对于带调制盘的系统，讨论其作用距离时必须考虑调制盘的透过率 τ_m：对调频系统，$\tau_\text{m}=0.5$；对调幅系统，其平均透过率为 0.5，伴有一半的附带损失，此时 $\tau_\text{m}=0.25$。

考虑了以上因素后，红外搜索系统的作用距离公式最后修正为

$$R = \sqrt{\frac{D_\text{max}^* A_\text{t} A_0 \tau_\text{m} \delta (L_\text{t} k - L_\text{b} k_\text{b})}{(A_\text{d} \cdot \Delta f)^{\frac{1}{2}} (V_\text{s}/V_\text{n})}} \tag{4-18}$$

6. 响应时间

响应时间为目标检测及识别的时间，是探测器响应时间、系统预处理时间、目标识别时间的总和，最终受探测器和算法处理系统的硬件性能的影响。

7. 搜索视场

搜索视场系指在一帧的搜索时间内，光学系统能够获取景物信息的最大角空域，常用方位、俯仰两个方向上相应的角度或弧度来表示，即图 4.4（a）中 A、B 各自对应的角度或弧度。

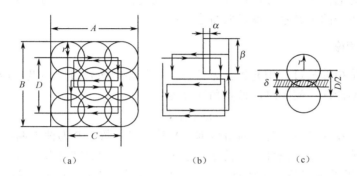

图 4.4 搜索视场、光轴扫描范围和瞬时视场

8. 瞬时视场

瞬时视场系指搜索系统光轴不动时能够获取景物信息的最大角空域。如果也用方位、俯仰两个方向上的角度或弧度来表示（即瞬时视场对应于长方形，$\alpha \times \beta$ 的情况），则如图 4-4（b）所示。如果瞬时视场对应于半径为 r 的圆形截面，则如图 4-4（a）所示（其中 $C \times D$ 是光轴扫描范围）。

由图可知

搜索视场=光轴扫描范围+瞬时视场

对于圆形瞬时视场截面的情况，有

$$\begin{cases} A = C + 2r \\ B = D + 2r \end{cases} \tag{4-19}$$

对于长方形瞬时视场截面的情况，有

$$\begin{cases} A = C + \alpha \\ B = D + \beta \end{cases} \tag{4-20}$$

对长方形瞬时视场的情况，若扫描行数、列数分别为 N、M，则有

$$A \times B = M\alpha \times \beta N \tag{4-21}$$

瞬时视场和系统的光学设计决定了光电预警系统的角分辨率。

9. 重叠系数

为保证在搜索视场内不出现漏扫的区域，相邻两扫描行的瞬时视场应有一定的搭接重叠。重叠的程度用重叠系数来描述。重叠系数定义为：搜索时，相邻两行瞬时视场的重叠量

δ 与瞬时视场大小之比值，即当瞬时视场为半径是 r 的圆形时，有

$$g = 0.5\delta/r \tag{4-22}$$

当瞬时视场对应于长方形 $\alpha \times \beta$ 时，有

$$g = \delta/\beta \tag{4-23}$$

重叠系数的确定要考虑到使扫描过程中各处发现目标的概率尽量一致。例如，对于带调制盘的系统，当目标处于视场边缘时，瞬时视场扫过的时间短。而当目标在视场中央部分时，瞬时视场扫过的时间长（即目标在探测器上的驻留时间不同，前者短于后者），这可能导致边缘区域内发现目标的概率比中央区域低。为解决这一矛盾，系统的重叠系数宜取大一些。而对长条形瞬时视场的情况，目标在边缘或在中央就没有驻留时间上的差异，因而其被发现的概率相同。此时系统的重叠系数就可取得小一些。

10．搜索角速度

搜索角速度是指搜索过程中光轴在方位方向上每秒钟所转过的角度。搜索扫描的行间转换时间很短，在不计这一间隔时，搜索角速度为

$$\omega_s = CN/T_f \tag{4-24}$$

式中，C 为光轴在方位方向上的扫描角范围，N 是扫描行数，T_f 为帧周期。

在光轴扫描范围确定的条件下，搜索角速度 ω_s 越大，则帧时间越短，发现目标就越快。但 ω_s 值的提高除了受客观条件（例如转动惯量）限制外，还要考虑其对截获目标的影响（在搜索系统与跟踪系统组合成搜索/跟踪系统时，先经搜索发现目标，尔后立即转入对目标的跟踪，这一转换过程叫"截获"），因为搜索角速度越高，则截获目标越难。

确定搜索角速度时要考虑到目标相对于系统的方位、运动速度、大致距离以及系统本身的扫描图形、光轴扫描范围、帧周期等因素。

4.1.3 分类

光电侦察告警系统按照搭载平台可分为星载光电告警系统、机载光电告警系统、舰载光电告警系统，等等；按照信号载体的光谱特征可分为激光侦察告警、红外侦察告警、紫外侦察告警、毫米波侦察告警、光电综合侦察告警。

4.2 激光侦察告警技术

以激光为信息载体，发现敌方光电装备、获取其"情报"并及时报警的军事行为就叫激光侦察告警。实施激光侦察告警功能的装备叫激光侦察告警器。激光告警设备主要由激光光学接收系统、光电传感器、信号处理器、显示与告警装置等部分组成，测量敌方激光辐射源的方向、波长、脉冲重复频率等技术参数。

如果上述作为信息载体的激光系由我方发射，则称为主动方式；若是由敌方发射，则称为被动方式。以上所说的"情报"系指敌方光电装备的方位、种类、工作状态、性能参数、运动情况等。

相对于其他告警方式而言，激光侦察告警具有许多优点。例如，它探测概率高而虚警率较低，反应时间短；动态范围大，覆盖空域广，能测定所有可能的军用激光波长（频带宽）；

体积小，价格便宜等。

为实时识别敌方激光辐射源和提供决策信息，激光告警器一般带有依据平时情报侦察建立的激光威胁数据库或专家决策系统。前者存放敌方激光威胁源的基本参数，后者为决策提供支撑。

激光侦察告警器的战术技术性能通常包括以下 5 项指标：

（1）告警距离（或作用距离）——当告警器刚好能确认存在威胁时，威胁源至被保护目标的最大距离。

（2）探测概率——当威胁源位于告警器视场内时，告警器能对其正确探测并发出警报的概率。

（3）虚警与虚警率——虚警系指事实上不存在威胁而告警器误认为有威胁并错误发出的警报。发生虚警的平均时间间隔之倒数叫虚警率。

（4）搜索空域（或视场角）——告警器能有效侦测威胁源并告警的角度范围。

（5）角分辨率——告警器恰能区分两个同样威胁源的最小角间距。

例如，某告警器的角分辨率为 45°，这就是说，它只能区分角间距不小于 45° 的两个相同威胁源。换言之，它指示威胁源角方位的精度为 45°。

4.2.1 主动式激光侦察告警技术

激光主动侦察技术兼具激光测距和目标识别两种功能，应用脉冲激光测距原理得到目标的距离信息，然后再进行目标识别。

目标识别就是区分出镜头目标信号和漫反射背景信号。根据激光大气传输特性和光学镜头与漫反射体后向反射特性，回波信号反映到侦察系统就是输出信号的幅度、脉宽和目标数量的不同。识别方法有：（1）激光回波信号强度识别法；（2）回波信号脉宽识别法；（3）回波信号追踪识别法等三种。这些方法或单独运用，或综合运用。

在某些条件下，激光在传输和反射过程中，因大气湍流的影响和漫反射激光之间的随机相互干涉导致激光光强的随机起伏变化，并且大气微粒的飘忽不定使得对激光的后向散射处于不定状态，这样回波波形、幅度会产生无规则的变化。这种现象虽然会对激光侦察产生干扰且影响侦察概率，但可以利用回波信号的随机性采取时间追踪法来识别回波信号的特性。具体方法就是对第一次回波进行记忆，下次回波到来后重新对幅度或脉宽进行比较，若两者时间相关，幅度或脉宽相符则为目标[2]。

1. "猫眼"效应

光电装备的光学系统在受到激光束辐照时，由于光学"准直"作用，其产生的"反射"回波强度比其他漫反射目标（或背景）的回波高几个数量级，就像黑暗中的"猫眼"。这就是"猫眼效应"（如图 4.5 所示）。

图中 L 是光学物镜，其像方焦点为 F，焦面上有分划板 G（或光探测器）。若有激光束沿 AA' 方向射至 L，则 L 使之沿 $A'F$ 射向 G，经过 G 的反射，一部分光能沿 FB' 返回 L，经 L 后沿 $B'B$ 射出。同理，沿 BB' 射来的激光束经过光学系统后会有一部分沿 $A'A$ 方向射出。

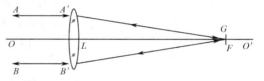

图 4.5 光学系统"猫眼"效应原理示意

由于透镜 L 的聚焦功能和 G 的镜面反射，系统产生了光学"准直"作用。由于这种作用，反向传播的激光回波能量密度比其他目标（或背景）的回波能量密度高得多。

"猫眼"效应的存在使主动式激光侦察得以成功。我方激光发射系统以扫描搜索方式向一定角空域发射激光束，当激光束射到敌方光电装备视场之内时，"猫眼"效应造成的激光回波携带了此光电装备的许多信息。我方接收这些信息并作相应处理，便得到敌方光电装备所在方位、距离、探测器种类、工作波长、运动状态等参数，进而依据常设数据库和专家系统，确定敌方光电装备的属性（甚至型号），发布指挥决策信息和告警信号，甚至向我火控系统、对抗系统发出指令。

2. 系统组成

主动式激光侦察告警系统一般包括高重复频率的激光器、激光发射/接收系统、光束扫描系统、信号处理器、转动机构、声/光/电警示单元等主要硬件和相应数据库以及软件系统。

毫无疑问，主动侦察系统的激光波长应与被侦测对象的工作波段相兼容，否则就不能产生明显的"猫眼"效应。目前，主动式激光侦察主要使用 1.06 μm 和 10.6 μm 两个波长，因而只能探测工作波段也包含这两个波长的光电装备。

3. 实用系统

（1）美制"虹鱼"系统。该系统中有激光主动侦察手段。作战时，先以波长为 1.06 μm 的高重频低能激光对其所覆盖的角空域进行扫描侦察。一旦搜索到光电装备，就启动致盲激光进行攻击。故"侦察"是"攻击"的前奏。

（2）美国空军的"灵巧"定向红外对抗系统。该系统作战的主要对象是红外制导导弹。使用时，它首先发射激光并接收由导引头返回的激光回波。据此判断敌方导弹的方位、距离及其种类等，以确定最有效的调制方式实施干扰。这就是所谓"闭环"定向干扰技术。

4.2.2 被动式激光告警系统

按照接收光信号方式，被动式系统可分为直接探测、散射探测和拦截探测方式。按探测工作原理分为光谱识别型、摄像型、相干识别型、阵列探测型[3]。

1. 光谱识别型激光告警设备

光谱识别型激光告警设备是利用激光的单色性好及军用激光设备波长种类较少的特点，采用响应波长与所探测的激光波长相对应的光敏探测器，直接将照射光束转换成电信号和采用窄带滤光片滤除所探测的激光波长之外的杂散光。探测器一般采用阵列的形式以覆盖较大的警戒空域并利用多元相关技术以降低虚警率，识别来袭激光方向[4]。

早期 RL1 型阵列传感器型告警系统包括 5 套激光传感器，其结构如图 4.6 所示。其中 1 套的光轴指向天顶，另 4 套沿水平面对称分布，且每相邻两套的光轴互相正交。每套传感器的视场角均为 135°。这种布置方式使每两相邻传感器有 45°的重叠角空域，即使得系统的角分辨率为 45°。当威胁激光源位于某单个传感器的视场内时，该传感器便接收到敌方激光，而其余传感器没有信号；若某两相邻传感器同时收到威胁激光信号，则

图 4.6　RL1 型阵列激光告警系统的结构

敌方激光必在这两者的视场重叠区。由此，即能判断激光威胁源所处的方位。

1）阵列单元的组成

阵列单元包括激光探测头、信号处理器及报警/显示器等 3 个主要部件。其中，激光探测头由物镜、滤光片及光电转换器件组成；信号处理器包括阈值发生器、阈值比较器、前置放大器、主放大器、相关处理器、A/D 转换器及计算机等；报警/显示器则有声/光/电警示装置、监视器和存储电路。阵列单元的结构如图 4.7 所示，其中 D_1、D_2 为两只相同的并联探测器。

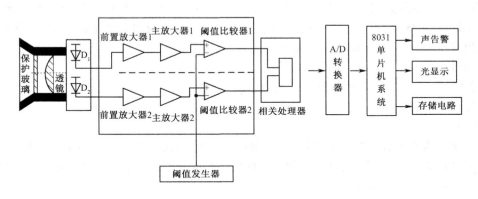

图 4.7　阵列单元的结构

2）多元相关探测机理

由图 4.7 看出，每个阵列单元物镜焦平面的同一聚焦点上有两个相同的并联探测器 D_1、D_2，且 D_1、D_2 各有独立的前置放大器、主放大器及阈值比较器。当有敌方激光进入该阵列单元时，信号经放大后由两阈值比较器进行比较，把低于阈值的噪声滤除，此后送至相关处理器。因为同一单元中两并联探测器同时出现白噪声的概率近乎为零，而敌方激光脉冲信号在两探测器中具有相同的振幅和相位。故对二者作相关处理可确保目标信号被顺利提取，而探测器自身的噪声被有效地去除。从而在兼顾探测灵敏度的条件下使虚警率明显下降（探测器自身的白噪声是产生虚警的主要因素之一）。

3）光干扰的抑制

自然光及灯光、火焰、炮火闪光等都可能对激光告警器构成光干扰。为消除或抑制其影响，可考虑以下措施：

（1）光谱滤波。利用置入探测光路中的窄带滤光片，只允许激光威胁信号通过，摒弃其他光辐射，可取得很好的效果。

（2）电子滤波。根据威胁激光信号的脉冲特征也可以抑制干扰。例如，敌方测距激光的脉冲宽度常为纳秒量级，据此设计滤波器就可减少干扰。

（3）门限控制。威胁激光的幅值通常很高，基此设计阈值比较器就能剔除低于阈值的噪声。

4）阵列型系统的构成

为了保证覆盖足够大的角空域，通常以多个阵列单元按一定方式组合，成为阵列型系统。例如，在水平面内按圆对称方式排布两个相同的阵列单元，以确保水平面内具有 360° 的视场角。另在此圆形阵列的中央铅垂轴线上安置一个阵列单元，使其光轴指向天顶，以保证铅垂面内有一定的视场角。

5）实例

挪威 Simrad 公司和英国 Lasergage 公司合作研制生产的 RL1 型激光警戒接收机是最先报道且已批量装备部队的阵列型激光告警系统。它包含激光探测传感器和显示控制器两大部件，供装甲车辆使用（激光探测传感器伸出车顶，显示控制器装于车内）。全系统有 5 个激光探测单元，其中 1 个指向天空，4 个在水平面内对称分布。每个单元的视场角均为 135°（无物镜），相邻单元视场有 45° 的重叠区。系统采用了有效的抑制二次反射的技术。其主要性能如下：

探测波段	0.66~1.1 μm
探测器	硅光电二极管
覆盖空域	水平 360°，铅垂 180°
角分辨率	45°
虚警率	$10^{-3} h^{-1}$

属于此类的激光告警器还有英国与挪威联合研制的 RL2 型、英国 SAVIOUR 型、法国 THOMSON-CSF 型、以色列 LWS20 型、中国的 LWR-1 型，等等。其共同优点是结构简单、成本较低，缺点是定向精度不高。

一般来说，此类低精度的告警器可用于启动烟幕干扰装备。

适当增加阵列单元的数量可以提高角分辨率。例如，英国卜莱塞雷达公司在水平面内以圆对称形式布置 12 个探测单元，每个单元具有 45° 的视场角。每隔 30° 安置一个这样的单元，使每相邻两单元具有 15° 的视角重叠区。这就把水平方位的角分辨率提高到 15°，系统也复杂一些。

激光告警器不仅要确定威胁激光源的方位，还要确定威胁源的基本参数，如工作波长、脉冲宽度、脉冲重复频率、能量幅度等。

一般来说，激光测距机发出的激光脉冲宽度小，重复频率低；而目标指示器的激光束与测距激光相似，但重复频率高；致盲式激光武器的激光也与测距激光相似，但能量密度高；通信用的激光是调制的连续波或重复频率很高的脉冲串；"硬破坏"用的激光武器常采用连续波激光或脉冲宽度较大的脉冲光，其能量密度极高。这些典型特征都是判断威胁种类的基本依据。

2. 摄像型激光告警器

上述阵列型激光告警器受传感器数量的限制，角分辨率不可能很高（一般为十几度到几十度），不适于装备在歼击机之类的作战平台上，更不适于用作激光有源干扰装备的配套设施。

摄像型激光告警器基于广角凝视成像体制而工作，角分辨率比低精度告警器大约高一个量级。此类告警器一般包含摄像探测头、显示/控制器两大部件。前者主要由超广角物镜或鱼眼镜头、CCD 面阵、窄带滤光片、分光镜、光电转换元件、有关电子线路及计算机组成；后者主要包括激光光斑显示器、警示信号装置、控制部件、指令传送接口以及信息存储单元，等等。

由于利用了鱼眼透镜（或超广角镜头）的超大空域覆盖特性和 CCD 面阵的光电转换/信号处理与传送性能，此类告警器具有响应速度快（实时性好）、定位精度高（误差为零点几度到几度）的优点，是一种中精度告警器。

1）关于鱼眼透镜

普通光学系统的理想成像使无穷远的物体所对应的像高尺寸满足

$$y_0' = f \tan \omega \tag{4-25}$$

式中，y_0' 是理想像高度，f 是系统的物方焦距，ω 是左方无穷远物体所对应的视场半角。

鱼眼透镜的最突出特征是要凝视半球或超半球空域，相应的视场半角满足

$$|\omega| \geqslant \pi/2 \tag{4-26}$$

由式（4-25）可知，当 $|\omega|=\pi/2$ 时，$|y_0'| \to \infty$，即此时不能应用高斯光学讨论问题。在 $|\omega|>\pi/2$ 时，轴外物点的光线自右方射来，不符合高斯光学公式的基本约定。这表明，对于鱼眼透镜，式（4-25）完全失效，需要进行新的研讨。首先是要寻找新的公式取代式（4-25），以正确描述像高尺寸 y_0' 与视场半角 ω 的关系。

下列公式（尤其是前两种）已被应用：

$$y_0' = kf\omega \tag{4-27}$$
$$y_0' = 2f \sin(\omega/2) \tag{4-28}$$
$$y_0' = 2f \tan(\omega/2) \tag{4-29}$$
$$y_0' = f \sin \omega \tag{4-30}$$

式（4-27）～式（4-30）中各量的含义与式（4-25）相同，k 是比例系数。

上述公式的选择，实际是表示我们对系统成像的一种期望，即希望系统按公式的约定把超大空域的场景投影在焦平面上。可见，式（4-27）～式（4-30）就分别约定了各自的投影关系（成像关系）。

式（4-27）、式（4-28）分别叫等距投影公式和等立体角投影公式，实践中使用很多；而式（4-29），式（4-30）分别叫体视投影和正投影公式。

从像差设计的观点来看，用式（4-27）～式（4-30）中的任一个取代传统式（4-25），实际是故意引入绝对值很大的负畸变，使成像高度极度被压缩，把原本不能成像的空域场景也包容到焦面上有限的范围内来。鱼眼透镜就是能把上述期望变成现实的一种特殊光学系统，它在军事上有重要应用价值。

2）摄像告警器实例

美国早在 1973 年就着手研制摄像式激光告警器，1978 年进行了原理实验，1979 年曾有公开报道，这就是 LAHAWS 告警器。它采用凝视 2π 立体角的等距投影型鱼眼透镜收集半球空域内任意方位的来袭激光束，将其成像于（100×100）像元的 CCD 面阵上予以显示。系统采用了一系列抑制干扰的措施，其工作过程如下：

鱼眼透镜后面的 4：1 分光镜把入射光能量分送两个通道——80%的能量通过窄带滤光片，经光谱滤波后聚集于 CCD 光敏面，其余 20%的能量又经分光镜和窄带滤光片进入两条通道（能量比例为 1：1）A 和 A'。A 和 A'各自设有一支 PIN 硅光电二极管，但 A 通道中有威胁激光信号和背景信号，而 A'中只有背景信号。A，A'两通道的输出经过相减运算后放大，使背景信号被去除。因此，在没有威胁激光时，相减后输出为零；当有威胁激光时，相减后输出不为零。经过放大和高速阈值比较器处理，检出威胁激光信号，驱动声/光指示器报警。同时，CCD 面阵输出的视频信号经过 A/D 转换和帧相减运算，也去除了背景，突出了威胁激光光斑影像。此光斑在 CCD 面阵上的位置经过解算，可以准确标示激光威胁源的方位，并由监视器显示出来。

为防止强激光造成器件饱和,系统采用了自动增益控制措施。

LAHAWS 工作波长为 1.06 μm,覆盖空域为半球范围(方位 360°,俯仰 0°~90°);威胁定向精度为 3°。

3. 相干识别型激光告警器

1)F-P 相干识别型激光告警器

F-P(Fabry-Perot)相干识别型激光告警器基于 F-P 标准具的多光束干涉原理而工作。其主要部件有:可摆动的 F-P 标准具、透镜、探测器、鉴频器、计算机、警示装置、记录设备等。其工作原理如图 4.8(a)所示,图中标准具可绕 Z 轴偏转,且偏转角可以精确测量。

当激光射入标准具时,探测器接收到透射多光束的干涉光能量。若相邻两光束的光程差为波长的整数倍,则探测器收到的光强最大;若两相邻光束的光程差为半波长的奇数倍,则探测器收到的光强最小;在其他情况下,探测器收到的光强大介于最大值与最小值之间。

若令标准具绕 Z 轴以一定幅度周期性摆动,则两相邻光束之间的光程差就随之呈周期性变化,导致探测器接收到的光强也同步变化,如图 4.8(b)所示。图中 A 点所对应的摆动角必是标准具法线与入射激光束平行的情况。因此,标定 A 点对应的摆动角,就得到来袭激光的方向。测定曲线上 A 点与 B 点的间隔,就能计算激光的波长。

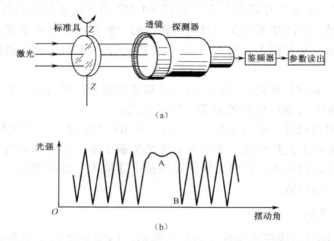

图 4.8　F-P 相干识别型激光告警器工作原理(a)及探测器接收光强(b)

因为激光有优异的相干性,加之 F-P 标准具透射多光束相干光场的优异对比度,使这种原理得以在激光告警器中被成功应用。普通光辐射(自然光、灯光、炮火闪光、背景杂散光等)不具备激光那样的相干性,探测器上的光强就不会出现图 4.8(b)那样的变化,这就明显地突出了激光的特征,提升了系统探测来袭激光的能力,同时使虚警率大大降低,增强了实用性。

应用上述原理制成的激光告警器已经服役。其中美国型号 AN/AVR-2 是最典型的代表,也是世界上第一种批量装备部队的 F-P 相干识别型激光告警器。它有 4 个探测头和 1 个接口比较器,可实现 360°方位角空域覆盖,常与 AN/ALR-39 雷达警戒接收机联用,平均无故障时间(MTBF)可达 1 800 h。

美军将 AN/AVR-2 装在 AH-1 型直升机转子附近的机身两侧,每侧有两个激光探测头,实现水平方位 360°周视。当敌方激光照射直升机时,激光探测头把光信号转换为电信号送给

AN/ALR-39 雷达警戒接收机的显示器，从显示屏可以判断来袭方位角，还可大致知道威胁的能量等级。

美国休斯 Danbury 光学公司自 1990 年至 1998 年生产了 609 具 AN/AVR-2；1995 年 1 月开始交付改型的 AN/AVR-2A，至 1998 年已定货 733 具。

2）迈克耳逊相干识别型激光告警器

1980 年，美国研制成一种激光告警器，如图 4.9（a）所示，简称为 LARA。它基于迈克耳逊干涉仪的原理，主要部件有立方分光棱镜、两球面反射镜、面阵探测器、计算机、监视器、警示装置和控制器。

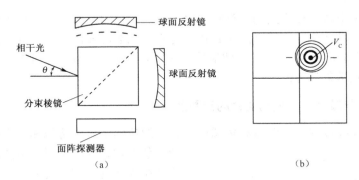

图 4.9 迈克耳逊型激光告警器工作原理

来袭激光经分光棱镜分为两束，各自由球面反射镜反射后再次进入分光棱镜会合并发生干涉，在探测器面阵上形成"牛眼"状干涉环，如图 4.9（b）所示。经计算机处理，由同心圆环的圆心位置可以算出来袭激光的入射方位角，根据圆环间距可以计算激光的波长。基此可以显示告警信息和传出相应指令。

非相干光不能形成这种干涉条纹，故利于抑制虚警。

4. 全息探测型激光告警

全息探测型激光告警设备与普通阵列型的激光告警相比，虽均用光电二极管作为传感器，但本方案却能在告警的同时，测定激光来袭方向，还可利用全息场镜的色散特性识别激光波长，与相干型激光告警接收机相比，具有电路简单，反应速度快，成本低，稳定性能好等优点。不足之处在于激光的有效透过率较低，因此灵敏度较低。

全息场镜将入射在其上的辐射分成 4 束，同时成像在 4 个探测器上，在每个探测器上形成光点的大小，与光辐射在场镜上的入射位置成比例。使 4 个探测器产生不同的输出信号，将探测器输出信号反馈给由求和线路、求差线路、除法线路构成的电子系统中进行处理，就可以确定光斑在全息场镜的位置，而光斑位置是激光束入射角的函数，因此，根据 4 个探测器的输出，可以非常准确地确定光源方向。

4.2.3 新型激光告警设备

1. 光纤延时编码激光告警器

光谱识别型激光告警接收机是比较成熟的体制，它技术难度小，成本低，成为开发种类最多的激光告警器，国外在 20 世纪 70 年代就进行了型号研制，80 年代已大批装备部队。它通常由探测头和处理器两个部分组成。探测头是由多个基本探测单元所组成的阵列,阵列探测单元按总体性能要求进行排列,并构成大空域监视,相邻视场间形成交叠。

为精确确定入射光的方向,美国率先研制一种新型光谱识别型激光告警器,其主要部件是半球形传感头和以光纤延时编码的分布式传感器阵列。在半球的顶部中央置有鱼眼透镜(覆盖上半球 2π 立体角空域),它能探测上半球空域内来自任意方位的激光辐射,系统把它的输出信号作为计时的零点。顶部以下按纬线高度布置圆对称传感器阵列。每个传感器的物镜都位于同一个半球面上,并以光纤与之耦合。光纤的长度随传感器物镜所处方位的不同而不同,再把所有光纤集束与同一光电转换器件相连。这样,便实现了以光纤延时来表示的方位编码,即方位角与光纤的延时一一对应。

系统以顶部鱼眼透镜接收到的激光辐射输出为起始计时信号,以相应方位某传感器输出的激光信号为计时终止信号,根据延时长短即能判定来袭激光的入射方向,进而发布警示信息。系统的角分辨率可达 1°,这种半球形传感头实际上是一种仿生光学复眼结构;同时,它的中央又是仿生光学鱼眼透镜。

2. 扫描探测与凝视方位编码复合的告警器

借助于圆锥(或棱锥)反射体和按圆环形布置的传感器(由透镜和光电探测器组成)实现方位编码,同时利用中央的旋转反射镜及相应的中央传感器提供光强比较,也能对来袭激光侦察和告警。图 4.10 是这种告警器的原理示意图。

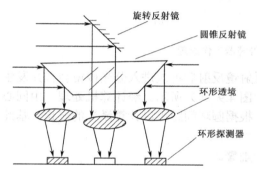

图 4.10 旋转平面反射镜与光电探测器阵列结合的激光侦察告警器原理示意图

当有来袭激光时,圆锥反射体把激光束的部分能量反射到相应的传感器物镜,由其光电探测器输出信号,同时提供方位角信号,控制中央旋转反射镜绕铅垂轴旋转,使中央传感器的光轴转至激光入射的方位。反射镜作俯仰运动以确定能量最强的方向,此方向即来袭激光的方向。

3. 基于劈尖干涉的激光波长探测告警系统

以上几种波长相干探测技术各具优缺点:F-P 标准具对激光的空间相干性要求较高,须采用四标准具探测方式,制作难度大。对于迈克尔逊型波长探测技术,我国某研究所的研究实验证明:该告警器只能在实验室进行原理性试验,很难解决在室外因激光衍射造成干涉圆环重叠难题,无法精确探测激光波长;光纤干涉型波长探测技术具有一定的先进性,但难以精确地控制相移,探测误差较大。

基于上述因素的考虑,在大范围新型激光告警系统中,对于直射告警器中的激光波长(0.4~1.1 μm)探测,可以采用基于劈尖干涉的激光波长相干探测方案。该方案利用时间相干性探测激光,避免了空间相干性的缺点,且不存在激光衍射,也不需要相移控制,易于实现,弥补了上述三种激光波长相干探测的不足。

基于劈尖干涉的激光波长探测装置的原理框图如图 4.11 所示,其原理是:当一束激光通过鱼眼透镜耦合到光锥,由光锥输出到透镜的焦点上,变成平行光束垂直入射到光学劈尖的表面上,透射激光相干长度比背景光长,可在劈尖下表面产生明暗相间的干涉条纹,条纹间距与入射激光的波长有关。用线阵电荷耦合器件（CCD）将这种有着梯度变化的空间周期信号转换为一种类似于正弦波的时域周期信号，再经过线性放大和模数转换后，运用离散傅里叶变换（DFT），可求出信号的时域周期，进而得到入射激光的波长。

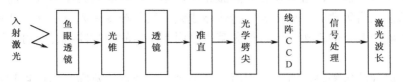

图 4.11 基于劈尖干涉的激光波长探测装置的原理框图

光学劈尖可用两块存在一个小的夹角的平板玻璃构成，如图 4.12 所示。劈尖的上、下表面分别镀上高反射率的反射膜，实现多光束干涉。劈尖的干涉条纹与劈尖夹角 α 和反射率 R 有关。文献[5]认为，反射率 R 定为 0.4、劈尖夹角 α 定为 0.15° 为佳。

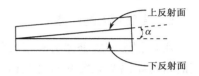

图 4.12 光学劈尖的构成

由于透镜和空气中的尘埃对光束的影响，以及光学劈尖表面的光洁度存在细小的差异等，它们都会引起干涉条纹的畸变和疏密不均。因此，通过直射探测的方法难以得到条纹真实间距，必须使用信号处理的方式如傅里叶变换来探测条纹间距[6]。有关工作在 CCD 输出的电信号经过线性放大、模数转换并存入 RAM 后进行。

根据离散傅里叶变换（DFT）的理论可知，长度为 N 的采样序列 $x(n)$ 的频谱 $X(K)$ 仍然是一个频域有限长序列，$X(K)$ 表达式为

$$X(K) = \sum_{n=0}^{N-1} x(n) \exp[-j(\frac{2\pi}{N})nK] \tag{4-31}$$

将 $X(K)$ 取绝对值，求频谱 $|X(K)|$ 在非 0 频率处的最大值所对应的 K（也就是说在第 K 次谐波频率处的频谱最大），从而可得原序列的周期数为

$$M = \frac{2\pi}{f} = \frac{N}{K} \tag{4-32}$$

4.2.4 激光告警的关键技术

1. 虚警抑制

战场上有许多引起虚警的因素，如阳光、炮火闪光、宇宙射线、电磁干扰以及白噪声等。采用多元相关探测技术可有效地抑制虚警。比如，在同一光学通道设置完全相同的两个探测器，并对输出作相关运算。

2. 相干探测

利用激光优异的相干性是探测激光威胁的最好方式。它能剔除阳光、火光、曳光弹、探照灯等光干扰。

3. 光谱识别

可调谐激光器在军事上的应用对只能识别几个固定波长的激光告警器提出了挑战，使光谱识别技术越来越重要。它不但要准确探测变化的激光波长，还要把闪烁的阳光等干扰拒之门外。

4. 到达角（AOA）测量

从战场使用来说，都希望告警器能准确提供激光威胁源的方向信息，但实际情况常影响这种信息的可靠性。例如，告警器收到的激光能量不是由威胁源直接传来，而是经由中间某物体的散射后进入告警器。另外，大气传输造成激光波前畸变和光束抖动，使进入告警器的光束方向不是威胁激光的真实走向。加之某些军用激光器的单脉冲特性，可能造成"漏检"，如此等等。

采用凝视成像的告警系统有助于克服以上困难。它把视角范围内的场景和入射激光聚焦光斑成像于探测器面阵，并通过屏幕直观显示，以便于判断和准确测向。况且，凝视系统不会像扫描系统那样有漏掉单脉冲的可能。

5. 告警距离的延伸

用户都希望告警器具有很长的告警距离。因为这意味着争取更多的抗御时间。但实际系统的告警距离与虚警率常是互相制约的，告警距离的延伸可能造成虚警率上升。因此，在二者之间求得一个最好的折中结果，一直是侦察告警系统研制的核心问题。

6. 宽动态范围的实现

战场上激光威胁的能量可能相差好几个量级。加之告警器收到的激光既可能直接从激光器射来，也可能经过一个或多个漫反射体散射而来。因此，射入告警器的能量密度可能有十个量级以上的变化。这要求告警系统具有很宽的动态范围。尽管许多光电探测器的线性动态范围可能很宽，但前置放大器及偏置电路往往只有 3～4 个量级的线性动态范围。故全系统宽动态范围的实现也是关键。

4.2.5 部分告警器及其性能

通常按角定位精度把激光告警器分为低精度、中精度、高精度三档，其角分辨率依次约为 45°、3°和 0.06°（1 mrad）。

前述 RL1 为低精度告警器。德国 MBB 公司和美国特拉考宇航公司合作研制的 COLDS、南非的激光告警器都是中精度系统，角分辨率各为 3°和 6°。此类均已完成工程研制和外场评估。

为适应有源干扰的需求，高精度告警器应运而生。如美国 AIL 系统公司研制的高精度激光告警器（HALWR），其方位、俯仰的角分辨率均约为 1 mrad，足以支持战车主炮或激光武器半自动直接瞄准。该系统覆盖角空域为：方位角 30°，俯仰角 20°；所探测的激光波长为 0.4～1.1 μm，探测灵敏度约为 0.28 mW·cm^{-2}，能同时处理三个目标。

表 4-1 所示是 4 种不同体制的激光告警器性能比较，表 4-2 所示为典型激光告警装置一览。

表 4-1 4 种激光告警器的性能比较

类 型	主 要 功 能	优 点	缺 点	发 展 概 况
F-P 相干型	测定激光来袭方向和波长	（1）使用一个单元的光电接收器 （2）虚警率低	（1）需机械扫描装置 （2）不能截获单次激光段脉冲	AN/AVR-2 已装备美军直升机
迈克尔逊相干型	测定激光来袭方向和波长	（1）不需机械扫描 （2）能截获单次激光段脉冲 （3）虚警率低	需二极管阵列接收器，如二维 CCD	室内原理性实验

续表

类型	主要功能	优点	缺点	发展概况
光电二极管阵列	大致判断来袭方向	简单、成本低、灵敏度高	15°的分辨率的测向精度太低，不能测波长	已装备部队
CCD摄像型	测定来袭方向，并可显示图像	（1）直接成像于CCD，探测灵敏度高于相干型（2）图像直观	不能测定波长	室内原理性实验

表 4-2 典型激光告警装置一览[5]

类型	型号（名称）	国别或制造商	结构	性能特点
光谱识别成像型	HALWR 高精度激光告警器	美国 AIL 系统公司和 IMO 光电系统公司	采用 CCD 成像探测技术	波长 0.4～1.1 μm；水平 30°，俯仰 20°；角分辨率水平 1 mrad，垂直 1.5 mrad；截获概率 98%
	HARLID 激光探测器	加拿大	采用线阵探测器	方位精度±10；单波段 0.45～1.1 μm；双波段 0.45～1.65 μm
	机载激光仪	中国	光学探测系统（两路 PIN 和两路 CCD）	波长 0.66～1.1 μm；方位角分辨率 1.5°；虚警小于 $10^{-5}h^{-1}$
光谱识别非成像型	RL1 型和 RL2 型激光告警器	挪威和英国合作研制	RL1 有 5 个 PIN 探测器，用 9 个发光管表示威胁源大致方向；RL2 只有一个探测器	车载；RL1 型 0.66～1.1 μm；水平 360°，俯仰 90°；角分辨率 45°；虚警率小于 $10^{-3}h^{-1}$；RL2 只判断激光信号的有无
	单人激光探测器	德国 MBB 公司	由单探测器和低虚警的电子器件组成	供个人作战、演习使用；波长 0.4～1.1 μm，可扩展到 1.6 μm
	袖珍型激光告警器	美国 Tractor 公司	50.8 mm×76 mm×38 mm，电池供电，3 个 PIN 管	适于各种战场环境和各种作战平台的单兵使用，抗电磁干扰
相干识别 F-P 型	多传感器警戒接收机中的激光警戒子系统	美国 DalmoVictor 公司和 Perkin-Elmer 公司	包含 4 个激光传感器，每个传感器都封装 1 个分级 F-P 标准具、2 个光电探测器及数字化电路	可测波长、脉宽、重复频率、强度及入射方向等参数，波长 0.45～1.1 μm；单传感器视场 90°；第一个脉冲探测概率 95%；虚警率小于 $10^{-3}h^{-1}$
	AN/AVR-2，AN/AVR-2A 型激光警戒接收机	美国 Perkin-Elmer 公司	由 4 个传感器单元、1 个接口单元和 1 个比较器构成	直升机和坦克装备，可识别 360°视场内的激光测距机、目标指示器和制导激光光束，并能精确定位。声光告警。
迈克尔逊型	LARA 激光接收分析仪	美国电子战系统研究实验室	由一个分束棱镜和两块球面反射镜构成干涉仪，激光照射形成干涉图，由二维阵列探测器检测	可测定激光波长和精确定向，不需要机械扫描，可截获单次激光短脉冲
其他	COLDS 通用光电激光探测系统	德国	用光纤延迟等技术确定激光方位；用分振幅和相移等技术产生干涉求波长	波长 0.4～2 μm；可扩展至 2～6 μm；视场水平 360°，俯仰±45°，角分辨率 3°可精确判断激光类型、方向和编码
散射探测型	毒胡萝卜丛	美国 Martin Martitia 公司		舰载及车载；接收大气气溶胶散射的激光能量，并将其分类
	PA7030 告警器	英国 Plessy 雷达公司	由散射探测器和二极管探测器（12 个单元围成环形）等组成	散射探测 0.69 和 1.06 μm；二极管探测 0.4～1.1 μm；水平 360°，俯仰 55°，角分辨率 15°

4.2.6 激光告警器发展趋势

(1) 多波长探测。在现代战场上，只能探测单一波长的激光告警器已不能满足使用要求，必须发展多波长探测装备。

据 1999 年的报道，德国研制的一种告警器，能探测波长在 0.4～1.1 μm，1.4～2.4 μm，8～12 μm 范围的激光威胁，可同时识别一个目标指示器和四台激光测距机。它共有四个传感器，方位角覆盖 360°，俯仰角达±45°，角分辨率为 10°。

英国 PA7030 型告警器，工作波段为 0.4～1.1 μm，探测距离为 7～10 km，采用了直接探测和散射探测两种体制。前者包含由 12 个硅光电二极管组成的阵列，覆盖角域为 360°×（-15°～+40°）；后者包含两个光电二极管。

(2) 与多种对抗系统交联集成。激光侦察告警器与有源或无源干扰系统结合，组成侦察告警/干扰系统；与雷达警戒接收机、红外、紫外告警器交联成多功能告警系统；与强激光武器组合成侦察/反辐射武器系统，如此等等。

(3) 多载体的激光侦察告警器。现有的激光告警器多装备于车辆、飞机、舰船。发展以卫星、潜艇、飞船等为载体的激光告警器无疑是一个方向。例如，研制用于潜艇的激光告警器，使之能及时发现敌方的探潜激光，这是潜艇安全的重要保障。如果把这种告警器与释放强吸收剂的无源干扰系统组合，就能有效抗御激光威胁。

(4) 性能的不断优化。用于机载的激光告警器，需要中精度的角分辨率，而与定向干扰/压制式激光武器配套者，则必须有高精度的角分辨率。同时，低虚警率、高探测概率、长告警距离是告警器研制的永恒主题。充分利用光纤前端技术、光全息术和现代光学信息理论，将会出现新体制的激光告警器。发展对中、远红外激光的侦察告警技术（例如对 DF 化学激光、CO_2 激光的侦察告警）也值得关注。

4.3 红外侦察告警技术

4.3.1 概述

红外侦察告警就是利用红外传感器探测目标本身的红外辐射，来进行分析处理；依据辐射特征和预设数据库判别目标类型，确定其方位（甚至计算到达时间）并报警（甚至自主启动对抗设施）。其主要工作对象是敌方来袭导弹（包括战术导弹、洲际导弹、巡航导弹等）、飞机或其他重要威胁源。

红外侦察告警技术具有许多优点，例如：
- 能准确判定目标角方位（精度为 0.1～1 mrad）；
- 能较方便地处理多目标；
- 除告警外，还能监视、跟踪、搜索，可方便地与火控系统联用；
- 绝大多数采用被动探测方式，隐蔽、安全；

理想的红外侦察告警系统应努力做到：
- 具有全球角空域（4π 立体角）覆盖能力；
- 能全天候、全时日地工作；
- 能在复杂背景和战场条件下以近于 100%的概率探测和识别目标；

- 探测距离足够远（例如，对战术导弹的探测距离应大于 10～15 km）；
- 虚警率低，反应时间短；
- 测角精度高，并能确定目标种类，提供其运动参数；
- 在雷达盲区或特殊情况下（雷达被干扰或有故障）能替代雷达工作；
- 能方便地与光电对抗系统、火控系统协调行动；
- 通用组件模块化，能携载于多种平台；
- 体积小，质量轻，成本低，易维修。

目前的红外侦察告警装备绝大多数采取"被动"式工作体制，但也有附带红外照明装置以构成"主动"式系统者。例如，俄罗斯的一种坦克用红外侦察告警器就是"主动"式的。它为了提高对目标的探测能力，还采用主动红外照明手段。当然，这就同时增加了自我暴露的风险。红外侦察告警系统大致在 20 世纪 60 年代初开始装备部队，至今经历了三个技术发展阶段。

60 年代初以前的发展可归纳为第一阶段。这一阶段的红外警戒系统主要是由美国等一些西方发达国家研制的。系统的信号处理，基本上采用模拟电压信号的相关检测及幅度比较技术。一方面用光盘调制技术来提高信噪比，用加滤光片的方法来减少阳光、月光、闪电及弹药爆炸产生的辐射和云、大气及地物等背景的红外辐射，另一方面通过在电路中设置一定的背景门限、噪声门限等来控制选取目标信号。由于受当时技术条件的限制，系统的背景噪声一般都比较大，虚警率也比较高，而截获概率却较低，因此很快便被新一代的红外警戒系统所淘汰。

第二阶段起于 60 年代中期，止于 70 年代中期。这一阶段的红外警戒系统主要是由美国、瑞典、加拿大及以色列等国研制的。信号处理上多是将目标当作点源处理，信号检测中多采用最小均方根移动窗、拉普拉斯移动窗等空间点源提取方法，信号分析多采用时间相关、扫描相关及波段相关等技术。典型的工作方式是：目标的红外辐射被两个或多个光学聚焦系统分别聚焦在接收面阵列相应的方位和俯仰位置上，接收面阵列将目标的红外辐射转换为电信号，经放大及计算机处理后，使模拟电压信号转换成数字编码信号，通过音响告警、灯光告警及图形显示告警三种综合告警方式给乘员提供直观、形象的威胁状态信息，在自动对抗控制的方式下及时地采取相应的对抗措施。

与第一阶段相比，第二阶段的红外警戒系统具有如下特点：

（1）新器件的采用和制冷技术的发展，使系统对目标的截获概率大大提高，工作波段已可覆盖 1～3 μm、3～5 μm 及 8～14 μm，探测距离可达几千米以上。

（2）由于器件集成技术的采用，红外探测器已由单个探测单元变为线阵或面阵，因而对红外目标的分辨率大大提高。

（3）由于计算机的使用，使系统具有多目标搜索、跟踪和记忆能力，同时使系统从复杂的背景和噪声信号中准确提取出目标信号成为可能。美国研制的供 B-52 轰炸机、F-15 鹰式战斗机及直升机等使用的 AN/ALR-21、AN/ALR-23、AN/AAR-34 及 AN/AAR-38 等红外系统是这一阶段的典型产品。

从 20 世纪 70 年代后期至 90 年代初为第三阶段。在这一阶段，由于长波红外技术、双色红外技术、宽波段（1～25 μm）接收技术的飞速发展及雷达与红外复合的双模告警系统介入使得红外警戒系统具有全方位、全俯仰的警戒能力，可完成对大批目标的搜索、跟踪和定位。由于大规模集成电路的采用，使系统能用先进的成像显示提供清晰的战场情况，分辨率可达微弧量级，同时还能自主启动干扰系统工作，警戒距离可达 10～30 km。

与前两阶段相比，这一阶段的红外警戒系统所具有的特点是：

（1）由于采用了高分辨率、大规模的面阵接收元件，使得区域凝视成为可能，由于系统角分辨率和灵敏度的提高，大大提高了目标的截获速度和截获概率，同时也大大降低了虚警率。

（2）由于大量专用软件、硬件及逻辑电路的采用，信号处理速度大大加快，缩短了整机的反应时间。

（3）由于多处理器的联网及系统和外部计算机的交联，信号处理的效率大大提高。同时使其他电子系统能够有效地针对警戒目标作出反应。法国研制的 VAMPIR MB 红外全景监视系统、美国研制的凝视型 AN/AAR-43、扫描型 AN/AAR-4 红外警戒接收机及 AN/ALQ-153/154/156 等多普勒雷达导弹探测器，美国和加拿大联合研制的 AN/SAR-8 红外系统及荷兰研制的单、双波段 IRSCAN 等系统则是这一阶段的典型产品。

4.3.2 红外侦察告警系统的组成

红外侦察告警系统包括红外探测单元、信号处理单元、示警/控制单元。

红外探测单元一般由整流罩、光学系统、滤光片、探测器、制冷器和部分预处理电路等组成（扫描型探测系统中还有光学的、机械的或光学/机械扫描部件）。其功能是搜集目标的红外辐射，并将其转换为电信号，经过一定的预处理后传输给信号处理单元。可以说，它相当于全系统的眼睛。

信号处理单元把信号进一步放大，实行 A/D 转换后进行数字信号处理。运用预存数据库和各种软件，进一步提取和识别目标，并提供其所属种类、运动参数、方位角、俯仰角等信息。

示警/控制单元接收上述信息后以声、光、电信号报警并显示目标信息，同时启动相应机构实施抗御。

红外侦察告警系统按其空域覆盖形式可划分为扫描型和凝视型两种体制，其主要区别体现在红外探测单元上。这与本书前面讨论过的热成像系统相仿。

4.3.3 红外侦察告警系统工作原理

红外侦察告警系统必须从背景中把目标检测出来。它提取目标的机理有：

（1）依据目标的瞬时光谱特征。某些重要目标在特定时刻的辐射具有明显的特征，基此可以识别此类目标。例如，导弹在其被发射时，其火舌卷流的辐射光谱曲线在"红"、"蓝"处有明显的"尖峰"。依据特定时刻的这种光谱特征可以感知导弹的发射，因为背景辐射不具备这种特征。

（2）依据目标辐射的时间特征。有些目标的辐射强度随时间而变化，且这种变化遵循着一定的规律。就以导弹来说，它在刚发射时的红外辐射强度很高；在助推段时，其辐射强度相对下降；至惯性飞行段时则辐射强度更弱。根据红外辐射强度随时间变化的这种规律可以识别导弹和判定其运动状态。

（3）依据多光谱特征。任何物体都有相应的红外辐射光谱曲线。不同物体在某一波长附近的辐射强度可能相同或相近，但不可能在各波段都有相同或相近的辐射强度。如果同时获取红外区域多个波段的辐射,并进行信息融合处理,就能更充分地表现特定目标的特征,从而发现和识别它。

(4)利用图像特征。目标的红外图像不仅包含了其红外辐射强度信息,而且直观展现了它的几何形体,其总信息量比只利用辐射强度时要大得多。故利用红外图像提取目标是迄今为止最可靠的方式。不仅如此,有了图像,就可以充分利用先进的图像处理技术,准确地识别目标,精密地标定其角方位,还能利用帧间运算,提供其运动参数,建立其航迹,预测其坐标和实施跟踪。

4.3.4 关键技术

1. 重要目标及典型背景的红外辐射特征数据库

掌握重要目标(如导弹、飞机、导弹发射场等)和典型背景(例如天空、云层、林地、沙漠、雪地、水面)的红外辐射特征以及这种特征随时间的变化规律具有决定性作用。它使我们可以利用二者的差异,重点检测目标的暴露特征,准确地快速探测目标和识别目标。

另外,研究大气对红外辐射的传输特性也很重要。因为它直接影响侦察告警装备所接收到的目标红外辐射能量。

由于光电对抗技术的发展,许多重要目标在不断提高自己的隐蔽性和改进自己的性能,这使得现有的经验和规律可能过时和失效。例如,更高性能的导弹加速度比以往大得多,使之在被发射时很快就结束了助推过程,此后便靠惯性滑行至目标。这使得助推段的探测比以往要困难,且过去的时间规律不能照搬。

2. 外场试验与内场仿真

红外侦察告警系统的内场仿真是系统设计的重要方法。先进的外场试验则是检验系统性能的必要手段。它要真实地仿照实战条件(作战对象及其运动方式、电磁环境、背景条件、干扰与噪声、载体的速度、过载、振动及天候情况等)。

3. 光学系统设计与制造

近年来,光学技术领域出现了很多新的分支和学科,合成孔径、共形光学、负折射率、自由曲面、智能光瞳、波前编码和超分辨技术,这些都促使光学设计要从更宽、更高的层面考虑问题。此外,建立光、机、电、杂散光集成一体化设计分析的实用平台,对光学系统在实现中的各个过程进行准确和精细的建模,开展面向实际制造过程的光学系统静态成像质量乃至动态成像质量的预判,实时指导实际制造过程很重要。

4. 探测器技术

目前,探测器的性能、尺寸普遍成为红外系统发展的重大制约因素。毫无疑问,优质的集成度高而成本相对较低的红外探测器——尤其是大面积、高分辨率的红外FPA已成为红外侦察告警装备的核心部件。当前还特别需要高性能的非制冷探测器。它们的使用将使红外侦察告警装备面目一新。

5. 电子技术

红外侦察告警系统之探测器的输出信号(常为微伏量级)常与噪声相仿。要把有用信号检出并放大至几十毫伏到上百毫伏，要求前置放大器具有优良的噪声抑制能力和较高的放大系数。同时，为保证系统的工作距离、高探测概率和低虚警率等性能，需要一系列先进的信号与信息处理技术。如高增益、低噪声的放大技术、自适应门限检测技术、时/空滤波技术、扩展源阻隔技术、目标识别/分选技术、目标跟踪技术、模糊模式识别技术与数据融合技术，等等。

6．图像处理技术

红外侦察告警系统在刚捕获到目标时，由于距离较远，目标的"图像"通常只占据很少几个像素，且表现的红外辐射强度也很低。相比之下，背景辐射却可能较强。如何在这种情况下把弱小目标检出并达到实时性要求就成为首要难题，此即所谓弱小目标检测问题。

同时，战场情况非常复杂，人为的和自然的干扰因素很多。许多重要目标可能同时出现，其运动状态又可能各不相同，加之天候条件的影响等，对多目标的快速识别和处理更加困难。

4.3.5 装备实例

1．IRS700

IRS700型被动红外侦察告警器是瑞典萨伯公司于20世纪70年代末开始研制的，已与火控系统联用，是被动式红外探测技术用于侦察告警方面的首批尝试之一例，且至今仍在服役。全系统包括扫描器和控制器两大部分。扫描器为坚固的全天候结构；控制器在舰用时可装在甲板下面；在用作陆基防空系统时，控制器可装在防护良好的构件内。工作时，这两部分可分置于相距1 km的两处。

扫描器光学系统前有两楔形镜，二者以相同的角速度反向旋转，形成在铅垂面内的光栅扫描（无水平分量），以适应安置在铅垂面内的线阵（32元）HgCdTe器件。系统的转台带动整个光学系统绕铅垂轴作360°回转，它与前述铅垂面内的25°扫描角配合，实现方位360°、俯仰（−5°～45°）的空域覆盖。

信号处理机的主要功能是显示威胁目标、发布警报和抑制虚警。32元探测器的输出经各自的前置放大器、带通滤波器处理和多路传输，转换为数字信号，由处理机控制存储和比较。

控制器包括目视显示器、操作板和处理机，它可对是否报警进行判决。系统工作波段为8～12 μm，覆盖空域为方位360°，俯仰（−5°～45°）；角分辨率为2 mrad；对迎头飞来的飞机，其探测距离为10 km，为第三代产品。

2．AN/AAR-44机载导弹告警系统及AN/AAR-44（V）

美国Raytheon系统公司和Cincinatti电子公司研制的AN/AAR-44机载导弹告警系统是被动式工作装备，用于对逼近的导弹进行红外侦察告警。它在半球空域内连续扫描搜索，以发现和跟踪敌方导弹，并指示导弹方位和控制对抗型装备实施抗御。该装备质量为28 kg，属第二代产品，装备C-130飞机。它可以边跟踪、边搜索，具有对多重导弹威胁的分析处理能力，能鉴别日光、丘陵和水面的反射光（以减少虚警），配有MILSTD-1553D总线接口。

AN/AAR-44（V）是AN/AAR-44的小型化产品，它能在超半球空域探测敌方导弹，能分析处理多重威胁，其测角精度足以满足定向红外对抗的需要，并且具有快速反应和能抑制虚警的特点。它可装在高性能飞机内或吊舱里，能与定向红外对抗系统组合为一体，也可装在 ALQ-184 电子对抗吊舱内，并已在美国空军 G130 和 6141 飞机上服役。其已知的主要技术性能如下：
- 覆盖范围：360°方位角，±135°俯仰角；
- 指示精度：优于 1°；
- 温度适应：−71～+54 ℃；
- 携载高度：接近于 13 700 m；
- MTBF：≥500 h；
- 质量：9.1 kg。

3. AN/AAR-44A

AN/AAR-44A 是 AN/AAR-44 的最新改进型产品，由 Cincinatti 电子公司研制。它在持续跟踪时仍能提供远距离告警、搜索/识别和多目标处理功能；具有外部对抗控制能力、多光谱识别性能和红外对抗接口。其已知性能参数如下：
- 覆盖范围：半球空域；
- 适应温度：−54～+70 ℃（工作状态），−54～+90 ℃（存放状态）；
- 携载高度：0～15.24 km；
- 质量：全系统 27.9 kg，传感器 18.07 kg，处理器 8.27 kg，控制/显示器 1.13 kg；
- 尺寸（mm）：传感器 400 mm×ϕ369 mm，处理器 200 mm× 212 mm× 252 mm，控制/
- 显示器 102 mm× 142 mm× 150 mm。

4. 机载无源告警系统（PAWS）

以色列 Elisra 电子系统公司的 PAWS 可探测导弹发动机的羽烟，并在高杂波条件下实行跟踪，能以低虚警率识别威胁性与非威胁性导弹。对威胁性导弹，它能精确指示逼近方向，并大致估算到达时间，还可自行选择合适的有源干扰而实施抗御。它可以独立作战，也可与雷达告警接收机或激光告警器协同工作。

系统还具有多目标处理能力。单个传感器重 6.5 kg，尺寸为 132 mm ×187 mm × 365 mm，与之相连的处理器重 9 kg，外形尺寸为 203 mm × 389 mm ×127 mm。

5. SAMIR 导弹告警器

法国 SAMIR 原称为 DDM，是机载装备。它能探测导弹的红外辐射并确定其方位，把有关数据传给机载对抗设施且自主将其启动。系统具有高探测概率、低虚警率和多目标处理能力，能在复杂干扰环境中正常工作。它采用了先进的信号处理技术和红外双波段探测器阵列，有综合制冷装置；并装备了"幻影"2000 飞机和"阵风"战斗机。系统测角精度优于 2°，质量为 16 kg。

4.3.6 装备现状

从如今服役和即将服役的红外侦察告警装备来看，多数为舰载或机载系统；工作波段为 3～5 μm 或 8～12 μm，双波段兼容者不多；方位角覆盖多采用扫描头作 360°回转（转速 1～3 r/s），俯仰角以螺旋式或步进式扫描来覆盖；角分辨率约 mrad 级，指示精度几 mrad；告警距离10～15 km。

表4-3、表4-4所示是不同文献上列出的此类装备。

表4-3 美国研制装备的主要机载红外告警器[7]

型号	探测类型	应用领域
AN/AAR-34机载导弹临近告警系统	扫描红外探测	战斗机红外制导导弹威胁告警
AN/AAR-65机载导弹临近告警系统	单波段红外探测	战斗机红外告警
AN/AAR-44机载导弹临近告警系统	双波段扫描红外探测	固定翼飞机红外制导导弹威胁告警
机载分布孔径红外告警系统（DAIRS/MIDAS）	凝视红外成像探测	飞机导弹威胁告警
机载导弹威胁告警机（Fly eye）	红外焦平面阵列成像探测	战术飞机导弹威胁告警
机载中红外导弹临近告警传感器（MAWS）	凝视红外焦平面阵列成像探测	飞机导弹威胁告警
机载无声攻击中红外告警系统（SAWS）	制冷扫描红外探测	机载红外告警

表4-4 其他几国研制装备的主要舰载红外告警器[1]

国别	瑞典	法国				荷兰		以色列	美、加
型号	IRS700	VAPRIR-ML	SPIRAL	VAPRIR	VAPRIR-MB	IRSCAN	IRSCAN	SPRITAS	AN/SAR-8
工作波段/μm	8～12	3～5 8～12	3～5 8～12	3～5 8～12	3～5 8～12	3～5 8～12	8～12	3～5	3～5 8～12
搜索范围 俯仰	360°	360°	360°	360°	360°	360°	360°	360°	360°
搜索范围 方位	−5°～45°	−10°～60°	0°～80°	25°	−20°～45°	−40°	14°	22°	20°
光学视场/(°)		6	6	6	5	3.4		3.4	
角分辨率/mrad	2		10×0.6			0.5×0.5		0.6	
指示精度/mrad	3		±1	1		1		几个	
方位转速/(c/s)	2	1～2	1	1.5		3	1.5	0.8	0.5
搜索时间/s		5,8	6.6～13			4		2,5	8.75
探测距离/km	10	>10	15	>10	12～15（导弹） >14.8（飞机）	18	>12（弹） >15（机）		
扫描头质量/kg		80	150	320	150	350	75		60
装备现状	已装舰	法国SAT公司	法国SAT公司	卡尔萨级驱逐舰、防空护卫舰、戴高乐航母	拟装戴高乐航母和5艘反潜护卫舰	拟装LCF护卫舰、M护卫舰	M护卫舰（配"守门员"进程武器系统）	在研	加拟装备16艘舰船

此外，还有英国ARISE、意大利SIR-3及美国正研制的太空红外系统。

4.3.7 发展趋势

（1）充分利用目标光信号特性降低虚警率。来自目标的光信号可能从光谱曲线、时间特性、空间特性等多方面表现目标的特征。充分利用这些信息就可准确地检出目标，减少虚警。

以导弹为例，在频谱方面，导弹发射时的羽烟中含有混合的二氧化碳及水蒸气，具有明显的发射及吸收频谱特征，在光谱的 4～5 μm 红外波段产生特征性的"红"与"蓝"尖峰。在时间性方面，导弹发射时要产生很强的红外辐射脉冲信号；而在推进阶段，导弹的发动机继续工作，所以产生较强的连续红外辐射；进入滑翔阶段，导弹的红外辐射源只剩下被气动加热了的蒙皮，这时的红外辐射强度很弱，辐射的峰值波长分布在中远红外波段，此种低强度信号就可从背景中检测出；在空间分布方面，导弹发射时，从尾部喷出炽热的长长的火舌，火舌边缘处有时有些抖动像根羽毛，所以一般称羽状尾焰，如果导弹飞出大气层，因大气压力降低，尾焰的体积迅速膨胀，则又成为一条长约 1.5 km 的明亮的光带。根据上述这些特征，我们就可采用复合告警来降低虚警率。比如，在红外告警系统中加装电视摄像机，当红外敏感元件发现导弹而摄像机也发现亮点时，即可判定导弹发射了，否则就是虚警。也可在红外告警系统中加装紫外探测系统，由红外与紫外双波段复合探测来判定目标有无，从而降低虚警率。

美国、英国和德国等均已研制出一些较先进的复合光电探测器，如美国空军为 B-2 飞机研制的复合告警器，可同时探测红外、可见光、紫外及射频威胁。美国霍尼威尔公司研制的新型导弹复合告警器，把多普勒雷达和红外探测技术结合在一起，可将虚警率降至最低。

（2）与其他种类的警戒系统相结合。红外警戒系统与其他警戒系统（如雷达、激光预警装置及紫外告警装置等）相结合可弥补各自之不足，并可与火控系统构成全自动化、一体化的警戒设备。

（3）向高精度测向定位发展。为了能及时消灭威胁源，要求未来的警戒装置除了能准确判明威胁源的种类外，还必须能对其准确定位，从原理上讲，采用电子扫描或多元并行处理接收的全景凝视技术，是红外警戒技术的发展方向之一。

（4）综合利用高新技术。

- 高密度、高探测率、高响应率并且能在更高温度下工作的焦平面阵列器件的研制与使用，将使红外警戒系统具有更高的探测灵敏度和分辨率，更高的截获概率和更低的虚警率。
- 随着微处理机技术的采用，系统将不断提高边搜索边跟踪的处理速度，不断提高快速自动化报警及在复杂环境下进行多目标信号处理的能力。
- 由于大规模集成电路技术的发展，系统将以体积小、功能强的单片机来取代微机，软件和接口电路的设计将更注重功能模块的通用性，图像显示也将与其他系统共用高分辨率的综合显示装置等。

4.4 紫外侦察告警技术

紫外侦察告警系指以下军事行动：利用工作于紫外波段的专门装备，接收和处理目标自身的紫外辐射信号，实施探测和识别，指示其角方位并发布警报；在多重威胁出现时，进行威胁等级排序，提出对抗决策建议。

目前的紫外侦察告警主要是针对导弹的。它利用导弹固体火箭发动机羽烟的紫外辐射而工作，提示被保护的平台采取抗御措施。

统计数据表明，从20世纪60年代的越南战场到90年代的"沙漠风暴"，75%以上的战损飞机都是在飞行员尚未感知导弹威胁时而被击落的。因此，及时侦测导弹的发射和提供导弹逼近告警十分重要。对机载告警器来说，有效地减少虚警具有特别重要的意义。这使紫外告警器大显身手。

4.4.1 紫外侦察告警的原理

紫外侦察告警系统在中紫外波段（0.2~0.29 μm）工作。由于臭氧层的吸收等原因，该波段内的太阳紫外辐射被阻隔而不能到达低空，于是形成"日盲"区（或叫光谱"黑洞"）。这使得该波段的紫外探测系统有效地避开了最强大的自然光所造成的复杂背景，剔除了一个最棘手的干扰源，使虚警显著减少，还大大减轻了侦察告警系统的信号处理难度和工作量。

系统采用光子检测方法，充分利用目标光谱辐射特性、运动特性和光辐射的时间特性，运用数字滤波、模式识别、自适应阈值等方法，保证高信噪比探测，提高了系统的灵敏度。

紫外侦察告警系统有概略型、成像型之分。概略型侦察告警系统通过紫外物镜接收导弹羽烟的紫外辐射，以单阳极光电倍增管为探测器件进行光电转换。相对于成像型系统而言，它体积小、质量轻、功耗小，但角分辨率低，灵敏度也较差。由于它能引导烟幕弹、红外干扰弹的投放，仍作为一项新技术被应用。成像型侦察告警系统通过大相对孔径的广角紫外物镜接收导弹羽烟的紫外辐射，以面阵探测器形成光电图像，借此提取目标。相比之下，它探测和识别目标的能力更强，角分辨率很高，不仅能引导烟幕弹、红外干扰弹的投放，还能指引定向红外干扰机，并因其良好的目标态势估计能力而成为紫外告警的主导潮流。

4.4.2 紫外侦察告警系统组成与战术应用

紫外侦察告警系统包括紫外探测单元、信号处理单元、显示/控制单元。其中，显示/控制单元可与别的光电设备共用，功能与红外侦察告警器中的一样。探测单元通常包括几个（例如，机载系统为四个或六个）紫外传感器，组合起来构成全方位、大空域的覆盖（例如360°×92°范围），每个传感器均以凝视工作体制收集紫外辐射，经光电转换和多路传输把信号送至信号处理单元。信号处理单元先对信号进行预处理，再送入计算机进行统计判决，确定有无威胁源。若有，则解算其角方位并向显示/控制单元发送信息；若有多个威胁源，则还要排定威胁程度的次序。其系统组成框图如图4.13所示。

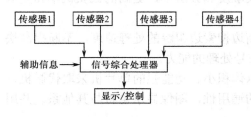

图4.13 紫外侦察告警系统组成框图

每个传感器都有光学整流罩、紫外物镜、窄带滤光片、光电转换器件（对于成像型系统是增强型CCD-ICCD面阵，例如512×512或256×256像元；对于概略型系统是非制冷光电倍增管）。

成像型紫外侦察告警系统不仅能准确指示目标所在方向，还能大致估算其所处的距离。图4.14所示是成像型紫外侦察告警系统组成框图。

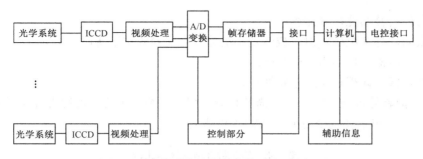

图 4.14 成像型紫外侦察告警系统组成框图

紫外侦察告警系统常与别的光电对抗系统交联组合,图 4.15 示出了其中一例。图 4.16、图 4.17 分别表示 6 个和 4 个传感器(视场均为 92°)的位置。

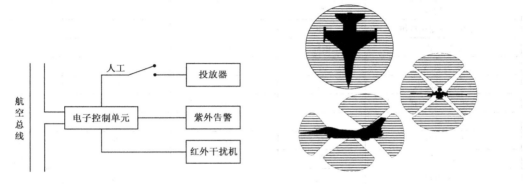

图 4.15 紫外告警设备与其他设备接口关系　　图 4.16 6 个传感器在战斗机上安装示意及视场

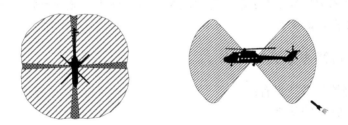

图 4.17 4 个传感器在战斗机上安装示意及视场

4.4.3 紫外侦察告警的特点

紫外侦察告警系统的主要作战对象是导弹,而目前对导弹的侦察告警已有三类装备:脉冲多普勒雷达、红外侦察告警器、紫外侦察告警器。前两类服役已有几十年历史,但第三类是大约在十多年前才兴起的,其优势如下:

- 虚警率极低;
- 测角精度高(可达 0.5°);
- 空域覆盖好;
- 无电磁辐射;

- 与其他告警器能很好兼容；
- 对太阳、外来电磁辐射、载体发动机等具有优异的抗干扰能力；
- 不用制冷器，也不需预热时间；
- 成本较低，体积较小，维修性较好。

业内人士把紫外告警同红外（扫描型和凝视型）告警、多普勒雷达告警作了充分的比较与试验。表 4-5 示出了在几个主要方面的比较结果。

表 4-5 常见导弹告警技术比较

	紫外	红外（扫描）	红外（凝视）	雷达
探测距离	好～适中	好	好	一般
虚警率	很低	很高	很高	高
探测精度	高	高	高	低
导弹发动机熄火探测	不能	不能	不能	能
视场覆盖	很好	很差	很好	差
距离数据	无	无	无	有
对太阳敏感度	低	高	高	无
飞机发动机干扰	无	有	有	少
航空电磁干扰	无	无	无	高
对敌方干扰敏感	不	不	不	高
可靠性	高	低	低	低
产品价格	一般	高	很高	高

紫外侦察告警的突出缺点是：在导弹发动机熄火后就不能截获导弹，另外是无距离信息；但它仍不失为导弹告警的新技术。

4.4.4 紫外侦察告警关键技术

紫外侦察告警的关键技术有：

（1）紫外光学物镜的研制。

（2）优质的紫外滤光片。

（3）性能优异的探测器。紫外探测避开了阳光的影响，剔除了一个复杂的强背景，但与此同时，导弹羽烟的紫外辐射也较小。而且，导弹刚发射时离告警器较远（如 5～10 km），大气的散射、吸收使到达告警器的紫外信号很弱，目标在探测器上又只能形成一个光"点"，没有形体图像可言。因此，系统对目标的"侦探"是一个极微弱信号（光子）的检测与处理问题，与此有关的各种技术困难都会在这里集中表现。

（4）外场试验。紫外侦察告警系统的外场试验常借助于无人飞行器或缆车直升机作为载体，目标光源经过电子系统控制，使其到达告警器的紫外辐射强度符合大气透过率与距离反平方律特征。更高的要求还包括对导弹、告警器载体运动状态和背景杂波的模拟。这是考核告警器总体性能的最后关卡。

4.4.5 紫外侦察告警装备实例

自 1987 年美国推出世界上首台紫外告警器（AN/AAR-47）以来，又先后出现了十多种型号装备，紫外告警技术体制也经历了两次革新。下面介绍几个实例[7]。

1. 美国 AN/AAR-47

AN/AAR-47 是世界上首例紫外告警器，它属于概略型告警装备。全系统包括 4 个传感器（参见图 4-17），每个传感器的视场角均为 92°；4 个传感器的光轴共面于水平面，每相邻两个在水平面内有 2°的重叠角；系统角分辨率为 90°；能在敌方导弹到达前 2~4 s 发布警报；能自动释放假目标干扰，还能发现我方发出但未起作用的红外干扰弹（"哑弹"），并在 1 s 时间内再发干扰，整个对抗过程历时短于 1 s。单个传感器直径为 120 mm，质量为 1.6 kg；系统总重 14.35 kg，功耗 70 W，覆盖角空域为 360°×92°；采用非制冷光电倍增管。

2. AN/AAR-47B

AN/AAR-47 B 是为了适应战斗机的需要而对 AN/AAR-47 所作的改进。其传感器长度只有原来的 1/2，以便能安装于战机蒙皮较薄处。同时，灵敏度得到了提高，且适应因载体超声速飞行而产生的摩擦热环境。

3. AN/AAR-54 和 AN/AAR-54（V）

AN/AAR-54 由美国西屋公司研制，可装于现有干扰吊舱（如 ALQ-131、ALQ-184），也可安装在飞机内，已装备于 F16 等高速飞机。其角分辨率为 1°，能引导定向红外干扰机 AAQ-24，也可与 ALE-47 红外干扰弹投放器交联，启动其投放，它使用 6 个凝视型紫外传感器实现全空域覆盖。

AN/AAR-54（V）是典型的紫外成像型告警器，它采用了大视场、高分辨率的紫外传感器和先进的综合航空电子组件电路。能从假目标中提取正向我方逼近的导弹，提供 1 s 的截获时间和 1°的角精度。

AN/AAR-54（V）在高杂波环境下可同时对抗各种威胁，可在全天时、各种高度运行。可为战术和运输飞机、直升机和装甲战车提供先进导弹告警。

4. AN/AAR-60

AN/AAR-60 导弹临近报警系统是一种基于高性能凝视紫外成像传感器的机载导弹报警系统。该系统可实时地探测临近的导弹，确定航向和预定的拦截点，并在此基础上实施自主对抗，包括部署曳光弹、定向红外对抗和/或规避机动。

美国 AN/AAR-60 紫外告警器由 4~6 个传感器组成（数量可选定），是目前世界上体积最小、性能最好的告警器之一。它没有独立的电子控制单元，每个传感器自带处理器，它们都可控制全系统，故在只剩一个传感器时也能正常工作。这些处理器中有一个"主"处理器，其余为"从"处理器，系统采用面阵探测器。由于其单个像元对应的视场角比单元光电倍增管的小得多，有效地降低了背景噪声，使信噪比明显高于 AN/AAR-47。它不仅能指示目标来袭方向，还能估算其距离。

5. MILDS－2

法、德联合研制的 MILDS－2 紫外告警器所用的关键技术与 AN/AAR—60 相同，也是成像型体制。系统对导弹告警的响应时间约为 0.5 s，指向精度为 1°，探测距离为 5 km。

4.5 毫米波侦察告警技术

由于毫米波雷达和末制导系统的发展，相应的电子对抗手段也发展起来了。目前现役的多数雷达侦察/告警系统，如 WJ-2740（美）、Wi927（美）、APR（V）A（美）的频率覆盖范围均已扩展到 0.5～40 GHz。据报道，美国电子对抗的部分雷达侦察设备频率覆盖可达 3 kHz～100 GHz，并向 300 GHz 发展。此外，通信侦察频段覆盖 10 kHz～60GHz 毫米波段，通信干扰也将覆盖 10 kHz～60 GHz。

4.5.1 毫米波侦察告警的发展

第二次世界大战期间雷达告警设备用于实战。1970 年开始出现第一个数字化的机载雷达告警接收机 AN/ALR-45。20 世纪 80 年代以来，雷达告警设备的性能进一步提高，采用宽带接收机和窄带超外差接收机相结合的体制以提高测频精度，增加毫米波雷达告警能力，具有识别多参数捷变信号和连续波信号的能力，能适应 50～100 万个脉冲/秒的密集信号环境，具有可重编程能力，能同时显示多个辐射源的方位、类型和威胁等级，并控制雷达干扰设备和箔条投放装置工作[8]。

毫米波侦察告警技术是微波侦察告警技术的延伸。美国从 20 世纪 80 年代中期，开始建造工作在 0.5～40 GHz 的微波-毫米波-激光一体化机载告警系统[9]，例如 AN/APR-39A。至 90 年代后，装备部队。

90 年代，由于毫米波小功率源和低噪声器件日趋成熟，毫米波电子侦察设备发展较为迅速。如 1993 年出现了保护坦克这类陆上目标的毫米波预警系统[10]，以对付毫米波/红外复合制导反坦克导弹。

国外 90 年代研制并装备使用的毫米波雷达侦察接收机的类型和达到的性能如表 4-6 所示[11]。目前毫米波电子侦察和告警设备研制活动多数都集中在 18～40 GHz 频段上，少数在 40～60 GHz 和 88～105 GHz 频率范围。不少具有毫米波功能的电子侦察设备是从微波频段扩展而构成的。美国陆军研制的 MSQ-103A 雷达定位与识别系统可与 ULQ-14 干扰机协同工作，频率范围为 0.5～40 GHz，1981 年装备使用，是 2000 年空地一体战重点发展的设备之一。WJ-1240 和 1740 电子情报侦察系统，WJ-927 电子支援措施等的频率覆盖已达 40 GHz，WJ-1925 宽带截获系统具有扩展到 60 GHz 的能力。英国的苏赛电子支援系统和"黄鼠狼"电子情报收集系统的工作频率分别为 1～40 GHz 和 0.5～40 GHz。目前美国利顿公司正在研制一种信道化接收机，其工作频率为 28～100 GHz。

表 4-6 雷达侦察接收机的典型性能

体制	工作频段/GHz	动态范围/dB	灵敏度/dBm	瞬时带宽/MHz	测频精度/MHz	频率分辨率/MHz	平均输出率/（万脉冲/s）
晶体视频	2～40	60	−70～−80	多倍频程	/	/	/
超外差	0.5～40	70	−75～−100	10～1000	1～10	1～10（窄带）	0.1～1
瞬时测频	0.5～40	60	−55～−70	2000～10000	0.5～0.75	0.3～3	2～20
信道化	0.5～60	70	−80～−100	多倍频程	1	10	10～50

至 2000 年，已有大量的毫米波电子侦察和雷达告警接收机装备部队使用。典型的设备如 ALR-56M、DV MIT-II 和英国的 KATIE 等机载雷达告警系统，它们的工作频率均已扩展到 40 GHz，英国研制的"预言者"雷达告警接收机已工作到 60 GHz。北约国家正在计划研制一种车载式毫米波雷达告警系统，其工作频率范围为 40～140 GHz。

4.5.2 毫米波侦察探测的原理

近年来，随着毫米波技术的迅速发展和应用范围的日益扩大，先进的多波束阵列成像技术也日趋成熟。其中真实孔径的焦平面阵列和合成孔径的干涉仪阵列两个发展方向尤其成为人们关注的焦点。一般来说，被动毫米波阵列成像方式大致有二种：焦平面阵列成像，相控阵波束形成以及干涉仪阵列孔径合成（见图 4.18）。毫米波焦平面阵列成像与光学照相和红外焦平面成像原理上有些类似（物理过程是有差异的），属于非相干的多波束直接成像；相控阵波束形成和干涉仪阵列孔径合成的工作原理极为相似，均以部分相干处理为基础实现波束（或孔径）合成[12]。

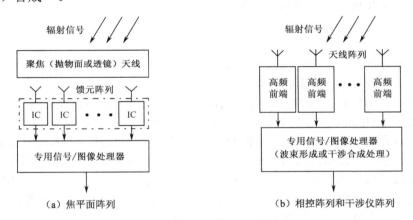

图 4.18 毫米波阵列成像系统基本结构

1. 毫米波焦平面阵列成像

毫米波焦平面阵列成像是将多元单片式探测器阵列置于较大口径的抛物发射面或透镜天线的焦平面上，利用馈源阵列的偏焦，把收集到的目标、背景的毫米波辐射能量聚焦于二维馈源阵列上，产生多个不同指向的高增益固定波束覆盖视场。这样可以实现在同一时间对多个波束输出能量的差别进行比较，从而极大地提高了辐射计的温度灵敏度和成像的数据速率，接收到的信号经过通道的辐射接收机转换成视频信号，经成像处理就能快速地显示视场的毫米波热辐射图像[13]。理论上，一个 N 元焦平面阵列探测系统的探测时间为单元探测系统时间的 $1/N$。毫米波焦平面成像系统的空间分辨率取决于聚焦天线的口径大小。

2. 干涉仪阵列孔径合成

孔径合成方式可简单概括为：N 个真实孔径的小天线加信号处理等于一个合成的大孔径天线。利用小口径天线阵列实现干涉合成的大孔径的理论依据是部分相干原理，也就是说，在干涉仪孔径合成系统中是利用了空域的（相位）相干性进行处理（即合成），代替传统的时域非相干处理方式。通常，干涉仪系统采用数量不多的天线单元组成稀疏阵列，使整个被观测区域处在所有单元天线的视场内，控制单元天线之间的最大间距（基线）D，根据式（4-33）则可以获得很高的空间分辨率。这是由于空间分辨率取决于阵列基线长度，而与天线阵元大小无关的缘故。其间接或变换成像的程序是：干涉仪测量所接收辐射场的相干性，通过交叉相关来确定复相干函数（即习惯所说的复可见度）。

在给定工作波长 λ 下，干涉仪孔径合成系统的最小角分辨率为：

$$\Delta\theta_{\min} \approx \frac{\lambda}{2D} \quad (\text{rad}) \tag{4-33}$$

干涉仪孔径合成辐射计的灵敏度分析近似表达式为：

$$\Delta T_{\min} = \frac{T_{\text{sys}} A_{\text{syn}}}{\sqrt{B\tau n} A_{\text{e}}} \tag{4-34}$$

式中，A_{syn} 表示天线阵列的合成孔径面积，A_{e} 为天线单元的有效孔径面积，B 是系统带宽，τ 是积分时间，n 表示天线阵元的零冗余数目。

4.5.3 毫米波侦察告警的特点和关键技术

1．特点

（1）测量精度高。这是因为毫米波的波束窄，方向性好，有极高的分辨率；多普勒频率高，测量精度高，而且毫米波器件噪声小。

（2）体积小，功耗低。1989 年，美国 AEL 公司研制成新颖的螺线天线，并获专利权。这种天线使 Dalmo Vlictor 公司把美国陆军的新型直升机载雷达告警接收机（RWR）APR-39A 的频率范围扩展到超过 20 GHz 而进入毫米波频段，这是第一种达到毫米波的 RWR。它使传统的螺旋天线沿着一条轴扭曲以腾出地方制作较小的毫米波螺旋式喇叭天线[14]。

（3）易集成形成一体化系统。为了适应未来高度密集而复杂的电磁环境，国外正在大力发展一体化电子对抗系统，例如微波，毫米波／激光一体化告警系统（如美国的 APR-39ACV 系统）和微波／毫米波／光电告警和电子干扰一体化系统（如美国准备配置在 20 世纪 90 年代先进战斗机 ATF 上的 INEWS 系统）。一体化电子对抗系统是以计算机为中心的多功能共享资源，并具有信息交换功能，可提高信息综合能力，缩短反应时间，大大减少信号的丢失率和节省资源。仿真实验证明，一体化系统比执行相同功能的分立系统高得多，用一个系统就能对抗多种威胁。

2．关键技术

目前大多数毫米波电子对抗系统都是通过下变频或附加频率扩展器而构成的。随着毫米波技术的发展，国外正在大力发展新型的毫米波电子对抗系统，正在研究的关键技术[15]如下。

1）新型固态器件

在低噪声器件方面，重点是发展高电子迁移率晶体管（HEMT），研究结果表明，这种器件在 18～94 GHz 频率上无论作为低噪声器件或作为功率器件都有优良的性能。据报道，在 36 GHz 时增益为 17 dB，在 94 GHz 时增益为 5 dB，直至 200 GHz 都有潜在的增益。当用作功率器件时，在 30 GHz 和 60 GHz 频率上输出功率已达 100 mW～1 W。因此，HEMT 有可能成为毫米波的主要固态器件。采用多管合成，在 35 GHz 频率上平均功率可达 10 W 以上，脉冲功率可达上百瓦。美国已研制出脉冲功率为 1 kW，平均功率为 40 W 的 94 GHz 功率放大器。

2) 毫米波单片集成电路

为了积极推动毫米波单片集成电路的发展,美国正在执行一个耗资 5.36 亿美元、为期七年的微波/毫米波单片集成电路技术（MIMIC）计划,其目的是开发 1～100 GHz 砷化镓模拟电路片用于电子战系统,使系统总体积减小 1/10～1/20。目前已研制出用于 ALQ-136 和 ALQ-165 电子对抗系统的试验性样品。在 ALQ-136 中应用 MIMIC 芯片组件后,接收机可靠性提高 6 倍,功耗降低 60%,质量减小 60%,成本降低 70%;发射机可靠性提高 5 倍,功耗、质量、成本分别降低 10%、60%和 60%。94 GHz 单片放大器、振荡器等均已批量生产。

3) 超导技术

目前研制最活跃的领域是超导-绝缘体-超导（SIS）混频器。这种混频器的噪声温度低（在 36 GHz,90～140 GHz 和 350 GHz 时的噪声温度分别 10K、20～40 K 和 200 K）,超宽带且有变频增益（在 90～140 GHz 时,增益约为 3.2 dB）,所需的本振功率只有几微瓦,因而被认为有希望的毫米波、亚毫米波低噪声器件。目前已生产出 200～1000 GHz 振荡器。此外,超导毫米波天线、参放、磁通量子流振荡器,约瑟夫逊结振荡器和检波器,超导稳频腔及超导集成电路等均在研制之中。利用超导延迟线可构成储频器用于毫米波转发式干扰机中。预期利用超导的低噪声单片接收机将大大提高侦察接收机的探测距离和分辨率,因而特别适用于超宽带电子情报侦察、空间监视系统。利用超导技术可构成多波段毫米波成像阵列,能够探测低观测性特征的目标,如隐身目标。

4) 先进的雷达信号处理技术

先进的雷达信号处理技术指多路复杂雷达信号的实时处理技术。依赖于先进的并行计算机硬件技术和恰当的处理算法。

4.5.4 装备实例

当前典型的装备有陆军的坦克载红外/毫米波告警系统、空基的微波-毫米波雷达告警系统及 APR-39A（V）2 系统、海军的 The AN/ALR-67（V）3 系统。

1. 坦克载红外/毫米波告警系统

为了有效地对抗日趋严重的红外和毫米波威胁,以保护坦克、装甲车辆等军事目标,研制红外/毫米波告警器就具有十分重要的现实意义[16]。1993 年,一项专利介绍了美国研制的一种坦克载红外毫米波告警系统。该系统由两个独立的子系统组成,如图 4.19 所示。

图 4.19（a）为第一个子系统的方框图。它是一个双传感器盒,配置在坦克的外部,用以探测红外和毫米波威胁信号。由图可见,该系统由一个小的鱼眼透镜接收来自导弹的红外辐射。这种红外辐射在目标物体上将产生全向散射,而由鱼眼透镜将其聚焦在热电传感器上,热电传感器的输出信号将由低功率编码发送器传送给坦克内的主接收机。在鱼眼透镜的下面,安有超高频天线。超高频天线接收来自导弹的散射毫米波信号,并将信号传送给 94GHz 的毫米波接收机,信号处理后的输出信号同样也由低功率编码发送器传给主接收机。图 4.19（b）为第二个子系统的方框图,它由主接收机和告警与控制单元组成。该子系统安装在坦克内部,由主接收机接收低功率编码发送器的信号,并传送给告警与控制单元进行信号处理,同时自动启动烟幕弹与毫米波诱饵发射装置,干扰来袭导弹。

该系统具有结构简单、成本低、可靠性高等特点。

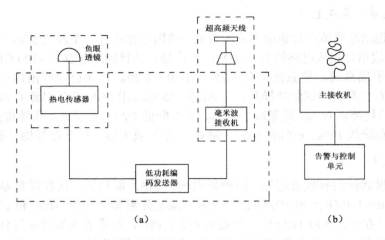

图 4.19 坦克载红外毫米波告警系统

2. 微波–毫米波雷达告警系统[17]

美国 WBR-2000 电子作战支援系统是一种工作于微波和毫米波波段的雷达告警系统，具有全向天线定向，能对付频率捷变、脉冲参差 PRI 信号，并能侦查 2～18 GHz 的雷达信号。WBR-2000 性能参数如下：

- 工作频率 0.5～2 GHz 和 18～40 GHz 可选；
- 灵敏度 –65 dBm（–85 dBm 可选）；
- 定向精确度 10 RMS；
- 动态范围 60 dB；
- 截获概率 100%；
- 脉冲参差 PRI 范围 500 ns～33 ms；
- 脉宽 50 ns。

除此之外，还有法国 Sherloc 雷达告警系统、美国 Jaguar 系统、意大利 ELT-156X 宽带雷达告警接收机，等等。

3. APR-39A（V）2

APR-39A（V）2 威胁告警系统被认为是适用性强、可靠、低功耗的集成侦测装备[18]。它的频率覆盖 E～K 及 C/D 波段，可侦测脉冲雷达、PD 雷达、扫频面发射机、敏捷 PRIs、连续波雷达、低截获概率的发射信号。它自动探测、识别和实施威胁告警。还能给出发射源的方向、确定源的工作模式如导弹制导、跟踪或搜索。

APR-39A（V）2 雷达威胁告警系统主要组成如下：

- 4 个正方形天线，用以提供 360° 的方位覆盖；
- 2 个双通道接收机；
- 1 个中心处理器/接收机；
- 1 个显示单元；

- 1 个控制单元；
- 1 个刀形天线。

这种设备重 15.8 kg，体积为 12 710 cm³，工作电压 28 V（DC），额定功率 200 W。目前，已经装备了 RC-12，C-130，F-5，MV-22，AH-64 等十多种机型。

4．AN/ALR-67（V）3

AN/ALR-67（V）3 被称为高级专用接收器（Advanced Special Receiver），由 Raytheon 公司首先研制的 ALR-67（v）3，在 1999 年成功与美国海军签订研发合同。

该 AN/ALR-67（V）3 高级专用接收器是一个雷达预警接收器（RWR），用于满足 2020 年美国海军的要求。它加强了以前的 ALR-67（v）2 型 RWR 的性能，并基于晶体视频 A/D 技术且具有全频道数字结构，从而降低了系统的复杂性，减小了系统的体积和质量（45 kg）。可用于对目前 F/A-18 大黄蜂，F-14 雄猫和 AV-8 鹞式飞机使用的 ALR-67（v）2 系统的升级。它将使海军和海军陆战队的战术飞机雷达探测威胁的排放量，从而提高飞机机组人员的态势感知和生存能力。该项目已进入工程制造与完善阶段（EMD），由加州洛杉矶休斯公司主持[19]。

AN/ALR-67（V）3 在设计时考虑了海军航空兵未来 20 年所需面对的复杂电子战环境，特别考虑了应对现代雷达越来越复杂的发射波形。与空军使用独立的定位系统不同，该系统要求满足 AGM-88 反辐射导弹的发射要求。该系统首次采用了全信道化数字接收机。全信道化接收机体系使系统可以在高脉冲密度环境中成功探测到有威胁的发射机，而且可以在附近有大功率干扰机的情况下截获远处的微弱信号。接收机覆盖的波段很广，从低于 2 GHz 的早期预警雷达到 40 GHz 的毫米波雷达，都能接收到。接收机的数字测量通道采用了先进的数字技术来改善可靠性，提高数据测量精度，并且通过减少部件数量降低了成本。信道化数字接收机连接了以一对 PowerPC G4 处理器为核心的策略计算机。PowerPC G4 是最新一代航空电子系统中广泛采用的处理器，性能十分强大，足以应付假定作战条件下的电磁环境，满足算法复杂度对计算能力的要求。AN/APG-67（V）3 系统由基于性能的后勤（PBL）项目提供全寿命的支持，系统的可用性接近 100%，作战使用的可靠性超过设计要求的 2 倍，单价约为 110 万美元[20]。

4.5.5　发展趋势

随着毫米波技术的迅速发展，毫米波电子对抗系统将朝着小型化、轻量化、宽频带、智能化和多功能一体化的方向发展[11]。

4.6　多模复合光电告警技术[7, 21]

现代战争对信息综合利用的要求使复合光电侦察告警技术、高光谱侦察防伪技术应运而生。

以激光驾束制导导弹为例，它不仅表现有制导波束的激光辐射信息，还有导弹发动机工作时的羽烟紫外辐射信息，也有导弹自身的红外辐射信息。三种信息的综合利用不仅可以准确地探测这种导弹，精确地指示其角方位，判明其是红外制导导弹还是激光制导导弹，有效地剔除假目标，显著降低虚警率，而且能依据由不同波段获得的数据比对处理获取目标距离信息。

1. 光电综合侦察告警的原理和特点

如果把两种或多种侦察告警思想融合，从结构上采用"共孔径"或部分"共孔径"而组成一个统一的整体，在数据处理上运用多光谱信息融合技术，工作任务统一分配，功能互补，优化配置，达到总体提高作战效能的目的，这就是正飞速发展的复合光电侦察告警技术。其优点如下：

（1）显著提高判决的可靠性。复合光电侦察使被利用的信息量明显增加，而几种光电传感器所获取的信息融合会使判决结果更加可靠，反隐身能力强。

（2）补充目标的距离信息。众所周知，不同波段光辐射对应的大气衰减不同，依据这一点，利用两个不同波段实施目标探测时，运用数据处理技术可以有效地进行距离估计，从而弥补一般被动式光电侦察不能感知距离的重要缺点。

（3）有利于快速反应。复合光电侦察包含了共形设计、光通道复用、资源共享、信息融合和多传感器数据并行处理等诸多高新技术。相对于几个独立工作的分离系统而言，其信号处理能力要强得多，实时性好得多，因而可实现快速反应——这对告警系统是至关重要的，它意味着赢得时间。

（4）提高系统的作战能力。复合光电侦察系统能在几个不同的光波段工作，提高了系统的作战能力。

2. 红外/激光复合告警技术

红外/激光复合告警通常以共孔径结构凝视空间大视场范围，体现出高度集成化优势，减小体积、质量，增加可靠性，便于实现探测头空间视场配准和时间的最佳同步。例如，红外告警探测导弹发射，激光告警探测激光驾束制导系统的激光辐射，既完成对激光威胁和红外导弹威胁的感知，又可对激光驾束制导导弹进行复合探测。

采用共孔径、探测器分立设置的方式，接收的辐射经过同一光学系统会聚和分束器分光后，分别送到不同滤光片上，经滤光片选择滤波，送至相应的探测器。探测器每个像素视场内的光学信号随后转换成电信号。设备一般采用凝视型，以多元探测器件实现对光电威胁的精确探测，同时可抑制假目标（尤其对激光等短持续特征的信号）。

红外/激光信息量较大，通常采用分布式计算机系统进行数据综合处理。德国埃尔特罗公司的 LAWA 激光告警器即为一例，它能探测红宝石激光、Nd：YAG 激光、CO_2 激光和普通红外辐射。

3. 红外/紫外复合告警技术

采用单独的光学系统和分立的探测器件，对现有紫外、红外探测头进行复合，通过数据相关处理，提高战场态势估计水平。紫外告警完成对导弹的发射探测，红外告警对导弹进行跟踪，以控制定向红外干扰机等干扰设备。同时，对二者作信号相关处理，可大大降低虚警率，完成对导弹的可靠探测，由于红外告警的角分辨率可达 1 mrad，因而对导弹的定向精度可优于 1 mrad。

一般来说，红外/紫外复合告警是大视场紫外告警和小视场红外告警的综合。紫外告警由多个成像型探测头构成，对空域进行全方位监视；红外告警则是一个小视场的跟踪系统。紫外告警探测、截获威胁目标后，把威胁方位信息传给中央控制器，中央控制器通过控制多轴向转动装置完成对红外告警的引导。由于导弹发动机燃烧完毕后继续有较低的红外辐射能量，红外告警可对目标继续跟踪。二者以"接力"方式进行工作。

美国1997年推出的AN/AAQ-24红外定向对抗系统采用了这种告警技术。

4. 紫外/激光复合告警技术

紫外/激光复合告警通常以成像型紫外告警和激光告警构成综合一体化系统。

紫外/激光复合告警设备由探测头、信号处理器、显控盒等组成。每个探测头的紫外、激光光学视场完全重叠且均为90°，4个探测头形成360°×90°的监视范围。紫外探测器对空间进行准成像探测。4个不同波长的激光探测器均布在紫外探测通道周围，对激光波长进行识别。当激光威胁源或红外制导导弹出现在视场内时，产生告警信号并在显示器上显示出相应的位置。

紫外/激光复合告警不仅在探测头结构形式上有机结合、在数据处理上有效融合，而且由于探测头输出信号均为纳秒级脉冲信号，因而接口、预处理电路及电源等方面可资源共享。另外，它可对激光驾束制导进行复合探测，这是因为二者视场完全重叠，当驾束制导导弹来袭时，紫外告警通过探测羽烟获得数据，激光告警通过探测激光指示信号获得数据，对二者作相关处理，能获得导弹来袭角信息和激光特征波长。

单独的紫外告警不能区分来袭的光电制导导弹是红外制导还是激光制导，只有同激光告警的数据相关后，才能作出判决；另一方面，紫外/激光告警可对激光驾束制导导弹进行复合告警，通过数据相关降低激光告警的虚警率。

20世纪80年代末期，美国LORAL公司研制带有激光告警的AAR-47紫外告警机改进型，将探测头更新换代，采用4个激光探测器，装在现有紫外光学设备周围，同时使用了一个小型化实时处理设备。激光探测器工作波长0.4～1.1 μm，可对类似于瑞典博福斯公司生产的RBS70激光驾束制导导弹告警。同时，该公司研制了一种印刷电路板，加装到AAR-47紫外告警系统上后，不用改动原布线就能提供激光告警能力。

5. 高光谱目标侦察

高光谱遥感技术首次将图像空间特征与丰富的光谱特征结合，具有图谱合一、波段数目多和光谱连续等突出特点[22]，被列为遥感技术在20世纪后三个最显著的进展之一[23, 24]。由于高光谱遥感图像可以提供区分不同物质的诊断性光谱特征信息，目标探测成为高光谱遥感图像处理中一个引人关注的重要问题。

利用高光谱的伪装检测技术已逐渐成为战场侦察的一种重要手段，而基于光谱维的目标检测技术也越来越受到人们的重视。目前，高光谱成像技术已成功地应用于遥感和航空航天军事侦察领域，高光谱成像仪能够在连续光谱段上对同一目标同时成像，可直接反映出被观测物体的光谱特征，甚至物体表面物质的成分[25]。研究表明，高光谱数据可得到空间探测信息与地面实际目标之间存在精确的相互关系。通过探测出的光谱特征曲线，可反演出对应每一个像素的目标物组成成分，如树叶、绿色油漆或者塑料，从而区分自然背景与军事目标的差别，并判断出目标的性质和种类[26]。图4.20所示为基于光谱检测与图像识别的检测系统示意图[27]。

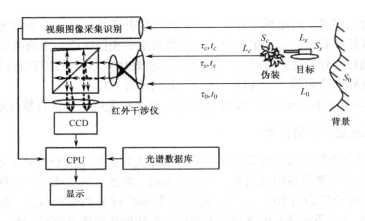

图 4.20 基于光谱检测与图像识别的检测系统示意图

图 4.20 中，视频图像采集识别模块获取被测目标区域的可见光图像，并将图像中各空间点位置数据保存备用。光谱探测模块将被测区域的红外辐射引入光学系统，经聚焦准直入射到静态干涉仪中，从而产生多光束干涉条纹，最终通过 CCD 采集干涉条纹，进而反演被测区域的光谱分布函数。当存在非自然环境的目标（坦克、装甲车等）时，其红外辐射分布必然会出现明显的改变，从而识别被测目标的有无和种类。两路信号在处理器中被融合，将目标位置信息重建在图像中。

总的来说，高光谱在目标检侦查预警领域的优势主要体现在：

（1）具有光谱识别和鉴别目标的能力，对图像空间分辨率的要求不高；

（2）借助于光谱信息可以在场景中区分真实目标和诱饵目标；

（3）具备在复杂背景条件下自动检测图像异常的能力。

6. 发展趋势

近十多年来，国际上相继出现了激光、红外、紫外甚至雷达等多种告警技术复合的实用装备，明确地表现了复合光电侦察告警技术不断扩展工作波段、主动/被动工作体制结合的发展趋势。

美国 F-22 战斗机装备的告警系统，可利用紫外辐射、可见光、红外辐射直至毫米波实施侦察告警；英国普莱西雷达公司研制的复合光电告警器能有效探测红外探照灯和两种激光。

美国海军的综合电子战工作经历了两个阶段。第一阶段是研制和演示"最佳对抗响应"软件，第二阶段是将导弹逼近告警、激光告警和"最佳对抗响应"软件综合在单一处理器模块上，形成综合告警，并通过综合控制，提高干扰效果。此外，美国伯金-埃尔默公司把激光、毫米波警戒装置与 AN/ALR-46A 雷达警戒接收机结合的 DOLRAM 计划也在进行之中。

参 考 文 献

[1] 王永仲. 现代军用光学技术[M]. 北京：科学出版社，2003.

[2] 韩冰. 激光告警与欺骗和致盲的干扰技术[J]. 舰船电子工程，2007(2): 48-50.

[3] 激光报警器如何发现被对方的激光所照射? http://www.fyjs.cn/viewarticle.php?id=131067.

[4] 宁天夫. 激光侦察告警技术的装备概况与发展[J]. 红外与激光工程，2008(S3): 191-194.

[5] 程玉宝. 大范围新型激光告警系统关键技术研究[D]. 西安电子科技大学博士学位论文，2005.
[6] DE3513350. Laser radiation warning sensor utilizing polarization. 1986-06-26.
[7] 易明，王晓，王龙. 美军光电对抗技术、装备现状与发展趋势初探[J]. 红外与激光工程, 2006, 35（5）: 601-607.
[8] 雷达告警设备_止戈国防百科 http://baike.zhige.net/edition-view-7560-1.
[9] 李春玉. 外军雷达对抗系统的现状和发展趋势[J]. 现代兵器, 1986(6): 16-22.
[10] Schabdach, Paul G.Barditch, Irving F. Tank alerting system. USP 5229540, 20 Jul 1993.
[11] 龚金楦. 电子战的新领域——毫米波电子对抗[J]. 电波科学学报, 1991(01): 1-6.
[12] 王华力，李兴国，彭树生，等. 被动毫米波成像技术. 红外与毫米波学报，1997, 16(4): 297-302.
[13] 袁龙，被动毫米波成像探测技术研究. 西南交通大学硕士学位论文, 2004.
[14] 顾耀平. AEL 公司的新颖螺线天线[J]. 电子信息对抗技术,1989(3): 53.
[15] 龚金楦. 电子战的新领域——毫米波电子对抗[J]. 电波科学学报, 1991(01): 1-6.
[16] 付伟. 坦克载红外/毫米波告警系统[J]. 光电对抗与无源干扰, 1996(1): 13-16.
[17] 王少华，印世平，秦晓磊. 毫米波雷达在军事对抗中的应用[J]. 四川兵工学报, 2010, 31(5): 30-32.
[18] APR-39A（V）2 Threat Warning System. pdf, Northrop Grumman.
[19] AN/ALR-67（V）3 Advanced Special Receiver. www.raytheon.com/products/alr67/ 2011-3-10.
[20] 韩国玺. 机载雷达告警接收机的现状与发展[J]. 航空科学技术. 2006（6）: 14-17.
[21] 李云霞，蒙文，马丽华，等. 光电对抗原理与应用[M]. 西安：西安电子科技大学出版社，2009.
[22] 张良培，杜博，张乐飞. 高光谱遥感影像处理[M]. 北京: 科学出版社，2014.
[23] Bioucas-Dias J，Plaza A, Camps-Valls G, et al. Hyperspectral Remote Sensing Data Analysis and Future Challenges[J]. IEEE Geosci. Remote Sens. Mag., 2013, 1(2): 6-36.
[24] Tong Q, Xue Y, Zhang L. Progress in Hyperspectral Remote Sensing Science and Technology in China over the Past Three Decades[J]. IEEE J .Sel. Topics Appl. Earth Observ. Remote Sens, 2017(1): 70-91.
[22] 浦瑞良，宫鹏. 高光谱遥感及其应用. 北京：高等教育出版社，2000.
[23] Zagolski F, Pinel V, et al. Forest canopy chemistry with high spectral resolution remote sensing [J]. Int J Remote Sens, 1996, 17(3): p1107-1128.
[24] 王博，高玉斌，鲁旭涛. 基于光谱探测与图像识别的反伪装目标系统研究[J]. 光谱学与光谱分析, 2015, 35(05): 1440-1444.

第 5 章　目标跟瞄与距离估计

本章讨论目标跟瞄与交叉测距问题。通常，目标跟瞄是一个光-机-电闭环系统，它可以是主动式系统，如 5.1 节的激光目标指示器或 5.2 节的激光雷达，也可以是被动式系统，如 5.3 节所述的 IRST（红外搜索跟踪系统）。5.4 节论述经典三角形测距及其演变，包括：对静止目标的被动测距，得出定位误差的封闭表达式（closed formula），并通过误差分析诠释前人所作的最小二乘估计；对运动目标的被动测距，介绍基线测距的原理（该原理不但适用于对静止目标的测距，而且适用于对运动目标的测距），并进行系统误差分析，介绍其在被动测距的应用中所应采取的一些对策；讨论作为基线测距的一种变形——基于扫描时差的同步测时交叉定位法，并进行测距性能研究，从理论上完善误差分析。5.5 节讨论交叉定位的单平台应用。5.6 节重点分析和讨论一种基于短基线的准单目被动测距方案。5.7 节介绍一种激光源的定位方法，可视为交叉测距的一个特例。5.8 节讨论基于辐射吸收差异的被动测距，包括基于 A 带氧吸收的被动测距、基于红外吸收差异的被动测距。

5.1　激光目标指示器[1]

5.1.1　概述

1. 激光目标指示器的功能

在精确打击技术的发展中，激光目标指示器应运而生。现在，它已大批量装备部队，其数量与激光测距机相当。激光目标指示器有以下功能：

- 为激光半主动制导武器指示目标，并提供引导信息；
- 为装有激光跟踪器的飞行器指引航向；
- 为其他武器提供目标数据或光路信息；
- 为实现全天候作战而实施目标照明。

激光目标指示器可以由地面单兵携带（手持或三脚架支撑），成为便携式装备；也可车载、机载、舰载，以提高其机动性、生存力和战场适应能力。

2. 基本结构

激光目标指示器的基本结构包括激光器、发射系统、激光接收系统与测距机、目标瞄准系统与跟踪机构、自检自治系统、固连结构、光轴稳定机构等。图 5.1 所示是其典型结构。

目标指示器中，目标的光学图像信号 C 由光学窗片 1 进入系统，经可控稳定反射镜 2、可调反射镜 5、分束器 6 和成像系统 7，在电视摄像机 12 上成像；操作者根据显示器上的图像选择目标，控制陀螺 3 携反射镜 2 转动，使显示器上跟踪窗套住目标并使之保持在自动跟踪状态。瞄准目标后向目标发射编码激光束 A。到达目标的激光将目标照"亮"；由目标返回的一部分激光反向进入激光测距系统,测量目标距离,还可提供引导信息。

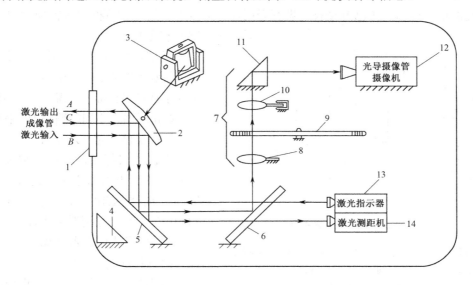

图 5.1 激光目标指示器典型结构

1——窗;2——可控稳定反射镜;3——陀螺;4——角隅棱镜;5——可调反射镜;6——分束镜;7——光学系统;
8、10——透镜;9——中性密度滤光片;11——棱镜;12——电视摄像机;13——激光指示器发射器;14——激光测距机

系统内的角隅棱镜 4 是为系统自检而设置的。当陀螺稳定反射镜转向角隅棱镜时,发射激光按原路返回,在电视摄像机上应出现与瞄准点重合的像,这就表明激光发射、接收系统及瞄准系统三光轴一致。否则,要调整电视荧光屏上跟踪窗口的位置予以修正。电视瞄准系统有大、小两种视场,搜索目标时用大视场系统(图 5.1);而跟踪目标时宜用小视场系统(此时透镜 10 从光路中移出)。中性滤光片 9 可保证电视图像有良好的对比度。

在全系统的三个光轴被校正得彼此平行之后,目视瞄准系统对准目标就成为激光束正确指向的关键。为保证昼夜工作和天气条件较差时发挥作用,目视瞄准系统除了有普通可见光瞄准镜之外,还应配备微光夜视仪、热像仪之类的系统。

5.1.2 激光器与光学系统

1. 激光器

目前装备的激光目标指示器多采用 Nd:YAG 固体激光器(调 Q 重频),图 5.2 示出了其一种结构。

图 5.2 中模块 9 是脉冲重复频率控制/编码器,它一方面发出点燃泵浦灯 7 的信号,另一方面经延时器 10 给出稍许滞后的 Q 开关信号;脉冲间隔由其内的编码器决定。为了使激光目标指示器能提供足够高的数据率,在对付固定目标时,脉冲重复频率在 5 p/s(脉冲每秒)即可;而对活动目标,则应在 10 p/s 以上。但实验表明,重频大于 20 p/s 时作用已无明显改进,而激光器系统的体积、质量却大大增加,故通常取 10~20 p/s。在此重频范围内,可用的只有脉冲间隔编码(PIM)技术。其思想是以二个或多个脉冲为一组,而每组内各脉冲间的时间间隔各不相同。这种由集成电路实现的编码器设有拨盘指示。用户按拨盘设定编码,

激光目标指示器即按要求向目标发送编码激光束。此光束经目标表面漫反射,成为具有同样编码特征的信息载体。在己方接收端设有译码器(由拨盘示数),作战时事先约定(或临时联络)装定同一组码。

显然,"编码"的作用之一是防止外来干扰和拒绝假的激光信号。另外,也可适应于战场多目标的情况。在多目标出现时,各指示器按不同的编码指示各自的目标,寻的器便"对号入座"。

在激光目标指示器中通常采用电光调 Q 技术。电光晶体(一般用铌酸锂或磷酸二氘钾 KDP)工作于 2 000 V 或 4 000 V 左右(分别对应于$\lambda/4$ 和$\lambda/2$ 状态),与相应的偏振器(如格兰-富科棱镜)组合形成 Q 开关。

激光目标指示器的有效作用距离与激光器发出的激光功率 P 密切相关,而

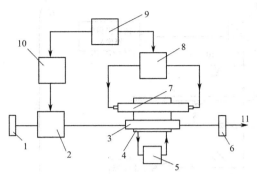

图 5.2 YAG 调 Q 激光器系统

1——全反射镜窗;2——Q 开关;3——YAG 棒;4——泵浦腔;
5——冷却器;6——部分反射镜;7——闪光灯;8——电源;
9——频率控制/编码器;10——延时器;11——输出光束

P 可由下式计算:

$$P = \pi(R_d + R_M)P_s / \left[T_t T_r \rho_t A_r \cdot e^{-\sigma(R_d + R_M)} \cdot \cos\theta_r \right] \tag{5-1}$$

式中,P 由脉冲能量 E 和脉宽 τ 决定,即 $P=E/\tau$;P_s 是接收端接收到的功率;T_t 是激光发射系统的透过率;T_r 是所讨论的接收系统之透过率;σ 为大气衰减系数;R_d 是指示器至目标的距离;R_M 是所讨论的接收端(如寻的器)至目标的距离;ρ_t 是目标反射率;θ_r 是目标反射角;A_r 是接收孔径面积。

激光器的主要参数之经验数据如下:
- 波长 $\lambda = 1.06 \ \mu m$;
- 脉冲能量 $E = 50 \sim 300$ mJ(因指示器用途而异);
- 脉冲宽度 $\tau = 10 \sim 30$ ns;
- 重复频率 $10 \sim 20$ p/s(可编码);
- 光束发散角 $\delta = 0.1 \sim 0.5$ mrad。

2. 光学系统

从激光目标指示器的运作需要而论,它应包括三套光学系统:发射激光束的扩束准直系统、测距光束的接收会聚系统、瞄准目标的成像系统。为减小全系统的体积、质量,三者常有一定程度的"共光路"设计。同时,"共光路"还可减小三者的失调误差,有利于系统的稳定。

图 5.3 所示是一个机载目标指示器的光学系统。图中模块 4、6 组成伽利略望远镜式扩束准直系统,承担激光发射任务。同时,模块 4 又兼做激光接收物镜和电视摄像物镜。电视摄像机 12 可借助棱镜 10、11 的切换以改变视场角。角隅棱镜 13 和透镜 14 可完成三轴平行性的自检。

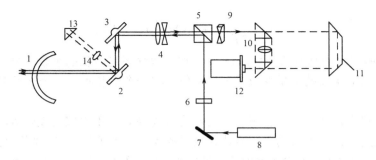

图 5.3 机载激光目标指示器的光学系统

1——球罩；2——万向架反射镜；3——万向架/视线调节反射镜；4——物镜；5——分束镜；6——负目镜；7——反射镜；8——激光器；9、14——透镜；10——宽视场光学元件；11——窄视场棱镜；12——电视摄像机；13——角隅棱镜

5.1.3 实例

1."铺路便士"指示器

"铺路便士"是美国空军早期使用的一种小型机载激光指示器，能全天候指示和识别地面目标。它被装在"鬼怪"式飞机后座上，向目标区发射激光并接收回波。在机上电子设备支持下，由显示器展现被激光照射的场景。

2．LANTIRN 系统

LANTIRN（"蓝盾"）是美国较新一代的机载系统，由 AN/AAQ-13 导航吊舱和 AN/AAQ-14 瞄准吊舱组成，是目前既可用于夜间低空导航又可用于瞄准的最完善的吊舱系统之一。

5.1.4 目标距离的主动测量[2]

激光测距仪发出的光束经目标反射后，又返回到测距仪。通过测定光波在 AB 之间传播的时间Δt，根据光波在大气中的传播速度 c，按下式计算距离：

$$D = \frac{1}{2}c\Delta t \tag{5-2}$$

根据测定时间 Δt 的方式，分为直接测定时间的脉冲测距法和间接测定时间的相位测距法。高精度的测距仪，一般采用相位式。

相位式激光测距仪的测距原理是：由光源发出的光通过调制器后，成为光强随高频信号变化的调制光。通过测量调制光在待测距离上往返传播的相位差 φ 来解算距离。若调制光角频率为 ω，在待测量距离 D 上往返一次产生的相位延迟为 Φ，则对应时间 $t = \Phi/\omega$，于是，距离 D 可表示为

$$D = \frac{ct}{2} = \frac{1}{2}c\frac{\Phi}{\omega} \tag{5-3}$$

式中，Φ 为信号往返测线一次产生的总的相位延迟；ω 为调制信号的角频率，$\omega = 2\pi f$。

将相位延迟写成两部分的和的形式，即

$$\Phi = 2\pi(N + \Delta N) = 2\pi N + \Delta\Phi \tag{5-4}$$

则根据式（5-3），相应的距离为

$$D = \frac{c}{2f}(N + \Delta N) = \frac{\lambda}{2}(N + \Delta N) \tag{5-5}$$

式中，N 为测线所包含调制波长个数；ΔN 为测线所包含不足波长的小数部分；$\lambda/2$ 为测尺长，又称"光尺"。至此，距离的测量变成了测线所包含波长个数和不足一个波长的小数部分的测量。

相位式测距仪中，相位计只能测出相位差的尾数 ΔN，测不出整周期数 N，因此对大于光尺的距离无法测定。为了扩大测程，应选择较长的光尺。为了解决扩大测程与保证精度的矛盾，短程测距仪上一般采用两个调制频率，即两种光尺。例如，长光尺（称为粗尺）f_1=150 kHz，$\lambda_1/2$=1 000 m，用于扩大测程，测定 100 m、10 m 和 1 m；短光尺（称为精尺）f_2=15 MHz，$\lambda_2/2$=10 m，用于保证精度，测定 1 m、0.1 m、1 cm 和 1 mm。

干涉测距法也是一种相位法测距。该测距法不是通过测量激光调制信号的相位来测定距离的，而是通过测量激光光波本身的干涉条纹变化来测定距离。相比之下，激光雷达的测距原理要复杂得多[3]，除了计时法、干涉法之外，还有旋光法、增益调制法。

激光目标指示器发展的趋势是：（1）与其他系统相结合，构成具有多种功能的目标指示及跟瞄系统；（2）激光波长向中、长波段和连续可调发展；（3）向系列化、通用化和组件化发展。

5.2 激光雷达[1]

5.2.1 激光跟踪雷达

激光跟踪雷达包括发射、接收以及信号处理和显示三大部分（如图 5.4 所示），用于对各种机动目标进行跟踪测量，如：对飞机、巡航导弹作低仰角跟踪，对远程导弹、火箭作初始段轨迹测量，对卫星作精确定轨，等等。

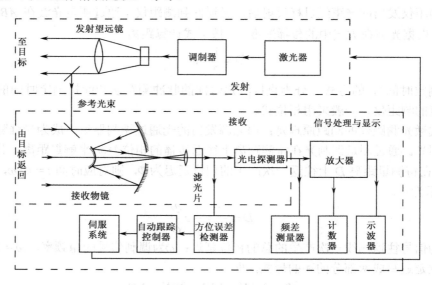

图 5.4 激光自动跟踪雷达组成示意图

1. 发射部分

发射部分主要包括激光器、调制器和发射望远镜(发射天线)。它提供测量光束和参考光束。

目前激光雷达所用的激光器有 CO_2 激光器、Er:YAG 激光器(波长 $\lambda = 2\ \mu m$)、拉曼频移 Nd: YAG 激光器、Nd: YAG 激光器、GaAlAs 激光器($\lambda = 0.8 \sim 0.904\ \mu m$)、倍频 Nd: YAG 激光器和 He-Ne 激光器等。其中连续波雷达以 CO_2 激光器为主,脉冲波雷达以 YAG 激光为主,近程雷达以 GaAlAs 等半导体激光为主。关于激光功率,测程为十几千米时要求为几瓦,而测程为兆米级时,要求为 1 kW 以上。

调制器的设置是为了保密和抗干扰。

发射望远镜的作用是扩大测量光束横向尺寸和进一步压缩光束发散角。

2. 接收部分

接收部分包括接收物镜、窄带滤光片、光电探测器等单元。它接收自目标返回的回波和取自发射光束的参考信号,经杂光滤除后由探测器进行光电转换,输出目标信号和误差信号。滤光片多是干涉滤光片;探测器可以是析像管、线阵器件、面阵器件、PIN 管,等等。

3. 信号处理和显示

信号处理和显示部分主要有两大任务:一是进行目标距离、速度和方位的测量、显示;二是形成对全系统的伺服控制,使雷达始终"盯"住目标,不间断地实施"跟踪"。这不仅是为了监视目标的需要,同时也有利于对目标性质的判别。

4. 装置示例

图 5.5 所示是一个采用四棱锥的脉冲激光跟踪系统。它采用反射式接收物镜,并设置了锥形四棱台。四棱台上表面与物镜光轴正交,4 个侧面相对光轴对称。当目标在光轴上时,回波光束恰好对称地落在上表面中央,4 个侧面或者对等地接收回波辐照,或者都无回波辐照。一旦目标偏离光轴,则回波对 4 个侧面的辐照不再均等,相应地探测器便有不同的输出。依据 4 个探测器输出信号的差异可以形成方位误差指令,由跟踪控制器传给伺服系统,调整系统光轴的指向,使之对准目标。在光轴对准目标的同时,系统的测角机构就获得了角度信息。一般连续波激光跟踪的精度高于脉冲激光,是理想的防空雷达系统,特别适于对火箭、导弹、飞机进行精密自动跟踪。同时,它也是激光武器不可缺少的配套设备,很值得深入研究。

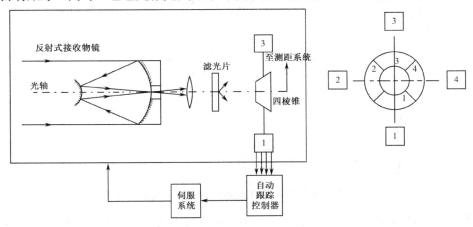

图 5.5 采用四棱锥的脉冲激光跟踪系统

图 5.6 示出了一种连续波激光跟踪雷达的系统。该系统采用置于物镜焦面上的析像管做探测器。这里，析像管是利用二次电子发射使光电流放大的特殊光电倍增管。它有一向外延伸的部分，其上设有双向偏转系统，能使从管子阴极发射的光电子束作水平和铅垂方向的扫描，构成四角星形图案。管子阴极前有一小圆孔，当电子束扫描进入圆孔时，阳极便有一电流脉冲输出，连续扫描时，则阳极输出一系列的脉冲信号。

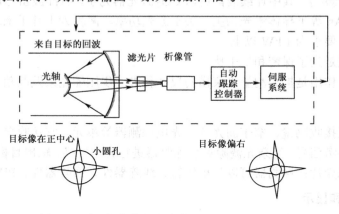

图 5.6 采用析像管的连续激光雷达自动跟踪系统

当目标在光轴上时，阳极输出等间距的脉冲，且各脉冲宽度相同（即脉冲序列具有对称性）；若目标偏离光轴，则脉冲序列便失去了这种对称性。其不对称的程度反映了目标偏离光轴的大小。跟踪控制器依据这种不对称性产生目标误差信号，送给伺服机构，调整系统光轴方向，在减小误差过程中使雷达瞄准目标。

5.2.2 红外成像雷达

红外成像雷达首先用于作战飞机对地面目标的全天候瞄准，其英文缩写为 MTI（Moving Target Indicator）。图 5.7 所示是其搜索和高分辨率成像原理框图。

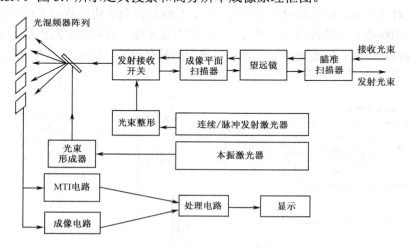

图 5.7 红外成像雷达 MTI 搜索和高分辨率成像原理框图

该系统采用 CO_2 激光器，工作波长 $\lambda=10.6\ \mu m$，输出功率 $P=10\ W$，可工作于连续状态或脉冲状态（电光调 Q），脉冲工作时脉宽 $\tau=1\ ns$（因而其距离分辨率优于 1 m），光学天

线直径 D=203.2 mm（发射与接收共用）；探测器为 12 元 PV 型 MCT 线阵（即光混频器），其在 λ=10.6 μm 波长的量子效率 η =0.5，最小可探测功率为 10^{-19} W/Hz，频率响应带宽 $\Delta f >$ 100 MHz。

之所以用 PV-HgCdTe 线阵，原因有二：首先，在空中搜索应用中，由于扫描和像素闭锁时间限制，对典型飞行高度和速度而言，单元器件不能达到足够的视场范围；再者，对于适当的帧幅和可接受的激光脉冲重复率，以单元器件成像达不到所需的帧速（30 Hz）。

系统提取目标是基于目标对 10.6 μm 波长激光的反射特性与背景有明显差异，使之在几公里处都能获得良好的图像。系统为相干探测方式，光混频器输出的中频信号经放大、视频检波后送至信号处理系统和显示系统；能测距、测速、测角方位和提供景物的三维图像。

5.2.3 激光雷达装备及发展趋势

1. 激光雷达装备

1964 年，美国率先研制成用于导弹靶场测量的激光跟踪雷达。此后，各发达国家已先后研制出多种型号，有的已形成装备，表 5-1 所示是其中几个典型实例。

表 5-1 国外典型激光雷达

名 称	研制机构	用途及功能	主要技术性能	进展情况
"火池"激光雷达	美国麻省理工学院林肯实验室	用于反导，具有跟踪和目标识别能力	采用 CO_2 相干脉冲激光器，HgCdTe 四象限外差探测，作用距离达 1000 km，跟踪精度 1 μrad	1976 年样机，1990 年改进后用于反导系统实验
IRAR 战术多功能激光雷达	美国麻省理工学院林肯实验室	用于战术攻击近空支援火控系统，具有目标探测，跟踪，测距和成像识别功能	采用 CO_2 CW 或相干脉冲激光器，HgCdTe 外差探测作用距离 3 km	1981 年样机试验
OASYS 激光成像防撞雷达	美国 Northrop 公司	用于直升机防撞告警，具有三维成像和测距功能	采用 GaAlAs 激光器，APD 直接探测，视场 25°×50° 电线探测距离为 400 m，质量为 18 kg	1994 年完成样机试验，中标装备
"门警"系统激光雷达	美国海军和林肯实验室	用于海军战区导弹防御系统的预警探测，具有目标跟踪和测距功能	用 YAC 泵浦 KTP OPO，直接探测，作用距离 100～1000 km，精度：1 m，5 μrad，由 InSb 红外焦平面阵列提供跟踪信号	20 世纪 90 年代中期研制成功，拟装备 E-2CS-3 预警机
"魔灯"ML-30 激探雷系统	美国 Kaman 公司	用于直升机海中探测水雷，具有大面积扫描、探测、识别和定位功能	采用二极管泵浦脉冲 YAG 激光器，像增强 CCD 探测，探测深度 30 m	1991 年装备，并参战使用，其后多次改进，1997 年小批量装备

从 1985 年以来，激光成像制导已成为激光制导的发展方向。美国为空射巡航导弹研制的激光制导雷达样机已用于 AGM-129 "战斧"式巡航导弹。

另外需要指出，包含激光雷达的舰载光电系统是迄今较理想的航空母舰载机着舰引导装备。1987 年，法国研制的"达拉斯"系统，包含具有小范围搜索和自动跟踪／测距能力的二极管激光雷达和红外／电视摄像机，可为航母着舰指挥官和飞行员提供飞机偏航（水平和高低）、距离、姿态及航母的运动等信息，保证飞机以每分钟一架的速率在夜间和不良条件下安全着舰。借助于机上"合作目标"，激光雷达作用距离可达 5 海里，测距精度优于±5 m，方位精度优于±6 mrad，俯仰精度优于±0.3 mrad。"达拉斯"已于 1988 年装备"FOCH"号航母，其改进型拟装备 1999 年下水的"戴高乐"号核动力航母。

另据《防卫电子学》1991 年 5 月报道，美国空军和海军当时已经研制了"先进技术激光雷达系统"（ATLAS），并拟装在巡航导弹上，用 CO_2 激光和新型红外雷达把巡航导弹引向目标。

1992 年，休斯公司下属单位制成一先进的 CO_2 激光雷达。将其吊挂于试验飞机试飞，表明能获取高分辨率三维图像。后又进行对空／地武器的导引试验，也表现其用于制导有很多优点。

2．激光雷达的发展态势

1）发展动向与前景[4]

（1）新体制和新应用。常规激光雷达只用于测距、测速、跟踪和二维扫描成像，而近期又报道了包括激光相控阵雷达、动目标指示雷达、干涉雷达和激光 SAR 等新体制研究。只是尚未达到工程应用程度。

（2）二极管激光器和二极管泵浦的全固体激光器将成为激光雷达的重要辐射源。

（3）多传感器集成和多功能一体化。将激光雷达、红外／可见光电视、微波雷达集成于同一平台共用伺服机构（甚至部分共用孔径），形成侦察、测量、制导、火控、监视等多功能装备，已是重要趋势，部分已有装备。

（4）更远的作用距离是不断追求的目标。

2）在 2005 年前后形成的装备

（1）多功能综合火控激光雷达。它采用外差探测，有测距、测速、跟踪、目标识别和攻击点选择能力，作用距离为数千米，适于机载。

（2）空间交会对接激光雷达。它使用 GaAlAs 半导体激光器进行脉冲或连续波直接探测，能搜索、跟踪、识别目标和测量相对姿态，其作用距离从几米至几十千米，适于飞行器载，可解决自主式自动交会对接问题。

（3）巡航导弹激光制导雷达。采用二极管激光器或二极管泵浦的固体激光器，以直接探测方式进行三维成像，用于巡航导弹防撞、中段修正和末制导。

（4）反导预警激光雷达（如表 5-1 中"门警"系统）。

（5）局部风场测量激光雷达。用二极管泵浦的 Ho、Tm:YAG 激光器（$\lambda=2\ \mu m$）进行外差探测，速度分辨率优于 0.5 m/s，作用距离大于 10 km，测量局部空域风速分布，特别是水平风速切变，以修正弹道和防止飞机失控。

（6）机载激光探雷和扫雷一体化系统。采用二极管泵浦 Nd: YAG 倍频激光器，探测深度大于 30 m，搜索速率优于 10～40 n mile/h（1 n mile=1.852 km），具有探测、识别、定位和扫雷一体化工作能力。

5.3 IRST

5.3.1 概述

IRST（Infrared Search and Track）系统是一种宽视场的被动军用红外探测系统，它能可靠地探测和连续跟踪复杂背景[5]和干扰中的目标[6]。相对于其他系统，它具有以下几个独特的优点[7]：

（1）采用被动式探测技术，隐蔽性好；
（2）利用红外辐射成像，抗电磁干扰能力强；
（3）可全天候工作，不仅可白天工作，而且黑夜也能正常成像，特别适合夜战的需要；
（4）红外图像信息量大，对目标的探测与跟踪，不仅精度高，而且可识别真假目标。

1. IRST 系统的发展

机载 IRST 系统作为载机的一个重要传感器，已受到世界各国的广泛重视[8]。机载 IRST 的研制始于 20 世纪 50 年代，成熟于 80 年代，在 80 年代末 90 年代初大量装机使用。从系统水平及所采用的技术来看，机载 IRST 的发展可大致划分为以下三个阶段：

第一阶段为 20 世纪 50～60 年代。世界上第一个机载 IRST 系统是美国在 50 年代中期为 F-104 飞机研制的。系统采用单元硫化铅（PbS）为光敏元件，只能接收发动机尾喷口的红外辐射。由于探测距离近，很快就随 F-104 飞机一起退役。在 60 年代，美国麦克·唐纳公司（McDonnell）为美国海军 F-4B 飞机研制的 AN/AAA-4 型机载 IRST 堪称这一阶段的代表。系统安装在机头下方，工作波段 3～4.5 μm，系统采用两个光伏型单元锑化铟（InSb）器件，一个矩形探测器用于目标搜索，一个圆形探测器用于目标跟踪，对发动机尾喷口探测距离大于 30 km，对高空高速目标具有全方位探测能力。这一阶段的 IRST 结构简单，大多采用单元探测器件，液氮制冷。受当时技术条件所限，尚无独立目标搜索跟踪能力，而是当雷达跟踪受到干扰时，辅助雷达完成目标搜索和跟踪。

第二阶段起始于 20 世纪 60 年代中期，终止于 70 年代末。在这段时间里，由于微电子集成电路和多元线列探测器的发展，各国相继研制出新的 IRST 系统。系统均采用多元线列并扫技术，工作波段为中波 3～5 μm、长波 8～12 μm 或双波段兼有。分辨率可达 1 mrad，指示精度几个毫弧度。多元探测系统的优势是分辨率高、灵敏度高，且目标的几何运动特性可以作为特征用于判别，因此虚警率可大大降低。这一代系统有美国休斯公司为其海军 F-14A 战斗机研制的 AN/AWG-9 IRST 系统和苏联苏伊霍夫设计局为 Cy-27 飞机研制的 OIIC-27 光电雷达等。AN/AWG-9 IRST 系统做成圆筒状安装在 F-14A 飞机机身下面中心线处，探测器件采用 8 元锑化铟（InSb）器件，工作波段 3～4.8 μm，对低空迎头目标探测距离 24 km，高空迎头 90 km，尾后 330 km。

第三阶段为 20 世纪 80 年代以后，机载 IRST 的发展进入了快速发展时期。以美国为代表又进行了凝视型焦平面 IRST 系统的研制。据报道，美国通用电气公司在 1990 年交付了一台 AN/AAS-42 IRST 系统，装备在 F-14D 战斗机上。该系统采用 3～5 μm 和 8～12 μm 双波段和凝视型焦平面碲镉汞器件，具有较高的抗干扰能力和更好的隐身性能，并可以辅助机载火控雷达探测和跟踪目标，投放武器。由于采用了集成度很高的面阵凝视技术，这种 IRST

系统的目标搜索范围、探测距离以及截获概率得到了较大的提高。这代系统还可以完成对多个目标的搜索和跟踪。

1996年2月，休斯飞机公司与美国海军签订了监视红外搜索和跟踪（SIRST）的演示合同。公司交付的样机装备在E-2C预警飞机上进行试验。该SIRST安装了一个凝视双波段焦平面阵列（FPA），工作于中波（3.4～4.8 μm）和长波（8.2～9.2 μm）波段，其方位搜索范围为±45°，俯仰搜索范围为-10°～+55°。俄罗斯在20世纪80年代中期服役的苏-27、米格-29飞机上大量装备的光电瞄准系统，其核心就是IRST系统。英国1991年实施了"FIRST SIGHT"试验计划，在防务研究机构的"旋风"试验飞机上进行了机载IRST的飞行试验，并于1993年12月交付使用。由意大利、英国和西班牙组成的EUROFIRST集团，在1992年8月签订合同研制PIRATE（被动红外机载跟踪设备）系统装备Eurofighter（欧洲战斗机）。法国研制的OSF（Optronique Secteur Frontale）系统是一个多功能系统，包括红外、电视和激光测距三部分，该系统装备于Rafale（阵风）战斗机，完成测距、跟踪和目标定向，具有多光谱能力，能同时完成多种功能。瑞典的SAAB公司也开展了IR-OTIS系统的研制，并在JA-37战斗机上进行了飞行试验。此外，美国为其新一代多用途战斗机JSF研制的新一代机载红外探测系统中也包含IRST。

从当今已装备、待装备和正在研制的IRST系统看，除了上述介绍的机载系统外，还有舰载系统、星载系统、地面防空系统、车载系统等。目前较典型的几种舰载IRST系统型号[9,10]有：美国/加拿大的AN/ SAR-8，以色列的SPIRTAS，荷兰的IRSCAN，LR-IRSCAN，"天狼星"（Sirius）系统，法国的VAMPIR-MB，SPIRAL、VAMPIRML II，英国的ARISE系统，意大利的SIR-3系统、加拿大的LWIRST系统等。工作波段多为3～5 μm或8～12 μm，少数是双波段兼有的。红外探测器一般采用InSb，碲镉汞（MCT）线阵或焦平面阵列。从工作方式看，方位搜索多采用扫描头360°旋转扫描，旋转速度为1～3 r/s，俯仰搜索采用螺旋式或步进式来覆盖。从系统的主要技术指标来看，探测距离为10～15 km或更远；探测概率大于90%；目标处理能力最少大于20个，最大已超过200个；反应时间最短时低于2 s；分辨角一般为1 mrad或更小，指示精度多为几mrad或更小。

2. IRST系统测距

传统的IRST系统主要包括红外摄像、图像预处理与目标检测、目标跟踪与告警输出等模块[5]，其典型功能框图如图5.8所示。其中红外摄像模块的功能是获取视场中场景的红外图像信息，图像预处理主要完成图像校正、图像增强和图像分割等功能。分割出的图像中通常不仅包含目标，还可能有类似目标的干扰或噪声，因而还应利用其间的灰度、形体和运动特性等差异，将真实目标检测出来。目标跟踪实质上是基于目标的运动状态等特征对目标实施连续检测定位。IRST系统通过对所跟踪目标的属性、运动状态（速度、方向）和距离等信息判断出来袭目标的威胁等级，并以声、光、电等形式发出相应的告警信息。

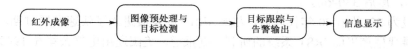

图5.8 早期典型IRST系统功能图

目前大多数IRST系统自身不具备测距功能，而是依靠激光测距机或雷达来测距，其典型的IRST系统组成框图[11]如图5.9所示。激光测距机或雷达都是有源（主动）定位系统[12]，是靠向外发出辐射信号来实现测距的,这样很容易暴露自己,被对方发现,从而遭受到对方电子干扰的软杀伤和反辐射导弹(Anti-Radiation Missile,ARM)等硬杀伤武器的攻击,使定位系统自身的安全受到威胁。因此,近年来国内外都在大力研究无源(被动)定位技术。它通过获取并处理来自目标的辐射信息测量出目标的位置和航迹,具有隐蔽性好等优点。随着信息获取和处理技术的发展,无源定位技术的研究和应用也越来越广泛,以致遍及海、陆、空、天等军事领域。

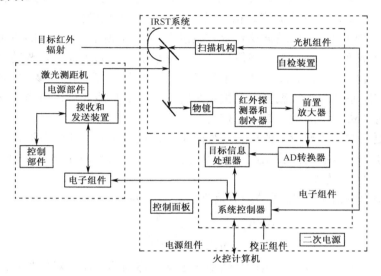

图 5.9 含激光测距机的典型 IRST 系统组成框图

含激光测距机的 IRST 系统一般采用脉冲激光器,整个系统工作于激光测距一次、被动红外保持一段时间的交替工作模式。随着 IRST 系统被动测距功能的实现,这种制式终将被取代。

5.3.2 基于双波段探测的被动测距

顾名思义,基于双波段探测的被动测距就是利用目标在两个波段内传输衰减的差异来实现的被动测距。从原理上讲,双波段红外辐射可提供更为丰富的信息,实现机理简单。

Jeffrey 等人在 1994 年提出了一种单目测距方法[13],主要用于对助推段战区导弹进行被动测距,图 5.10 所示为其测距示意图。

成像系统采用双波段探测方式,首先在 4.46~4.47 μm 波段选择两个窄波段对目标的辐射能量进行探测,然后通过比较两个波段的能量来估计目标的距离。在该研究中,之所以选择 4.46~4.47 μm 作为探测波段,主要出于以下考虑:

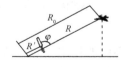

图 5.10 对导弹双波段测距示意图

(1) CO_2 与空气混合比在 100 km 下是均匀的;
(2) 该波段吸收特性是渐变的,从不透明到接近透明;
(3) 导弹尾烟在该波段有辐射峰。

导弹与侦察机的距离为 $R = R_0 - R'$,其中 R' 由下式确定:

$$R' = -\frac{H}{\cos\varphi}\ln\left[\frac{\cos\varphi}{(\alpha_2-\alpha_1)H}\ln\frac{C}{B}\right] \tag{5-6}$$

式中，C 为目标在两个探测波段的能量比；B 为探测器测得的两个波段能量之比；α_1、α_2 分别是两个探测波段的大气衰减系数；H 是与大气模型相关的常数。由式（5-6）可看出，影响测距精度的主要因素有目标辐射特征模型、能量探测精度、几何参数测量精度和大气模型。

在 1998 年至 1999 年期间，美国 KTAADN 公司和弹道导弹防御机构一起进行了实验验证[14]。验证结果表明，该方法的测距相对误差在 5%～15%范围内。

这种基于双波段探测的单站被动定位方案没有推广的原因，在于它的适用对象极少，如限于助推阶段的导弹。此外，为了获得足够的目标辐射，更为了抑制多普勒效应对窄带信号的偏移，要求在目标运动的垂直方向进行观察。由此可见，受到测量对象包容性要求的限制，这样一种被动测距系统作为机载光电对抗系统的一个附加功能尚可，用作独立的红外单站被动定位系统尚有待进一步的改进或功能扩充。

或许两个更宽的工作波段上的接收信号能量（或信噪比）之比能够淡化多普勒效应的影响，取得较好的结果。国内有人提出了类似的基于双波段（如 4.4～5 μm，8～12 μm）辐射接收信噪比测量的被动测距方案[15]。

在红外系统中所谓 SNR 实质是差分信噪比，定义为

$$\Delta\text{SNR} = \frac{\text{目标}-\text{背景}}{\sqrt{\sum(\text{噪声源})^2}} \tag{5-7}$$

与通常的说法保持一致，上述差分信噪比定义简称为信噪比。对红外系统，差分信号用安培来度量：

$$\Delta i_{\text{sys}} = \frac{A_d}{4F^2}\int_{\lambda_1}^{\lambda_2} R_e(\lambda)[M_e(\lambda,T_T)-M_e(\lambda,T_B)]\tau_{\text{atm}}^R(\lambda)\tau_{\text{optics}}(\lambda)\mathrm{d}\lambda \tag{5-8}$$

式中，A_d 为探测器面积；F 即光学系统 F 数；T_T、T_B 分别代表目标或背景的温度；$R_e(\lambda)$ 是探测器响应度（A/W），若以 R_{load} 表示负载电阻，它与以 V/W 为单位的探测器响应度 $R_d(\lambda)$ 的关系为

$$R_d(\lambda) = R_e(\lambda)\cdot R_{\text{load}} \tag{5-9}$$

而单波段信噪比为

$$\text{SNR} = \frac{\Delta i_{\text{sys}}}{\sigma_{\text{sys}}} = \frac{\frac{A_d}{4F^2}\int_{\lambda_1}^{\lambda_2} R_e(\lambda)[M_e(\lambda,T_T)-M_e(\lambda,T_B)]\tau_{\text{atm}}^R(\lambda)\tau_{\text{optics}}(\lambda)\mathrm{d}\lambda}{\sqrt{\int_0^\infty S(f_e)|H(f_e)|^2\mathrm{d}f_e}} \tag{5-10}$$

对不同的使用波段，式（5-10）中唯有 $\tau_{\text{atm}}^R(\lambda)$ 是随距离变化的，换言之，信噪比是目标距离的函数；通过对两个波段上特定系统信噪比的比值的标定有可能消去目标的辐射特性，从而确定目标的距离[16]。有人则给出了一个形如 $\frac{1}{\text{SNR}} = \sum_{n=0}^{5} C_n R^n$ 的经验公式，它来自确知消光系数前提下的实测数据。

相对而言，宽波段实现被动测距针对性较差。到了 2006 年，Hawks[17]通过研究固体火箭发动机的发射谱（如图 5.11 所示），提出了通过分析 762 nm 左右两个氧气谱线区的信噪比实现被动测距的理论。基于 Hawks 理论的实现系统称为 OPRS（Oxygen Based Passive Ranging System），2010 年，Anderson 在他的硕士学位论文中公布了 OPRS 的实际测试结果[18]。

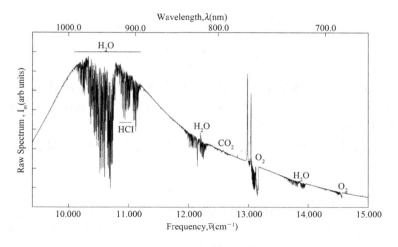

图 5.11 固体火箭发动机的光谱

在 OPRS 中，O_2 的两个峰值中心选定为 752 nm、778 nm，采样间隔为 150 ms，实测距离估计平均误差为 15%。

5.3.3 基于单波段探测的被动测距

单波段被动测距只可能在特定条件下，或采取特别手段实现。

选用呈右手系的地面坐标系为主坐标系，观测器平台坐标系为辅坐标系。设空间观测器在任意相邻三个观测时刻 n、$n+1$、$n+2$ 上的地面坐标分别为 S_n、S_{n+1}、S_{n+2}；相应时刻上，目标的空间位置为 T_n、T_{n+1}、T_{n+2}。在观测器平台球坐标系中，T_n、T_{n+1}、T_{n+2} 可表示为对应时刻上距离 r、方位角 α、俯仰角 β 的函数，即 $T_n(r_n, \alpha_n, \beta_n)$、$T_{n+1}(r_{n+1}, \alpha_{n+1}, \beta_{n+1})$、$T_{n+2}(r_{n+2}, \alpha_{n+2}, \beta_{n+2})$。在地面坐标系中，观测器与目标的空间关系如图 5.12 所示[19]。

当采样间隔很小时，高速运动的目标或观测器均可假定作直线运动，即 S_n、S_{n+1}、S_{n+2} 在一条直线上，T_n、T_{n+1}、T_{n+2} 在一条直线上[19]。这一假设与文献[20]中的直线分段拟合是一致的。

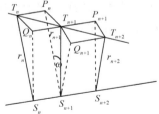

图 5.12 观测器与目标的空间关系

在图 5.12 中，$T_nQ_nT_{n+1}P_n$、$T_{n+1}Q_{n+1}T_{n+2}P_{n+1}$ 和 $Q_nT_{n+1}S_{n+1}S_n$ 各自构成了平行四边形。在观测平台坐标系中，记为

$$(l_i \quad m_i \quad n_i)^T = (\cos\alpha_i\cos\beta_i \quad \sin\alpha_i\cos\beta_i \quad \sin\beta_i)^T \tag{5-11}$$

这里，$i = n$、$n+1$、$n+2$。$\angle P_nS_{n+1}T_{n+1}=\omega$，则

$$\cos\omega = l_nl_{n+1} + m_nm_{n+1} + n_nn_{n+1} \tag{5-12}$$

为了简化分析又不失一般性，我们假定观测器只在 x 轴上运动。这一点通过坐标的设定或坐标轴的旋转就可以得到保证。当观测器向 x 轴负方向运动时，即 $x_{n+1} < x_n$，可得如下关系式[19]：

$$r_{n+1} = r_n \frac{l_n}{l_{n+1}} - \frac{x_{n+1} - x_n}{l_{n+1}} \tag{5-13}$$

令 $r_n = \rho_{n(n+1)} r_{n+1}$，则式（5-13）可改写为

$$r_{n+1} = \left| \frac{x_{n+1} - x_n}{\rho_{n(n+1)} l_n - l_{n+1}} \right| \qquad (5\text{-}14)$$

式（5-14）本质上是一个将目标距离比转换为目标距离的关系式，其中 x_{n+1}、x_n 可通过 GPS 获得，l_{n+1}、l_n 定义在式（5-11）中。式（5-14）告诉我们，只要获得了相邻采样时刻目标的距离比，就可以实现目标的被动测距。

在相邻三点共线假设的基础上，文献[21]假定目标作匀速运动，构建了相应的几何约束关系图，并确定出

$$\rho_{n(n+1)} = \frac{4 - \omega^2}{8\cos\omega + 2\omega \pm \sqrt{(8\cos\omega + 2\omega)^2 - 4(4 - \omega^2)^2}} \qquad (5\text{-}15)$$

式（5-15）中，$\rho_{n(n+1)}$ 的取值有两个：一个大于 1，另外一个小于 1。为了避免应用式（5-15）带来的双值问题，文献[19]采用了这样的判断机制：若 $\omega_n < \omega_{n+1}$，则取 k 值为小于 1 的一个；否则，取 k 值取为大于 1 的一个。但是，在实际应用中，尤其是在观测视线与目标航迹夹角较小时，会引入很大误差。

文献[22]提出了一种利用目标辐照度估计距离比的算法。

当两次采样间隔比较小的时候，在三个相邻观测间隔内，小目标的辐射不会发生大的波动；因此，可以被视为一个具有恒定辐射强度的点源。这时，红外探测器探测到的辐照度 E 与目标距离 r 的关系为[23]：

$$E = \tau^r \frac{I}{r^2} \qquad (5\text{-}16)$$

式中，I 为探测器可接收到的目标辐射强度，未知量；τ 为单位长度上大气透过率，经验常数。记 n、$n+1$ 个采样点上，目标到探测器的距离分别为 r_n、r_{n+1}，则有

$$E_n = \tau^{r_n} \frac{I}{r_n^2} \qquad (5\text{-}17)$$

$$E_{n+1} = \tau^{r_{n+1}} \frac{I}{r_{n+1}^2} \qquad (5\text{-}18)$$

式（5-17）和式（5-18）相除并开平方，得

$$\sqrt{\frac{E_{n+1}}{E_n}} = \tau^{\frac{r_{n+1} - r_n}{2}} \frac{r_n}{r_{n+1}} \qquad (5\text{-}19)$$

对式（5-17 和式（5-18），当采样间隔很小时，有[23]

$$\frac{E_{n+1} - E_n}{E_n} \approx -\left(\frac{2}{r_{n+1}} + \ln\tau\right) \cdot (r_{n+1} - r_n)$$

$$= -2(1 - \frac{r_n}{r_{n+1}}) - \ln\tau \cdot (r_{n+1} - r_n) \qquad (5\text{-}20)$$

对式（5-20）进行整理，有

$$r_{n+1} - r_n = \left[\frac{E_{n+1} - E_n}{E_n} + 2(1 - \frac{r_n}{r_{n+1}})\right] / (-\ln\tau) \qquad (5\text{-}21)$$

将式（5-21）代入式（5-20），有

$$\tau^{\frac{\rho}{\ln\tau}}\rho_{n(n+1)} = \tau^{\frac{E_{n+1}/E_n+1}{2\ln\tau}}\sqrt{E_{n+1}/E_n} \qquad (5\text{-}22)$$

令 $\tau^{\frac{1}{\ln\tau}} = a$，则式（5-22）可改写为

$$a^{\rho}\rho_{n(n+1)} = a^{\frac{E_{n+1}/E_n+1}{2}}\sqrt{E_{n+1}/E_n} \qquad (5\text{-}23)$$

式（5-23）右端为观测量，根据文献[24]，其解析解为

$$\rho_{n(n+1)} = \frac{1}{\ln a}\text{ProductLog}\left[(\ln a)\cdot a^{\frac{E_{n+1}/E_n+1}{2}}\sqrt{E_{n+1}/E_n}\right] \qquad (5\text{-}24)$$

式（5-24）中，E_n 和 E_{n+1} 能够通过图像处理获得[25]，ProductLog( )函数具有确定的级数表达式[24]。如果消光系数相关项 $\ln a$ 为已知，则 $\rho_{n(n+1)}$ 将被唯一确定。这时，将式（5-24）代入式（5-14），即可实现对目标的被动测距。

在采样间隔很小的情况下，在相邻采样时刻，目标到观测器的距离的变化是有限的。例如，在 25 Hz 的采样频率下，对飞机目标和机载观测平台，假定 $|r_{n+1} - r_n| < 60$ m 是合理的。在这些假设的前提下，以消光系数为控制量对式（5-24）进行了切比雪夫拟合，其中，消光系数变化范围是 0.1～1.1，对应气象条件从晴朗、霾、小雨、小雪到中雨。经过拟合，消除了消光系数。此外，该方法并没有指定具体红外传感器的使用波段。

图 5.13 示出了 7 阶拟合、5 阶拟合误差随消光系数的变化情况。根据图 5.13，7 阶拟合、5 阶拟合具有同样的最大拟合误差，均未超过 1.5%。只是，7 阶拟合的误差分布均匀性要优于 5 阶拟合。考虑到实际应用中计算误差的积累，选择 5 阶拟合就可以了。

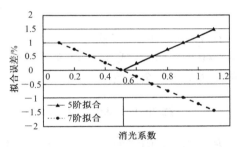

图 5.13 不同消光系数下的切比雪夫拟合误差

经过 5 阶拟合，式（5-24）简化为如下形式：

$$\rho_{n(n+1)} = C_0 + C_1 q + C_2 q^2 + C_3 q^3 + C_4 q^4 + C_5 q^5, q = \sqrt{\frac{E_{n+1}}{E_n}} \qquad (5\text{-}25)$$

式中，$C_0 = 5.052281 \times 10^{-5}$，$C_1 = 1.012319$，$C_2 = 5.312449 \times 10^{-4}$，$C_3 = -5.447379 \times 10^{-4}$，$C_4 = 2.792822 \times 10^{-4}$，$C_5 = -5.727322 \times 10^{-5}$。

表 5-2 示出了 8～12 μm 波段若干典型气象条件下的消光系数。由于式（5-25）适用于常见的很宽的消光系数范围，故式（5-25）的拟合具有一定的实用价值。

表 5-2 8～12 μm 波段的大气消光系数 [26]

气象条件	晴	霾	小雨	小雪	中雨
消光系数	0.08	0.105	0.36	0.51	0.69

图 5.14 示出了一个仿真试验的结果。仿真条件是观测器沿 x 轴负向作直线运动，具体参数为 $x_n = 40\,000 - 240iT$，$y_n = z_n = 0$；目标在垂直于 x 轴的平面上作正弦运动，速度为 242.6 m/s，加速度为 2g，具体运动方程为 $x_t = 500$，$y_{tn} = 242.6 \times i \times T$，$z_t = 2\,942.75 \times \sin(0.08244 \times i \times T)$。

其中，$T=(1/25)$ s 为采样间隔，i 为采样时刻序号。辐射强度测量误差为 1%～3%。

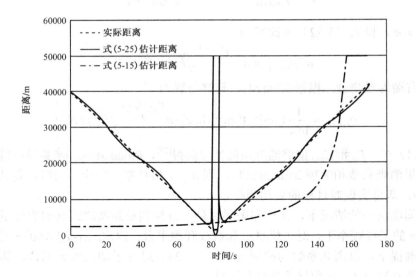

图 5.14 仿真结果

在图 5.14 中给出了实际距离、式（5-25）的距离估计结果、式（5-15）的距离估计结果。在 4～40 km 之间，式（5-25）的距离估计误差很小，而基于式（5-15）和文献[19]单值化策略的距离估计完全失效。

5.3.4 红外小目标被动测距

基于 IRST 的红外小目标的定位（主要指空间位置估计，特别是距离估计）已经成为一个研究热点，研究的思想方法很多。2001 年，付小宁对相关研究作了初步的梳理[27]；现在将有关研究重新分门别类，划分为如下几种类型：（1）基于纯角度（bearing-only）的距离估计；（2）基于坐标变换的距离估计；（3）基于准单目技术的估计；（4）基于辐射能量的估计；（5）基于调制技术的估计；（6）基于滤波算法的估计；（7）综合目标辐射能量和运动特性的距离估计。下面就相关研究分别展开讨论。

1. 基于纯角度（bearing-only）的距离估计

继美国空军开展 IRST 研究之后，20 世纪 70 年代末，美国海军的有关单位提出了一种测距方法，通过对目标两次测角实现了军舰对来袭飞机或导弹的定位[28]。70 年代后期，国内开始注重有关研究[29, 30]，研究内容涉及可观测性条件、观测器机动方式、滤波等，近年来才深入三维运动目标的可观测条件的研究[31]。这类方法的一般性结论是，在只测角的情况下，目标状态可被观测到的充要条件是观测站必须实施满足一定约束的机动动作，难点在于约束矩阵要受到目标动作的影响。因此，如何利用纯方向测量值求解目标距离，仍是一个重要而又困难的问题[32, 33]。换言之，相应的估计是一种不完全估计。

2. 基于坐标变换的距离估计

文献[34]归纳出了通过坐标变换可以提高目标可观测性的结论，并将基于坐标变换的目标定位归结为两类：一类是被动的坐标变换，如采用修正的极坐标系[35]、修正的球面坐标[36]

或调整参考方向[34]；另外一类是主动的坐标变换，如要求观测器做 Z 形机动动作。研究表明，修正的极坐标系、修正的球面坐标系下，对目标的跟踪滤波效果要优于平面直角坐标系或空间直角坐标系中的处理。在修正后的极坐标或球面坐标系中，对目标方向（俯仰角、方位角）的预测-跟踪可以做到比较精准，但是对目标距离的估计改善仍需要观测平台合适的机动动作[37]。

3. 基于准单目或虚拟单目技术的估计

国外，有人利用双目视觉原理，实现了准单目红外被动定位[38]；在国内，付小宁最早对其进行了系统的理论分析[39]。该方法的应用需要大的搭载平台（如舰船、较大型飞机），其特点是对运动目标和静止目标均有效，适用于背景比较简单的红外点目标的被动定位。因为在这种实现技术中，单个目标的图像以像点对（dot-pair）的方式出现，可能导致对编队运动目标造成距离误判。

在国家自然科学基金资助下，天津大学开展了利用单镜头附加反射镜的机制形成虚拟双目视觉镜头的测量研究[40]，虚拟双目视觉镜头比较适宜于近距离的目标测量。

4. 基于辐射能量的距离估计

基于辐射能量的方法始于 20 世纪 80 年代后期。最早，Pentland 提出了利用 Paserval 定理计算不同频率下可见光目标图像功率谱的多尺度方法[41]，通过查表法确定对应的目标距离，在 1 m 范围内的相对测量误差为 2.5%，但这种方法用于远距离红外小目标则有非常大的技术难度。后来，Jeffrey 等人在 1994 年提出了一种单目测距方法[42]，误差不超过 15%，主要用于对助推段战区导弹进行被动测距。这种基于双波段探测的单站被动定位方案没有推广的原因在于它的适用对象极少，如限于助推阶段的导弹。此外，为了获得足够的目标辐射，更为了抑制多普勒效应对窄带信号的偏移，要求在目标运动的垂直方向进行观察。在国内，《光学精密工程》首先报道了基于对比度的空中红外点目标探测距离估计方法的研究[43]；付小宁等人借助美国海军模型，也开展了基于对比度的双波段被动红外测距研究[44]。国内研究的特点是模型简单，对于静止或运动目标都适用，辅以角度信息便可实现定位，但是主要存在一个问题和一个不足：问题是，在计算式中存在有接近于 0 的数值做分母；不足是，红外探测器对目标响应的积累时间总是被人们忽略了，使得目标距离估计值保留有一定的系统误差，甚至产生误差积累[45]。

在国家自然科学基金资助下，西安空军工程大学提出了一种弹载被动系统测距算法，建立了具有 Markov 跳变参数的统一目标距离估计模型[46]。在实际情形下，目标辐射源发出的辐射强度不可能是恒定值，故这种在较长时间段内假定目标辐射源辐出度不变化的距离估计算法有待进一步的改进。

5. 基于调制技术的估计

Dowski 在 1994 年提出了一种单目成像测距方法[47]；在国内，华中科技大学也开展了类似的研究[48]。这种方案的测距原理是通过在光路中设置距离调制码盘[48]影响红外辐射接收系统的光学传递函数来实现的，该方法要求大目标有更低的空间频率特性；对小目标物体，则要求具有较强的辐射能量以抵偿距离调制码盘的衰减[49]。故目前尚不能有效地应用于非合作红外小目标的距离估计。

6. 基于滤波算法的估计

被动跟踪定位的本质是非线性估计问题。早期提出的以 Kalman 滤波为代表的线性高斯条件下状态估计算法，在实际应用中，其滤波精度和收敛速度难以获取满意的效果[50, 46]。

近年来，为了开发出具有工程实用意义的被动跟踪定位算法，很多研究人员开始深入研究更为复杂的非线性非高斯环境下、对具有任意机动状态的目标跟踪问题，于是，产生了三类代表性的算法，它们分别是：管道滤波算法[51, 52]、交互式多模型粒子滤波算法[53, 54]和扰动模型法[46, 55]。这些滤波算法的共同点是通过复杂的算法提高观测信息的利用率，其中，文献[55]是一项美国发明专利，揭示了一种空域中飞机对飞机的测距方法；管道滤波算法则结合了目标的运动特性，在获得候选目标点集合后，根据目标的运动特性在序列图像中剔除虚假目标点，以获得目标真实的运动轨迹；最为典型的是交互式多模型粒子滤波算法（IMM-PF）。该算法首先利用粒子滤波技术，弱化非线性和非高斯噪声分布的动力学方程对状态后验概率密度估计的负面影响；然后，通过设计一个含有多个运动模型的交互式多模型（IMM），建立具有任意运动轨迹的目标的动力学模型，以描述系统可能的运动状态；最后，各模型均采用粒子滤波算法估计目标状态信息，最终结果为所有模型状态估计值的加权和。

IMM-PF 算法更符合目标实际运动情况，对于强非线性系统具有良好的滤波精度。然而，由于需要同时对多个模型进行运算，且每个模型需要使用数百个甚至上千个粒子以获取精度，其运算量和存储量非常大，难以实时实现。为此，产生了多速率的交互式多模型跟踪算法[53, 54]（MRIMM-PF），在一定程度上降低了算法的运算量。

在粒子滤波算法中，粒子重采样过程中的"进化策略"很关键，为了避免产生庞大的粒子群，另外一个有效的途径是尝试多特征的融合算法[50]。

7. 综合目标辐射能量和运动特性的距离估计

作为结合目标运动特性和能量特性的最初的尝试，文献[56]在大气衰减系数未知的条件下，将一种新的伪距测量概念引入红外辐射源被动定位研究，给出了定位估计的线性闭式解。仿真实验表明该方法具有接近最佳线性估计的精度，但是，受大气衰减系数分布等因素的影响[56]，该方法至今尚未走进实用化阶段。与之类似，文献[57]在红外小目标的跟踪定位中，引入了红外辐射信息，提出了一种结合目标辐射能量和运动特性的目标距离估计的初步方案，遗憾的是，未见有进一步深入研究的报道。

5.4 经典三角形测距及其演变

经典三角形测距及其演变涉及对静止目标的被动测距、对运动目标的被动测距、基于扫描时差的极限被动测距等三部分内容。

5.4.1 对静止目标的被动测距

对静止目标的被动定位实质上是一个三角形测量问题[58]。

静止目标被动定位的几何关系如图 5.15 所示。不失一般性，可认为观测器（站）作匀速运动。注意到观测器沿 V_0 方向运动时，观测时刻 t_1、t_2 所在位置 S_1、S_2 上的视线交会于静止目标 T，构成了一个三角形。在 S_1、S_2 上可获得目标的方位角、俯仰角。

在空间直角坐标系中，令目标 T 的坐标为 (x, y, z)，点 S_1、S_2 上观测器所处的坐标分别为 (x_1, y_1, z_1)、(x_2, y_2, z_2)。设点 S_1（或 S_2）上目标对观测器的方位角、俯仰角分别为 α_1、β_1（或 α_2、β_2）。于是，有如下关系式成立：

$$\tan \alpha_k = \frac{y - y_k}{x - x_k}, \quad \sin \beta_k = \frac{z - z_k}{r_k} \quad (5\text{-}26)$$

式中，$k=1, 2$；$r_k = \sqrt{(x-x_k)^2 + (y-y_k)^2 + (z-z_k)^2}$。

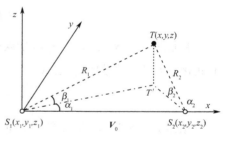

图 5.15 对静止目标的被动定位示意图

当观测点数 $k \geq 3$ 时，目标空间位置 (x, y, z) 的最小二乘法估计为

$$\sum_k \left\{ \alpha_k - \arctan\left(\frac{y-y_k}{x-x_k}\right) \right\}^2 + \sum_k \left\{ \beta_k - \arcsin\left(\frac{z-z_k}{r_k}\right) \right\}^2 = \min \quad (5\text{-}27)$$

这种测量原理的本质是一种利用角度信息的非线性测量。

作为式（5-27）的一个特例，文献[59]讨论了应用最大似然估计的海平面上距离估值，建立了测量方程，给出了相应的估值方差理论值，即克来默–罗下界（Gramer-Rao Lower Bound）。在此基础上，文献[60]进行了二维平面中无源定位误差下界的仿真分析，明确了观测器运动轨迹、运动速度、角度测量精度和测量速率等因素对测角无源定位的克来默–罗下界的影响，尚未推广到三维空间。

对于三维空间被动定位，文献[61]提出了利用方向角及其变化率对静止辐射源的三维单站无源定位算法，研究表明定位相对误差能在 10 s 内收敛到 10%以内。相对本文研究的应用领域，该方法收敛速度较慢，故本文不予讨论。

在三维空间中，通过对静止目标位置采用如式（5-27）的最小二乘估计的大量仿真试验，Rubin 和 Michalowicz 得出了以下结论[58]：

（1）沿观测器–目标视轴切向运动时的估计最可信；
（2）对短程运动，距离估计的可靠性主要取决于对目标的角度测量精度；
（3）对较长距离的运动，距离估计的可靠性主要取决于观测站点间距离的精度。

上述结论具有一定的指导意义，但都是定性的，故有必要进行定量分析。

注意到观测点 (x_1, y_1, z_1)、(x_2, y_2, z_2) 和 T 目标同在一个平面内，设目标视线 $\overline{S_1T}$、$\overline{S_2T}$ 与 V_0 的夹角分别是 ψ_1、ψ_2，容易推知：

$$\psi_1 = \arccos \frac{\sin \alpha_1 \cos \beta_1 \cdot v_0^x + \cos \alpha_1 \cos \beta_1 \cdot v_0^y + \sin \beta_1 \cdot v_0^z}{|V_0|} \quad (5\text{-}28a)$$

$$\psi_2 = \arccos \left(-\frac{\sin \alpha_2 \cos \beta_2 \cdot v_0^x + \cos \alpha_2 \cos \beta_2 \cdot v_0^y + \sin \beta_2 \cdot v_0^z}{|V_0|}\right) \quad (5\text{-}28b)$$

$$|S_1S_2| = \sqrt{(x_2-x_1)^2 + (y_2-y_1)^2 + (z_2-z_1)^2} \quad (5\text{-}28c)$$

式中，v_0^x、v_0^y、v_0^z 分别为 V_0 在 x、y、z 坐标轴上的投影。

在三角形 S_1S_2T 中，已知底边 S_1S_2 和该边上的两个角 ψ_1、ψ_2，那么其余两边可以求解出来：

$$|S_1T| = \frac{|S_1S_2| \cdot \sin \psi_2}{\sin(\psi_1 + \psi_2)} \quad (5\text{-}29a)$$

$$|S_2T| = \frac{|S_1S_2| \cdot \sin\psi_1}{\sin(\psi_1 + \psi_2)} \tag{5-29b}$$

将 $|S_1T|$、$|S_1S_2|$、ψ_1、ψ_2 测量误差分别记为 δR_1、δd、$\delta\psi_1$、$\delta\psi_2$，并令 $\delta\psi_1 = \delta\psi_2 = \delta\psi$，有距离估计误差的封闭表达式：

$$\frac{\delta R_1}{|S_1T|} = \frac{\delta d}{|S_1S_2|} + \frac{\sin\psi_1/\sin\psi_2}{\sin(\psi_1+\psi_2)} \cdot \delta\psi \tag{5-30}$$

根据式（5-30），在 V_0 的正、负方向上，定位误差为 ∞，原因是在这种情况下无法确认视线的交汇点，是实际使用中要回避的。

式（5-30）中 $\dfrac{\delta d}{|S_1S_2|}$ 一般为常数，而 $\dfrac{\sin\psi_1/\sin\psi_2}{\sin(\psi_1+\psi_2)}$ 在运动定位中为 ψ_2 的函数，当 $\psi_1 + 2\psi_2 = \pi$ 时取得最小值，只可能在较长距离（指移动距离与目标距离相当）的运动中实现。其中，一个特例就是 $\psi_1 = \psi_2 = \pi/3$；对短程运动，$\psi_1\psi_2 \approx \pi$，这时，$\dfrac{\sin\psi_1/\sin\psi_2}{\sin(\psi_1+\psi_2)} \cdot \delta\psi$ 远大于 $\dfrac{\delta d}{|S_1S_2|}$，是距离估计误差的主要贡献项。由此可见，这些结论与 Rubin 和 Michalowicz 的结论一致，但比后者直观、全面。

将式（5-30）用图形表示出来，可得与文献[62]中双基地布站的距离估计精度的几何分布（GDOP）图式相吻合的误差等高线图。

本节的分析讨论表明，应用式（5-28）将三维定位降维后，只需两个观测点便可实现定位。如果同时采用两个观测器，则易实现对运动目标的被动测距。

5.4.2 对运动目标的被动测距

基线测距是一种经典的被动测距方式[63]，它采用两个探测器同时对目标进行观测，不仅能够对静止目标进行测距，还可实现对运动目标的测距。经典的基线测距的观测量是角度（观测器视轴与基线的夹角），探测器间的距离称为基线长度，其原理如图 5.16 所示。

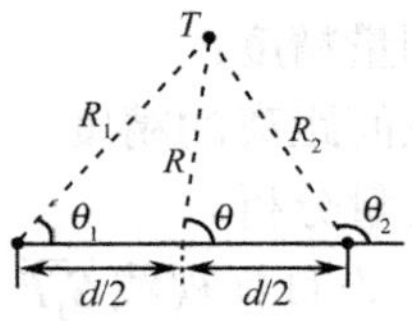

在图 5.16 中，处于位置 T 处的目标发出的特征辐射波到达基线两端的距离分别为 R_1、R_2，与基线的夹角为 θ_1、θ_2。设基线长度为 d，目标与基线中心相距 R。

图 5.16 传统的基线测距的原理

根据三角形正弦原理，有

$$\frac{d}{\sin(\theta_2-\theta_1)} = \frac{R_1}{\sin\theta_2} = \frac{R_2}{\sin\theta_1} \tag{5-31}$$

据此可推知

$$\left(\frac{R_1}{d}\right)^2 + \left(\frac{R_2}{d}\right)^2 = \frac{\sin^2\theta_1 + \sin^2\theta_2}{\sin^2(\theta_2-\theta_1)} \tag{5-32}$$

根据平行四边形定理[64]，

$$R_1^2 + R_2^2 = 2 \cdot \left[\left(\frac{d}{2}\right)^2 + R^2\right] \tag{5-33}$$

联立求解式（5-32）、式（5-33），可得测距方程为

$$\left(\frac{R}{d}\right)^2 = \frac{\sin^2\theta_1 + \sin^2\theta_2}{2\cdot\sin^2(\theta_2-\theta_1)} - \frac{1}{4} \tag{5-34}$$

由式（5-34）知，测距误差 ΔR 是距离 R、基线尺寸 d 和测角误差 $\Delta\theta_1$、$\Delta\theta_2$ 的函数。若 $\Delta\theta_1$、$\Delta\theta_2$ 为统计独立的随机分布，具有相同的标准偏差 $\sigma_{\Delta\theta}$，设 ΔR 的标准偏差为 $\sigma_{\Delta R}$，从关系式 $R_1\cdot\sin\theta_1 = R_2\cdot\sin\theta_2 = R\cdot\sin\theta$ 出发，则当 θ 接近 $\pi/2$，且 R/d 远大于 1 时有[65]

$$\frac{\sigma_{\Delta R}}{R} = \frac{\sqrt{2}\sigma_{\Delta\theta}R}{d|\sin\theta|} \geqslant \frac{\sqrt{2}\sigma_{\Delta\theta}R}{d} \tag{5-35}$$

根据式（5-35），当 θ 偏离 $\pi/2$ 时，测距误差将迅速增大。对此，有人提出了双基线方案[66]，这种"十字形"布站的双基线方案采用了主、从基线转换机制，极大地减小了近轴测距误差。而某些情况下，如基线搭载平台为舰艇时，则可以通过旋转基线搭载平台来保证 θ 总是处于 $\pi/2$ 附近。

双基线方案实际上是四基地布站，对基线定位的另外一种改进是采用三基地"三角形"布站方案[62]。

在 $\theta = \pi/2$ 时，对应图 5.16 中 $\theta_1 + \theta_2 = \pi$ 的情形，这时

$$R = \frac{d}{2}\cdot\tan\theta_1 \tag{5-36}$$

对式（5-36）微分，有

$$\Delta R = \frac{d}{2}\cdot\sec^2\theta_1\cdot\Delta\theta_1 \tag{5-37}$$

由式（5-36）、式（5-37）可知当 R/d 非常大时

$$\frac{\Delta R}{R} = \frac{1}{\sin\theta_1\cos\theta_1}\cdot\Delta\theta_1 \approx \frac{2R}{d}\cdot\Delta\theta_1 \tag{5-38}$$

例如，$R = 10$ km，$d = 1$ m 时，对 1% 的测距误差则要求 $\Delta\theta_1 = 2.5$ μrad。这样的测角误差要求非常苛刻，换言之，可以搭载在小型机动平台上的短尺寸基线测距很难适用于远距离测距。对此有人作了理论上的修正，提出了基于扫描时差的同步测时交叉定位法[67]。

5.4.3 基于扫描时差的基线被动测距

同步测时交叉定位是一种利用同步扫描的时差测量代替常规角度测量的基线被动测距方法。

首先考虑目标相对于观测基线静止不动的情形。设长度为 d 的基线两端对准目标时，视线间的夹角为 ψ、视线与基线的夹角分别为 ϑ_1、ϑ_2，如图 5.17 所示。

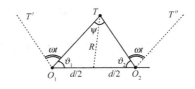

图 5.17 基于扫描时差的基线测距原理

根据几何学，可推导出目标至基线中点的距离：

$$\begin{aligned}R &= \frac{d}{2\sin(\vartheta_1+\vartheta_2)}\cdot\sqrt{2(\sin^2\vartheta_1+\sin^2\vartheta_2)-\sin^2(\vartheta_1+\vartheta_2)}\\ &= \frac{d}{2\sin(\psi)}\cdot\sqrt{2\cdot[\sin^2\vartheta_1+\sin^2(\vartheta_1+\psi)]-\sin^2(\psi)}\end{aligned} \tag{5-39}$$

式（5-39）表明，R 为基线长度 d、观测角 ϑ_1 和目标对基线张角 ψ 的函数。

当基线两端的探测器以相同的初始相位在目标–基线平面内同步转动时，两探测器相继

扫过目标的相位差等于角度 ψ。假定探测器的旋转角速度恒为 ω，则有

$$\psi = \omega t \tag{5-40}$$

式中，t 为两个探测器相继对准目标时的扫描时（间）差。

在图 5.17 中，观测角 ϑ_1、ϑ_2 与探测器同步扫描时差 t 和扫描角速度 ω 存在如下关系：

$$\vartheta_1 + \vartheta_2 + \omega t = \pi \tag{5-41}$$

将式（5-41）代入式（5-39），有

$$R = \frac{d}{2\sin(\omega t)} \cdot \sqrt{2 \cdot [\sin^2 \vartheta_1 + \sin^2(\vartheta_1 + \omega t)] - \sin^2(\omega t)} \tag{5-42}$$

当探测距离在 10 km 以上时，ωt 很小，可以忽略 ωt 的影响，同时令 $\vartheta_1 = \pi/2$。于是，式（5-42）简化为

$$R = \frac{d}{\sin(\omega t)} \tag{5-43}$$

至此，角度的测量已经转变为扫描时差的测量，这就是基于扫描时差的同步测时交叉定位原理。

对式（5-43）微分，有

$$\Delta R = -\frac{d\omega \cdot \cos(\omega t)}{\sin^2(\omega t)} \Delta t \tag{5-44}$$

综合式（5-44）、式（5-43），可得由测时误差引起的距离误差估计

$$\Delta R / R = -\omega \cdot c\tan(\omega t) \cdot \Delta t \tag{5-45}$$

根据式（5-45），当 $R = 10$ km、$d = 1$ m、$\omega = 20 (°)/s$ 时，5% 的测距误差要求的测时误差为 14.326 μs。该测时误差相对 2.5 μrad 的测角误差要求是较易实现的。

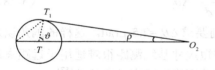

图 5.18 目标运动对测角（测时）的影响

当目标相对观测器运动时，情况就发生了变化，如图 5.18 所示。设目标第一次被扫中时在位置 T，第二次被扫中时在位置 T_1，那么距离 O_2T 就变为 O_2T_1。换言之，用 O_2T 代替 O_2T_1 就引入了系统性测量误差，由此引入的测量均方误差 $\sigma_{O_2T_1} = |TT_1|$。

根据图 5.18 可知，由此造成的位置 T 的角度测量偏差

$$\rho = \arcsin\left(\frac{TT_1 \sin \vartheta}{\sqrt{O_2T^2 + TT_1^2 - 2O_2T \cdot TT_1 \cos \vartheta}}\right) \tag{5-46}$$

式中，ϑ 是目标运动矢量 $\overline{TT_1}$ 与视轴 $\overline{O_2T}$ 的夹角，可合理地假定为 $[0, 2\pi]$ 均匀分布。进一步，有

$$\begin{aligned}
\sigma_\rho^2 &= \frac{1}{2\pi} \int_0^{2\pi} \arcsin^2 \left(\frac{TT_1 \sin \vartheta}{\sqrt{O_2T^2 + TT_1^2 - 2O_2T \cdot TT_1 \cos \vartheta}}\right) \mathrm{d}\vartheta \\
&= \frac{1}{2\pi} \int_0^{2\pi} \arcsin^2 \left(\frac{TT_1/O_2T \sin \vartheta}{\sqrt{1 + (TT_1/O_2T)^2 - 2TT_1/O_2T \cdot \cos \vartheta}}\right) \mathrm{d}\vartheta
\end{aligned} \tag{5-47}$$

对式（5-47）实施数值分析，有

$$\sigma_\rho \approx 5.0148 \times \left(\frac{|TT_1|}{|O_2T|}\right)^2 = 5.0148 \times \frac{(\Delta V \cdot t)^2}{R^2} \tag{5-48}$$

式（5-48）中 ΔV 为目标对观测器运动的相对速率，$R=|O_2T|$。此前，文献[68]只作了 $\overrightarrow{TT_1} \perp \overrightarrow{O_2T}$ 时的误差分析，只是式（5-48）的一个特例。

至此，可借助测时偏差 $\sigma_t = \sigma_\rho / \omega$ 来估计本原理实施被动测距的相对偏差。在探测距离达 10 km 以上的条件下，当图 5.17 中 $\vartheta_1 = \vartheta_2$ 时，有

$$\omega t = \pi - \alpha_1 - \alpha_2 \approx d/R \tag{5-49}$$

将式（5-48）、式（5-49）代入式（5-45），可得

$$\frac{\sigma_R}{R} \approx 5.0148 \times \frac{\Delta V^2 \cdot d}{\omega^2 R^3} \tag{5-50}$$

可见，本方法的理论误差与基线长度、目标相对速度平方成正比，与扫描速角速度平方、距离立方成反比。取 R =5 km，ΔV =500 m/s，d =1 m，ω =20(°)/s =0.349 rad/s，有 σ_R/R=0.01%；约为式（5-42）用式（5-43）替代时应用误差的 1/10。

这时，如果用 O_2T 近似 O_2T_1，则引入的测距均方偏差（单位：m）为

$$\sigma_{O_2T_1} = |TT_1| \approx \left| \frac{\Delta V \cdot d}{\omega R} \right| = 0.28 \tag{5-51}$$

如此小的均方差表明，用 O_2T 近似 O_2T_1 是合理的。

以上分析表明，本方法对运动目标的测距在理论上也是可行的。

5.5 交叉定位的单平台应用

基于交叉定位原理的被动测距技术得到了较广泛的应用，在理论上也臻于完善，但在具体实际应用中，特别是在单站被动定位应用中，仍存在困难和差距。

5.5.1 交叉定位的特点和问题

交叉定位的关键是基线两端的视线对准同一目标的几何中心或质心。在观察视野中只存在一个目标时，这是很容易满足的；存在多个（指两个或两个以上）目标时，这一点往往不容易满足。原因有二：其一，测量误差造成的视线不共面，这时目标位于以基线为相交线的两个平面上，如图 5.19（a）所示；其二，即使两个视线共面，也可能因为未交会于同一目标而得出错误的结论，如图 5.19（b）所示。

图 5.19 中的 G 点称为鬼点（ghost），是两个观测器对准的不是平面内同一目标时而造成的假像点。其中，图（a）为前置鬼点，图（b）为后置鬼点。

要从根本上消除鬼点，必须进行视线的共面检测和同一目标检测。其中，后者可以通过基线的旋转运动来实现。从这个意义上讲，移动的基线定位优于固定基线定位。在陆地上，特别是在空中，为了方便基线的运动，必须缩短基线的尺寸，实现单一平台搭载是基线被动定位的一个重要发展方向。

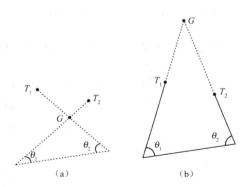

图 5.19 共面视线未交汇于同一目标的情形

5.5.2 当前测角精度下所需的最短基线尺寸

我们知道，23位绝对式光电轴角编码器可达到1″的测角精度[69]；CCD测角精度不低于其最小分辨率 $\theta_{\min}$ = pixel/f（pixel 为像元尺寸，下同），当焦距 f 为 1 m 时，$\sigma_{\Delta\theta}$ 也只不过是数十 μrad 的水平。

在 R =20 km 时，若要求 $\sigma_{\Delta R}/R$ =8%，设 $\sigma_{\Delta\theta}$ =50 μrad（相当于1″），由式（5-35）知，这时 d 作为基线长度应不小于18 m。

显然，将20～30 m 长的测距基线用于某一搭载平台的话，也只能是轮船。在基线测距系统中，$\sigma_{\Delta\theta}$ 取决于角度 θ_1、θ_2 的不确定度和测角系统的不确定度，而后者在船载系统中会特别显著；随之带来的难题是对两个测角传感器不共线的动态校正[70]，因为船体非理想刚体。

5.5.3 同步测时交叉定位法作用距离

文献[68]指出在同步测时交叉定位系统中，由于转台载荷的限制及离心力的影响，使得它的物镜不可能做得足够大，而且对信号处理电路要求很高，电路带宽很宽，这会影响它的作用距离。

可以认为，对该系统作用距离的影响还另有原因：其一，当目标偏离基线中垂线时，测距性能急剧恶化，而短的基线尺寸增加了目标定中的难度；其二，对于远距离目标，由于 $\omega t \approx d/R$ 非常小，在同步测时交叉定位系统中对两个传感器的安装平行度和机械旋转部的平稳性的要求就变得十分苛刻。例如，当 R =10 km 时，为使间距 1 m 的两个传感器的安装因不平行（或转动中的机械抖晃）引入的测距误差<5%，则要求两个传感器的平行度（或转动中的机械抖晃）优于 1.0″。由于非常苛刻的机械配合误差要求，从一定程度上妨碍了该方法的实际应用。此外，当目标偏离基线中垂线较大时，应用误差将急剧增大。可以推断该系统的实际作用距离很难超过10 km。

以上分析表明，无论传统的基线测距，还是同步测时交叉定位系统来实现红外单站被动测距都是困难的，必须尝试其他工作模式。

5.6 基于短基线的准单目被动测距

5.6.1 双目视觉测距原理

双目视觉测距是基线测距的另外一种应用形式，主要用于机器人和工业精密测量[72]，是仿照人类利用双目感知距离的一种测距方法，它利用位于焦平面上的探测器中像素的变化来刻划目标距离。图5.20所示为双目（CCD摄像机）视觉测距的原理示意图。

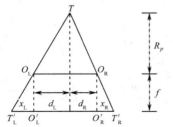

图 5.20 双目视觉测距的原理示意图

设目标位于点 T 处，左、右摄像机镜头中心分别为 O_L、O_R，它们的焦距均为 f，而 CCD 光敏面位于镜头焦平面上，并且共面，R_P 为目标到基线的垂直距离。那么，根据相似三角形原理，在图5.20中有

$$\frac{R_P + f}{R_P} = \frac{x_L + d_L}{d_L} = \frac{x_R + d_R}{d_R} \tag{5-52}$$

式中，d_L、d_R 分别为基线在它与目标的垂线两侧的部分，并且有 $d_L+d_R=d$；而 x_L、x_R 分别为目标在左、右 CCD 成像面上的位置。据式（5-52）可推知

$$R_P = \frac{d \cdot f}{x_L + x_R} = \frac{d \cdot f}{x} \tag{5-53}$$

考虑到像点间存在 ±pixel 的量化误差，式（5-53）中最小可有效分辨的 x 应为 2 pixel。若 R_P=20 km，f=560 mm，pixel =42 μm，那么 d=3 m 就有保障了。由此可见，双目视觉测距有可能用于实现短基线被动测距。

5.6.2 双目视觉测距误差分析

若系统所用镜头理想，安装无偏差，那么测距误差就取决于成像量化误差，即

$$\Delta R_P = \hat{R}_P - R_P = \frac{d \cdot f}{x + \Delta x} - \frac{d \cdot f}{x} = -\frac{R_P^2 \Delta x}{d \cdot f + R_P \Delta x} \tag{5-54}$$

式中，$\Delta x = \Delta x_R + \Delta x_L$ 为目标偏离光学中心的定位误差，在图像处理良好的情况下不会超过 1 像素，即

$$-\text{pixel} \leqslant \Delta x \leqslant +\text{pixel} \tag{5-55}$$

将式（5-54）代入式（5-55），可得

$$\frac{-R_P^2 \cdot \text{pixel}}{d \cdot f + R_P \cdot \text{pixel}} \leqslant \Delta R_P \leqslant \frac{R_P^2 \cdot \text{pixel}}{d \cdot f - R_P \cdot \text{pixel}} \tag{5-56}$$

或

$$|\Delta R_P| \leqslant \frac{R_P^2 \cdot \text{pixel}}{d \cdot f - R_P \cdot \text{pixel}} \tag{5-57}$$

设 x_R、x_L 的量化误差 Δx_R、Δx_L 具有统计独立的 [−(1/2) pixel，+(1/2) pixel] 均匀分布，可推知 Δx 的概率密度函数为

$$f_{\Delta x}(\Delta x) = f(\Delta x_1) * f(\Delta x_2) = \frac{\text{pixel} - |\Delta x|}{\text{pixel}^2} \tag{5-58}$$

如图 5.21 所示。

由图 5.21 结合式（5-57）可知，概率 $P(\Delta R_P > 0) = P(\Delta R_P < 0) = 0.5$。

根据式（5-57），ΔR_P 是 Δx 的单调函数，对给定的 R_P 有

$$f_{\Delta R_P}(\Delta R_P | R_P) = f_{\Delta x}(\Delta x) \cdot \left|\frac{\mathrm{d}(\Delta x)}{\mathrm{d}(\Delta R_P)}\right| \tag{5-59}$$

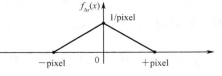

图 5.21 函数 $f_{\Delta x}(\Delta x)$

设 $R_{P,\min}=R_P+\min(\Delta R_P)$ 和 $R_{P,\max}=R_P+\max(\Delta R_P)$，可定义给定点 R_P 的测距相对误差为

$$\varepsilon(R_P) = \pm \left[\frac{|\Delta R_P||(R_P, \Delta R_P > 0)}{R_P} \text{ 或 } \frac{|\Delta R_P||(R_P, \Delta R_P > 0)}{R_P}\right] \tag{5-60}$$

式中，"±" 取决于由测量值决定的 ΔR_P 的性质。$|\Delta R_P||R_P$ 表示距离为 R_P 时距离测量误差的绝对值。联解式（5-59）、式（5-53），可推出 $|\Delta R_P||R_P$ 期望值的表达式：

$$E\{|\Delta R_P||R_P\} = \int_{-\infty}^{+\infty} |\Delta R_P| \cdot f_{\Delta R_P}(\Delta R_P|R_P) \mathrm{d}(\Delta R_P)$$

$$= \int_{-\infty}^{+\infty} |\Delta R_P| \cdot f_{\Delta x}(\Delta x) \mathrm{d}(\Delta x)$$

$$= \int_0^{\text{pixel}} \frac{R_P^2 \Delta x}{d \cdot f + R_P \Delta x} \cdot \frac{\text{pixel} - \Delta x}{\text{pixel}^2} \mathrm{d}(\Delta x) - \int_{-\text{pixel}}^0 \frac{R_P^2 \Delta x}{d \cdot f + R_P \Delta x} \cdot \frac{\text{pixel} + \Delta x}{\text{pixel}^2} \mathrm{d}(\Delta x)$$

$$= \frac{d \cdot f}{\text{pixel}^2} \Big[\Big(\frac{d \cdot f}{R_P} - \text{pixel} \Big) \cdot \ln(d \cdot f - \text{pixel} \cdot R_P) - \Big(\frac{d \cdot f}{R_P} + \text{pixel} \Big) \cdot \ln(d \cdot f + \text{pixel} \cdot R_P) +$$

$$2\text{pixel} \cdot \ln(d \cdot f) + 2\text{pixel} \Big]$$

$$= \frac{\text{pixel}}{3 d \cdot f} R_P^2 + \sum_{n \geq 3} c_n R_P^n \quad (5\text{-}61)$$

式中，c_n 由幂级数展开系数确定。忽略高阶小量，有

$$E\{|\Delta R_P||R_P\} \approx \frac{\text{pixel}}{3d \cdot f} R_P^2 \quad (5\text{-}62)$$

最后，测距相对误差 $\varepsilon(R_P)$ 的数学期望为

$$E[\varepsilon(R_P)] = \pm \left[\frac{E[|\Delta R_P||R_P]}{R_P} \cdot P(\Delta R_P > 0) + \frac{E[|\Delta R_P||R_P]}{R_P} \cdot P(\Delta R_P < 0) \right]$$

$$= \pm \frac{E\{|\Delta R_P||R_P\}}{2R_P}$$

$$\approx \pm \frac{\text{pixel}}{6 d \cdot f} R_P \quad (5\text{-}63)$$

式中，"±" 符号依实际情况取 "+" 或 "−"。

式（5-63）、式（5-57）表明：相对而言，像元尺寸 pixel 越小越好，乘积 $d \cdot f$ 越大越好。在式(5-63)中，沿用文献[71]的参数，即 $d=3$ m，$f=560$ mm，pixel $=42$ μm，则 $E[\varepsilon(R_P)]=\pm 0.23\% R_P$。这里，$R_P$ 的单位为 n mile。当 $R_P=20$ n mile 时，基本误差 $E[\varepsilon(R_P)]=\pm 4.6\%$；这是选取以上参数时，本系统可达到的测距相对误差的期望值。设系统误差及其他误差项对 $E[\varepsilon(R_P)]$ 的贡献为 ε_S（%），于是，有 $E[\varepsilon(R_P)]$ 的完整表达式

$$E[\varepsilon(R_P)] = \pm 0.23\% R_P(\text{n mile}) + \varepsilon_S \quad (5\text{-}64)$$

综上所述，若能将系统误差及其他误差项对 $E[\varepsilon(R_P)]$ 的贡献 ε_S 控制在 3% 以内，那么，双目视觉测距这种短基线测距方式用于 20 n mile 以内的单站红外被动测距技术是可行的。

5.6.3 从双目视觉到准单目视觉测距

事实上，对于一个 3 m 长的基线，我们完全可以通过光学技巧，使其只用一个镜头和一块面阵 CCD 传感器。这样一来，既可消除两个光路的不对称偏差，又可降低设备成本。文献[71]中提出了两种解决办法，其一是采用两块夹角各为 45° 的五面镜（pentamirror）以实现光路合并于基线一侧；其二是采用一块夹角为 90° 的反射棱镜实现光路合并。后一种方案中，光学系统处在基线的两个端点之间，可使系统进一步小型化，与图 5.22 的光路类似。

文献[71]提出了一种成像解决方案：

（1）为使两个光路在红外探测器光敏面上的成像不至于重叠，而使光路之间有一个 0.1°

的人为偏角。

（2）使镜头和红外探测器刚性连接，并对光学系统进行非线性校正[73]。另外，采取措施以减小反射镜光路因金属杆（物理基线）的温度梯度效应[74]导致的变化。

（3）采用图像精细分割、Kalman 跟踪滤波、多点数据滑动平均等数据处理技术以减小测量误差。

该系统所达到的实测数据误差的拟合表达式，与式（5-44）类似，具体为（所用参数同前）

$$E[\varepsilon(R_P)] = 0.27\%R_P(\text{n mile}) + 1\% \quad (5\text{-}65)$$

因为后者是实际系统测距相对偏差的期望值（即拟合值），后者略大于前者是正常的，证实了短基线双目视觉测距技术用于单站红外被动测距是可行而有效的。

这种被动定位方法对运动目标和静止目标均有效，适用于背景比较简单的红外点目标的被动定位。由于大目标会占据较大的成像面积，要求系统采用变焦工作模式，以避免系统工作在面成像方式；因为该方案中目标的图像以像点对的方式出现，可能导致对编队运动目标造成距离误判。

图 5.20 中双目视觉光路的集成化，便产生了虚拟体视镜。虚拟体视镜因为"基线"过于短小，多用于近场光学测试，参见文献[40]。

5.6.4 基于像差的测距再讨论

图 5.20 所示的双目测距系统，通常多工作于面成像方式。这时，通过对左、右两路图像信号的预处理、特征提取、特征匹配和像差提取，最终实现目标距离估计。

在国内，文献[75]开展了这方面的研究。因为特征提取、特征匹配算法较多，还可分成基于区域的方法[76]，基于线段特征的方法[77]，等等。在国外，还有人把这种方法推广到毫米波波段[78]。

NIOS（Nulling Interferometer System，迫零干涉计系统）是在 90 GHz 太阳耀斑观察中研制的一种设备[78]。为了提高探测微弱太阳耀斑的灵敏度，该仪器通过对天线 A、B 上接收到的信号相关处理抑制强静态太阳发射，如图 5.22 所示。在跟踪过程中，安装在同一支架上的天线保持有效天线基线长度 D =1.15 m。该系统没有内部校准，使用冷空和静态太阳作为自然校准的参考物质。当它的积分时间常数 τ_{RC} 为 31 ms 时，该辐射计灵敏度为 0.5 K，如表 5-3 所示。

图 5.22　NIOS 的同一底座两端装有天线 A 和 B

表 5-3　NIOS 仪器说明

观测波长	偏振	系统噪声温度	积分时间常数	带宽	辐射计灵敏度	天线基线	天线直径	天线HPBW	最大扫描速度
3.3 mm	水平线性	2 800 K	31 ms	500 MHz	0.5 K	1.15 m	0.25 m	0.9°	0.2(°)/s

NIOS 的角分辨率，即天线的半功率波束宽度（HPBW）等于 0.9°，机械扫描场景获得图像，主要扫描方向为俯仰角方向。由于天线安装在俯仰角–方位角跟踪器的俯仰角轴上，确

保了在几秒内两个天线看到的场景具有相同特征，因此能将仪器漂移和天气条件的改变带来的影响最小化。

奈奎斯特采样定理允许的不发生混叠现象的各采样点间最大角度间距为 HPBW/2，因此，垂直扫描线间距设为 0.4°。然而在俯仰角方向过采样是十分有利的：只要图像具有足够高的对比度使之分辨出明显的特征，它就能获得比天线的角度分辨率更好的定位精度。探测器的角度分辨率约为 0.04°。由于采用直流电动机来驱动两轴，所以仪器的移动是持续的且在同一垂直扫描线上能插入更高的分辨率。考虑到探测器速率为 0.2 (°)/s，在每个 HPBW 内有约 150 个积分时间常数 τ_{RC}，因此在俯仰角方向上有大量图像过采样。为了减少噪声和运算时间，数据将被重建生成一个分辨率为 (1/40)° 的立体图像。

NIOS 装在瑞士 Bern 大学科学楼楼顶，那里周围有丰富的物体，它们具有不同的外表不同的距离能够评估设置的测距性能。可选视野范围如图 5.23 所示（方位角为 110°，俯仰角为 15°，λ=3.3 mm，暖色物体呈现高亮），它由附近的大学主楼（a）和远山（b）决定，其他突出特征有树（c, d）、一栋高办公楼（e）和一架起重机（f）。最近距离内的主要特征是一个用于大气研究的辐射计（g）。一幅图的扫描时间大约为 6 h。天线 A 到 B 产生的射电图像清晰地表明不同"照相机"位置的影响，如 B 中的最近区域物体高度更高。

图 5.23 测试场的可视光与毫米波图像

立体图像的分析，有两种不同的方法。第一种，定量结果是由人工挑选出两幅图像的相关特征获得并定义造成的视差为 α。第二种方法不需要任何有关图像互相关内容的知识，选择图像 A 的一个分区 a 与图像 B 的分区 $b_0, b_1, b_2, \cdots$ 相关，在高度方向转换。为了完善方位角分辨率，分区由单垂直扫描线段构成，在高度向的转换能获得选区 a 在视差 α 上的最大相关。在此基础上，可得立体距离 r 为：

$$r = \frac{D}{2\tan(\alpha/2)} \tag{5-66}$$

由于物体方向仅受有限的角度分辨率 $\Delta\alpha$ 的影响，距离分辨率也受限。由式（5-66）可得到距离误差

$$|\Delta r| = \frac{D\Delta\alpha}{4\tan^2(\alpha/2)\cos^2(\alpha/2)} = \frac{r^2\Delta\alpha}{D\cos^2(\alpha/2)} \approx \frac{r^2\Delta\alpha}{D} \quad (\alpha \ll 1) \tag{5-67}$$

距离误差 Δr 与立体基线 D 成反比，且随着距离的增加迅速减小。对于该 NIOS 设置 [D=1.15 m，图像重建分辨率为 (1/40)°]，在距离为 260 m 时相对距离误差 $\Delta r/r$ 为 10%，增加立体基线 D 或提高方向分辨率 $\Delta\alpha$ 可以得到更好的距离分辨率。一般而言，约 10% 的精确度能够很好地证明被动毫米波测距的观点。

5.7 一种激光源定位方法

本书第 4 章 "4.2 激光侦察告警技术" 中介绍了一些对激光源的定位方法，这里介绍一种基于双探测器的激光源的定位方法。该方法可视为交叉测距的一个特例。

5.7.1 测距原理

在目标和探测器距离 L 较大的情况下，如果目标是相对较小的物体，那么目标可以被看成是点目标的漫反射，研究表明在目标发生漫反射的情况下，非镜面反射材料在入射角较小的情况下，显示出较好的朗伯特性[79]。根据红外物理的基础知识[80]，点源（小面源）在探测器面上所示点处产生的辐射照度为：

$$E = \frac{\mathrm{d}P}{\mathrm{d}A} = \frac{I\cos\theta}{l^2} \tag{5-68}$$

式中，I 为点源的辐射强度；l 为电源与被照面 x 点处面积元 $\mathrm{d}A$ 的距离，即照度与距离的平方成反比，如图 5.24 所示。

考虑红外大气的传输特性，测量波段选择大气的红外窗口[81]，同时选择方向性较好的激光，则在天气条件较好的晴朗气候条件下可以忽略激光的大气湍流和不均匀性的影响。那么，可设计测距的方法的原理框图如图 5.25 所示。这种方案可以看成基线方案的特例[82]。即在红外激光测距仪上相隔 L_1 安装两个探测器（detecter1 和 detecter2），激光器发出的调制光 I 经过目标漫反射后产生回波，假设回波的功率为 P_E，

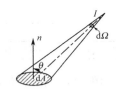

图 5.24 点源产生的辐射照度

在理想条件下忽略大气的湍流和散射，则回波的传播是以目标为点源的朗伯辐射体，探测器 detecter1 接收的光功率由式（5-68）可知：

$$P_{T1} = \frac{P_E D^2 K_R K_\sigma \cos\theta}{L^2} \tag{5-69}$$

式中，D 为接收光学系统的孔径，K_R 为接收系统的透过率，K_σ 为单程大气的透过率，θ 为探测器的光学系统轴线和入射光的夹角。由于探测器和激光器基本上在同一条直线上，所以 θ 很小，在通常条件下可以认为 $\cos\theta$ 近似为 1。

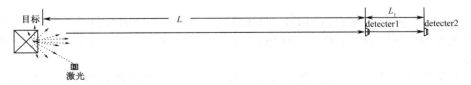

图 5.25 测距原理模型

同理，探测器 detecter2 接收到的光功率为：

$$P_{T2} = \frac{P_E D^2 K_R K_\sigma \cos\theta}{(L+L_1)^2} \tag{5-70}$$

将式（5-69）除以式（5-70）得如下表达式：

$$\frac{P_{T1}}{P_{T2}} = \frac{(L+L_1)^2}{L^2} \tag{5-71}$$

由式（5-71）可知在距离为 L 和 $L+L_1$ 处探测器获得光功率和距离的平方成反比，与回波的初始功率无关。由式（5-46）进一步可得：

$$L = \left(\frac{\sqrt{P_{T2}}}{\sqrt{P_{T1}} - \sqrt{P_{T2}}}\right) L_1 \tag{5-72}$$

由式（5-72）可知要获得探测距离 L 只要测得在同一直线上的两个探测器之间的距离 L_1，和距离为 L_1 的两点的光功率，就可以获得所要测量的距离 L。

5.7.2 测距实现方案和特点

1. 实现方案

基于以上的模型可以设计该测距方法的系统原理框图如图 5-26 所示。

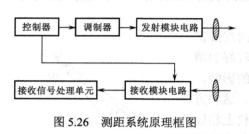

图 5.26 测距系统原理框图

由图 5.26 可知，系统主要由 6 部分组成：
（1）发射模块电路，即高功率的红外激光器；
（2）调制器，即发射电光高频率调制器；
（3）接收模块电路，包括高灵敏度的低噪声线性红外光电接收器件以及低噪声的前置放大电路；
（4）接收信号处理单元，包括高精度的信号调理电路和高精度的 A/D 变换电路以及高速运算处理器件；
（5）控制器，即人机交互控制协调单元电路；
（6）发射接收光学系统，包括红外发射物镜和接收红外透镜以及光学虑光镜组等。

激光调制器控制红外激光发射电路按照一定的调制频率发射高功率的调制红外激光，当该调制光束遇到目标后产生漫反射，以近似于朗伯辐射特性向外散射，接收光学系统完成能量的汇聚和背景杂波的滤除，接收模块相隔 L_1 装载两个高精度的线性红外探测器，分别探测反射回路同一直线上两点的光功率，信号在进行高精度的处理后通过运算单元完成式（5-72）的运算，最终得出距离。

2. 特点

（1）测量时不需要高精度脉冲信号，激光器可以连续工作因而有利于接收光功率的累积，可通过探测器积分时间增大测量精度和测量距离。同时可以通过连续多次测量取平均值提高测量精度；
（2）测量电路简单、成本低、适合于中等距离精度要求不高的民用便携式测量；
（3）具有类似于人眼的分辨率，当距离较大时分辨率较低，距离较小时分辨率较高；
（4）测量实用有一定范围，受大气特性影响较大，适合于便携民用测量；
（5）测量动态范围较小，无法完成大范围的动态测量。

5.8 基于辐射吸收差异的被动测距

研究表明，氧气 A 带吸收峰是目标距离的函数[83]。此外，根据本书 2.2 节所述，不同波长或不同波段对辐射吸收的差异也会随目标距离的变化而变化。这些现象都可用于目标被动测距。

5.8.1 基于 A 带氧吸收的被动测距

基于氧气吸收的被动测距技术是一种利用氧气 A 吸收带（12820~13245 cm^{-1}/758~778 nm）对目标辐射光谱吸收的特性而进行目标距离解算和预警的技术，是由美国空军技术研究院的 Hawks 于 2006 年首先提出的[83]。其原理是在飞机、导弹发动机中的化学反应为富氧燃烧过程，尾焰经过大气吸收会形成氧的吸收光谱。由于 762 nm 附近波段只有氧气吸收，不受其他气体成分（如 CO_2、水蒸气等）的干扰，且氧气光谱吸收带是一个较弱的吸收带，对辐射强度一定的目标可以进行远距离的探测告警，故这一测量具有很高的可靠性和实用性[84, 85]。

美国对该技术进行了理论研究，并对飞行中的 F-16 战机以及发射过程中的 Falcon9 运载火箭进行了跟踪和测距，在对运载火箭的发射过程长达 90 s 的跟踪测量实验中，前 30 s 内近红外波段的距离误差在 2%以内，可见光波段的距离误差在 4%以内[85]。近年来，国内也进行了初步的理论和近程实验研究[86, 87]。

利用 Modtran 估计吸收峰。设定参数：（45 N latitude, July）模式，观测天顶角为 60°，观测点海拔高度为 0 km，大气模型为中纬度夏天，天气为晴朗、无雨无云，大气路径类型为倾斜路径，气溶胶模型为乡村气溶胶模式，能见度 VIS=23 km。变化参数：辐射传输路径长度 L。

在设定条件下，13120~13170 cm^{-1} 波段上平均氧气吸收率为

$$A = 0.6290609 /[1 + 0.818765 \cdot \exp(-0.321348L)] \quad (5-73)$$

平均氧气吸收率随距离变化关系曲线如图 5.27 所示。

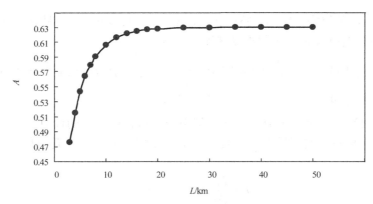

图 5.27 平均氧气吸收率随距离变化关系曲线

根据图 5.27，在到达能见度 23 km 之前，吸收率曲线已经进入饱和区。当能见度设定为其他数值时，也有类似于图 5.27 形状的曲线；即便在不同大气模式下，也有类似的现象[88]。

这一现象预示着在实际测量中，当距离接近能见度时，由于曲线开始进入饱和区，产生饱和效应——平均氧气吸收率的测量误差会引起距离误差的剧增。例如，当 $\partial A/\partial R$ 下降至 10^{-4} 时，最小可检测的吸收率 $\overline{A} = 10^{-2}$ 的偏差，将产生大约 100 km 的距离误差[85]，这也是当前绝大多数实验限于近距离的主要原因。一般来说，降低吸收率的误差可通过抑制光谱仪谱线的漂移[89]、优化光学系统的设计[90]来实现。但是，阻滞或回避吸收率曲线的饱和效应则需要另辟蹊径。

在中纬度夏天，天气晴朗、无雨无云，大气路径类型为倾斜路径，乡村气溶胶模式，能

见度 VIS=23 km 的条件下，文献[91]通过改变天顶角、观测点（传感器）海拔高度和辐射传输距离，建立了平均氧气吸收率的三维模型，如图 5.28 所示。

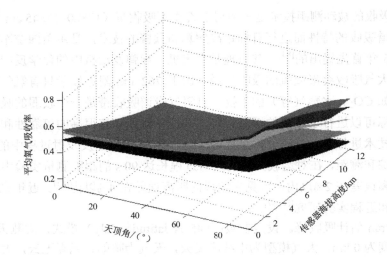

图 5.28 平均氧气吸收率三维模型

在图 5.28 中，从下到上 5 个曲面分别是辐射传输距离为 5 km、10 km、20 km、35 km、50 km 时的平均氧气吸收率曲面。

考虑到观察过程中传感器的海拔可以是固定的，故可以建立特定海拔观测平台的目标距离估计公式。

记天顶角为 z，单位为 (°)；平均氧气吸收率为 A，无单位；目标距离为 L，单位为 km。依据图 5.28 的数据进行建模，可得被动测距公式如下：

$$L = p_1 + p_2 z + p_3 \frac{A}{\sqrt{L}} + p_4 z^2 + p_5 \frac{zA}{\sqrt{L}} + p_6 \frac{A^2}{L} + p_7 \sqrt{L} + p_8 L^{2/3} + p_9 A \quad (5\text{-}74)$$

对于不同的地理条件和气象条件，$p_1 \sim p_9$ 会有差别。

尽管式（5-74）是一个隐函数表达式，但不妨碍对目标距离的计算。

下面讨论式（5-74）的测量误差。我们知道，距离误差取决于天顶角测量误差和平均吸收率误差，即

$$\sigma L = \frac{\partial L}{\partial z} \sigma z + \frac{\partial L}{\partial A} \sigma A \quad (5\text{-}75)$$

其中，

$$\frac{\partial L}{\partial z} = \frac{p_2 + 2 p_4 z + \frac{p_5 A}{\sqrt{L}}}{1 + \frac{p_3}{2} \frac{A}{L^{3/2}} + \frac{p_5}{2} \frac{zA}{L^{3/2}} + \frac{p_6 A^2}{L^2} + \frac{p_7}{2 L^{1/2}} - \frac{2}{3} \frac{p_8}{L^{1/3}}} \quad (5\text{-}76a)$$

$$\frac{\partial L}{\partial A} = \frac{p_9 + \frac{p_3}{\sqrt{L}} + \frac{p_5 z}{\sqrt{L}} + \frac{2 p_6 A}{L}}{1 + \frac{p_3}{2} \frac{A}{L^{3/2}} + \frac{p_5}{2} \frac{zA}{L^{3/2}} + \frac{p_6 A^2}{L^2} + \frac{p_7}{2 L^{1/2}} - \frac{2}{3} \frac{p_8}{L^{1/3}}} \quad (5\text{-}76b)$$

当传感器海拔高度为 0 时，在 3～50 km 范围内，最大敏感系数 $\max\left|\dfrac{\partial L}{\partial z}\right| = 0.02425$，$\max\left|\dfrac{\partial L}{\partial A}\right| = 4.740758$。可见，文献[91]取 $\sigma L \approx \dfrac{\partial L}{\partial A}\sigma A$ 是有道理的。此时，最小可检测的吸收率 $\overline{A} = 10^{-2}$ 的偏差，所能产生的距离偏差不超过 50 m。不同观测海拔高度（TA）下距离估计方程的系数如表 5-4 所示。

表 5-4 不同观测海拔高度（TA）下距离估计方程的系数

	TA=0 km	TA=4 km	TA=8 km	TA=12 km
p_1	8.6105314960252	0.874663042905413	4.69534806302062	7.32612817109006
p_2	−0.0175828417611989	−0.0256959695432152	−0.0149083497825517	−0.0100411683588585
p_3	145.512387550475	132.561173640474	80.8479502317214	57.5967831680441
p_4	0.000417949365349066	9.68148934004531×10^{-5}	−2.54347870676275×10^{-5}	−3.71713916372874×10^{-5}
p_5	0.0981269013824215	0.199052609035635	0.196507719002565	0.24555973062301
p_6	−436.340048166205	−461.709390325466	−406.997321429079	−542.424722466135
p_7	−20.2823493357068	−16.9823062965133	−17.053876620299	−17.5687545915624
p_8	13.7580569336407	12.3103626119915	12.1294937045112	12.2455505908784
p_9	−18.8483190411291	−9.47066467463588	−4.39575485369927	−2.13278073056197

对图 5.28 进行数据分析，得知当传感器海拔高度分别为 0 km、4 km、8 km 和 12 km 时，$\max\left|\dfrac{\partial L}{\partial A}\right|$ 分别为 4.74076、2.75455、3.575455 和 5.932377。经曲线拟合后，有

$$\max\left|\dfrac{\partial L}{\partial A}\right| = 4.6772 - 0.7044h + 0.0679h^2 \qquad (5\text{-}77)$$

式中，h 为传感器海拔高度，单位为 km。

根据式（5-77），当传感器海拔为 4～6 km 时，吸收率测量误差对距离估计的影响较小。这一点与文献[85]可以相佐证。

灵敏度分析表明，此方法在 3～50 km 范围内对氧气平均吸收率的测量误差不敏感，可望将目标距离估计的有效范围推广到 50 km，突破目前绝大多数氧吸收法被动测距实验局限于较近距离的现状。另外，仿真分析结果表明，在 4～6 km 海拔高度的传感器可以获得较好的测量效果。

5.8.2 基于红外吸收差异的被动测距

文献[92]对红外双色单站被动定位方法作了研究。该文献选择 0.75～3 μm 和 3～5 μm 两个大气窗口作为工作波段，设计了合作目标与非合作目标的红外双色单站被动定位算法，通过实例计算的方式证明了该方法的正确性和有效性，分析了双色消光系数差异大小以及目标温度高低对测距定位性能的影响，得出了双色消光系数差异越小、目标温度越高，越有利于测距定位的结论。该定位算法对 1 000 K 以上的空中目标在 20 km 的测距范围内才有较好的测距精度。

文献[93]则进一步研究了红外三色被动测距，其中三色波长选择 8.5 μm、9.0 μm 和 9.5 μm

三个波长作为色比波段；推导了目标辐射强度色比与目标温度、辐射目标距离、大气消光系数之间的关系；在大气消光系数相对固定时，通过测量不同波长的辐射强度比值对目标进行了测距，推导出了红外三色比距离方程。

根据维恩位移定律，单色辐射出射度的峰值随温度的升高向短波方向移动。设 λ_m 为峰值辐出度所对应的波长，则有 $\lambda_m T = 2\,897.9\,\mu m \cdot K$。文献[94]推测，对于 300 K 的常温目标、600 K 的高温目标、1 000 K 的超高温目标，各自的优势辐照波段分别为 8～12 μm、3～5 μm 和 0.76～3 μm 波段。记目标在短波、中波、长波波段的辐通量依次为 Φ_S、Φ_M、Φ_L，则 300～500 K、1 000～1 500 K 黑体在短波、中波、长波波段的辐通量分别如表 5-5 和表 5-6 所示。

表 5-5　300～500 K 黑体在各个窗口的辐通量

目标温度	$\Phi_S/\mu W$	$\Phi_M/\mu W$	$\Phi_L/\mu W$
300 K	0.04	5.86	120.95
350 K	0.47	28.19	245.15
400 K	3.1	93.76	420.16
450 K	13.65	242.83	643.47
500 K	45.54	526.29	910.53

表 5-6　1 000～1 500 K 黑体在各个窗口的辐通量

目标温度	$\Phi_S/\mu W$	$\Phi_M/\mu W$	$\Phi_L/\mu W$
1000 K	15492.39	20441.34	5035.46
1100 K	28232.73	29121.32	6033.33
1200 K	47444.23	39294.28	7060.56
1300 K	74848.11	50837.97	8111.11
1400 K	112278.69	63623.52	9180.47
1500 K	161658.88	77524.97	10265.17

对于表 5-5，对应坦克类目标，取

$$\Phi_1 = \Phi_M,\quad \Phi_2 = \Phi_L \tag{5-78}$$

对于表 5-6，对应飞机、导弹尾焰，取

$$\Phi_1 = \Phi_S,\quad \Phi_2 = \Phi_M \tag{5-79}$$

当目标为 600～900 K 物体时，则可直接取 Φ_1、Φ_2 分别为 3.5～4 μm、4.6～4.8 μm 波段的辐通量。这里的 Φ_1、Φ_2 结合式（5-78）、式（5-79）两种情形，就产生了一种自适应目标距离估计公式[95]：

$$L = \frac{1 + p_6 \ln \Phi_1 + p_7 \ln \Phi_2}{p_1 + p_2 \ln \Phi_1 + p_3 (\ln \Phi_1)^2 + p_4 (\ln \Phi_1)^3 + p_5 \ln \Phi_2} \tag{5-80}$$

式中，$p_1 \sim p_7$ 为常系数。

文献[95]仿真研究的结果表明，应用式（5-80）的误差令人满意，部分结果如表 5-7 所示。

表 5-7 高温目标距离的计算值和相对误差

理论值/km	计算值/km	相对误差/%	理论值/km	计算值/km	相对误差/%	理论值/km	计算值/km	相对误差/%
3	3.0596	1.99	10	9.8160	1.84	25	25.0988	0.40
4	4.1455	3.64	12	11.8321	1.40	30	30.1510	0.50
5	5.0152	0.30	14	13.8674	0.95	35	35.1477	0.42
6	5.9272	1.21	16	15.9116	0.55	40	40.0855	0.21
7	6.8710	1.84	18	17.9582	0.23	45	44.9649	0.08
8	7.8372	2.04	20	20.0033	0.02	50	49.7873	0.43

由表 5-7 可知，当被测目标为高温目标时，在 50 km 内相对误差不超过 4%。

我们知道，在各种天气（如无云、积云、高层云、层云、层积云、雨层云、毛毛雨、小雨、中雨、大雨、暴雨）条件下，红外辐射的传播特性是有差异的，这种差异也限制了红外被动测距的实用性。

受文献[91]的启发，文献[96]提出了一种适应多种天气条件影响的双色红外被动测距方案。具体为：探测 3.5~4.0 μm 波带的辐通量 Φ_1，4.3~4.8 μm 波带的辐通量 Φ_2，然后利用公式

$$p_1 + p_2 \ln(\frac{\Phi_1}{\Phi_1 + \Phi_2}) + p_3 \ln(\frac{\Phi_2}{\Phi_1 + \Phi_2}) + p_4 \ln^2(\frac{\Phi_1}{\Phi_1 + \Phi_2}) + \\ p_5 \sqrt{\ln(\Phi_1/\Phi_2 + p_6)} + p_7 \sqrt{1/L} - 1/L = 0 \quad (5-81)$$

来估计目标的距离 L。在式（5-81）中，各参数的典型值为 $p_1 = 17.262148$，$p_2 = 1.115318$，$p_3 = -0.921388$，$p_4 = -0.018278$，$p_5 = -5.942277$，$p_6 = 8.301891$，$p_7 = 0.115991$。

在实际使用中，参数 $p_1 \sim p_7$ 需要经过实际标定来修正。式（5-81）也可用来替代式（5-80）。

5.9 小结

本章介绍了激光目标指示器、激光雷达和 IRST 三种系统，重点是以 IRST 为代表的被动定位系统；在方法方面，广泛地探讨了实现交叉定位和双目立体视角测距，涉及的对象包括静止目标和运动目标；论述了从双目视觉到准单目视觉测距的演变；介绍了一种激光源定位方法和基于辐射吸收差异的被动测距。

参 考 文 献

[1] 王永仲. 现代军用光学技术[M]. 北京：科学出版社，2003.
[2] 付小宁，牛建军，陈靖. 光电探测技术与系统[M]. 北京：电子工业出版社，2010.
[3] 尹圣宝. 激光雷达测距新方法研究[D]. 浙江大学硕士学位论文，2006-07.
[4] 国外激光雷达的发展. http://laser.ofweek.com/2008-08/ART-240003-8400-21387001.html.
[5] Peckham L N, Davis J S, Allen R. IRST Signal Processing Concepts[C]. Proceedings of SPIE, 1987, 750:

92-104.

[6] 易军, 冯秀清. 红外搜索跟踪系统在军事上的应用前景[J]. 辽宁工学院学报, 2001, 21 (6): 28-29,35.

[7] 刘兴运, 安成斌, 黄富元, 等.机载红外搜索跟踪技术研究[J]. 激光与红外, 2001, 31 (5): 273-276.

[8] 李恩科. IRST 单站被动定位系统的关键技术研究[D]. 西安电子科技大学博士学位论文, 2000 年 4 月.

[9] 吴晗平, 易新建, 杨坤涛.红外搜索系统的现状与发展趋势[J]. 激光与红外, 2003, 33 (6): 403-405.

[10] 刘林增, 魏兴. 国外舰载光电探测系统的发展[EB/OL]. http://www.syit.edu.cn/gwwq/can kao/zb4402.htm. 2007-7-19.

[11] 白学福, 梁永辉, 江文杰. 红外搜索跟踪系统的关键技术和发展前景[J]. 国防科技, 2007 (1): 34-36.

[12] Hu S Q, Jing Z L. Sensor management in RADAR/ IRST track fusion[C]. Proceedings of SPIE, 2004, 5430: 173-181.

[13] Jeffrey W, Draper J S, Gobel R. Monocular Passive Ranging[J]. Proceedings of IRIS Meeting of specialty Group on Targets, Backgrounds and Discrimination, 1994: 113-130.

[14] Mckay D L, Wohlers R, Chuang C K. Airborne validation of an IR passive TBM ranging sensor[J]. Proceedings of SPIE Conference on Infrared Technology and Applications 1999, 1699: 491-500.

[15] 吴晗平. 红外警戒系统的被动测距方法研究[J]. 电光与控制, 1998(3): 21–26.

[16] 刘雨, 贺菁, 王新赛. 红外目标距离与图像信噪比的相关特性分析[J]. 红外与激光工程, 2010, 39 (S): 344-347.

[17] Hawks M R. Passive ranging using atmospheric oxygen absorption spectra[D]. Air Force Institute of Technology (AU), March 2006.

[18] Anderson J R. Monocular Passive Ranging By an Optical System with Band Pass Filtering[D]. Air Force Institute of Technology (AU), March 2010.

[19] 付小宁, 吴德怀. 只测角的单站三维红外被动测距算法[J]. 兵工学报, 2008, 29 (10): 1189-1192.

[20] 李洪瑞. 被动测向分段等速直线机动目标参数综合识别模型[J]. 信息与控制, 2005, 34 (5): 621-625.

[21] 陈志伟, 刘刚华, 黄勇, 等. 低空红外预警系统距离估算模型[J]. 红外与激光工程, 2004, 33 (5): 449-452.

[22] 付小宁, 王陆, 杨琳. 一种无需大气消光系数的红外小目标的距离估计方法. 中国专利.

[23] Gerald C. Holst, Electro-Optical Imaging System Performance[M]. second edition. SPIE OPTICAL ENGINEERING PRESS, 2000.

[24] The Mathematical Book Online. http://reference.wolfram.com/mathematica/ref/ProductLog.html.

[25] Yang Degui, Xiao Shunping. Single-band IR passive based on IR radiation characteristics. Infrared and Laser Engineering, 2009, 6: 946-950+1013.

[26] Accetta J S, Shumarker D L. The infrared and electro-optical system handbook. Second Edition. SPIE-International Society for Optical Engine, 1993, Volume 2: Atmospheric Propagation of Radiation.

[27] 付小宁, 李西安. 单站被动定位及其光电实现[J]. 华北工学院测控技术学报, 2002, 16 (1): 45-47.

[28] 赵励杰, 高稚允. 光电被动测距技术[J]. 光学技术, 2003, 29 (6): 652-656.

[29] 董志荣. 可解性、可观测性及其他[J]. 情报指挥控制系统与仿真技术, 2001, (1): 26-28.

[30] 郭福成, 孙仲康, 安玮. 利用方向角及其变化率对固定辐射源的三维单站无源定位[J]. 电子学报, 2002, 30(12): 1885-1887.

[31] 杨国胜, 窦丽华, 侯朝祯. 基于纯角度的三维运动目标可观性研究[J]. 兵工学报, 2004, 25(2): 182-185.

[32] 付小宁. 红外单站被动定位技术研究[D]. 西安电子科技大学, 2005 年 9 月.

[33] Rao R, Lee Seungsin. A Video Processing Approach for Distance Estimation[J]. IEEE ICASSP 2006, Part III: 1192 – 1195.
[34] 付小宁, 吴德怀. 只测角的单站三维红外被动测距算法[J]. 兵工学报, 2008, 29(10): 1189-1192.
[35] 詹艳梅, 孙进才. 纯方位目标运动分析的卡尔曼滤波算法[J]. 应用声学, 2003, 22(1): 16-21, 30.
[36] Stallard D V. An Angle-Only Tracking Filter in Modified Spherical Coordinates[Z]. In: AIAA Guidance, Navigation and Control Conf, AIAA Paper 87-2380: 542-550.
[37] 魏高乐, 蒋宏, 任章. 修正极坐标系纯方位跟踪算法分析与改进[J]. 弹箭与制导学报, 2009, (3): 51-54.
[38] Reilly J P, Klein T, Ilves H. Design and demonstration of an infrared passive ranger[J]. John Hopkins APL Technical Digest, 1999, 20(2): 1854-1859.
[39] 付小宁. 关于基线单站被动测距[J]. 激光与红外, 2001, 31(6): 374-376.
[40] 郏继贵, 李艳军, 叶声华, 等. 单摄像机虚拟立体视觉测量技术研究[J]. 光学学报, 2005, 25(7): 943-948.
[41] Pentland A P, et al. A simple real-time ranging camera[J]. IEEE Computer Vision Society Conf. Computer Vision and Pattern Recognition. 1989: 256-261.
[42] Jeffrey W, Draper J S, Gobel R. Monocular Passive Ranging[J]. Proceedings of IRIS Meeting of specialty Group on Targets, Backgrounds and Discrimination, 1994: 113-130.
[43] 王刚, 禹秉熙. 基于对比度的空中红外点目标探测距离估计方法[J]. 光学精密工程, 2002, 10(3): 276-280.
[44] 付小宁, 赵麖, 刘上乾. 基于对比度的双波段被动红外测距. 激光与红外, 2007, 37（6）: 517- 519.
[45] 杨德贵, 肖顺平. 基于红外辐射特性的单波段红外图像被动测距[J]. 红外与激光工程, 2009, 38(6): 946-950, 1013.
[46] 伍友利, 方洋旺, 蔡文新, 王洪强. 弹载被动系统测距算法[J]. 系统工程与电子技术技术, 2009, 31(7): 1684～1688.
[47] Dowski E R, Cathey W T. Single lens single–image incoherent passive ranging systems [J]. Application Optics, 1994, 33(29): 6762-6773.
[48] 李杨, 陈海清, 吴鹏, 等. 被动测距系统的数字图像生成模块设计[J]. 光学与光电技术, 2007, 5(4): 76-78.
[49] 赵勋杰, 高稚允. 光电被动测距技术[J]. 光学技术, 2003, 29(6): 652-656.
[50] 汪大宝. 复杂背景下红外弱小目标检测跟踪技术研究[D]. 西安电子科技大学博士学位论文, 2010 年 3 月.
[51] Wang G, Rafael I M, Mcvey E S. A Pipeline Algorithm for Detection and Tracking of Pixel-Sized Target Trajectories [J]. SPIE, 1990, 12(05): 167-176.
[52] 刘靳, 姬红兵. 基于移动式加权管道滤波的红外弱小目标检测[J]. 西安电子科技大学学报, 2007, 34(5): 743-747.
[53] Lang H, Michael B, Jeffery T L. Efficient multirate interacting multiple model particle filter (MRIMM-PF) for target[J]. SPIE, 2006, 6229(62290S): 62290S-1-62290S-8.
[54] 徐卫明, 刘雁春. 水下目标的多速率交互式多模型跟踪算法[J]. 电子与信息学报, 2008, 30（3）: 581-584.
[55] Choate W C, Frey C E, Jungmann J A. US7002510B1[P]. METHOD AND APPARATUS FOR AIR-TO-AIR AIRCRAFT RANGING.
[56] 万群, 彭应宁, 杨万麟. 红外辐射源伪距测量定位方法[J]. 红外与毫米波学报, 2003, 22(3): 234-236.

[57] 辛云宏, 杨万海. 基于红外辐射信息的 IRST 系统机动目标跟踪算法[J]. 红外技术, 2004, 26(3): 37-40, 44.

[58] 西南技术物理研究所《红外技术》编辑部, 编译. 红外和光电系统手册[M].西南技术物理研究所, 1995: 231-240.

[59] Mao Longbin, Xu Yaowei, Zhou Yiyu, et al. Bearing-only location using nonlinear least squares[J]. IEEE Trans. on AES, 1997, AES-33(4): 1042 -1044.

[60] 邓新蒲, 周一宇. 单观测器无源定位误差下界的仿真分析[J]. 电子与信息学报, 2002, 24(1): 54-59.

[61] 郭福成, 孙仲康, 安玮. 利用方向角及其变化率对固定辐射源的三维单站无源定位[J]. 电子学报, 2002, 30(12): 1885-1887.

[62] 韦毅, 杨万海, 李红艳. 红外三维定位精度分析[J]. 红外技术, 2002, 24(6): 37-40.

[63] 付小宁. 关于基线单站被动测距[J]. 激光与红外, 2001, 31(6)：374-376.

[64] 孙仲康, 周一宇, 何黎星. 单多基地有源无源定位技术[M]. 北京：国防工业出版社, 1996.

[65] Reilly J P, Youkins L T, Tailor R J. Infrared passive ranging using sea background for accurate sensor registration[C]. Proc. SPIE 2469, 318-329(1995).

[66] Pieper R J, Cooper A W, Pelegris G. Passive range estimation using dual-baseline triangulation[J]. Optical Engineering, 1996, 35(3): 685-692；.

[67] 谢邦荣. 机载红外被动定位方法研究[J]. 2001, 23(5): 1-3.

[68] 陈前荣. 单站红外被动定位系统[J]. 激光与光电子学进展（增刊）, 1999, 9: 27-30.

[69] 肖旸. 红外无源单站定位技术[D]. 西安：西安电子科技大学技术物理学院, 2000 年 1 月.

[70] 汤一平, 庞成俊, 周宗思, 等.双目全方位视觉传感器及其极线校正方法[J]. 浙江工业大学学报, 2011, 39(1): 86-91.

[71] Reilly J P, Klein T, Ilves H. Design and demonstration of an infrared passive ranging[C]. John Hopkins APL Technical Digest，1999, 20(2): 220-235.

[72] 祝世平, 强锡富. 基于坐标测量机的双目视觉测距误差分析[J]. 电子测量与仪器学报, 1996, 14(2): 26-31.

[73] Jarvis R A. A perspective on ranging finding techniques for computer vision[J]. IEEE Trans on Pattern Anal. Machine Intel, 1983(PAMI 5): 122-139.

[74] 张善钟. 精密仪器精度理论[M]. 北京：机械工业出版社, 1993.

[75] 赵勋杰, 李成金. 双目立体实时测距系统的关键技术研究[J]. 激光与红外, 2006, 36(9): 874-877.

[76] 赵申. 光流计算及其在被动测距中的应用研究[D]. 南京理工大学硕士学位论文, 2008.

[77] WANG Di, FU Xiao-ning. Method For Imaged Target Ranging Based On Line Segment Features[C]. CCCA 2011（第一届计算机，通信，控制与自动化国际会议），February 20-21, 2011, Hongkong.

[78] Lüthi T, Mätzler C. Stereoscopic Passive Millimeter-Wave Imaging and Ranging[J]. IEEE Trans on MICROWAVE THEORY AND TECHNIQUES, 53(8): 2594-2599.

[79] 杨洋, 等. 1.06 μm 激光雷达目标散射特性的试验研究[J]. 红外与激光工程, 2000(29).

[80] 张建奇. 红外物理[M]. 西安：西安电子科技大学出版社, 2004.

[81] 王永仲, 琚新军, 胡心. 智能光电系统[M]. 北京：科学出版社, 1999.

[82] 王会峰, 汪大宝. 一种基于点源目标漫反射特性的红外测距方法[J]. 仪器仪表学报（增刊）, 2006, 27(12): 406-409.

[83] Hawks M R. Passive ranging using atmospheric oxygen absorption spectra[D]. Dayton, OH. Air Force Institute of Technology (AU), Doctoral thesis, Jan 2006.

[84] Vincent R. Passive ranging of dynamic rocket plumes using infrared and visible oxygen attenuation[D]. Ohio: Air Force Institute of Technology, 2011.

[85] Hawks M R, Vincent R A, Martin J, et al. Short-Range Demonstrations of Monocular Passive Ranging Using O2 (X3Σ g-→ b1Σg+) Absorption Spectra [J]. Applied spectroscopy, 2013, 67(5): 513~519.

[86] 安永泉, 李晋华, 王志斌, 等. 基于大气氧光谱吸收特性的单目单波段被动测距[J]. 物理学报, 2013, 62(14): 144210-144210.

[87] 闫宗群, 刘秉琦, 华文深, 等.利用氧气吸收被动测距的近程实验[J]. 光学精密工程, 2013, 21(11): 2744-2750.

[88] 闫宗群, 刘秉琦, 华文深, 等. 相关 K 分布法在氧气吸收被动测距中的应用[J]. 光学精密工程, 2015, 23(3): 667-677.

[89] 张军强, 颜昌翔, 蔺超. 温度对星载成像光谱仪谱线漂移的影响[J]. 光学学报, 2012, 32(5): 258-264.

[90] 薛庆生. 星载宽视场差分吸收成像光谱仪光学设计[J]. 光学学报, 2015, 35(1): 330-337.

[91] 付小宁, 单兰鑫, 王蕊. 一个新的氧吸收法被动测距公式[J]. 光学学报, 2015, 35(12): 1-6.

[92] 乔亚, 路远, 杨华. 红外双色单站被动定位方法[J]. 半导体光电, 2014, 35(1): 100-103.

[93] 路远, 冯云松, 凌永顺, 等. 红外三色被动测距[J]. 光学精密工程, 2012, 20(12): 2680-2685.

[94] 雷新忠. 天气对被动红外系统性能的影响[D]. 西安电子科技大学硕士学位论文, 2017-6.

[95] 付小宁, 雷新忠. 自适应红外双波段被动测距方法[P]. 国家知识产权局, 201710157705.8.

[96] 付小宁, 陈立强, 景钊, 等. 多种天气条件的地面目标被动红外测距方法[P]. 国家知识产权局, 201710685445.1.

第6章 基于光学成像的单站被动测距研究

本章讨论基于成像系统的被动测距。其中，6.1 节论述透镜光学成像模型，讨论建立在该概念体系之上的聚焦法测距、离焦法测距、基于 OTF 函数或 MTF 函数的测距；在 6.2 节论述小孔摄像机模型（Pin-Hole Camera Model），介绍从三维空间到二维平面的投影变换、相邻帧图像之间的仿射变换，最后概述基于仿射变换的被动测距，如外标法测距、膨胀测距；6.3 节讨论基于旋转不变线段特征的成像目标距离估计，给出测距方程，并通过深入研究，对测距方程作出两种改进，提出一种新的旋转不变线段特征——目标虚拟圆特征；6.4 节对基于特征线度测距的性能进行分析；6.5 节讲述基于区域特征的目标距离估计。

6.1 透镜成像系统与成像约束

6.1.1 透镜成像公式与点扩散函数

实际成像系统是透镜成像[1]。理想成像和离焦成像原理图如图 6.1 所示，其中采用薄透镜模型（对于薄透镜，其前主面和后主面是重合的）。令 P 代表被测物点，P' 代表所成的聚焦像点，f 代表透镜焦距，u 代表物距，v 代表 P 点成聚焦图像时的像距。

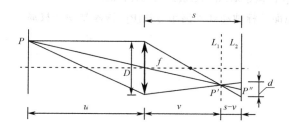

图 6.1 理想成像与离焦成像原理图

在图 6.1 中，P 和 P' 必满足透镜成像公式：

$$\frac{1}{f} = \frac{1}{u} + \frac{1}{v} \quad (6\text{-}1)$$

透镜成像公式给出了理想成像系统中物距、像距和焦距的约束关系。

在实际应用中，由于定焦误差或系统安装误差，实际成像面位置 L_2 偏离了理想成像面位置 L_1。这时，在实际成像面 CCD 上，物点 P 的成像为一光斑，称为离焦弥散圆。图 6.1 中，P'' 为离焦弥散圆的圆心，s 代表 P 点离焦成像时的像距。文献[2]提供了有关聚焦测试的理论和方法，可用以判定具体光学系统是聚焦成像还是离焦成像。

在离焦成像模式下，像面上的像点与物面上的物点不再一一对应，而是一个光斑与一个物点的对应关系。有关研究要借助于点扩散函数 $\text{PSF}(x_p, y_p)$、光学传递函数 $\text{OTF}(u,v)$ 或调制传递函数 $\text{MTF}(u,v)$ 的概念。

理想点源的成像光斑的灰度分布函数称为点像分布函数，为引入归化的光学传递函数的需要，往往将点像的分布函数 $h(x_p, y_p)$ 的积分值归化为 1，这时称其为成像系统的点扩散函数。它是像面上相对辐照度分布（单位面积上辐射功率），记为

$$\text{PSF}(x_p, y_p) = h(x_p, y_p) / \iint_{-\infty}^{+\infty} h(x_p, y_p) \mathrm{d}x_p \mathrm{d}y_p \quad (6\text{-}2)$$

点扩散函数在成像面上某个方向的积分称为成像系统在该方向的垂线上的线扩散函数[3]，如 x 轴向的线扩散函数 $\mathrm{LSF}(x_p) = \int_{-\infty}^{+\infty} \mathrm{PSF}(x_p, y_p) \mathrm{d}y$。

点扩散函数的傅里叶变换就是成像系统的光学传递函数，即

$$\mathrm{OTF}(u,v) = \iint_{-\infty}^{+\infty} \mathrm{PSF}(x_p, y_p) \cdot \exp[-j2\pi(x_p u + y_p v)] \mathrm{d}x_p \mathrm{d}y_p \tag{6-3}$$

光学传递函数由成像系统的参数所决定，并限制在线性范围内工作。经过二维傅里叶变换而得到的光学传递函数 $\mathrm{OTF}(u,v)$ 是一个复数，可以写为

$$\mathrm{OTF}(u,v) = \mathrm{MTF}(u,v) \cdot \exp[-j\mathrm{PTF}(u,v)] \tag{6-4}$$

其中，模 $\mathrm{MTF}(u,v)$ 称为调制传递函数，它表示成像系统对被传输图像的谐波振幅的调制或加权；辐角 $\mathrm{PTF}(u,v)$ 称为相位传递函数，它表示被传递到像面上的谐波成分对其理想位置的横移。

设物点 P 的光强分布为 $P(x_o, y_o)$，则其在像面上所成弥散圆的光强分布 $P''(x_p, y_p)$ 可以表示为

$$P''(x_p, y_p) = \int_{-\infty}^{+\infty}\int_{-\infty}^{+\infty} P(x_o, y_o) \cdot \mathrm{PSF}(x_p - x_o, y_p - y_o) \mathrm{d}x_o \mathrm{d}y_o \tag{6-5}$$

亦即，P 点在像面上所成像的光强的分布可以认为是 P 点的光强分布与成像系统点扩散函数卷积的结果。按照几何光学理论，理想情况下弥散圆内的光强分布是均匀的，即点扩散函数 $\mathrm{PSF}(x_p, y_p)$ 可表示为

$$\mathrm{PSF}(x_p, y_p) = \begin{cases} \dfrac{4}{\pi d^2}, & x_p^2 + y_p^2 \leqslant (d/2)^2 \\ 0, & \text{其他} \end{cases} \tag{6-6}$$

式中，d 为弥散圆直径。

但是，由于光学系统材料或结构方面的原因，实际的点扩散函数并非如式（6-6）所示的均匀分布，而是类似于 sinc 函数[3]，而且对应于不同的光波长的点扩散函数有不同的主瓣高度以及不同的旁瓣周期。尽管点扩散函数比较复杂，一般情况下，由各种波长进行叠加的结果使得白光下点扩散函数类似于二维高斯分布，其概率密度定义为：

$$\mathrm{PSF}'(x_p, y_p) = \frac{1}{\sqrt{2\pi}\sigma} \cdot \exp\left(-\frac{x_p^2 + y_p^2}{2\sigma^2}\right) \tag{6-7}$$

式中，σ 是对应于点扩散函数二维高斯分布的标准差，它与弥散圆直径的关系可表示为

$$d = k \cdot \sigma \tag{6-8}$$

在许多文献中将 k 近似为 $2\sqrt{2}$，文献[4]认为 k 随光学系统的不同而有所变化，是一个需要标定的常数。

6.1.2 聚焦法测距和离焦法测距

根据式（6-1），在聚焦成像工作模式下，若已知像距 v 和透镜焦距 f，则可求出目标距离即物距：

$$u = \frac{v \cdot f}{v - f} \tag{6-9}$$

这就是聚焦法测距的基本原理。但要实现高精度的聚焦测距，除了焦距 f 必须准确测定外，

像距 v 必须准确标定——P' 点应该是 P 点的完全聚焦像点。在聚焦状态，目标成像最清晰，空间分辨率最高，亦即高频分量最丰富。是否完全聚焦，需要进行图像聚焦锋利性测度的评价[5~8]。聚焦法测距采用连续自动调焦摄像机对目标进行连续调焦成像，同时实时测评系统的聚焦状况，在最佳聚焦状态下，由透镜成像公式求得物距。

这种方法的关键是调焦的精度，调焦精度受到镜头的景深和焦深的限制。显然，景深是系统测距误差的下限。

Jarvis 在计算机控制的光学显微镜方面，较早提出了聚焦评价准则，该准则由相应的三种聚焦评价方法（熵函数法、方差法和微分法）来实现[9]，其中前两种方法可以由模拟电路来实施。

Subarao 在聚焦测距方面作了系统、深入的研究[10~12]，实现了一个新的 SPARCS 被动式图像自动聚焦和离焦测距系统。利用 SPARCS 系统进行的自动聚焦仿真试验研究表明，系统在物距为 0.6 m 时测量误差为 12.4 mm，相对测量误差为 2.07%；在物距为 5 m 时，测量误差为 863 mm，相对误差为 17.26%。这是因为当物距很大时，v 趋近于 f，采用式（6-9）计算时，v 和 f 的标定误差被放大。

总而言之，式（6-9）不适宜于进行远距离的被动定位。此外，从原理上讲，聚焦法用于动目标的被动测距有困难。故可以推断，聚焦法不适用于远距离、动目标的红外被动测距。

对离焦成像工作模式，在图 6.1 中，P'' 点处于成像位置中心，根据相似三角形关系和式（6-1），求得弥散圆直径 d 为

$$d = s \cdot D \cdot \left(\frac{1}{f} - \frac{1}{u} - \frac{1}{s}\right) \quad (6\text{-}10)$$

此时，可求得物距为

$$u = \frac{D \cdot s \cdot f}{D \cdot s - f \cdot D - f \cdot d} \quad (6\text{-}11)$$

式（6-11）即基于离焦原理的被动测距公式。由于通光孔径 D 与透镜的光圈指数 F 存在如下关系

$$D = f/F \quad (6\text{-}12)$$

故物距公式又可重新写为

$$u = \frac{s \cdot f}{s - f - f \cdot k \cdot \sigma} \quad (6\text{-}13)$$

可见，当摄像机系统的光学参数（F, f, s）和点扩散函数二维高斯分布标准差 σ 以及常数 k 为已知时，则可求得物距 u。以上讨论说明可以利用式（6-11）或式（6-13）进行被动测距。对于具有锋利边缘的目标，也可利用目标边缘的线扩散函数进行被动测距。

和聚焦法被动测距相比，离焦法被动测距则应用得更多、更广泛[13~17]。离焦法对被测点的聚焦位置没有要求，而是根据标定出的离焦模型计算被测点相对于摄像机的距离。该方法避免了由于寻找精确的聚焦位置而降低测量效率问题，但离焦模型的准确标定是该方法的主要难点和关键所在，迄今已有许多种离焦测距模型[18, 19]。

Pentland 等较早提出了利用离焦梯度进行测距的概念并开展了实验研究，认为离焦梯度是深度信息的函数；后来，又提出了利用 Paserval 定理计算不同频率下图像功率谱的多尺度方法，通过查表找出对应的被测距离[20]，在 1 m 范围内的相对测量误差为 2.5%。

Eens 对离焦法测距进行了深入的理论分析后认为：光学系统的点扩散函数应通过实验来确定，在双光路对比测试的框架下，通过计算和查表操作，可达到 1.3%的相对测量误差水平[21]。

目前，离焦法被动测距应用于近距离，该方法的主要难点和关键在于离焦模型的准确标定，其根本原因在于该模型的距离误差灵敏度。根据式（6-10）可得弥散圆直径 d 对物距 u 的误差灵敏度函数为

$$\frac{\partial u}{\partial d} = \frac{u^2}{sD} \tag{6-14}$$

由此可见，当 $u \gg sD$ 时，测距误差将变得不可容忍。

结论是离焦法被动测距不适用于近战距离内的光电被动测距。

6.1.3 基于 OTF 函数或 MTF 函数的测距

在双棱镜红外扫描系统中，若两个棱镜存在温差，则目标的辐射特性被调制，系统会产生与目标距离呈线性关系的固定图案噪声。此外，在凝视系统中，若 CCD 未达到温度平衡状态，同样会产生与目标距离有关的 OTF 函数的零点。这个现象启发人们，有可能借助 OTF 函数或 MTF 函数来实现被动测距。

Dowski 提出了一种单目成像测距方法[22]，图 6.2 所示为该成像光学系统的示意图。图中 u 为物距，v 为像距，系统焦距为 f，在透镜的主平面附近有一个光学罩（mask）。在后来的文献[23]中，这种方法被称为基于波前编码的单目被动定位。

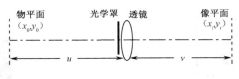

图 6.2 光学罩成像测距系统

图 6.2 中的光学系统为衍射受限系统，对这种非相干成像系统来说，可将整个物面看作点源的集合，它们在像面上以几何光学理想像点为中心产生各自的衍射斑，并受到物点光强的适当加权，这样在像面上的光强分布就是所有点光源在观察面上产生的光强的叠加。于是，在空域上的物像关系为

$$I_i(x_i, y_i, z_i) = k \iint_\infty I_g(\tilde{x}_0, \tilde{y}_0) h_I(x_i, y_i, \tilde{x}_0, \tilde{y}_0, \psi) d\tilde{x}_0 d\tilde{y}_0 \tag{6-15}$$

式中：

$$I_g(\tilde{x}_0, \tilde{y}_0) = k' I_0 \left(\frac{x_0}{M'}, \frac{y_0}{M} \right) \tag{6-16}$$

$$h_I(x_i, y_i, x_0, y_0, \psi) = |h(x_i, y_i, x_0, y_0, \psi)|^2 \tag{6-17}$$

$$h(x_i, y_i, x_0, y_0, \psi) = \frac{1}{\lambda^2 uv} \iint_\infty P(x, y) \exp\left[-j\frac{2\pi}{\lambda d_i} [(x_i - M'x_0)x + (y_i - My_0)y] \right] \times$$

$$\exp\left[j\frac{\pi}{\lambda} \psi (x^2 + y^2) \right] dxdy \tag{6-18}$$

$$\psi = \frac{L^2}{4\pi\lambda}\left[\frac{1}{u}+\frac{1}{v}-\frac{1}{f}\right] \qquad (6\text{-}19)$$

这里，k 和 k' 是实常数；I_g 是几何光学理想像的强度分布；I_i 为像的光强度分布；h_I 为光强脉冲响应；Ψ 为离焦参数；L 为透镜直径。式（6-15）说明了在非相干照明下系统对强度是线性的。对式（4-15）运用卷积定理可得到：

$$A_i(f_x,f_y,\psi) = H_I(f_x,f_y,\psi) \cdot A_g(f_x,f_y) \qquad (6\text{-}20)$$

式中，A_i 是像的光强频谱，A_g 是输入光强频谱；H_I 是光强脉冲响应的傅里叶变换，归一化后即为光学传递函数（OTF），它是离焦参数 Ψ 的函数。图 6.3 所示为 $\Psi=-2$ 时的 OTF。

该单目成像测距方法的关键技术是：通过在光学系统中引进满足一定条件的光学罩，使成像系统的光学传递函数形成一系列与目标物体距离有关的周期变化的零点。由于非相干成像系统与光强呈线性关系，在传递函数中这些与距离有关的零点被传递并最终会成像，因此可通过对给定的采样图像的频谱分析来估计目标物体的距离。这种情况下，光学罩的作用等同于距离调制码盘，故这种方法又称为波前编码测距。

文献[22]中研究了光学罩应满足的条件和数学表示形式，给出了一些具体光学罩的实例。图 6.4 所示的光学罩即其中的一个例子。

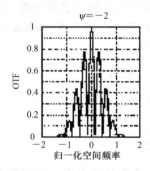
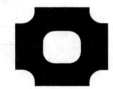

图 6.3　$\Psi=-2$ 时的 OTF　　　　　　图 6.4　光学罩（mask）示例

Dowski 证明了在光学传递函数中峰的频率与离焦参数 Ψ 成正比，结合式（6-19）可得峰的频率 ω_{peak} 与被测距离 u 存在如下关系：

$$\omega_{peak} = \frac{b_0}{u} + b_1 \qquad (6\text{-}21)$$

式中，b_0、b_1 为常数，可以通过标定过程来确定。对 1.40 m 范围内的平面物体进行测距，平均相对试验误差为 1%。

基于波前编码的被动定位在工程应用中也有其局限性：其一，它要求目标有较低（空间）频率的轮廓或较好的球面度；其二，要求目标有较强的辐射，因为该方法使用的光学罩是上面分布着一些小孔的物理媒质，对接收辐射的衰减达 50%左右。换言之，该系统的工作距离有限。可见，这种被动定位原理很难实现对实际飞机类的目标的红外被动测距。

国内方面，文献[24]提出了一种基于像素振动的单目视觉被动测距的方法，究其实质仍是基于 OTF 函数的被动测距。

在图 6.1 所示的成像模式下，设探测器到物镜的距离为 s，到聚焦像面的距离（即离焦量)为 $\Delta s = s - v$。根据透镜成像的衍射原理可知,探测器光敏面上轴上点的光强度 I 是 Δs 的函数[25,26],具体为

$$I = I_0 \left[\frac{\sin(k\Delta s)}{k\Delta s} \right]^2 \tag{6-22}$$

式中,I_0、k 是与物距、像距以及物镜的通光孔径有关的常数,详见文献[25];而 Δs 由电致伸缩体产生。在直流叠加高频电信号驱动下,有

$$\Delta s = \delta + \alpha \cdot \sin(\omega t) \tag{6-23}$$

式中 δ 代表探测器的直流离焦量,α 为高频振动幅度。将式(6-23)代入式(6-22),当 $\Delta s \ll 1$(通常满足此条件)时,忽略高次项,式(6-22)可近似展开为

$$I = I_D + I_\omega \cdot \sin(\omega t) + I_{2\omega} \cdot \cos(\omega t) \tag{6-24}$$

式中,I_D 为直流分量;I_ω 和 $I_{2\omega}$ 分别为基频和倍频的信号幅值,而且满足

$$\frac{I_\omega}{I_{2\omega}} = -4 \frac{\delta}{\alpha} \tag{6-25}$$

在实际测量系统中,距离 s、振幅 α 和物镜焦距 f 是已知的,I_ω 和 $I_{2\omega}$ 为可测量,通过式(6-25)即可求出 δ。将像距 $v = s - \delta$ 代入式(6-9),有测距公式:

$$u = \frac{(s-\delta) \cdot f}{s - \delta - f} \tag{6-26}$$

实验验证了这种测距方法对单色光被动测距的可行性。这种测距方法具有高精度、高灵敏度、抗干扰性好等优点,而且不要求探测器必须在理想成像面位置 L_1 上。

由于目标的红外辐射不具有激光那样的线状谱,很难分离基频和倍频信号,加上高频振动时多普勒频移效应的影响,基于像素振动的单目视觉被动测距并不适用于红外单站被动定位。

6.2 小孔成像系统与成像约束

6.2.1 小孔成像模型

对于透镜成像系统,当 $u \gg f$ 时,有 $v \approx f$,这时可以将透镜成像模型近似地用小孔成像模型代替。并且,为了方便起见,取坐标系为成正实像的投影变换坐标系,即将视平面的位置与光心(空间坐标系的原点)的位置对调,以此作为本节中所使用的视觉坐标系,如图 6.5 所示。其中原点 O 为视点,视平面距视点 O 的距离为 f。

视平面上的点与空间中的对应点有如下关系:

$$\begin{cases} x = f \dfrac{X}{Z} \\ y = f \dfrac{Y}{Z} \end{cases} \tag{6-27}$$

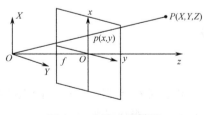

图 6.5 小孔成像模型

1. 当目标运动,而摄像机不动时

在这种情况下,相邻两次采样之间目标对摄像机有平移和转动发生,相应地,在图像序

列中任意相邻两帧图像之间存在如下的仿射变换[27]：

$$\begin{bmatrix} x_{n+1} \\ y_{n+1} \end{bmatrix} = \begin{bmatrix} r\cos\alpha & -g\sin\beta \\ r\sin\alpha & g\cos\beta \end{bmatrix} \begin{bmatrix} x_n \\ y_n \end{bmatrix} + \begin{bmatrix} \Delta x \\ \Delta y \end{bmatrix} \quad (6\text{-}28)$$

式中，r、g 分别是 x、y 方向上的放大系数，α、β 是绕 x、y 轴的转角，Δx、Δy 为 x、y 方向上的平移量。这一变换对平面目标有效，这也是图像制导的基本变换。当 $r=g$ 时，式（6-28）又可写为：

$$\begin{bmatrix} x_{n+1} \\ y_{n+1} \end{bmatrix} = r\begin{bmatrix} \cos\alpha & -\sin\beta \\ \sin\alpha & \cos\beta \end{bmatrix} \begin{bmatrix} x_n \\ y_n \end{bmatrix} + \begin{bmatrix} \Delta x \\ \Delta y \end{bmatrix} \quad (6\text{-}29)$$

2. 当摄像机运动，而目标不动时

对于三维空间中的目标，设摄像机的平移为 $[A, B, C]^T$，旋转矩阵为 $\boldsymbol{R}$（如图 6.6 所示），则空间点 P 在摄像机运动前后的坐标满足：

$$\begin{cases} X = R_{11}X' + R_{12}Y' + R_{13}Z' + A \\ Y = R_{21}X' + R_{22}Y' + R_{23}Z' + B \\ Z = R_{31}X' + R_{32}Y' + R_{33}Z' + C \end{cases} \quad (6\text{-}30)$$

式（6-30）及式（6-27）、式（6-28）是小孔成像模型在三维空间中分析和应用的基础[28]。

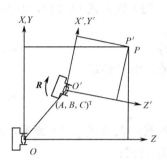

图 6.6　对三维空间目标的成像变换

6.2.2　外标法测距

如果目标为面光源，设目标上两点 (X_1, Y_1)、(X_2, Y_2) 在距离 Z_1、Z_2 处的成像为 (x_{11}, y_{11})、(x_{21}, y_{21})，(x_{12}, y_{12})、(x_{22}, y_{22})。根据式（6-27），有

$$\begin{cases} x_{11} = f \cdot X_1/Z_1, & y_{11} = f \cdot Y_1/Z_1 \\ x_{21} = f \cdot X_2/Z_1, & y_{21} = f \cdot Y_2/Z_1 \\ x_{12} = f \cdot X_1/Z_2, & y_{12} = f \cdot Y_1/Z_2 \\ x_{22} = f \cdot X_2/Z_2, & y_{22} = f \cdot Y_2/Z_2 \end{cases} \quad (6\text{-}31)$$

对第 i 次成像，记 $\Delta x_i = x_{2i} - x_{1i}$、$\Delta y_i = y_{2i} - y_{1i}$、$\Delta X = X_{2i} - X_{1i}$、$\Delta Y = Y_{2i} - Y_{1i}$，则有

$$\begin{cases} \Delta x_i = f\dfrac{\Delta X}{Z_i} \\ \Delta y_i = f\dfrac{\Delta Y}{Z_i} \end{cases} \quad (6\text{-}32)$$

或

$$\|\Delta x_i, \Delta y_i\| = f\dfrac{\|\Delta X, \Delta Y\|}{Z_i} \quad (6\text{-}33)$$

以上分析表明，目标上两点的线度 $\|\Delta X, \Delta Y\|$ 的成像尺寸 $\|\Delta x_i, \Delta y_i\|$ 与成像距离成反比，可用于估计距离的相对变化。

Baldacci 在 1999 年提出了一种单目测距方法[29]，即"外标法"测距。对目标距离的估计依据事先建立好的图像库，这些图像是各种目标在已知距离处拍摄的。系统测距时首先对目标成像和识别，然后再与图像库中的参考图像进行比较，并根据目标的尺寸推出目标的距离。图 6.7 所示为其原理框图。

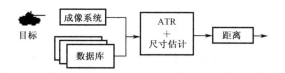

图 6.7 利用图像库测距的原理框图

该测距方案需要有庞大的图像库支持,这常常是难以实现的。另外在远距离时很难进行目标的模式识别,利用该方法测距精度很低或根本测不出距离。

6.2.3 基于仿射变换的相对测距

通过对相邻两帧图像中的目标特征,如轮廓线上典型特征点(点组)的匹配,可求出式(6-29)中 α、β、Δx、Δy 诸参数,从而确定比值 r,此 r 即目标的距离比 Z_n/Z_{n+1},实现相对测距。

随着摄像机与目标距离的远近变化,目标边缘的轮廓线在相邻帧的图像中有类似膨胀或收缩的变化,故这种相对测距方法又被称为膨胀测距。在应用这一原理进行相对测距的过程中,关键技术是特征点匹配,可采用光流算法[30]或其他特征匹配技术[31]。文献[32]还采用了 Kalman 滤波算法进行数据平滑处理。

在三维运动分析中,非平面刚体目标中在相邻图像帧中可见的任一局部可视同一个小的平面,通过对这样一个由若干特征点张成的平面的仿射变换分析,即所谓"小平面运动分析"[33],可以实现对整个目标的相对距离变化的估计。

在有关应用中,对径向运动目标的相对测距为其中的一个特例。这种情况下,一个相对稳健的方法就是利用相邻帧图像中目标的面积实现测距,即 $Z_{n+1}/Z_n = \sqrt{S_n/S_{n+1}}$,这里 S_n、S_{n+1} 为相邻帧中目标的面积。一般来说,面积是图像检测中抗噪声性能较好的一个参数[28]。

在缺少目标先验知识的前提下,基于仿射变换的被动测距只可估计得出目标距离的相对变化。这种方法如果结合一定的初始条件或与其他方法相结合会取得比较好的使用效果。

6.2.4 基于双目视差的被动测距

立体视觉测距是仿照人类利用双目感知距离的方法[34],人的两眼从稍有不同的两个角度去观察客观三维世界的景物,由于几何光学的投影,离观察者不同距离的像点在左、右两眼视网膜上就不在相同的位置上。这种两眼视网膜上位置的差就称之为双眼视差,它反映了客观景物的距离。运用两个或多个摄像机对同一景物从不同位置成像获得立体像对,通过各种算法匹配出相应像点,从而计算出视差,然后采用基于三角测量的方法恢复距离。把立体视觉测距技术应用到光电成像观瞄和警戒跟踪系统中,可以解决光电成像系统的测距问题。

图 6.8 为双目立体视觉测距原理示意图。左右两个 CCD 摄像机光学中心相距 b,光轴平行,具有相同的焦距 f,Q 是待测距物点,到摄像机的垂直距离为 R,在左、右摄像机上形成的像点分别是 Q_1 和 Q_2。利用相似三角形性质可得[35]

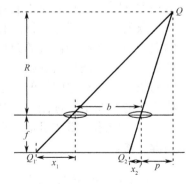

图 6.8 立体视差测距原理示意图

$$R = \frac{bf}{x_1 - x_2} \tag{6-34}$$

式中，$x_1 - x_2$ 是 Q 点在左右两幅图像上像点位置差（又称为视差）。该测距原理与 5.6.1 节的双目视觉测距原理一致，差别是视差的求取方法不同。在这里，视差是多个特征点统计平均的结果。

由式（6-34），影响测距精度的因素有：图像配准误差（即计算 $x_1 - x_2$ 的误差）和光学传感器误差（主要包括水平光轴和垂直光轴不平行产生的误差、焦距 f 或视场角误差、基线距离误差），后者是系统误差，可以通过校正给予补偿。

研究表明，对双 CCD 光电传感器立体视觉系统，采取改进的互积相关配准技术（滤波+边缘提取及二值化+互相关）以及亚像素级图像精确配准技术，能有效地抑制噪声、光强和对比度等不确定性因素对匹配算法的影响，实现高精度双目成像目标测距。当 CCD 摄像机光轴距离设置为 2 m，成像器件选用 1008×1018 像素的 CCD，摄像机镜头视场为 1°时，外场实验证明，对 10 km 处的目标的距离估计误差为 3.5%。

由于立体视觉测距精度取决于双目的距离、视场角和 CCD 的分辨率，当追求短基线时，必然导致光学视场小，使得该测距技术应用范围受到限制。因此该技术适用于地面光电警戒、跟踪系统对各种机动和固定目标测距。

在实际测量中，我们经常使用点状特征、线状特征和区域特征等作为匹配基元。三种匹配基元分别都有自己的优缺点：点状特征是最基本、最简单的匹配基元，其优点是定位准确，所得到的三维信息精度较高，由于所选特征都是点特征，检测和描述都很简便；但同时它也有它的缺点，我们所选的只是一幅图像中的某些点，因此所包含的图像信息很少，且数目较多，在匹配时就要找较多的匹配准则来对这些点特征进行约束，以保证匹配的准确性和计算效率。而区域特征中包含的图像信息较多，具有较好的全局属性，线性特征则正好处于区域特征和点特征之间。相对于点特征来说，线性特征和区域特征中包含了较多的图像信息，且数目较少，因此在图像匹配的过程中不需要较强的约束就可以实现无歧义匹配，而且匹配速度也相对较快[36]。所以，本章重点讨论基于线段特征的测距。

6.3 基于目标线段特征的被动测距

与双目成像系统相比，单目成像无视差信息可以利用。但是，可利用摄像机的运动造成运动立体[34]，从而实现对目标距离的估计。

众所周知，球体目标具有旋转不变性，亦即从任意角度对其成像的结果都是圆形，该圆的面积与目标到摄像机的距离平方成反比；圆形目标也具有旋转不变性，从任意角度对其成像的结果都是圆形或椭圆形，圆的直径或椭圆的长轴与目标到摄像机的距离成反比。不过椭圆的长轴是具有方向性的，也就是说，如果利用线段特征进行目标距离估计，那么这个线段特征只能存在于目标图像中某个方向上。

综上所述，摄像机运动和目标旋转不变特征提取是基于目标线段特征的被动测距的两个关键因素。

6.3.1 借助目标本身特征线段的测距方法

2004 年，文献[37]针对红外成像导引头截取时序红外图像的特点，提出了一种借助目标本身特征线段的测距方法。

根据几何成像关系,在红外导引头视觉成像过程中,目标图像的大小及其变化反映了弹目空间位置的变化。图 6.9 所示为导引头图像探测器透视投影成像模型。

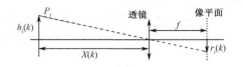

图 6.9 导引头图像探测器透视投影成像模型

在图 6.9 中,点 P_i 高度为 $h_i(k)$,成像高度为 $r_i(k)$,目标与摄像机光心距离为 $X(k)$,f 为成像系统的焦距。据此,有如下关系成立:

$$X(k) = \frac{h_i}{r_i(k)} f \tag{6-35}$$

在式(6-35)中,焦距 f 为成像系统固有参数,可以事先测知;成像高度 $r_i(k)$ 可通过对目标图像处理得到;若已知目标的几何特征尺寸,则高度 $h_i(k)$ 可通过选取适当的特征点直接或者间接得到。因此,目标距离 $X(k)$ 可测。

文献[37]指出,直接使用估计结果作为导航控制的依据是不够的,这是因为真实场景中的复杂图像会引起测量误差,导致估计结果不准确。因而,为更进一步提高估计精度,需要对估计结果进行修正。考虑到目标越近估计精度越高,而目标越远估计精度越低的特点,结合相邻采样帧之间目标距离相差不大的事实,文献[37]对目标距离估计值采用了一种变权 $\alpha - \beta$ 滤波的策略。

最后,实验结果表明,对于一个 11 帧的图像序列,大多数距离估计误差优于 6%,相对误差的线性回归值是 8.3%。该方法适用于对切向飞行的且已知外形参数的飞机进行距离估计。

为了解决非切向飞行的飞机的距离估计问题,文献[38]采用主轴及翼展线作为特征线段实施距离估计。

对目标的成像,文献[38]采用弱透视投影模型。弱透视投影可以看成 2 次投影的合成:首先,整个物体按平行于光轴的方向正投影到物体质心平面(经过质心且与图像平面平行的平面);然后,按透视模型将上述物平面的图像投影到摄像机的像平面上。弱透视投影物体上的各点深度可用同一深度值 Z_0 近似。最后,通过公式推导,给出了一个目标距离估计公式。

仿真实验显示,该方法在目标距离小于 1 500 m 时,距离估计误差小于 6%,可以满足辅助决策的需要。在只存在一条基线的情况下,如导弹正迎头、尾追或从正侧方攻击时,图像中只能提取某一条特征直线,此时,应首先判断特征直线的属性,然后不考虑目标的姿态,直接应用式(6-35)透视投影模型计算目标距离。

和文献[37]的方法相比,该方法同样需要目标的外形尺寸(身长、翼展)。

6.3.2 借助旋转不变线段特征的测距方法

考虑目标(如飞机)和观测平台均运动的一般情况。以 T、S 表示目标飞机和观测平台,下标 n、$n+1$ 代表任意相邻观察时刻,可得图 6.10 所示的三维空间飞机被动定位模型。其中,$T_n T_{n+1}$、$S_n S_{n+1}$ 为时刻 n、$n+1$ 之间目标或平台的航迹,r_n、r_{n+1} 为观察时刻上目标与观测平台之间的距离,φ_n、φ_{n+1} 则表示观测器视轴与目标航迹的夹角。

取地理坐标系[39]为主坐标系,以北、西、上三方向分别对应 X、Y、Z 轴正向,并且认为我方测量平台的状态(机动测量站在地理坐标系中的高低角、方位角、径向距离以及速度、加速度和姿态等信息）为已知。

假定第 n、$n+1$ 时刻光学系统的焦距分别为 f_n、f_{n+1}，x_0 所对应的特征线度长度分别为 L_n、L_{n+1}，则根据几何成像原理[40]有：

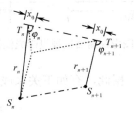

$$\frac{L_n}{f_n} = \frac{x_0 \cdot \sin \varphi_n}{r_n} \tag{6-36}$$

$$\frac{L_{n+1}}{f_{n+1}} = \frac{x_0 \cdot \sin \varphi_{n+1}}{r_{n+1}} \tag{6-37}$$

于是，可以推知如下相对定位数学模型：

图 6.10 基于特征线度的定位模型

$$\frac{r_{n+1}}{r_n} = \frac{f_{n+1}}{f_n} \frac{L_n}{L_{n+1}} \frac{\sin \varphi_{n+1}}{\sin \varphi_n} \tag{6-38}$$

式（6-38）表明，通过对特征线度的测量，可以估计目标距离的变化。若已知 r_n，则可计算得到 r_{n+1}，实现相应的递推定位算法。

我们对机载测量平台坐标系规定如下：以飞机前进方向为 Y 轴，右翼方向为 X 轴，以垂直机翼平面向上方向为 Z 轴组成右手坐标系。图 6.11 示出了机动测量平台（如机载测量站）坐标系和地理坐标系的关系。

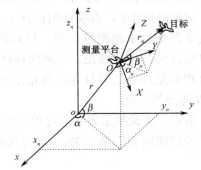

根据图 6.11，地理坐标系和测量平台坐标系之间存在一个平移和旋转变换[41]。有关变换关系和变换矩阵在 6.2 节中已有说明。

在第 n 时刻，若运动目标在机动测量平台坐标系 $O\text{-}XYZ$ 中的球坐标为 (r_n, α_n, β_n)，载机坐标系

图 6.11 机动测量平台与地理坐标系的关系

$O\text{-}XYZ$ 中坐标原点 O 在地理坐标系 $o\text{-}xyz$ 中的坐标为 $O(x_n, y_n, z_n)$。那么，同一时刻上机动测量平台到目标的视线 $\overrightarrow{OT}$ 在地理坐标系 $o\text{-}xyz$ 中的方向矢量 (l_n, m_n, n_n) 可用下式表示：

$$\begin{pmatrix} l_n \\ m_n \\ n_n \end{pmatrix} = \begin{pmatrix} t_{11}^n & t_{12}^n & t_{13}^n \\ t_{21}^n & t_{22}^n & t_{23}^n \\ t_{31}^n & t_{32}^n & t_{33}^n \end{pmatrix} \begin{pmatrix} \cos \alpha_i \cos \beta_n \\ \sin \alpha_i \cos \beta_n \\ \sin \beta_n \end{pmatrix} \tag{6-39}$$

式中，$\begin{pmatrix} t_{11}^n & t_{12}^n & t_{13}^n \\ t_{21}^n & t_{22}^n & t_{23}^n \\ t_{31}^n & t_{32}^n & t_{33}^n \end{pmatrix}$ 是 X、Y、Z 轴在 $o\text{-}xyz$ 坐标系中方向余弦矩阵的转置[42]。

综合图 6.10 和图 6.11，机动测量站在各个时刻 S_i 的坐标为 (x_i, y_i, z_i)，摄像机视线的方位、高低角和方向余弦分别为 α_i、β_i、(l_i, m_i, n_i)，这里，$i = n$，$n+1$。于是

$$\begin{cases} l_i = \cos \alpha_i \cos \beta_i \\ m_i = \sin \alpha_i \cos \beta_i \\ n_i = \sin \beta_i \end{cases} \tag{6-40}$$

根据过点 (x_0, y_0, z_0) 且与 (l, m, n) 平行的三维空间直线参数方程

$$\begin{cases} x = x_0 + lt \\ y = y_0 + mt \\ z = z_0 + nt \end{cases} \quad (6\text{-}41)$$

可得 T_{n+1} 点坐标为：
$$T_{n+1}(x_{n+1} + l_{n+1}r_{n+1}, y_{n+1} + m_{n+1}r_{n+1}, z_{n+1} + n_{n+1}r_{n+1}) \quad (6\text{-}42)$$

同理，可得 T_n 点坐标为：
$$T_n(x_n + l_n r_n, y_n + m_n r_n, z_n + n_n r_n) \quad (6\text{-}43)$$

于是，$T_n T_{n+1}$ 的方向余弦 (l_d, m_d, n_d) 为：
$$\begin{cases} l_d = \dfrac{x_{n+1} + l_{n+1}r_2 - x_n - l_n r_n}{d} \\ m_d = \dfrac{y_{n+1} + m_{n+1}r_2 - y_n - m_n r_n}{d} \\ n_d = \dfrac{z_{n+1} + n_{n+1}r_2 - z_n - n_n r_n}{d} \end{cases} \quad (6\text{-}44)$$

式中，$d = \sqrt{(x_{n+1} + l_{n+1}r_{n+1} - x_n - l_n r_n)^2 + (y_{n+1} + m_{n+1}r_2 - y_n - m_n r_n)^2 + (z_{n+1} + n_{n+1}r_2 - z_n - n_n r_n)^2}$。

三维空间中，对于任意两条直线 $\vec{L}_1(l_1, m_1, n_1)$、$\vec{L}_2(l_2, m_2, n_2)$，它们的夹角余弦公式为[43, 44]
$$\cos \xi = \frac{\vec{L}_1 \cdot \vec{L}_2}{|\vec{L}_1||\vec{L}_2|} = \frac{l_1 l_2 + m_1 m_2 + n_1 n_2}{\sqrt{l_1^2 + m_1^2 + n_1^2}\sqrt{l_2^2 + m_2^2 + n_2^2}} \quad (6\text{-}45)$$

利用式（6-44），可得目标在 T_n 与 T_{n+1} 位置对观测器视轴的夹角 φ_n 与 φ_{n+1} 分别为：
$$\cos \varphi_n = -\frac{l_d l_n + m_d m_n + n_d n_n}{\sqrt{l_d^2 + m_d^2 + n_d^2}\sqrt{l_n^2 + m_n^2 + n_n^2}} \quad (6\text{-}46)$$
$$= -(l_d l_n + m_d m_n + n_d n_n)$$
$$\cos \varphi_{n+1} = -(l_d l_{n+1} + m_d m_{n+1} + n_d n_{n+1}) \quad (6\text{-}47)$$

式（6-46）、式（6-47）为 r_n、r_{n+1} 及观测量 (l_i, m_i, n_i) 或 α_i、β_i（$i = n, n+1$）的函数，将它们代入式（6-38），有

$$\frac{r_{n+1}}{r_n} = \frac{f_{n+1}}{f_n} \frac{L_n}{L_{n+1}} \frac{\sqrt{1 - \cos^2 \varphi_{n+1}}}{\sqrt{1 - \cos^2 \varphi_n}} \quad (6\text{-}48)$$

对式（6-48）两端取平方，并考虑到
$$\sin^2 \varphi_n = 1 - \cos^2 \varphi_n = 1 - (l_d l_n + m_d m_n + n_d n_n)^2$$
$$= \{d^2 - [(x_{n+1} + l_{n+1}r_{n+1} - x_n - l_n r_n)l_n + (y_{n+1} + m_{n+1}r_2 - y_n - m_n r_n)m_n + \quad (6\text{-}49)$$
$$(z_{n+1} + n_{n+1}r_{n+1} - z_n - n_n r_n)n_n]^2\}/d^2$$

$$\sin^2 \varphi_{n+1} = 1 - \cos^2 \varphi_{n+1} = 1 - (l_d l_{n+1} + m_d m_{n+1} + n_d n_{n+1})^2$$
$$= \{d^2 - [(x_{n+1} + l_{n+1}r_{n+1} - x_n - l_n r_n)l_{n+1} + (y_{n+1} + m_{n+1}r_2 - y_n - m_n r_n)m_{n+1} + \quad (6\text{-}50)$$
$$(z_{n+1} + n_{n+1}r_{n+1} - z_n - n_n r_n)n_{n+1}]^2\}/d^2$$

可得如下方程：

$$\frac{d^2 - [(x_{n+1} + l_{n+1}r_{n+1} - x_n - l_n r_n)l_{n+1} + (y_{n+1} + m_{n+1}r_{n+1} - y_n - m_n r_n)m_{n+1} + (z_{n+1} + n_{n+1}r_{n+1} - z_n - n_n r_n)n_{n+1}]^2}{d^2 - [(x_{n+1} + l_{n+1}r_{n+1} - x_n - l_n r_n)l_n + (y_{n+1} + m_{n+1}r_{n+1} - y_n - m_n r_n)m_n + (z_{n+1} + n_{n+1}r_{n+1} - z_n - n_n r_n)n_n]^2}$$
$$= \left(\frac{f_1}{f_2}\right)^2 \left(\frac{L_2}{L_1}\right)^2 \left(\frac{r_{n+1}}{r_n}\right)^2 \tag{6-51}$$

对式（6-51）进行整理，可得关于 r_{n+1} 的 4 次代数多项式方程：

$$C_4 r_{n+1}^4 + C_3 r_{n+1}^3 + C_2 r_{n+1}^2 + C_1 r_{n+1} + C_0 = 0 \tag{6-52}$$

其中，
$$C_4 = H[1 - (l_{n+1}l_n + m_{n+1}m_n + n_{n+1}n_n)^2] \tag{6-53}$$

$$\begin{aligned} C_3 = &\ 2H\{l_{n+1}(x_{n+1} - x_n - l_n r_n) + m_{n+1}(y_{n+1} - y_n - m_n r_n) + n_{n+1}(z_{n+1} - z_n - n_n r_n) - \\ &\ (l_{n+1}l_n + m_{n+1}m_n + n_{n+1}n_n)[l_n(x_{n+1} - x_n - l_n r_n) + m_n(y_{n+1} - y_n - m_n r_n) + \\ &\ n_n(z_{n+1} - z_n - n_n r_n)]\} \end{aligned} \tag{6-54}$$

$$\begin{aligned} C_2 = &\ H\{(x_{n+1} - x_n - l_n r_n)^2 + (y_{n+1} - y_n - m_n r_n)^2 + (z_{n+1} - z_n - n_n r_n)^2 - \\ &\ [l_n(x_{n+1} - x_n - l_n r_n) + m_n(y_{n+1} - y_n - m_n r_n) + n_n(z_{n+1} - z_n - n_n r_n)]^2\} \end{aligned} \tag{6-55}$$

$$C_1 = 0 \tag{6-56}$$

$$C_0 = k_2 r_n^2 + k_1 r_n + k_0 \tag{6-57}$$

$$H = \left(\frac{f_n}{f_{n+1}}\right)^2 \left(\frac{L_{n+1}}{L_n}\right)^2 \frac{1}{r_n^2} \tag{6-58}$$

式（6-57）中，

$$k_2 = (l_{n+1}l_n + m_{n+1}m_n + n_{n+1}n_n)^2 - 1 \tag{6-59}$$

$$\begin{aligned} k_1 = &\ 2\{l_n(x_{n+1} - x_n) + m_n(y_{n+1} - y_n) + n_n(z_{n+1} - z_n) - \\ &\ (l_{n+1}l_n + m_{n+1}m_n + n_{n+1}n_n)[l_{n+1}(x_{n+1} - x_n) + \\ &\ m_{n+1}(y_{n+1} - y_n) + n_{n+1}(z_{n+1} - z_n)]\} \end{aligned} \tag{6-60}$$

$$\begin{aligned} k_0 = &\ [l_{n+1}(x_{n+1} - x_n) + m_{n+1}(y_{n+1} - y_n) + n_{n+1}(z_{n+1} - z_n)]^2 - \\ &\ (x_{n+1} - x_n)^2 - (y_{n+1} - y_n)^2 - (z_{n+1} - z_n)^2 \end{aligned} \tag{6-61}$$

对于径向运动目标，有 $(l_n, m_n, n_n) = (l_{n+1}, m_{n+1}, n_{n+1})$，定位方程可简化为：

$$r_{n+1} = \left(\frac{f_{n+1}}{f_n}\right)\left(\frac{L_n}{L_{n+1}}\right) \cdot r_n \tag{6-62}$$

在式（6-52）所示定位方程中，一般有 $C_4 > 0$、$C_1 \equiv 0$、$C_0 < 0$。$C_0 < 0$ 说明 r_{n+1} 的 4 个根中有 1 个正实根、1 个负实根，其余 2 个根要么同正，要么同负，要么是共轭复根。而事实上，我们求解的距离为方程的正实根，故有必要确定定位方程的可解性和解的唯一性。

1. 方程（6-52）的定位结果是唯一的讨论

对径向运动目标，定位方程如式（6-62）所示，是唯一的，故下面只考虑非径向运动的情形。

首先，对方程（6-52）各项除以 C_4，实现首项系数归一化，得

$$r^4 + br^3 + cr^2 + dr + e = 0 \tag{6-63}$$

式中，$b = C_3/C_4$，$c = C_2/C_4 > 0$，$d = C_1/C_4 = 0$，$e = C_0/C_4 < 0$。它所对应的预解方程为

$$y^3 - cy^2 + (bd - 4e)y - b^2e + 4ce - d^2 = 0 \tag{6-64}$$

考虑到 $d \equiv 0$，预解方程可简化为

$$y^3 - cy^2 - 4ey - b^2e + 4ce = 0 \tag{6-65}$$

由根与系数的关系可知，该方程至少有一正根。将式（6-65）重写如下：

$$(y^2 - 4e)(y - c) = b^2e \tag{6-66}$$

式（6-66）显示，预解方程的根 $y \leqslant c$。综合式（6-65）、式（6-66）可知，预解方程存在一个根 y_0，且满足 $0 < y_0 \leqslant c$。借助 y_0，便可确定原方程的 4 个根[44]，具体分两种情况讨论。

1）第一种情况（$by_0 - 2c > 0$）

这时，式（6-63）等价于下式：

$$[r^2 + \frac{1}{2}(b + \sqrt{b^2 - 4c + 4y_0})r + \frac{1}{2}(y_0 + \sqrt{y_0^2 - 4e})] \times$$
$$[r^2 + \frac{1}{2}(b - \sqrt{b^2 - 4c + 4y_0})r + \frac{1}{2}(y_0 - \sqrt{y_0^2 - 4e})] = 0 \tag{6-67}$$

其中，当 $[r^2 + \frac{1}{2}(b - \sqrt{b^2 - 4c + 4y_0})r + \frac{1}{2}(y_0 - \sqrt{y_0^2 - 4e})] = 0$ 成立时，具有一正一负两个实根。此时，因 $b > \frac{2c}{y_0} > 0$，有 $b + \sqrt{b^2 - 4c + 4y_0} > 0$，可见方程 $[r^2 + \frac{1}{2}(b + \sqrt{b^2 - 4c + 4y_0})r + \frac{1}{2}(y_0 + \sqrt{y_0^2 - 4e})] = 0$ 不可能取得两个正实根，从而推断这时定位结果是唯一的。

2）第二种情况（$by_0 - 2c < 0$）

此时，式（6-63）等价于下式：

$$[r^2 + \frac{1}{2}(b + \sqrt{b^2 - 4c + 4y_0})r + \frac{1}{2}(y_0 - \sqrt{y_0^2 - 4e})] \times [r^2 + \frac{1}{2}(b - \sqrt{b^2 - 4c + 4y_0})r + \frac{1}{2}(y_0 + \sqrt{y_0^2 - 4e})] = 0 \tag{6-68}$$

式（6-68）中的两个一元二次方程的 4 个根即式（6-63）的 4 个根。

以 Δ_1、Δ_2 分别代表方程 $[r^2 + \frac{1}{2}(b + \sqrt{b^2 - 4c + 4y_0})r + \frac{1}{2}(y_0 - \sqrt{y_0^2 - 4e})] = 0$ 和 $[r^2 + \frac{1}{2}(b - \sqrt{b^2 - 4c + 4y_0})r + \frac{1}{2}(y_0 + \sqrt{y_0^2 - 4e})] = 0$ 的判别式，则有

$$\Delta_1 \cdot \Delta_2 = 16(y_0 + c)^2 - 32b^2 y_0 - 64(y_0^2 - 4e) - 32b\sqrt{y_0^2 - 4e}\sqrt{b^2 - 4c + 4y_0} \tag{6-69}$$

联解式（6-52）、式（6-63）和式（6-69），有 $\Delta_1 \Delta_2 < 0$，说明方程的解为 1 个正实根、1 个负实根和 2 个共轭复根，仍是唯一的。

综上所述，方程（6-52）的定位结果是唯一的。此外，式（6-52）既适用于观测器运动，又适用于观测器静止不动的情形，具有很强的适应性。

2. 方程（6-52）可解性研究

文献[42]采用 Monte Carlo 仿真来确定实际应用中定位方程可解的边界条件。经过 5 000 多万次仿真，得到如下结论：

（1）对线形目标，定位方程可解的条件是相邻观测时刻上的目标线度无剧烈变化，无解发生在 $L_{n+1}/L_n \leqslant 0.487\,949$ 或 $L_n/L_{n+1} \leqslant 0.487\,949$ 的情形下；

（2）定位方程可解时未发现有多个正根的情形。

严格地讲，式（6-52）用于有初始值的被动定位，或者结合激光测距机的被动测定位。因此，这一方法进入实用化阶段有待进一步改进。

6.3.3 基于旋转不变线段特征测距的改进

为了摆脱定位方程（6-52）对初始条件的依赖，可以从两个方面加以改进。

1. 基于距离差的改进

如果我们知道目标图像上两点在物方空间上的距离 x_0，如飞机目标的机身长度、机翼宽度，且对目标采用定焦成像，那么相邻采样时刻目标到探测器的距离差 Δ 可表示为

$$\Delta = r_{n+1} - r_n = fx_0 \frac{L_n - L_{n+1}}{L_{n+1} \cdot L_n} \tag{6-70}$$

将式（6-70）代入式（6-52），可得[45]

$$D_4 r_n^4 + D_3 r_n^3 + D_2 r_n^2 + D_1 r_n + D_0 = 0 \tag{6-71}$$

式中，

$$D_4 = C_4 \tag{6-72}$$

$$D_3 = 4C_4\Delta + C_3 \tag{6-73}$$

$$D_2 = 6C_4\Delta^2 + 3C_3\Delta + C_2 + k_2 \tag{6-74}$$

$$D_1 = 4C_4\Delta^3 + 3C_3\Delta^2 + 2C_2\Delta + C_1 + k_1 \tag{6-75}$$

$$D_0 = C_4\Delta^4 + C_3\Delta^3 + C_2\Delta^2 + C_1\Delta + k_0 \tag{6-76}$$

式（6-71）同样是一个 4 阶非线性方程。通过求解方程，得到 r_n，当前时刻目标对摄像机的距离 $r_{n+1} = r_n + \Delta$ 随即得到。

2. 基于距离比的改进[46]

将目标在前后采样时刻的距离比 $\rho = r_n/r_{n+1}$ 代入式（6-52），有

$$(C_{40} + k_2\rho^4)r_{n+1}^4 + (C_{30} + k_1\rho^3)r_{n+1}^3 + (C_{20} + k_0\rho^2)r_{n+1}^2 = 0 \tag{6-77}$$

式（6-77）可写成如下形式：

$$A_2 r_{n+1}^4 + A_1 r_{n+1}^3 + A_0 r_{n+1}^2 = 0 \tag{6-78}$$

考虑到目标距离 $r_{n+1} \neq 0$，故式（6-78）可以简化为

$$A_2 r_{n+1}^2 + A_1 r_{n+1} + A_0 = 0 \tag{6-79}$$

式中，
$$A_2 = (\rho^4 - H')[(l_{n+1}l_n + m_{n+1}m_n + n_{n+1}n_n)^2 - 1] \quad (6\text{-}80)$$

$$\begin{aligned}A_1 =& 2H'\{l_{n+1}(x_{n+1}-x_n) + m_{n+1}(y_{n+1}-y_n) + n_{n+1}(z_{n+1}-z_n) - \\ & (l_{n+1}l_n + m_{n+1}m_n + n_{n+1}n_n) \cdot [l_n(x_{n+1}-x_n) + m_n(y_{n+1}-y_n) + \\ & n_n(z_{n+1}-z_n)]\} + 2\rho^3\{l_n(x_{n+1}-x_n) + m_n(y_{n+1}-y_n) + \\ & n_n(z_{n+1}-z_n) - (l_{n+1}l_n + m_{n+1}m_n + n_{n+1}n_n) \cdot [l_{n+1}(x_{n+1}-x_n) + \\ & m_{n+1}(y_{n+1}-y_n) + n_{n+1} \cdot (z_{n+1}-z_n)]\}\end{aligned} \quad (6\text{-}81)$$

$$\begin{aligned}A_0 =& H'\{[l_n(x_{n+1}-x_n) + m_n(y_{n+1}-y_n) + n_n(z_{n+1}-z_n)]^2 + \\ & (x_{n+1}-x_n)^2 + (y_{n+1}-y_n)^2 + (z_{n+1}-z_n)^2\} + \\ & \rho^2\{[l_{n+1}(x_{n+1}-x_n) + m_{n+1}(y_{n+1}-y_n) + n_{n+1}(z_{n+1}-z_n)]^2 - \\ & (x_{n+1}-x_n)^2 - (y_{n+1}-y_n)^2 - (z_{n+1}-z_n)^2\}\end{aligned} \quad (6\text{-}82)$$

$$H' = Hr_n^2 = (\frac{f_n}{f_{n+1}})^2(\frac{L_{n+1}}{L_n})^2 \quad (6\text{-}83)$$

在式（6~80）~式（6~83）中，$\rho = r_n/r_{n+1}$ 可以通过对目标图像的匹配获得。

根据式（6~80）~式（6~83），从理论上讲当观测器在前后两个采样时刻有位移发生时，测距恒有解，亦即总能估计出目标距离来。

为了验证基于式（6-79）的定位算法的正确性，付小宁等在半实物缩比模型平台上完成了仿真试验，缩放比例为1:2 300，即实验室 1 m 相当于外场 2 300 m，得到了一个 32 帧图像序列的实验结果。限于篇幅，这里只给出图像序列中的偶数帧图像（如图 6.12 所示），以及各帧图像的拍摄条件和最后的测距结果（如表 6-1 所示）。

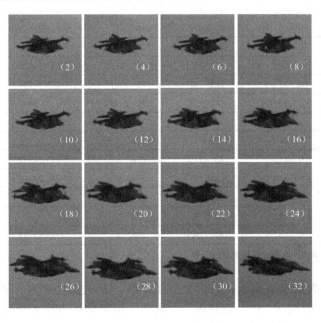

图 6.12　实验目标图像序列（偶数帧，图中数字为图像帧序号）

表 6-1 实验目标图像的拍摄条件和测距结果

帧序号	距离/cm	摄像机位置/cm	方位角	俯仰角	距离估值/cm	测距误差
1	248	(0, 0, 0)	179° 29.8′	275° 40′	*	
2	247	(0, −3, 0)	179° 35′	275° 50.7′	*	
3	246	(0, −6, 0)	179° 40′	275° 50.7′	250.73718	1.93%
4	245	(0, −9, 0)	179° 40′	275° 50.7′	243.58886	0.58%
5	244	(0, −12, 0)	179° 40′	275° 50.7′	240.98883	1.23%
6	243.5	(0, −15, 0)	179° 55′	275° 50.7′	240.98883	1.03%
7	242	(0, −18, 0)	179° 57′	275° 50.7′	*	
8	241	(0, −21, 0)	179° 57′	275° 50.7′	*	
9	242	(0, −24, 0)	180° 7.5′	275° 50.7′	256.24633	5.89%
10	242	(0, −27, 0)	180° 19′	275° 50.7′	251.06253	3.74%
11	241	(0, −30, 0)	180° 19′	275° 50.7′	235.86765	2.13%
12	238.5	(0, −33, 0)	180° 19′	275° 50.7′	239.53737	0.44%
13	237.5	(0, −36, 0)	180° 46.5′	275° 50.7′	*	
14	237	(0, −39, 0)	180° 46.5′	275° 50.7′	237.51034	0.22%
15	235.5	(0, −42, 0)	180° 46.5′	275° 50.7′	*	
16	234	(0, −45, 0)	181° 17.5′	275° 50.7′	237.51034	1.50%
17	232	(0, −48, 0)	181° 17.5′	275° 50.7′	228.88762	1.34%
18	230	(0, −51, 0)	181° 25.5′	275° 50.7′	236.67974	2.90%
19	228	(0, −54, 0)	181° 25.5′	275° 50.7′	223.91062	1.79%
20	226	(0, −57, 0)	181° 49.3′	275° 50.7′	223.91062	0.92%
21	224	(0, −60, 0)	181° 49.3′	275° 50.7′	223.86652	0.06%
22	222	(0, −63, 0)	182° 6′	275° 50.7′	239.32678	7.80%
23	221	(0, −66, 0)	182° 17.5′	275° 50.7′	232.36649	5.14%
24	218.5	(0, −69, 0)	182° 21.8′	275° 50.7′	227.56026	4.15%
25	217	(0, −72, 0)	182° 38′	275° 50.7′	225.31538	3.82%
26	215	(0, −75, 0)	182° 53′	275° 50.7′	235.447	9.51%
27	213	(0, −78, 0)	183° 11′	275° 50.7′	228.42514	7.24%
28	211	(0, −81, 0)	183° 18.5′	276° 8′	*	
29	209	(0, −84, 0)	183° 31.3′	276° 8′	215.29842	3.01%
30	207	(0, −87, 0)	183° 58′	276° 8′	215.29842	4.01%
31	206	(0, −90, 0)	184° 25.5′	276° 8′	*	
32	210	(0, −93, 0)	187° 9′	276° 8′	*	
33	209	(0, −96, 0)	187° 29.5′	276° 8′	225.52733	7.90%

* 注：在此情况下，距离估计方程出现病态解或无解。

根据表 6-1，多数情况下测距相对误差优于±4%，最大测距相对误差为 9.5%，这样的测距精度满足实际应用的要求。在一些情况下，出现了距离估计方程无解或出现病态解的情形，但这种情形连续出现的概率不大，不影响实际使用。

6.3.4 目标特征线度的选取

对于非典型性目标，为了获得其具有距离信息的线段特征，至少需要 3 个匹配点。在这 3 点确定的圆周的某一个方向上，必有旋转不变线段特征存在。

设在相邻图像帧内，特征点 A、B、C 与 A'、B'、C' 确定为匹配点，那么，可以根据 A、B、C 或 A'、B'、C' 来确定特征线度，如图 6.13 所示。其中，A、B、C 为匹配点对中组成三角形的 3 个顶点，圆 O' 为三角形 ABC 的外接圆，O 为三角形 ABC 的重心。假设 B 点方向 $\overrightarrow{BM}$ 为这 3 个点的 SIFT 特征主方向，直线 DE 为过重心 O' 与主方向平行的弦，FG 为过重心与主方向相互垂直的外接圆的弦。

在图 6.13 中，可以选为特征线度的线段有 BH、BM、DE 和 FG。图 6.14 示出了将图像旋转 1°、2°、3°、5°、7° 和 8° 后，背景图像关键点线度与目标图像关键点线度之差及缩放比例的关系。实验中所使用的原图像是 256×256 像素的 8 位灰度 Lena 图像。

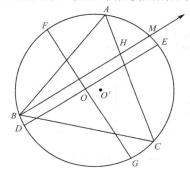 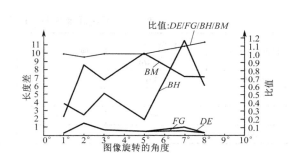

图 6.13　特征点 A、B、C 及特征线段　　图 6.14　旋转角度与线度、缩放比例关系[47]

从图 6.14 中可以看出，无论采用哪种线段作为特征线度，缩放比例的计算值基本正确。但是，若将线段 DE 或线段 FG 作为特征线度，背景图像与目标图像之间线度的差值基本上小于 1.5；若将线段 BH 或线段 BM 作为特征线度，则差值不稳定，二者差值时大时小，其差值总体而言要比用 DE 或 FG 作为特征线度时要大。所以，将 DE 或 FG 作为特征线度是合理的，这就是目标的虚拟圆特征。

表 6-1 中的结果就是用 FG 作为特征线度，即 $L_n = FG$，并令 $\rho = r_n / r_{n+1} = L_{n+1}/L_n$ 而得到的。

6.4　基于特征线度测距的性能分析

式（6-52）是式（6-71）和式（6-79）的基础，它的性能决定或影响了后两者性能，故这里只讨论式（6-52）的性能。

6.4.1　观测平台静止情况下的测距性能

当观测平台静止时，目标距离的求解可采用式（6-52）简化成如下形式：

$$r_{n+1} = \left(\frac{f_{n+1}}{f_n} \frac{L_n}{L_{n+1}} \right)^{1/2} r_n \qquad (6-84)$$

式中，f_{n+1}、f_n 分别为系统在时刻 $n+1$、n 的光学焦距，是已知量；L_{n+1}、L_n 分别为目标特征线度在时刻 $n+1$、n 上的观测值。可见，这时目标距离的确定与方位角、俯仰角的观测误差无关，只决定于目标特征线度的测量精度。测距的相对误差为

$$\frac{\delta r_{n+1}}{r_{n+1}} = \frac{1}{2}\left(\frac{dL_n}{L_n} - \frac{dL_{n+1}}{L_{n+1}}\right) < \max\left(\frac{|dL_n|}{L_n}, \frac{|dL_{n+1}|}{L_{n+1}}\right) \quad (6\text{-}85)$$

式中，$\max(a, b)$ 表示取 a、b 中较大的一个。考虑到 L_{n+1}、L_n 来自相邻两帧图像的测量，非常接近，故有近似公式

$$\frac{|dL_n|}{L_n} \approx \frac{|dL_{n+1}|}{L_{n+1}} \quad (6\text{-}86)$$

为了保证不超过±5%的测距误差，则要求目标特征线度的长度测量的相对误差不超过±5%，那么在图像分割误差为1（或0.3）像素时，目标线度的长度不少于20（或6）像素。当成像系统焦距 $f=2$ m、探测器像元尺寸为 30 μm 时，对来袭的 F15 飞机目标的作用距离为 15 km，满足项目的要求。具体见表 6-2。

表 6-2 系统成像关系（成像系统焦距 $f=2$ m）

目标距离 R/m	机舱直径/机身长/m	像元尺寸/μm	目标成像尺寸/μm	目标图尺寸/像素数
5 000	1.5/6	30	600/2 400	20/80
10 000	1.5/6	30	300/1 200	10/40
15 000	1.5/6	30	200/800	6.6/26.6
20 000	1.5/6	30	150/600	5/20

6.4.2 观测平台运动时的测距性能

对于观测平台运动时的测距性能分析，分为只存在目标特征线度长度测量误差、只存在目标角度信息测量误差、同时存在角度和特征线度长度测量误差这3种情况。

1. 只存在目标特征线度长度测量误差式的测距性能分析

若目标作相对径向运动，定位方程蜕变为式（6-62）的形式，重写如下：

$$r_{n+1} = \left(\frac{f_{n+1}}{f_n}\right)\left(\frac{L_n}{L_{n+1}}\right) \cdot r_n$$

此时，易得

$$\frac{\delta r_{n+1}}{r_{n+1}} = \frac{dL_n}{L_n} - \frac{dL_{n+1}}{L_{n+1}} < 2 \cdot \max\left(\frac{|dL_n|}{L_n}, \frac{|dL_{n+1}|}{L_{n+1}}\right) \quad (6\text{-}87)$$

为确保定位相对误差不超过±5%，则要求目标特征线度的长度测量的相对误差不超过±2.5%。根据表 6-2，当成像系统焦距 $f=2$ m、探测器像元尺寸为 30 μm 时，为了对迎面来袭的 F15 飞机目标的作用距离达到 10 km 以上，在目标特征线度提取时必须实施亚像素图像检测。

若目标作非径向运动，$C_4 \neq 0$，则可对式（6-52）首项系数归一化，得

$$r_{n+1}^4 + C_3' r_{n+1}^3 + C_2' r_{n+1}^2 + C_1' r_{n+1} + C_0' = 0 \quad (6\text{-}88)$$

式中，$C_1' \equiv 0$，$C_2' = C_2/C_4$，$C_3' = C_3/C_4$ 与目标特征线度无关，只有 $C_0' = C_0/C_4$ 含有目标特征

线度的信息。考虑式（6-88）各项的主要增量，有

$$(4r_{n+1}^3 + 3C_3'r_{n+1}^2 + 2C_2'r_{n+1}) \cdot \delta r_{n+1} + \frac{\partial C_0'}{\partial L}\delta L = 0 \tag{6-89}$$

式（6-89）中各项同时乘以 r_{n+1}，并综合式（6-88），可得

$$(r_{n+1}^4 - C_2'r_{n+1}^2 - 3C_0') \cdot \delta r_{n+1} + r_{n+1} \cdot \frac{\partial C_0'}{\partial L}\delta L = 0 \tag{6-90}$$

整理后可得如下关系式：

$$\frac{\delta r_{n+1}}{\delta L} \approx -\frac{4r_{n+1} \cdot C_0' \cdot \frac{1}{L_n}}{r_{n+1}^4 - C_2'r_{n+1}^2 - 3C_0'} \tag{6-91}$$

式（6-91）可进一步简化如下：

$$\frac{\delta r_{n+1}}{r_{n+1}} \approx -\frac{4}{3}\frac{\delta L}{L_n} \tag{6-92}$$

有关分析讨论表明，为了达到不超过±5%的测距误差，尺度误差应控制在±3.75%内。那么在图像分割误差为1（或0.3）像素时，目标线度的长度不少于27（或8.1）像素。对于表6-2所示数据，相当于作用距离为13 km。

2. 只存在目标角度信息测量误差的测距性能分析

为了简化分析过程，只考虑仅在观测时刻 $n+1$ 存在角度测量误差的情形。而在观测时刻 n、$n+1$ 同时存在角度测量误差时，系统误差不超过上述误差的 2 倍。设 ξ 为角度测量误差，经过视轴平移，在目标跨度角平面上有如图 6.15 所示的关系。

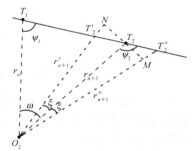

图 6.15 存在测角误差时的距离估计

在图 6.15 中，ψ_1、ψ_2 相当于图 6-10 中 φ_n、φ_{n+1} 在目标跨度角平面上的投影。可以看出，当存在角度测量误差时，距离 r_{n+1} 的观测值变成了 r_{n+1}' 或 r_{n+1}''。其中，

$$r_{n+1}'' = O_2T_2'' = r_{n+1}\cos\xi + MT_2'' \tag{6-93}$$

而在 $\triangle MT_2T_2''$ 中，

$$MT_2'' = T_2M\frac{-\cos(\psi_2)}{\sin(\psi_2+\xi)} = -r_{n+1}\tan(\xi) \cdot \frac{\cos(\psi_2)}{\sin(\psi_2+\xi)} \tag{6-94}$$

将式（6-94）代入式（6-93），有

$$r_{n+1}'' = r_{n+1}\cos\xi - r_{n+1} \cdot \tan(\xi) \cdot \frac{\cos(\psi_2)}{\sin(\psi_2+\xi)} \tag{6-95}$$

通常，ξ 很小，可以保证小于 50 μrad（例如用 23 位绝对式光电轴角编码器甚至还可达到 1″的测量误差[42]），故知角度引起的距离误差为

$$\frac{\delta r_{n+1}}{r_{n+1}} \approx \pm\tan(\xi) \cdot \frac{\cos(\psi_2)}{\sin(\psi_2+\xi)} \tag{6-96}$$

由式（6-96）可知，当 $\tan(\psi_2)=0$ 或 ψ_2 与 ξ 相当时，影响最大。此外，角度测量误差对测距几乎无影响。实际应用中，当 $\tan(\psi_2)=0$ 或 $\psi_2=\pi$（对应径向运动），因为测距方程的改变却不受角度测量误差的影响。当 $0<\psi_2<\pi$，ξ 不超过 1 mrad 时，式（6-96）的取值如图 6.16

所示。

事实上，在一般应用场合下，总能满足 $\xi \ll \psi_2$，故可以认为本方法测距的误差主要取决于目标线度长度的测量，几乎不受角度测量误差的影响。

3. 同时存在角度和特征线度长度测量误差的测距性能分析

同时存在角度和特征线度长度测量误差的测距性能通过数字仿真系统验证。数字仿真系统由目标控制及参数测量模块，距离解算模块，误差分析和输出模块三部分构成，如图 6.17 所示。通过对目标参数的设定可仿真不同距离、不同规格和不同运动状态（速度、加速度、轨迹）的飞机的被动定位[42]。

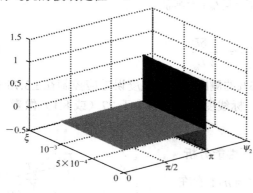

图 6.16 角度影响示意图

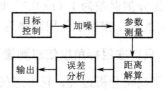

图 6.17 数字仿真系统功能图

测量参数由相应目标参数加测量噪声生成。距离解算模块的基本功能是求解定位方程，扩展功能是对测量信息和目标定位信息进行滤波和预测。误差分析和输出模块则用于分析、记录和输出有关定位参数。

在数字仿真系统中，当飞机和机载测量站在两条不交汇的直线上运动时，所得到的一例定位计算机仿真结果如图 6.18 所示。

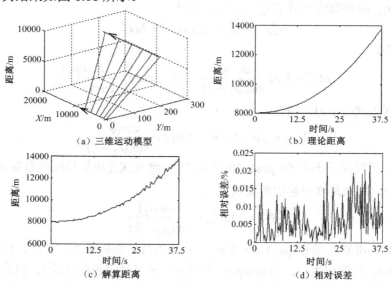

图 6.18 基于机动平台的被动定位计算机仿真结果

在图 6.18 中，飞机距测量站的初始距离 $r_0 = 8\,006.7$ m，初始速度 $v_0 = 300$ m/s，加速度 $a = 10$ m/s^2；机动测量站的初始速度 $v_0 = 100$ m/s，加速度 $a = 5$ m/s^2，采样频率 $f = 25$ Hz，沿目标前进方向图像长度测量误差不超过 ± 4 像素，角度测量误差 $\leqslant \pm 1$ mrad。图 6.18（a）为机动目标与机动测量站的三维运动模型，图 6.18（b）为目标至测量站的理论距离，图 6.18（c）为据本章算法所得解算距离，图 6.18（d）为解算距离与理论距离之间的相对误差。

4. 观测站自身定位误差对测距性能影响的研究

假定观测站只在 x 方向上存在定位误差时的情形，这样处理只是进行了坐标系的旋转，仍不失一般性。重写式（6-52）如下（$C_1 = 0$）：

$$C_4 r_{n+1}^4 + C_3 r_{n+1}^3 + C_2 r_{n+1}^2 + C_1 r_{n+1} + C_0 = 0$$

对上式求微分，有

$$4C_4 r_{n+1}^3 \mathrm{d}r_{n+1} + 3C_3 r_{n+1}^2 \mathrm{d}r_{n+1} + \frac{\partial C_3}{\partial x} r_{n+1}^3 \cdot \mathrm{d}x + 2C_2 r_{n+1} \mathrm{d}r_{n+1} + \frac{\partial C_2}{\partial x} r_{n+1}^2 \cdot \mathrm{d}x + \frac{\partial C_0}{\partial x} \cdot \mathrm{d}x = 0 \quad (6\text{-}97)$$

式中，$\mathrm{d}x$ 表示 $x_{n+1} - x_n$ 的定位误差，$\mathrm{d}r_{n+1}$ 表示因 $x_{n+1} - x_n$ 的定位误差而产生的目标定位误差。

对式（6-97）作移项处理，有

$$(4C_4 r_{n+1}^3 + 3C_3 r_{n+1}^2 + C_2 r_{n+1}) \mathrm{d}r_{n+1} = -(\frac{\partial C_3}{\partial x} r_{n+1}^3 + \frac{\partial C_2}{\partial x} r_{n+1}^2 + \frac{\partial C_0}{\partial x}) \mathrm{d}x \quad (6\text{-}98)$$

将式（6-52）代入式（6-98），经过整理，可得

$$\frac{\mathrm{d}r_{n+1}}{r_{n+1}} = \frac{\frac{\partial C_3}{\partial x} r_{n+1}^3 + \frac{\partial C_2}{\partial x} r_{n+1}^2 + \frac{\partial C_0}{\partial x}}{C_3 r_{n+1}^3 + 2C_2 r_{n+1}^2 + 4C_0} \cdot \mathrm{d}x \quad (6\text{-}99)$$

$$\approx \frac{\partial C_3 / \partial x}{C_3} \cdot \mathrm{d}x$$

将式（6-99）代入式（6-98）并化简，有

$$\left| \frac{\mathrm{d}r_{n+1}}{r_{n+1}} \right| \leqslant \left| \frac{\mathrm{d}x}{x_{n+1} - x_n - r_n l_n} \right| \quad (6\text{-}100)$$

至此，可以推断当观测站自身定位误差导致 (x_n, y_n, z_n) 和 $(x_{n+1}, y_{n+1}, z_{n+1})$ 的斜距误差为 $\mathrm{d}\chi$ 时，对目标的定位误差的上限为

$$\left| \frac{\mathrm{d}r_{n+1}}{r_{n+1}} \right| \leqslant \left| \frac{\mathrm{d}\chi}{\sqrt{(x_{n+1} - x_n - r_n l_n)^2 + (y_{n+1} - y_n - r_n m_n)^2 + (z_{n+1} - z_n - r_n n_n)^2}} \right| \quad (6\text{-}101)$$

可见，为了使测距误差满足定位的要求（不超过 $\pm 5\%$），只需满足式（6-92）就可以了。一般情况下，r_n 远大于应用 GPS 系统对观测站的定位误差。故在实际应用中可以不考虑观测站自身的定位误差。

5. 目标初始距离误差对测距性能影响的研究

记初始距离 r_n 的定位误差为 $\mathrm{d}r_n$，因该误差而产生的目标定位误差为 $\mathrm{d}r_{n+1}$，通过式（6-52），可得

$$4C_4 r_{n+1}^3 \mathrm{d}r_{n+1} + 3C_3 r_{n+1}^2 \mathrm{d}r_{n+1} + \frac{\partial C_3}{\partial r_n} r_{n+1}^3 \cdot \mathrm{d}r_n + 2C_2 r_{n+1} \mathrm{d}r_{n+1} + \frac{\partial C_2}{\partial r_n} r_{n+1}^2 \cdot \mathrm{d}r_n + \frac{\partial C_0}{\partial r_n} \cdot \mathrm{d}r_n = 0 \quad (6\text{-}102)$$

经移项处理，有

$$(4C_4r_{n+1}^3 + 3C_3r_{n+1}^2 + C_2r_{n+1})\mathrm{d}r_{n+1} = -(\frac{\partial C_3}{\partial r_n}r_{n+1}^3 + \frac{\partial C_2}{\partial r_n}r_{n+1}^2 + \frac{\partial C_0}{\partial r_n})\mathrm{d}r_n \quad (6\text{-}103)$$

将式（6-52）代入式（6-104），可知

$$\frac{\mathrm{d}r_{n+1}}{r_{n+1}} = \frac{\frac{\partial C_3}{\partial r_n}r_{n+1}^3 + \frac{\partial C_2}{\partial r_n}r_{n+1}^2 + \frac{\partial C_0}{\partial r_n}}{C_3r_{n+1}^3 + 2C_2r_{n+1}^2 + 4C_0} \cdot \mathrm{d}r_n \quad (6\text{-}104)$$

根据式（6-102）、式（6-103）和式（6-104），式（6-104）分子中唯有 $\partial C_0/\partial r_n$ 不为 0，可见

$$\frac{\mathrm{d}r_{n+1}}{r_{n+1}} \approx \frac{\partial C_0/\partial r_n}{r_n C_3} \cdot \mathrm{d}r_n \quad (6\text{-}105)$$

进一步，有

$$\left|\frac{\mathrm{d}r_{n+1}}{r_{n+1}}\right| < \frac{\left(\frac{f_{n+1}}{f_n}\frac{L_n}{L_{n+1}}\right)^2}{\sqrt{(x_{n+1}-x_n-l_nr_n)^2 + (y_{n+1}-y_n-m_nr_n)^2 + (z_{n+1}-z_n-n_nr_n)^2}} \cdot \frac{\mathrm{d}r_n}{r_n} \quad (6\text{-}106)$$

式（6-106）中 $\mathrm{d}r_n/r_n$ 前的系数远小于 1，可以推断，递推过程中存在目标初始距离测量（或定位）误差的强收敛机制。换言之，目标初始位置的测量（或定位）误差几乎不随基于式（6-52）的定位方程的递推求解而扩散，这一特性对基于递推的目标测距至关重要，也是本章方法独树一帜的地方。

综上所述，本章的定位算法因递推过程中存在目标初始距离测量（或定位）误差的强收敛机制而具有鲁棒性。这一特点在后面的半实物仿真中得到了再次证实，如表 6-3 所示。

表 6-3　一组含较大线度测量误差的半实物仿真实验数据

n	方位角 α_n		俯仰角 β_n		L_n/像素	r_n（测）/cm	$\hat{r}_n$（估）/cm	$|r_n-\hat{r}_n|/r_n$
0	134°	22′	276°	47.9′	119	332.5	—	0
1	138°	54.1′	276°	11.2′	114	335	310.7898	0.0723
2	144°	50.3′	274°	48.4′	112	342.5	338.7507	0.0109
3	153°	37.5′	274°	44.3′	105	360	353.5799	0.0178
4	158°	4-105.7′	274°	1.6′	95	375.5	366.5105	0.0239

表 6-3 中的实验数据从两方面说明了目标初始距离测量（或定位）误差的强收敛特性：一方面是 r_0 作为实测距离，"没有"测量（或定位）误差时，r_1 却有较大的定位误差；另一方面，尽管 r_1 的定位误差较大，但 r_2 却有相对较小的定位误差。这从另一个方面也说明了定位误差的支配因素是目标线度，而非初始距离误差。

6.5　基于区域特征的目标距离估计

基于区域特征的目标距离估计的思想产生较早，但技术成熟之路比较曲折：一方面，天气对红外成像影响较大；另一方面，算法复杂且技术成熟度低。

6.5.1 天气对红外成像的影响[48]

对于确定的红外成像系统，目标到达红外成像系统 CCD 焦平面上的辐亮度与其对应图像灰度值的关系是不变的。

以某敏感波段 3～5 μm 的红外成像系统为例，晴空条件下成像距离为 1 km 左右的景物到达 CCD 焦平面的辐亮度及其对应的图像灰度值[49]如表 6-4 所示。

表 6-4 某系统 CCD 焦平面上的辐亮度及其对应的图像灰度值

辐亮度/$(W \cdot sr^{-1} \cdot m^{-2})$	图像灰度值	辐亮度/$(W \cdot sr^{-1} \cdot m^{-2})$	图像灰度值
0.048446	10	16.82307	143
0.099716	16	22.29713	158
0.367154	30	38.14711	192
0.66204	35	49.25646	204
1.091066	49	61.5706	216
1.796642	65	77.41599	227
2.749957	75	94.60753	235
6.089297	105	139.4051	248
8.824756	120	168.0739	252
12.1549	133	220.2508	255

对表 6-4 中数据进行多项式拟合，可得到该红外成像系统的辐亮度与其对应图像灰度值的函数关系式：

$$L = p_1 g^{p_2} + p_3 \exp(p_4 \cdot g^2) \quad (6\text{-}107)$$

式中，L 为辐亮度，g 为灰度值，$p_1=1.99024724\times 10^{-7}$，$p_2=3.64365469$，$p_3=3.25477511\times 10^{-8}$，$p_4=3.36200578\times 10^{-4}$。

假定被测目标表面温度场分布如图 6.19 所示，天气条件由 MODTRAN 大气仿真软件来模拟，以下给出有关研究内容。

500	480	460	440	420	400	380	360
480	460	440	420	400	380	360	340
460	440	420	400	380	360	340	320
440	420	400	380	360	340	320	300
420	400	380	360	340	320	300	280
400	380	360	340	320	300	280	260
380	360	340	320	300	280	260	240
360	340	320	300	280	260	240	220

图 6.19 被测目标表面的温度场分布（单位：K）

1. 云对红外成像的影响

一般，可将云分成：无云、积云、高层云、层云、层积云和雨层云；其他条件为：夏季，

CO_2 体积混合比为 360 ppmv（1 ppmv=10^{-6}），乡村气溶胶，能见距为 23 km，相对湿度为 85%，天顶角为 45°。依据图 6.19 的温度场分布和表 6-4 成像关系，利用 MODTRAN 大气仿真软件仿真，可以得到不同类型云在不同成像距离下的红外图像，如图 6.20 所示。

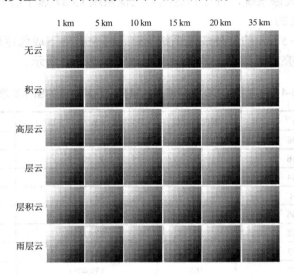

图 6.20 不同类型云在不同成像条件下的红外图像

不同成像距离下、不同类型云对红外图像灰度值的影响，以数值的方式反映在表 6-5 中。

表 6-5 不同类型云在不同成像距离下的图像平均灰度值（未取整）

云的类型	不同成像距离下的图像平均灰度值					
	1 km	5 km	10 km	15 km	20 km	35 km
无云	129.9650	119.1835	116.7250	115.9145	115.5643	115.0819
积云	127.0570	82.4460	80.4976	79.8455	79.5803	79.2097
高层云	129.9622	115.6214	113.2249	112.4203	112.0813	111.6094
层云	126.5360	114.8469	112.4543	111.6614	111.3178	110.8552
层积云	126.2983	104.1694	101.9565	101.2179	100.9072	100.4964
雨层云	127.2717	116.8316	114.4094	113.6038	113.2591	112.7879

对比表 6-5 中同一成像距离下的图像平均灰度值，可以看出：当空中出现云时，红外图像的灰度值比无云时的图像灰度值小；不同类型的云对红外图像灰度值的影响程度不同，其中积云对红外图像灰度值的影响较大，雨层云的影响最小。

2. 气温对红外成像的影响

这里，将气温依次设定为 20℃、22℃、24℃、26℃、28℃和 30℃。其他条件为：用户自建模型，CO_2 体积混合比为 360 ppmv，乡村气溶胶，能见距为 23 km，无云，天顶角为 45°。依据图 6.19 的温度场分布和表 6-4 成像关系，利用 MODTRAN 大气仿真软件仿真，可以得到不同气温和成像距离下的红外图像，如图 6.21 所示。

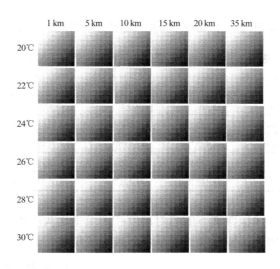

图 6.21 不同气温和成像距离下的红外图像

为了更加直观地看出气温对红外图像灰度值的影响，本节对图 6.21 中的每一幅图像取平均灰度值，如表 6-6 所示。

表 6-6 气温对红外图像平均灰度值的影响（未取整）

气温/℃	不同成像距离下的图像平均灰度值					
	1 km	5 km	10 km	15 km	20 km	35 km
20	130.7848	122.3321	120.6067	120.0821	119.8643	119.5440
22	130.8169	122.3401	120.6297	120.1109	119.8906	119.5639
24	130.8068	122.3539	120.6441	120.1219	119.9095	119.5894
26	130.7965	122.3530	120.6597	120.1407	119.9244	119.6005
28	130.7967	122.3471	120.6695	120.1528	119.9351	119.6215
30	130.7772	122.3489	120.6874	120.1668	119.9520	119.6329

由表 6-6 可见，大气温度在一定范围内变化时，红外图像的灰度值基本不变。

3. 相对湿度对红外成像的影响

在研究大气相对湿度对红外成像的影响时，将大气相对湿度依次设定为：40%、60%、80%和100%。其他条件为：夏季，CO_2 体积混合比为 360 ppmv，乡村气溶胶，能见距为 23 km，积云，天顶角为 45°。依据图 6.19 的温度场分布和表 6-4 成像关系，利用 MODTRAN 大气仿真软件仿真，可以得到不同相对湿度和成像距离下的红外图像，如图 6.22 所示。

为了更加直观地看出相对湿度对红

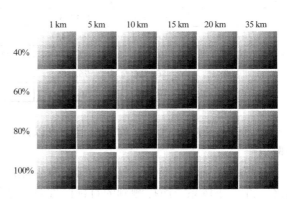

图 6.22 不同相对湿度和成像距离下的红外图像

外图像灰度值的影响,本节对图 6.22 中的每一幅图像取平均灰度值,如表 6-7 所示。

表 6-7 相对湿度与图像的平均灰度值(未取整)

相对湿度/%	不同成像距离下的图像平均灰度值					
	1 km	5 km	10 km	15 km	20 km	35 km
40	128.7948	86.1772	84.0908	83.4281	83.1286	82.7342
60	128.0101	84.4351	82.4369	81.7747	81.4798	81.1076
80	127.2481	82.8334	80.8898	80.2293	79.9483	79.5831
100	126.4359	81.1183	79.2212	78.5714	78.2985	77.9503

通过对表 6-7 中同一成像距离下的相对湿度和图像平均灰度值分析可以得出,图像的平均灰度值随相对湿度的增加近似呈线性递减,而且距离越远,效果就越显著。

4. 降水对红外成像的影响

这里,将降水等级依次设定为无雨、毛毛雨、小雨、中雨和大雨。其他大气条件为:夏季,CO_2 体积混合比为 360 ppmv,乡村气溶胶,能见距为 23 km,天顶角为 45°。依据图 6.19 的温度场分布和表 6-4 成像关系,利用 MODTRAN 大气仿真软件仿真,可以得到不同降水等级和成像距离下的红外图像,如图 6.23 所示。

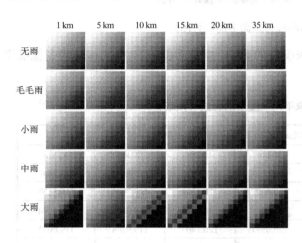

图 6.23 不同降水等级和成像距离下的红外图像

为了便于观察降水等级对红外图像灰度值的影响,这里对图 6.23 中的每一幅图像取平均灰度值,如表 6-8 所示。

表 6-8 降水等级与图像的平均灰度值(未取整)

降水等级	不同成像距离下的图像平均灰度值					
	1 km	5 km	10 km	15 km	20 km	35 km
无云无雨	129.9650	119.1835	116.7250	115.9145	115.5643	115.0819
毛毛雨	109.7813	94.8545	92.3001	91.5774	91.2731	90.8654
小雨	102.8303	92.5085	90.3730	89.6745	89.3684	88.9441
中雨	86.3328	76.6806	74.8143	74.1878	73.9314	73.5762
大雨	62.1292	16.3407	16.2815	14.5218	14.4827	14.4006

对比表 6-8 中图像的平均灰度值,可以发现随着降水量的升高,红外图像的灰度值显著下降。

目标的红外辐射经过大气传输时会发生能量的衰减,进而会降低目标图像的对比度。换言之,红外成像系统所探测到的目标图像对比度是目标固有对比度和目标距离的函数,其表达式为

$$C_R = \xi C_0 \cdot \exp(-\alpha \cdot R^\beta) \quad (6\text{-}108)$$

式中，C_R 为目标图像对比度；C_0 为目标固有对比度；ξ 为比例系数，它与目标的成像系统张角与瞬时视场有关，这里根据现场情形取 $\xi = 1.786147$；α、β 为取自美国海军模型相应数据库的经验常数，它们取决于实际场景，例如某场景下可取 $\alpha = 0.2508$，$\beta = 0.4889$。

对式（6-108）进行变形，可得到基于图像对比度的红外被动测距公式为

$$R = \exp\left\{\frac{1}{\beta}\ln\left[\frac{1}{\alpha}\ln\left(\frac{\xi C_0}{C_R}\right)\right]\right\} \quad (6\text{-}109)$$

对已知目标距离的估算值如表 6-9 所示。

表 6-9 对已知目标距离的估算值[48]

云类型	距离/km	气温/℃	距离/km	相对湿度/%	距离/km	雨等级	距离/km
高层云	9.21	22	9.87	60	9.48	小雨	7.34
层积云	9.29	26	9.75	80	9.87	中雨	21.83
积云	17.21	30	9.87	100	11.29	大雨	163.74

由表 6-9 可以看出，不同的天气条件对红外被动测距的测距精度的影响是不同的。其中降水对基于图像对比度的红外被动测距的影响最大，当出现中到大雨时，测距基本失效。这一结果提示我们，要实现精确的基于红外成像的目标距离估计，必须考虑天气的影响。

6.5.2 基于联合视角-身份流形的目标识别与距离估计

文献[50]提出了一种可应用于目标跟踪和识别（ATR）的联合视角-身份流形（joint view-identity manifold, JVIM）的多视角模型建模方法。通过模型学习，建立了不同方位-俯仰角下装甲车、坦克、皮卡、小轿车、小型货车、SUV 等 6 类目标的二维投影模型，如图 6.24 所示。

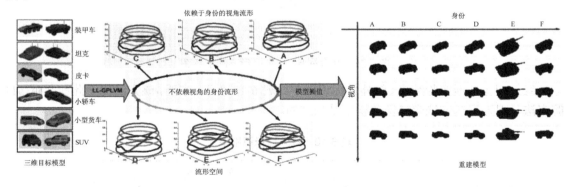

图 6.24 JVIM 建模过程示意图

对投影图像实施 30×30 分块，获得每个小块的二维离散余弦变换（DCT）。试验表明，前 10% 不到的较大系数作为不同视角下目标的描述矢量，可以较理想地重建目标图像，如图 6.25 所示。

该方法联合采用了视角流形、身份流形，故称为联合视角-身份流形方法，其示意图如图 6.26 所示。

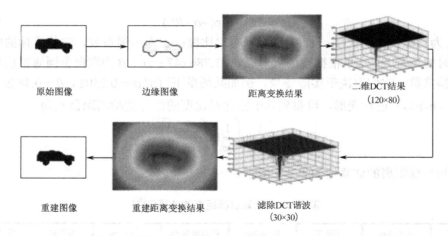

图 6.25 前 10%不到的 DCT 系数用于目标图像重建

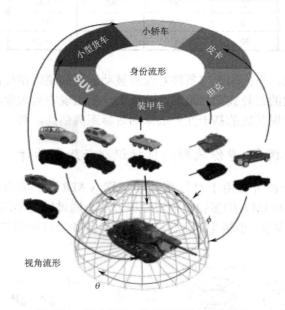

图 6.26 联合视角-身份流形方法示意图

红外图像数据实验结果（红外目标识别率如表 6-10 所示）表明，该方法优于此前文献[51]的方法，因为这一方法中身份与视角是独立的。

表 6-10 红外目标识别率

目 标	不同距离下的识别率/%		
	2000 m	2500 m	3000 m
坦克	93	90	81
装甲车	10	92	89
SUV	100	94	100
皮卡	100	100	100

至此，对目标距离的估计问题可转化为一般模板匹配问题。

6.5.3 基于 AI 的目标测距

人工智能（AI）学科包括：研究如何设计和构造智能机器（智能计算机）或智能系统，使它能模拟、延伸、扩展人类智能；研究如何在这种智能机器（计算机）上实现人类智能，使机器具有类似于人的智能[52]。

此前，有人开展了基于 BP 神经网络的目标距离估计仿真，并取得了较好的结果，成功地解决了复杂非线性距离测定问题[53]。目前，人工智能在目标被动定位中的应用不是很多[54]，但可以乐观地预见，在不远的将来，随着人工智能技术的发展，基于成像的被动测距将会有很大的突破。

6.6 小结

本章首先介绍了透镜成像系统和小孔成像系统及其成像约束系统，并简要介绍了这种系统下典型的被动测距原理或方法。然后，着重介绍了基于目标线段特征的距离估计方法，包括方法的演变、线段特征的选取、解的唯一性分析，等等；给出了基本定位方程并进行了性能分析，以及目标距离估计方程的两种改进。最后，对基于区域特征的距离估计进行了简单介绍。

实际的红外成像系统在基于光学成像物理关系的被动测距中，影响测距的主要因素有如下几点[3]：

（1）红外成像系统的动态范围。动态范围是最大可测量信号与最小可测量信号之比。对于红外成像系统，最小值取噪声等效温差，即 NEDT。如果输入变化超过 50°而 NEDT 为 0.2°，则动态范围是 250:1 或 48 dB。对于无噪声系统，最小信号取决于系统的设计参数。例如，对于数字电路，最小值是最小有效位，所以一个 8 bit 的 A/D 转换器的动态范围是 256:1。大的动态范围意味着可能有大的有效测距范围。

（2）动态范围内系统响应的线性度。系统的线性度是测距误差的决定性因素。对于这一问题，一般有两种对策，其一是进行系统响应线性度的实时校正；其二是对测距结果进行现场标定。

（3）自动增益控制（AGC）系统。AGC 保证了所有信号都在动态范围内。影响 AGC 的因素有背景强度、目标强度、目标大小或目标位置。为了不影响测量结果，增益应该对所有测量值不变，或者增益变化可扣除；否则，目标的强度或尺寸将影响增益，使得结果混淆。

（4）系统工作模式风险。以基于目标辐射传输特性的被动测距为例，有关原理建立在系统工作于灵敏度受限（sensitivity-limited）的模式下。换言之，当目标处于系统最大探测距离 70%以内时，系统对目标的定位才是有效的，如图 6.27 所示。这也从另外一个方面说明了多模被动定位或带初始条件的被动定位的必要性。

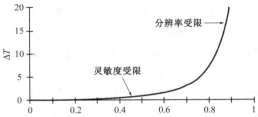

图 6.27　距离是目标 ΔT 的函数，纵坐标与到达探测器的信号成正比[3]

参 考 文 献

[1]   Faugeras O. Three-Dimensional Computer Vision: A Geometric Viewpoint[M]. MIT Press，1993.

[2]   Holst G C. Electro-Optical Imaging System Test and Evaluation [M]. second edition. SPIE OPTICAL ENGINEERING PRESS，2000.

[3]   Holst G C. Electro-Optical Imaging System Performance[M]. second edition. SPIE OPTICAL ENGINEERING PRESS，2000.

[4]   祝世平. 大型工件特征点空间坐标视觉检测方法研究[D]. 哈尔滨工业大学博士论文, 1997.

[5]   Lighart G, et al. A comparison of different autofocus algorithms[J]. IEEE Computer Society Conf. Computer Vision and Pattern Recognition，1982: 597-600.

[6]   Harms H，et al. Comparison of digital focus criteria for a TV microscope system[J]. Cytometry，1984，5: 236-243.

[7]   Groen F C，et al. A comparison of different focus functions for use in autofocus algorithms[J]. Cytometry，1985, 6: 81-91.

[8]   Firestone L，et al. Comparison of autofocus method for automated microscopy[J]. Cytometry，1991，12: 195-205.

[9]   Jarvis R A. Focus Optimization Criteria for Computer Imaging Procession[J]. Microscope，1976，24: 163-180.

[10]   Subarao M，et al. Depth from Focus and Autofocusing: A Practical Approach[J]. IEEE Computer Vision Society Conf. Computer Vision and Pattern Recognition，1992: 773-776.

[11]   Subarao M，et al. Focusing Techniques Optical Engineering[J]. 1993，32（11）：2824-2836.

[12]   Subarao M，et al. Accurate recover of Three-dimension Shape from image Focus[J]. IEEE Trans on. Pattern Analysis and Machine Intelligence，1995，17（3）：266-274.

[13]   Subarao M，et al. Depth Recover from Blurred Edges[J]. IEEE Computer Vision Society Conf. Computer Vision and Pattern Recognition. 1988: 498-503.

[14]   Subarao M，et al. Computer Modeling and simulation of Camera Defocus[J]. SPIE 1992，1822: 110-120.

[15]   Subarao M，et al. Application of Spatial-Domain Convolution /Deconvolution Transform for Determine Distance from Image Defocus[J]. SPIE 1992，1822: 159-167.

[16]   Surya G, et al. Depth from Defocus by changing camera Aperture: A Practical Approach[J]. IEEE Computer Vision Society Conf. Computer Vision and Pattern Recognition. 1993: 61-67.

[17]   Subarao M，et al. Depth from Defocus: A Spatial Domain Approach[J]. International Journal of computer vision, 1994, 13(3): 271-294.

[18]   Jarvis R A. A perspective on ranging finding techniques for computer vision[J]. IEEE Trans on Pattern Anal. Machine Intel, 1983(PAMI 5): 122-139.

[19]   赵勋杰，高稚允. 光电被动测距技术[J]. 光学技术，2003, 29(6): 652-656.

[20]   Pentland A P，et al. A simple real-time ranging camera[J]. IEEE Computer Vision Society Conf. Computer Vision and Pattern Recognition. 1989: 256-261.

[21]   Eens J. A investigation of method for determine depth from focus[J]. IEEE Trans on. Pattern Analysis and Machine Intelligence, 1993, 15(2): 97-108.

[22] Dowski E R, Cathey W T. Single lens single–image incoherent passive ranging systems[J]. Application Optics, 1994, 33（29）: 6762-6773.

[23] Johnson G E, Dowski E R, Cathey W T. Passive ranging through wave-front coding: information and application[J]. Application optics, 2000, 139(11): 1700-1710.

[24] 张国平, 明海, 谢建平, 等. 像素高频振动用于实现被动测距[J]. 电子学报, 26（8）: 123-125.

[25] Fu Guangjie, Huang Shenghua, Zhang Guoping, et al. Novel passive ranging method using pixel dither[J]. Proc. of SPIE, 1995, 2599: 64-72.

[26] M. 波恩, E. 沃尔夫. 光学原理（中译本第二版）[M]. 北京：科学出版社，1985：568-678.

[27] 徐立中. 数字图像的智能信息处理[M]. 北京：国防工业出版社，2001.

[28] 马颂德, 张正友. 计算机视觉——计算理论与算法基础[M]. 北京：科学出版社，1998.

[29] Baldacci A, Corsini G, Diani D. Ranging by means of monocular passive systems[J]. Proceedings of SPIE Confrence on signal processing, Sensor fusion and Target recognition, 1999, 3720: 473-482.

[30] 梁晓云, 曾卫明, 章品正, 等. 基于小波滤波器组的光流估计[J]. 数据采集与处理，2004，19（1）: 78-81.

[31] 曹闻, 李弼程, 邓子建. 一种基于小波变换的图像配准方法[J]. 测绘通报，2004(2): 16-19.

[32] Matthies L, Kanada T. Kalman filter-based algorithm for estimating depth from image sequence[J]. International Journal of Computer Vision, 1989, 3: 209-236.

[33] 李象霖. 三维运动分析[M]. 合肥: 中国科学技术大学出版社, 1994.

[34] Bhanu B, Symosek P, Snyder S. Synergism of Binocular and Motion Stereo for Passive Ranging[J]. IEEE Trans. on Aerospace and Electronic Systems, 1994, 30(3): 709-721.

[35] 赵勋杰, 李成金. 双目立体实时测距系统的关键技术研究[J]. 激光与红外, 2006, 36(9): 874-877.

[36] 张杨. 基于双目立体视觉的 CCD 测距系统设计[D]. 长春理工大学硕士学位论文，2010 年 6 月.

[37] 黄士科, 夏涛, 张天序. 基于红外图像的被动测距方法[J]. 红外与激光工程, 2007, 36(1): 109-112, 126.

[38] 于勇, 郭雷. 基于特征直线的目标被动定位方法[J]. 光电工程, 2009, 36, (1): 41-46.

[39] 付小宁, 刘上乾, 申建华. 借助特征线度的飞机被动定位研究[J]. 电子测量与仪器学报，2005，19（4）: 25-29.

[40] 苏大图. 光学测量[M]. 北京：机械工业出版社，1987.

[41] 高文, 陈熙霖. 计算机视觉——算法与系统原理[M]. 清华大学出版社/广西科学技术出版社，1999.

[42] 付小宁. 红外单站被动定位技术[J]. 西安电子科技大学博士学位论文，2005 年 10 月.

[43] 杨孝先, 尹业富. 确定空间曲线参数方程的一般方法[J]. 数学通报，1996, (3): 27-28.

[44] 图马, 著. 工程数学手册（第 4 版）[M]. 欧阳芳锐，张玉平，译. 北京：人民教育出版社，2002.

[45] 付小宁, 刘上乾. 基于光电成像的单站被动测距[J]. 光电工程, 2007, 34(5): 10-14.

[46] 付小宁, 高文井, 汪大宝. 基于成像探测系统的目标距离估计方法[P]. 201010107208, 发明专利.

[47] 王荻. 单目图像序列中目标特征线度选取的研究[R]. 西安电子科技大学，2010 年 5 月.

[48] 雷新忠. 天气对被动红外系统性能的影响[J]. 西安电子科技大学硕士学位论文, 2017-6.

[49] 毛峡, 常乐, 刁伟鹤. 复杂背景下红外点目标探测概率估算[J]. 北京航空航天大学学报，2011, 37(11): 1429-1434.

[50] Gong J, Fan G, Yu L, et al. Joint view-identity manifold for target tracking and recognition[C] // Image Processing (ICIP), 2012 19th IEEE International Conference on IEEE, 2012: 1357-1360.

[51] Venkataraman V, Fan G, Yu L, et al. Automated target tracking and recognition using coupled view and identity manifolds for shape representation. Advances in Signal Processing, 2011.

[52] 张仰森. 人工智能原理与应用[M]. 北京：高等教育出版社, 2004.

[53] 陆文骏, 童利标, 朱烨雷, 等. 基于 BP 神经网络的四元声定位的距离估计研究[J]. 声学与电子工程, 2009 (1): 12-13.

[54] 王延新, 刘琪, 李兆熠, 等. 红外成像导引技术应用中若干问题的分析[J]. 红外与激光工程, 2014, 43(1): 26-32.

第 7 章 光电无源对抗技术

光电无源对抗发端于对红外制导导弹的对抗。制导系统对目标的攻击要经历三个阶段：目标探测、目标识别、目标跟踪。对这三个阶段，可采用相应的对抗措施，即遮障或伪装、隐身、干扰。遮障是通过改变探测器和被保护目标之间媒介的光谱传播特性或改变被保护目标/背景光谱对比度的方法来阻断传播通道；伪装是用涂料、染料或其他材料来改变或掩盖目标或背景电磁波谱特性（如颜色、图案、热图、发射率、反射率等）的一类技术手段；隐身指使敌方光谱探测器在一定条件下不能探测或识别出被保护目标的技术手段；设置光电假目标则是一种以假乱真的干扰，使得敌方探测器系统不能正常探测或跟踪被保护目标。

在一些情况下，光电无源对抗中的遮障或伪装也被统称为隐身，称为"减少目标特征信号的一类技术"。

7.1 遮障

常用的遮障技术有烟幕、水幕、水雾、沙尘等。

7.1.1 烟幕

烟幕是由在空气中悬浮的大量细小物质微粒组成的，是以空气为分散介质的一些化合物、聚合物或单质微粒为分散相的分散体系，通常称为气溶胶。气溶胶微粒有固体、液体和混合体之分，烟幕也不例外。

烟幕干扰技术就是通过在空气中施放大量气溶胶微粒，来改变电磁波的介质传输特性，以实施对光电探测、观瞄、制导武器系统干扰的一种技术手段，具有"隐真"和"示假"双重功能[1]。图 7.1 示出了红外烟幕对坦克的保护作用。坦克释放红外烟幕可以有效遮蔽自己，使敌方无法利用热像仪进行瞄准，图中左侧三图为坦克释放红外烟幕的整个过程，右侧三图是红外相机拍摄到的情况。

具体的烟幕遮蔽机制主要有两个：辐射遮蔽和衰减遮蔽[3]。辐射遮蔽型烟幕通常利用燃烧反应生成大量高温气溶胶微粒，凭借其较强的红外辐射来遮蔽目标和背景的红外辐射，从而完全改变所观察目标及背景固有的红外辐射特性，降低目标与周围背景之间的对比度，使目标图像难以辨识，甚至根本看不到。目前辐射遮蔽型烟幕主要用于干扰敌方的热成像探测系统，在热像仪上只是一大片烟幕的热像，而看不到目标的热像。衰减遮蔽型烟幕主要靠散射、反射和吸收作用来衰减电磁波辐射。

烟幕干扰技术早在第一次世界大战时就已用

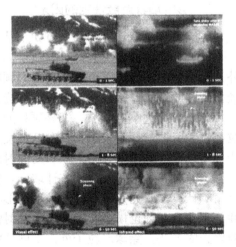

图 7.1 红外烟幕对坦克的保护作用[2]

于战场。现代战争中烟幕的作用越来越大，应用频率也越来越高，已经从早期对抗可见光波段，发展到可以对抗紫外线、微光、红外，甚至扩展到对抗毫米波波段[4, 5]。如对激光制导武器的干扰，是因为烟幕可以使激光目标指示器的激光束或目标反射的激光束能量严重衰减，激光导引头接收不到足够的能量，从而失去制导能力，成为盲弹。另外，烟幕还可以反射激光能量，使导弹被引到烟幕前沿爆炸。

1. 烟幕干扰的分类[6]

烟幕从发烟剂的形态上分为固态和液态两种[7]。常见的固态发烟剂[8]主要有六氯乙烷—氧化锌混合物、粗蒽-氯化铵混合物、赤磷及高岭土、滑石粉、碳酸铵等无机盐微粒。液态发烟剂主要有高沸点石油、煤焦油、含金属的高分子聚合物、含金属粉的挥发性雾油以及三氧化硫-氯磺酸混合物等。

烟幕从施放形式上大体可分为升华型、蒸发型、爆炸型、喷洒型四种。升华型发烟过程是利用发烟剂中可燃物质的燃烧反应，放出大量的热能，将发烟剂中的成烟物质升华，在大气中冷凝成烟。蒸发型发烟过程是将发烟剂经过喷嘴雾化，再送至加热器使其受热、蒸发，形成过饱和蒸气，排至大气冷凝成雾。爆炸型发烟过程是利用炸药爆炸产生的高温高压气源，将发烟剂分散到大气中，进而燃烧成烟或者直接形成气溶胶。喷洒型发烟过程是直接加压于发烟剂，使其通过喷嘴雾化，吸收大气中的水蒸气成雾或直接形成气溶胶。

烟幕从战术使用上分为遮障烟幕、迷盲烟幕、欺骗烟幕和识别烟幕四种。遮障烟幕主要施放于我军阵地或者我军阵地和敌军阵地之间，降低敌军观察哨所和目标识别系统的作用，便于我军安全地集结、机动和展开，或为支援部队的救助及后勤供给、设施维护等提供掩护。迷盲烟幕直接用于敌军前沿，防止敌军对我军机动的观察，降低敌军武器系统的作战效能，或通过引起混乱或迫使敌军改变原作战计划，干扰敌前进部队的运动。欺骗烟幕用于欺骗和迷惑敌军，常与前两种烟幕综合使用，在一处或多处施放，干扰敌军对我军行动意图的判断。识别烟幕主要用于标识特殊战场位置和资源地域，或用作预定的战场通信联络信号。

从干扰波段上分类，烟幕可分为防可见光、近红外常规烟幕，防热红外烟幕，防毫米波、微波烟幕和多频谱、宽频谱及全频谱烟幕。

2. 影响烟幕遮蔽性能的因素[9]

影响烟幕遮蔽性能的因素有如下几方面：

（1）入射波长。烟幕的遮蔽性能与入射波长有关，因此从波段上分，烟幕分为可见光（紫外）烟幕和红外烟幕，可见光烟幕的颗粒的直径很小；而红外烟幕中的烟幕粒子直径相对比较大。因此根据作战要求的不同，应选择不同种类的烟幕。

（2）粒径大小及分布。烟幕颗粒的大小与衰减系数的大小密切相关。就球形粒子而言，粒径越大，散射截面就越大。发烟剂发烟成幕后，粒径并不是大小一样的，而是服从粒径统计分布，即麦克斯韦分布。在利用散射公式计算时所用的粒子半径值是最常见的粒径值。

（3）粒子的形状与空间统计取向。粒子的形状如果不是球形，问题就比较复杂，往往很难精确计算。研究者已对粒子呈现的形状作了分类，例如球形、椭圆形、圆柱形和圆盘形，并分别建立了理论模型，对粒子的散射性能进行了描述。一般采用近似理论模型计算结合实验修正的方法。除球形粒子外，不同形状粒子在空间形成烟幕后，粒子散射面的法线方向在空中也有一个统计分布，该统计对散射的角分布关系十分密切。某些高反材料，就是由许多微小薄片组成的。薄片本身的质量不是均匀分布的,其矢径为几微米到几十微米,其表面对各种波长的反射效率较高,其法线的空间统计取向大致均等。这样的材料用作漫反射体十分理想,在4π球表面度上的散射强度差不多。

(4) 粒子的表面性质。粒子的表面性质是光滑还是粗糙将在很大程度上影响散射特性。例如,有一种沥青加氧化剂燃烧后会产生大量直径在几微米到几十微米的液滴状碳微粒,表面十分粗糙。如果由一定密度的这种微粒组成烟雾作为遮障烟幕,则入射光与它的作用不是散射而是被吸收为主,即使是小部分的反射也是漫反射,而光滑表面往往会形成镜面反射。

(5) 组成粒子材料的折射率[10]。在推导散射公式中可以看到,材料的折射率对衰减特性有显著影响。

(6) 粒子密度。不论是瑞利散射还是 Mie 散射,粒子体密度直接影响散射系数,粒子体密度越大,衰减越大。

3. 烟幕性能的测评[11]

烟幕性能的测评分为实验室测试和外场测试两类。

1) 烟幕特性的实验室测试

为了研究烟幕性能,许多国家建立了大型烟幕测试箱。例如,加拿大瓦尔卡第二研究院建立的烟雾测试箱直径为 6.1 m,高为 12 m,箱的两侧开有小孔作为光的传输通道,箱的一侧设置各种光源,光源包括氦氖激光、Nd^{3+}:YAG 激光、黑体等,这些光源都经过严格标定;箱的另一侧放置各种传感器。通过烟雾测试箱可以测定以下几个参数:

(1) 消光系数 τ_k。设光源出射光强(或亮度)为 I_o,经过距离 l 后光强为 I,则

$$\tau_k = -\frac{1}{l}\ln\frac{I}{I_o} \tag{7-1}$$

光强可以是光谱线光强 I_λ,也可以是波段范围光强 $I_{\lambda_1 \sim \lambda_2}$。

(2) 透过率 τ_t。其计算公式为

$$\tau_t = I/I_o \tag{7-2}$$

(3) 烟幕浓度 n。

(4) 粒子直径分布。

(5) 沉降速度。

2) 烟幕特性的外场测试

外场测试主要是检验烟幕喷射枪(发烟罐)、烟幕弹等的作战效能。外场测试的内容根据作战需要确定,测试项目可有以下几方面:各种气象条件下的烟幕消光系数,烟幕粒子的粒径分布,光谱或波段透射率,烟幕浓度及空间分布,烟幕持续时间/烟幕有效遮蔽时间,沉降速度与气象变化对作战效果的评估,烟幕形状变化对作战效果的评估等。

外场测试方法根据测试要求和选取内容的不同而不同,下面介绍几种主要测试方法[12]。

(1) 探测器点阵高速扫描测试。图 7.2 画出了探测器点阵高速扫描测试示意图,它主要测试空中爆炸形成的烟幕面积。激光器发出发散角很小的激光束,经二维摆镜反射到达探测器点阵上。二维摆镜在计算机控制下工作,由步进电机驱动,电机每走一步,光点正好移动一个探测器间隔。计算机对探测器进行同步采样,只要点阵范围足够大,就可测出烟幕运动

速度及烟幕随时间变化的状况。烟幕的遮障效应往往是宽波段的，波段内其他波长上的衰减值只能通过人为处理来解决。在 0.7~1.06 μm 波段内，可用可调谐激光器做光源，每换一个波长校准一次，测量一次。

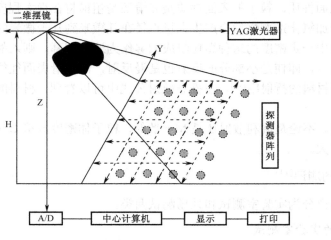

图 7.2　探测器点阵高速扫描测试示意图

发烟罐或喷射形成的烟幕与爆炸形成的烟幕大小不同，烟幕借助于风力在地面扩散。这种情况下的测试要简单得多，可直接在激光器发射口安装二维摆镜，在计算机控制下对探测器点阵进行扫描，而探测器点阵可固定在移动式支架上。

（2）烟幕对成像设备干扰的评估方法。烟幕遮蔽往往用于干扰敌方图像侦察和成像制导导弹。要了解或测定烟幕对成像设备干扰的效能，可直接利用相应成像仪器或设备对目标进行烟幕遮蔽前后图像的对比测试。通常是同时用可见光 CCD 摄像机、微光夜视仪和红外热像仪测试比较，证明多波段遮蔽烟幕对多个波段光均有较好的遮蔽效果。用 12 发 66 mm 的 Mark III 烟幕可在不到 3 s 时间内，在离坦克前方 15~25 m 远处形成高 5 m、宽 40 m 的热烟幕屏障，遮蔽角约 110°，风速从静止到 6.7 m/s 环境条件下，对红外热像仪的遮蔽时间为 40 s，可见光摄像仪和微光夜视仪的遮蔽时间长达 80 s。

（3）烟幕形态的测试。野战时为了对抗敌方空中侦察或干扰来袭的成像制导导弹，需要用烟幕遮挡己方目标。该烟幕弹在空中形成烟幕后，烟幕形状完全由当时的气象条件和成烟方式决定。例如，风是阵风还是卷风；爆炸后成烟云，还是爆炸先把发烟块炸开，发烟块受重力影响向下散落，在散落过程中，每块发烟块发出大量烟粒子形成一道幕。不论哪一种方式，成烟后的形状是不断变化的。图 7.3 示出了成烟后的两种烟云形状。图 7.3（a）基本上是团烟云中间有几个形状不规则的空洞，空洞的特点是面积相对较小且分散，成像制导导弹即使透过空洞在某一时刻模糊地看见目标的一部分，也很难利用这部分信息进行跟踪；图 7.3（b）的情况就不一样，空洞尺寸较大且空洞距离较近，成像制导导弹透过空洞可以发现目标，且可以进行小波门跟踪。导弹的处理软件具有一定的记忆功能，允许中间丢失若干帧图像。图 7.3（b）所示状态的烟幕就可能失去干扰作用。

为了对成烟后的形状在各种气象条件下进行检验或研究，往往使用图像处理测试法。测试前先对亮度的灰度等级进行标定，以某一值为界，亮于该值则视为透过，暗于该值则视为遮蔽。这样在烟幕测试时，边跟踪边计算各种参数，确定遮蔽面积（减去空洞面积）、空洞面积大小、空洞之间间距、变化过程、有效遮蔽时间并根据当时的气象条件对该烟幕作出评估

(当然测试次数越多,就越能作出较高置信度的评估)。人们利用这种测试方法进行发烟剂配比改进和成烟方式研究。

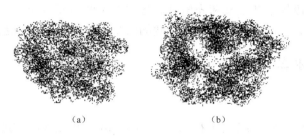

图 7.3 空中成烟示意图

4. 烟幕干扰技术的发展趋势

烟幕是光电对抗无源干扰的重要手段,它不但是战时用于对抗导弹或观瞄设备的廉价且有效的手段,而且也是在和平时期干扰卫星、无人机等高空侦察的好办法,因此它的发展方兴未艾。烟幕干扰的发展趋势包括以下几个方面[13]:

(1) 多波段、宽波段烟幕。以往的烟幕主要遮蔽可见光、微光和 1.06 μm 激光,也有专用于遮蔽 8~14 μm 红外热像仪的烟云。随着现代战争的需要,对多波段同时干扰的呼声日益高涨,因此研制多波段、宽波段烟幕是今后发展的一个方向。

(2) 复合型烟幕。所谓复合型烟幕,就是指一种烟幕可同时干扰两个或两个以上波段的烟幕[14]。例如,德国在 20 世纪 80 年代初就研制出可见光、红外、微波复合烟幕。它的原理是在 6 mm×12 mm 的薄铝片上,涂上一定厚度的发烟剂和氧化剂混合材料,填装在炮弹内,作战时将炮弹发射至一定位置,爆炸散开并把燃片点燃。燃片受重力影响缓慢落下,降落过程中产生大量能遮蔽可见光和红外光的烟雾;展开后的大量铝箔片群又可对微波雷达起到无源干扰作用,不同尺寸的燃片可干扰对应的波段雷达;每一个燃片自身就是一个红外源,它在 3~5 μm 和 8~14 μm 都有不小的辐射。大量这种运动的燃片犹如一个大的红外"面源",在导弹和目标之间的这个"面源"将严重干扰导弹跟踪。

(3) 二次成烟技术。烟幕弹或发烟罐是靠填装的发烟剂发烟的,但毕竟容量有限。人们在研制中发现烟幕剂成烟后的产物如果再与空气中的组分,例如水汽和氧进一步进行化学反应,反应后的生成物会对光有一定的衰减,这个过程称为二次成烟。例如:发烟剂赤磷燃烧后生成的烟是干扰可见光和 1.06 μm 激光的好材料,但对 3~5 μm 和 8~14 μm 热像仪没有遮蔽效果。由于这种烟的主要成分是 P_2O_5,P_2O_5 与空气中的水蒸气结合,可生成磷酸液滴(半径在微米量级),它的体积比烟粒子或水气分子增加了 2~3 个量级,足以遮蔽 3~5 μm 和 8~14 μm 热像仪。

(4) 特种烟幕。从作战需要出发,特种用途需要有特种烟幕。例如,高炮和地空导弹阵地作战时,希望己方对空监视完全透明清晰,可以发现敌机并向它射击或发射导弹,又不希望被敌方红外前视系统发现或红外成像制导导弹攻击。如果使用常规烟幕,固然可挡住敌方视线,但同时也挡住了己方视线。如果使用特种烟幕,它在空气中成烟后对可见光几乎完全透明,不影响人的视线,但对红外前视工作波段 8~14 μm 可强烈吸收,衰减系数很大。这就满足了上述作战需要。国外已研制出该类产品,它是一种无色液体,在空气中极易挥发,挥发后与空气中的氧气和水汽反应生成可见光透明的巨核悬体粒子,对 8~14 μm 波段有较大衰减。高反射材料做成的高反弹也是特种烟幕的一种,它可作为激光欺骗干扰的空中假目标,在水面舰艇上运用更为合适。

随着光线侦察手段的不断发展和光电精确打击技术的不断更新和改进,为了提高己方目标在作战时的生存能力,烟幕这一廉价而有效的防御手段将得到越来越快的发展。

7.1.2 水幕和水雾

1. 水幕[15]

研究表明,海水除了对蓝绿光($\lambda = 0.45 \sim 0.55~\mu m$)有较好的透过系数外,对其余波段都有明显的衰减。20 μm 厚海水薄膜在 3～5 μm 波段上,平均透过率小于 40%。如果用 50～100 μm 的水膜,形成一道水幕,则 3～5 μm 波段上红外辐射的透过率将在百分之几到千分之几范围内。地面固定目标和海上舰艇很容易被星载、机载红外传感器探测到,从而招致红外成像制导导弹的打击。对这些目标表面及四周浇水使其保持有一层湿润的水膜,会改变敏感目标的"热像",在一定程度上达到对抗红外成像制导导弹的目的[12]。

与水雾遮障不同,水幕遮障不会影响到己方光电设备的工作。

2. 水雾

水雾对于红外辐射的衰减主要是由于水雾对红外辐射的吸收和散射作用。水雾对红外辐射具有选择性吸收作用,水分子在 3.17 μm、4.63 μm、4.81 μm、11.8 μm 等波长处具有很强的吸收作用。水雾粒子的半径大部分在 0.5～5 μm 之间,与红外辐射的波长差不多,因此水雾对红外辐射会产生米氏散射。根据水雾的浓薄,每立方厘米可以有几十到几百个雾粒,因而对红外辐射的散射是严重的[16]。因此,雾天各类红外仪器或设备的性能指标将受到很大的影响,严重时会失去使用价值。

水雾除了它本身对红外辐射有较大衰减外,由于水的汽化潜热很大[17],水雾在变成水汽的过程中将伴随着吸热降温过程。下面以"斯普鲁恩斯"级舰艇为例作一粗略计算[12]。

全功率时单台发动机的空气吸入量为 72.6 kg/s,4 台发动机每小时吸入量为 1 045 t。采用 1:1 的引射技术后,排除废气的温度从 480℃降低到 243℃。如果进一步采用喷雾技术,可使气温下降到 200 ℃。

水的汽化潜热为 540 kcal/kg,则可估算 1 kg 20℃的水变为 200℃水汽需要的热量 Q_0=(100-20)×1×1+540×1+(200-100)×0.24×1= 644(kcal)。

采用 1:1 引射后,243℃废气总量达到 2 090 t,让它的温度降至 200 ℃,需要一定的热量为 $Q_{放}$=(243-200)×0.216×2.19×10^6=23×10^6(kcal),所需水量为 $Q_{放}/Q_0$= 35.7 t/h = 9.9 kg/s。相应的 3～5 μm 内导弹的红外辐射透过率下降为原来的 1/B,其中

$$B = \frac{\int_3^5 f(516)\mathrm{d}\lambda}{\int_3^5 f(473)\mathrm{d}\lambda} = 2.19 \qquad (7\text{-}3)$$

水面舰艇利用得天独厚的海水和空气作为干扰材料,可使其红外辐射降低 95%左右[18]。这一技术也可用于其他军事目标,如坦克、直升机。

3. 人工造雾

水幕也称之为水雾。自然界中雾的形成需要有 2 个条件：一个是空气湿度达到过饱和，一个是空气中有足够的凝结核。与云不同的是，雾的形成是在地面以上几米至几十米。要使空气达到饱和从根本上说只有两个途径：一是增湿，二是降温。雾滴平均直径为 10～100 μm，内陆雾的雾滴直径小一些，海洋及大型湖泊水面上的雾的雾滴直径略大些，雾滴浓度也有很大的变化范围[15]。

根据大气气溶胶产生机理和自然云、雾的形成条件，可知道人工成雾主要有以下方法[19]：

（1）产生足够高的水汽过饱和度，利用加热汽化-凝聚原理产生水雾，即冷却热蒸气法。

（2）提供足够多的凝结核，海面上空气湿度大，向海面上空中播撒大量吸热催化剂，使水汽快速结成一定粒径的小水滴，再借助小水滴的自然碰撞、相互结合过程，产生水雾或使生成的水雾量增大。也用于陆上人工造雾。

（3）为大气气溶胶提供可溶性物质，使其发生物理、化学变化也有利于云、雾的生成。

（4）采用泵压法，可细分为液力雾化和气力雾化[20]。在雾化形成过程中，液体的物理性质——密度、黏度和表面张力极大地影响着喷嘴的流动特性和雾化特性。液体雾化可以认为是在内、外力的相互作用下液体的碎裂过程。当外部作用力超过了液体表面张力，碎裂就会发生，雾化使连续液体碎裂成为大量离散型液滴。

7.1.3 箔条云

箔条云是箔条弹发射的产物，可以看作一种由箔条构成的随机介质，它的整体运动方式是在垂直下降的基础上加上一个水平（即风速）移动分量。箔条是用金属或镀金属的介质制成的细丝、箔片、条带的总称。4 mm×1 mm 矩形铝箔条能拓宽带宽，V 形铝箔条对厘米波与毫米波均有较大的雷达反射（散射）截面（RCS）[21]。箔条云可以保护飞机个体，甚至形成干扰走廊而保护机群行动。

目前，国内外都在大力开展复合干扰材料的研究[22~23]，箔条正向着反射性能好，散开速度快，散布面积大，留空时间长，干扰频带宽以及多功能干扰的方向发展，诸如对抗毫米波/厘米波、毫米波/红外/激光、毫米波/红外复合制导，等等[24]。

1. 箔条云干扰原理与条件

当雷达分辨单元存在 2 个以上目标时，雷达跟踪散射能量的中心，即雷达的跟踪点会偏向散射能量较大的目标。这就是质心干扰。

为了达到箔条干扰的最佳效果，要保证以下两方面[25]：

（1）质心干扰一般要求箔条云比飞机雷达截面大 2～3 倍。当单根箔条的长度是雷达发射的电磁波波长的一半时（即偶极子箔条），箔条的雷达反射截面达到最大。为了加大箔条云的雷达反射截面，还可以投放多发箔条弹，以确保将雷达跟踪波门引开。最新的投放系统已经将箔条投放的时间间隔从 100～125 ms 减小到大约 30～50 ms。使得在很短的时间内可将大量的箔条部署在雷达的分辨单元内。

（2）在载机冲出雷达脉冲分辨单元之前，箔条云必须达到额定的雷达反射截面，这就要求箔条弹迅速展开。所以箔条弹展开时间要求与雷达分辨单元、飞机速度和脉冲宽度有关。当飞机相对雷达径向飞行时，要求展开时间为

$$t_r \leq \frac{c}{2} \cdot \frac{\tau}{v} \tag{7-4}$$

当飞机相对雷达作切向飞行时，要求展开时间为

$$t_0 \leq \frac{2R \cdot \tan(0.5\theta_{0.5})}{v} \tag{7-5}$$

式中，v 为飞机速度，c 为光速，τ 为脉冲宽度，$\theta_{0.5}$ 为雷达半功率波束宽度，R 为距离。

2. 箔条弹的参数

为了获得箔条的最高利用率，常采用半波振子箔条。文献[26]给出了箔条弹内有关箔条公式，包括半波振子箔条长度与之对应的第一谐振频率和箔条截面尺寸的关系公式、单根箔条的雷达最大散射截面（RCS）和平均散射截面计算公式。

在实际应用中主要关心箔条弹的以下参数[27]：

（1）箔条云的形成时间。从箔条弹发射指令起，到箔条云形成所要求的雷达截面上所经过的时间，定义为箔条云的形成时间。

（2）箔条间严重遮挡时能实现质心干扰的弹机距离。毫米波雷达质心干扰的弹机距离与箔条云的空间尺寸有关。箔条云空间尺寸越大，所对应的弹机最小距离越大，反之越小。所以在毫米波雷达质心干扰场合，使用高密度箔条云为妥。

3. 箔条弹发展趋势

现阶段使用的几种箔条干扰材料主要有[24]：

（1）光箔条。光箔条实质上是一种材料两种功能，既能反射雷达波又能吸收红外。据报道[4]，美国也处在研究阶段并在陆军中试验，这是一项比较超前的研究，目前已完成技术指标，可小批量研制，将和烟幕混合使用。

（2）毫米波箔条。毫米波具有微波和光波难以实现的固有特性，美、俄等国都将毫米波技术纳入新武器装备研制计划，为了对付毫米波雷达和毫米波制导的新型武器威胁，开展毫米波对抗技术研究势在必行。美国海军、空军正在研究毫米波固定相控阵干扰机，陆、海、空三军分别在研制 20～95 GHz 的机载雷达干扰机，而美国正在研究的毫米波箔条则是用于对付 18～40 GHz 毫米波雷达的。

（3）垂直极化箔条。据国外报道，为了有效对抗极化雷达制导导弹，美、英两国正在研究接近 1∶1 极化的箔条，即垂直下降率达 50%左右的垂直极化箔条，这样在干扰水平极化雷达与垂直极化雷达时都达到同样结果，这是比较理想的效果。表 7-1 所示为毫米波箔条下降速率的比较。

表 7-1 毫米波箔条下降速率的比较

机构/国别	中国建材研究院				美 国	
纤维直径/μm	30	22	18.62	13.42	22	27.9
包覆类型	全包覆型				半包覆型	全包覆型
留空时间/s（1.42 m）	8.58	12	13	20	11.5	10.55
下降速率/（m/s）	0.165	0.118	0.109	0.071	0.115	0.134

7.1.4 沙尘

沙尘是一种气象现象，对可见光、红外、激光[28]、毫米波等有严重的衰减作用，影响到光电对抗的效能，引起了美军的注意。美国军方曾委派气象专家到我国河西走廊考察沙尘暴。当前，无人能保证将来沙尘不会作为一种气象武器出现。

应用 Mie 散射理论，用数值法研究沙尘粒子对大气红外辐射的散射、消光和吸收效率，揭示了不同粒径的沙尘粒子在不同红外辐射波段消光和吸收的特点[29, 30]。得出了沙尘暴天气对红外辐射具有显著的吸收和衰减的结论，特别是对于 $\lambda=2 \sim 2.6\ \mu m$ 和 $\lambda=3 \sim 5\ \mu m$ 这两个红外大气窗口的衰减最严重。对某次沙尘粒子主要集中在 1 200 m 以下的大气中的沙尘暴，计算了沙尘粒子对可见光和红外波段的消光特性。沙尘暴期间贴近地平面的消光系数是沙尘暴到来之前的 5～6 倍，而在垂直方向上，其消光系数大约是沙尘暴未到来前大气的 10 倍[31]。

文献 [32] 的实测数据表明，爆炸引起的沙尘对三毫米波的衰减可达（101～167）dB / km。美军对有关沙尘的计算，已经纳入光电系统大气效应库（EOSAEL），一个包含战场悬浮微粒的综合计算机程序库[33]。微粒的衰减系数取决于微粒尺寸分布和浓度，对于自然存在的微粒（如薄雾、浓雾等）浓度可由气象学距离推断，战场的污染和掩蔽烟雾，其浓度受产生方法控制。尘雾的均匀性取决于环境条件，其中风是一个主要因素。由于战场的模糊浓度会发生变化，改写 Beer-Lambert 定律是合宜的：

$$\tau_{obs} = e^{-\alpha CL_{obs}} \tag{7-6}$$

式中，α 是以 m^2/g 为单位的衰减系数，C 是以 mg/m^3 为单位的浓度值。这种方法的优点在于 α 是由微粒成分、尺寸、形状所决定的一种固有属性，浓度与路径长度的乘积（CL_{obs}）只是视线上的微粒的质量，其典型值可在美军国防部手册 178（ER）中查到。模糊的路径长度 L_{obs} 通常只占总传输路径 R 的一部分，总的透过率是模糊路径的透过率和剩余部分大气透过率的乘积（正如 LOWTRAN 计算的那样）。

据外刊报道，将滑石粉、高岭碳酸钙、碳酸氢钠等混合成粉末，以低温压缩空气抛撒，能形成很好的屏障，遮蔽可见光和 14 μm 波长的红外辐射，可望成为宽波段干扰材料。有人提出在坦克上安装一个"集散器"，用于收集坦克行进中扬起的灰尘，快速焙干、粉碎后抛撒在坦克周围，形成阻塞敌方激光测距机、激光制导武器光学信道的屏障。

7.2 伪装

现代伪装技术可分为涂料伪装和遮蔽伪装两大类。涂料伪装是用涂料来改变目标及遮障等伪装器材的电磁波反射和辐射特性，从而降低目标显著性或改变目标外形的一种技术手段。遮障伪装就是通过采用伪装网、隔热材料和迷彩涂料来隐蔽人员、技术兵器和各种军事设施的一种综合性技术手段。

7.2.1 涂料伪装技术

涂料伪装技术是应用最为广泛的一种通用伪装手段和器材，可为人员、技术兵器、军事设施等几乎所有军事目标提供伪装防护；涂料形成涂层，更适用于运动中军事平台的防护，如飞行中的飞机和机动时的坦克，而且不影响被保护平台的机动性和作战性能。伪装涂层不仅用于装备上，还可以与人的皮肤及服装结合在一起。

涂料伪装技术的发展方向是，在紫外、可见光、近红外和热红外波段范围内，频谱性能与周围背景相适应，并具有合理的图案和表面结构特点，在不削弱现有涂料所达到的可见光和近红外伪装效果的前提下，使涂料的热红外伪装效果达到现有涂料在可见光和近红外波段上的水平。瑞典的 C6-305、P5-335、P5-318 等型号的伪装涂料可以用于紫外光、可见光、近红外的伪装[34]。

1. 防红外类涂料

一般是采用具有较低发射率的涂料，以降低目标的红外辐射能量，涂料还应具有较低的太阳能吸收率和一定隔热能力，以避免目标表面吸热升温，并防止目标有过多热红外波段能量辐射出去。大体可分以下三类[35]：低发射率材料、控温材料和红外复合材料。

1）低发射率材料

发射率是物体本身的热物性之一，其数值变化仅与物体的种类、性质和表面状态有关。而物体的吸收率则不同，它既与物体的性质和表面状态有关，也因外界射入的辐射能的波长和强度而异。当物体表面涂敷具有低红外发射率的特殊材料，使其产生的红外辐射低于探测器的极限阈值时，红外探测器将对其失去效能。金属是迄今为止报道得最多的热隐身涂料，它在涂层中的颗粒尺寸和含量对涂层的光学性质具有明显的影响。低发射率材料一般分为薄膜和材料两层。涂料由颜料和黏结剂配制而成。颜料有金属、半导体和着色颜料三种。金属颜料对降低红外辐射发射率最有效，其材料主要是铝，一般是厚度为 $0.1\sim 10~\mu m$、直径为 $1\sim 100~\mu m$ 的鱼鳞状粒子形状，其次是棒状（直径 $0.1\sim 10~\mu m$，长度 $1\sim 100~\mu m$）和球状（直径 $1\sim 100~\mu m$）。掺杂半导体代替金属作为涂料的非着色颜料，通过适当选配半导体的载流子参数，可使涂料的红外和雷达性能都符合隐身要求。着色颜料用来改善涂料的可见光隐身特性。为了不损害红外隐身，它应该具有低的红外发射率和高的反射率或透射率。涂料黏结剂要有高的机械性能而且要对红外透明。

2）控温材料

辐射能量与发射率仅为一次方关系，与温度成四次方关系。用降温来减少武器系统的红外辐射是很有效的。控温材料有隔热材料、吸热材料以及高发射率聚合物材料。隔热材料主要是阻隔武器系统内部发出的热量，使其难于外传，其中包括：微孔结构材料和多层结构材料；吸热材料利用高焓值、高熔融热、高相变热储热材料的可逆过程，使热辐射源升温过程变得平缓，减少升温所引起的红外辐射增强；也用于吸收目标发动机排气流及其尾焰产生的红外辐射，在排气口内加入适量的碳微粒、N_2O 气体或聚苯邻聚二甲酸二乙酯有机高聚物，可以实现对尾气红外辐射的吸收。最近对纳米材料性能的诸多研究证实了纳米微粒在红外吸收方面有很大的开发潜力；高发射率聚合物涂层主要施加在气动加热升温的飞行器表面。当气动加热到一定温度范围内时，涂层就具有高的发射率（在大气窗口之外），使飞行器有最大散热能力使表面温度能快速降下来；同时涂层在室温和低温下要具有低的发射率。

3）红外复合材料

红外隐身复合材料是一种对红外有吸收和漫反射功能的复合材料，由吸收、漫反射填料和树脂基体组成，具有吸收红外功能的组分，可以是：在红外作用下发生相变的材料（钒的氧化物）；受红外激发产生可逆化学变化的材料；吸收红外能量后能转变为其他波段（大气窗口之外或者探测器工作波段之外）辐射出来的材料。它们的形态、尺寸、含量、分布情况以及涂层厚度都将影响隐身效果。漫反射功能材料为片状铝粉与树脂的复合材料，将入射红外光束分散，使探测器接收方向上的反射波强度大大减弱。

2. 防激光类涂料[36]

防激光类涂料，通过涂敷对激光有较强吸收或散射性能的涂料，使照射激光的绝大部分能量被涂料吸收或散射到其他方向，而返回探测、测距及导引接收单元的能量很小，从而降低了敌方激光系统的作用距离。

吸收材料的吸收能力取决于材料的分子、原子或电子各能级之间的跃迁。为增强吸收作用的效果，利用选择性吸收是选择适用隐身材料的关键。从使用方法上可分为涂料型和结构型，目前激光隐身涂料的应用最为广泛。隐身涂料应对常用红外激光（1.06 μm、10.6 μm）具有高的摩尔吸收率，其化学稳定性、热稳定性和力学性能也必须符合要求。在实际操作中常选用某些金属氧化物、有机金属络合物或有机高分子材料，并加入多种吸收剂（某些半导体材料、具有π键共轭体系的有机化合物等）来提高吸收率。国内已研制出在 1.06 μm 附近具有良好激光隐身效果的涂料，其反射衰减达 23.25 dB，能够与可见光伪装兼容。它是通过在黏合剂中加入强激光吸收材料，并通过特殊的工艺使涂层具有特定的微孔结构来实现激光隐身的。另外，对碳纳米管薄膜的吸收效果进行的研究表明[37]，碳纳米管对红外激光有极强的吸收作用，吸收率可达 98%。

3. 迷彩伪装技术[38]

迷彩伪装是利用涂料、染料和其他材料来改变目标、遮障和背景的颜色及斑点图案，以消除目标的光泽，降低目标的显著性和改变目标外形。

伪装迷彩可分为以下 5 种：

（1）保护色迷彩，如涂在军事车辆、坦克上的绿色颜料，可减小军车、坦克在绿色植物背景中的显著性。

（2）变形迷彩，采用与背景颜色相似的不规则斑点组成的多色迷彩，用于伪装多色背景上的运动目标。

（3）仿造色迷彩，在目标或遮障表面仿制周围背景斑点图案的多色迷彩，用于建筑物、永久工事、火炮等。

（4）光变色迷彩，根据"变色龙"能随着环境的变化而改变自己身体颜色的原理研制。例如，有一种军服上的防原子变色涂料，在普通光照射下呈军绿色，而在核爆炸光辐射的照射下，能在 0.1 s 后变成白色。

（5）多功能迷彩，能同时对付可见光、红外、雷达等多种探测器的迷彩。例如，德国研制的棕、绿、黑三色迷彩伪装涂料，可对付紫外、可见光、近红外波段的侦察，使目标可见度平均减小 30%以上。

7.2.2 遮障伪装技术

遮障伪装技术主要用来模拟背景的电磁波辐射特性，使目标得以遮蔽并与背景相融合，是固定目标和停留时运动目标最主要的防护手段，特别适用于有源或无源的高温目标，可有效地降低光电侦察武器的探测、识别能力。遮障伪装通常由伪装网和人工遮障来实现。

1. 伪装网

伪装网由边缘加强的聚酯纤维网粘以切割的伪装布或聚乙烯薄膜构成。伪装布或聚乙烯薄膜的两面按林地、荒漠等背景的特点设置不同的迷彩图案，使之在可见光和近红外区具有与战区背景相近的光谱反射特性（用于雪地型背景时，伪装网采用具有高紫外线反射率并打有规则圆孔的合成纤维白色织物，使之具有与雪地类似的光反射特性），将伪装布或聚乙烯薄膜作不同形式的切割，能较好地模拟背景表面状态和明暗相间的情况，使架设成的伪装网产生三维效果的视感。伪装网的网孔多为正方形（尺寸为 57 mm×57 mm 或 85 mm×85 mm），其整体制式形状可为矩形、正方形或多边形，为适应不同大小的情况，制式基准网可以方便地互相拼接。

伪装网是使用最普遍的伪装装备，其功能已从早期的可见光和近红外伪装，发展到紫外、可见光、近红外、中远红外和雷达波等多波段伪装。

目前，美、德、俄、澳大利亚、瑞典等国在伪装网研究方面较为领先。美国在 20 世纪 80 年代研制成功的多波段伪装网，由特制的基础网格和着色饰物、饰片组成，可以逼真地模拟背景的光学特征，并具有雷达隐身功能。德国 OGUS 公司研制的多种伪装网能与不同地区背景相匹配，不仅装备本国军队，还被他国军队所采用。瑞典巴拉库达公司开发的 BMX-ULCAS 多波段超轻型伪装网可实现多频谱伪装。它由高强度基网材料加多波段吸收材料制成，质量轻、架设方便，是目前世界上技术性能最优异、应用最广泛的伪装网之一。该伪装网两面都可以使用，分别适用于不同类型的背景环境，还具有吸收雷达波的功能[39]。

2. 人工遮障

人工遮障主要由伪装面和支撑骨架组成。支撑骨架通常采用质量轻的金属或塑料杆件做成具有特定结构外形的骨架，起到支撑、固定伪装面的作用。而对光电侦察、探测、识别起作用的主要是伪装面，伪装效果取决于伪装面的颜色、形状、材料性质、表面状态及空间位置等与背景的电磁波反射和辐射特性的接近程度。伪装面主要由伪装网、隔热材料和喷涂的迷彩涂料组成。对常温目标伪装采用由伪装网并在上喷涂迷彩涂料制成的遮障即可；对无源或有源高温目标伪装，还需在目标和伪装网之间使用隔热材料以屏蔽目标的热辐射。

人工遮障按用途和外形可分为水平遮障、垂直（倾斜）遮障、掩盖遮障、变形遮障和干扰遮障。

水平遮障是遮障面与地面平行，架空设置在目标上面的遮障，通常设置在敌方地面观察不到的地区，用于遮蔽集结地点的机械、车辆、技术兵器和道路上的运动目标，可妨碍敌方空中侦察。

垂直（倾斜）遮障是遮障面与地面垂直（倾斜）设置的遮障，主要用于遮蔽目标的具体位置、类型、数量和活动，如遮蔽筑城工事、工程作业和道路上的运动目标等，以对付地面侦察。

掩盖遮障是遮障面四周与地面或地物相连以遮盖目标的遮障，主要用于对付地面侦察和空中侦察。

变形遮障是改变目标外形及其阴影的遮障，既可用于伪装固定目标，又可用于伪装活动目标。

20 世纪 70 年代研制的遮障伪装器材主要有美军"热红外伪装蓬布""轻型伪装遮障系统"（分为林地型、荒漠型和雪地型三种），德国研制的"热伪装覆盖材料""奥古斯热红外伪装网""多谱伪装遮障"等。80 年代中后期，有代表性的遮障器材当属瑞典巴拉居达公司的热红外伪装遮障系统和美国的超轻型伪装网。巴拉居达伪装遮障系统主要由热伪装网和隔热毯两部分组成；美国的超轻型伪装网是在一层极轻的稀疏的聚酯织物上，附上一层具有卓越的防热红外特性和雷达特性的切花装饰面。还有一种用于陆军直升机上的超轻型伪装网，质地如丝绸，标准尺寸网片之间的拼接靠镶在网边的一种尼龙织物[12]。图 7.4 为经热红外伪装后坦克的热像图。

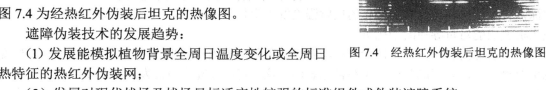

图 7.4　经热红外伪装后坦克的热像图

遮障伪装技术的发展趋势：

（1）发展能模拟植物背景全周日温度变化或全周日热特征的热红外伪装网；

（2）发展对现代战场及战场目标适应性较强的标准组件式伪装遮障系统；

（3）寻求更合理的隔热层结构和相应的构造工艺；

（4）发展具有多种防护性能的单兵用伪装服；

（5）在伪装有源高温目标时，遮障器材应与所需的热抑制器和散热器高度协调，并成为一个有机的整体。

7.3　隐身

隐身技术通过减弱自身的信号特征，降低被探测性、识别、跟踪和攻击的概率，来达到隐蔽自我的目的。

根据原理和应用的不同，隐身技术一般分为视频（可见光）隐身、红外隐身、激光隐身、毫米波隐身、紫外隐身等。有些隐身技术是跨波段的，如外形隐身，对毫米波、微波均适用；有的隐身技术，如引射技术，主要用于降低红外辐射，对毫米波辐射也有抑制作用。

除了本章介绍的隐身技术之外，还有有源隐身技术[40]。有源隐身技术主要是利用光电、红外等主动干扰手段隐蔽目标。主要的隐身途径，一是削减和抵消敌方探测信号；二是使敌方雷达、红外探测仪出现大面积的虚假特征信号，如干扰弹、干扰机、转发型干扰等，将在第 8 章具体介绍。在未来，战场军事装备将采用有源射频、红外隐身技术等以减小雷达、红外特征信号为主要途径的被动隐身技术；战场军事装备还将配装"一体化欺骗装备"，使其免受敌方袭击。

7.3.1　视频隐身[41]

目前在实际作战中，视频（可见光）隐身的问题突显。具有优越的雷达、红外隐身性能的兵器（如 F-117 战斗轰炸机、B-2 战略轰炸机）也只敢在夜间出动，实现武器和作战平台在"光天化日"之下自由行动是各国军界梦寐以求的目标。实现视频隐身的主要技术途径如下：

（1）特殊的涂料。可见光探测技术与许多因素有关，如观测者的位置、视角、太阳的位置以及云雾分布情况等。飞机飞得越高，散射到飞机上的光线就越多，为实现隐身就应该给高空飞机涂敷能吸收光线的暗色涂料。晴天呈浅灰色，阴天呈绿色，夜间或在红外线照射下呈黑色，使舰船在各种情况下都能与水面背景相融合。美军还采用特种涂料，使机场跑道随季节和天气变化而自动变色，形成隐身机场。

（2）奇异的蒙皮。在武器平台的蒙皮中植入由传感器、驱动元件和微处理器组成的控制系统，可监视、预警来自敌方的威胁，使武器平台达到电磁和光电隐身。美国空军正在实验一种能够吸收雷达波的电磁传导性聚苯胺基复合材料蒙皮，它在不充电时可以透光，并改变亮度和颜色，从而使飞机与上方的天空和下方的地面相匹配；充电时能使雷达波发生散射，使敌方雷达的跟踪距离缩短一半。美国军方正在实验另一种蒙皮是可欺骗导弹的"闪烁蒙皮"，它涂敷一种能使可见光和红外光的反射强度发生变化，从而产生"闪烁"感的特殊涂料，可使飞机变成能对付导弹的干扰机。

（3）变色的材料。为了消除目标与背景的色差，美国佛罗里达大学已研制出一种电致变色聚合物材料，并制成薄板覆盖在目标表面。这种薄板在充电时能发光并改变颜色，在不同电压的控制下会发出蓝、灰、白等不同颜色的光，必要时还可产生浓淡不同的色调，以便与天空的色调相一致。

（4）特殊的照明。在兵器和作战平台上，可用传感器测试目标各部位的亮度，并用灯光照射低亮度部位，以消除不同部位的亮度反差，并使整个目标与背景的亮度相匹配。实验证明，沿着机翼前缘和发动机整流罩边缘安装一些光束可控的照明灯，通过调节灯光的强度使之与天空匹配，飞机就与背景浑然一体了。最新研制的热寻的导弹带有视频传感器，可以通过鉴别飞机轮廓区分诱饵照明弹和目标飞机，但如果飞机装上使轮廓变模糊的照明灯，并且涂上抑制散热的油漆，导弹将很难发现它。

（5）烟雾的屏蔽。将含有金属化合物微粒的环氧树脂、聚乙烯树脂等高分子物质，随发动机尾焰的热气流一起喷出，在空气中遇冷雾化形成悬浮状气溶胶；或将含有钨、钠、钾、铯等易电离金属粉末的物质喷入发动机尾焰，在高温下形成等离子区，均可用来屏蔽发动机的尾焰。上述方法可实现对可见光、雷达波、激光、红外探测的全谱隐身。随着纳米技术的发展，多种纳米气溶胶全谱烟雾将投入隐身战场。

7.3.2 红外隐身

1. 红外隐身技术的发展

红外隐身技术是通过降低或改变目标的红外辐射特征，实现对目标的低可探测性的。这可通过改变结构设计和应用红外物理原理来衰减、吸收目标的红外辐射能量，使红外探测设备难以探测到目标。

红外隐身技术于20世纪70年代末基本完成了基础研究和先期开发工作，并取得了突破性进展，已从基础理论研究阶段进入实用阶段。从80年代开始，国外研制的新式武器已广泛采用了红外隐身技术[42]。

2. 红外隐身技术的实现途径

目前红外隐身技术主要采用以下三种途径来实现。

1）降低目标的红外辐射强度

由于红外辐射强度与平均发射率和温度的4次方的乘积成正比，因此降低目标表面的辐射系数和表面温度是降低目标红外辐射强度的主要手段。它主要是通过在目标表面涂敷一种低发射系数的材料和覆盖一层绝热材料的方法来实现的，即包括隔热、吸热、散热和降热等技术，从而减小目标被发现和跟踪的概率。

几何形状的设计对被动探测没有什么影响，但是红外吸波涂层对降低热发射率具有很大作用。热发射率包括两部分：热反射率和热发射率。前者指材料在红外光源照射下反射红外线的强度，后者指一定温度下材料的红外本征辐射强度。低发射率的材料一般反射率较高；低反射率的材料则发射率较高。理论上，红外吸波涂层也可用雷达吸波涂层移相对消的原理来降低反射率，但这要求微米级甚至亚微米级涂层，工艺上制造比较困难。在实际中降低温度比降低热发射率容易，同时降低温度的效果也很明显。一般采用的方法是：

（1）尽量减少目标的散热。如减少目标中部件的摩擦；目标的部件采用低散热量材料。
（2）采用热屏蔽的方法来遮挡目标内部发出的热量，尽可能地降低目标的红外辐射强度。
（3）采用隔热层和空气对流的方法，降低目标发动机中的排气管的温度，同时将热量从目标表面传给周围的空气。

2）改变目标红外辐射的大气窗口

主要是改变目标的红外辐射波段。我们知道大气的红外窗口有以下三个波段：$1\sim2.5\ \mu m$，$3\sim5\ \mu m$ 和 $8\sim14\ \mu m$。红外辐射在这三个波段外基本上是不透明的。根据这个特点，可采用改变己方的红外辐射波段至对方红外探测器的工作波段之外，使对方的红外探测器探测不到己方的红外辐射。具体做法是改变红外辐射波长的异型喷管或在燃料中加入特殊的添加剂；用红外变频材料制作有关的结构部件等。调节红外辐射的传输过程是改变目标红外辐射特性的手段之一，具体做法是在某些特定的结构上改变红外辐射的方向。例如在具有尾喷口的飞行器的发动机上安装特定的挡板来阻挡和吸收飞行器发出的红外辐射，或改变辐射方向。

3）采用光谱转换技术

将特定的高辐射率的涂料涂敷在飞行器的部件上，以改变飞行器的红外辐射的相对值和相对位置；或使飞行器的红外图像成为整个背景红外图像的一部分；或使飞行器的红外辐射位于大气窗口之外而被大气吸收，从而使对方无法识别，达到隐身的效果。

3. 红外隐身材料

1）红外低辐射材料

热隐身材料应具有以下基本特征：具有符合要求的热红外发射率或较强的控温能力；具有合理的表面结构；具有较低的太阳能吸收率；能与其他频段的隐身要求兼容。为此进行了多种红外低辐射材料要求的研究，国外研究最多的是涂料型红外隐身材料，其次是薄膜材料。

低辐射薄膜材料研究重点是半导体掺杂膜、金属薄膜、塑料光学薄膜、复合膜、碳膜与氮化硼膜。这些薄膜均有可能达到极低发射率，同时也可通过控制材料载流子密度等参数来制备不同发射率的薄膜。这种低发射率薄膜可制成热红外迷彩膜，也可用作散热红外隐身膜和透气隐蔽材料。涂料型红外隐身材料由于不改变现有装备的形状、结构，赋予了武器装备各种伪装和隐身功能，已越来越受到各国材料科学家的广泛重视。

2）远红外伪装涂料[43]

远红外伪装是一种使 $3\sim5\ \mu m$ 和 $8\sim14\ \mu m$ 工作波段的红外探测设备难以探测造成错觉

的隐身技术。按红外伪装的方式和性质，可分为隐身型和干扰型两大类。应用隐身型涂料红外伪装技术可以降低和改变"目标"的热辐射特性。干扰型红外伪装用于假目标。

红外隐身材料主要采用红外涂层材料。现有两类涂料：一类是吸收型，通过涂料本身（如使用能进行相变的钒、镍等氧化物或能发生可逆光化学反应的涂料）或某些结构和工艺技术，使吸收的能量在涂层内部不断消耗或转换而不引起明显的温升，减少物体热辐射；另一类涂料是转换型，在吸收红外线能量或改变反射方向，或使吸收后放出来的红外辐射向长波转移，使之处于红外探测系统的工作波段以外，最终达到隐身的目的。

此外，涂料中的黏合剂、填料的形态、涂层的强度与涂层的施工技术，已达到实用阶段，并收到了较好的隐身效果。

7.3.3 激光隐身

从目前主要激光威胁源的工作特点来看，激光侦测、跟踪和激光火控是依靠目标的激光回波工作的，激光半主动制导是依靠目标的激光双向反射波工作的，因此目前实现激光隐身的主要措施是最大限度地降低目标对激光的反射率、减小目标散射截面、增大目标散射波束立体角，以有效地降低激光雷达、激光测距机、激光制导武器的作用距离。

目前采取的技术措施如下[44]。

1. 外形技术

外形设计原则：改变外形减小激光散射截面是武器装备设计的重要方面。根据激光隐身理论，在外形设计时应重点做到：消除可产生角反射效应的外形组合，变后向散射为非后向散射；平滑表面、边缘棱角、尖端、间隙、缺口和交叉接面，用边缘衍射代替镜面反射，或用小面积平板外形代替曲边外形，向扁平方向压缩，减小正面激光散射截面；缩小外形尺寸，遮挡或收起外装武器，减少散射源数量等。

美国新一代隐身飞机"食鸟（Bird of Pray）"率先使用大型单块复合结构、3D 虚拟现实设计和安装工艺，具有独特的设计。其 W 形尾翼和装置在机翼上的活动控制，能够隐藏可引起激光散射的隙缝。机体的顶部和底部设计均采用无缝弯曲技术，上、下两部分在机体的各个边缘处连接在一起。其设计总体上遵从于 12 条直线，驾驶舱盖的凹陷设计以及起落架的设计使其与机体和机翼在一条直线上，有效反射点减少到 6 个。即使它被激光雷达捕捉到，但随着其位置的改变，也将从雷达视线中消失，难以再次被捕捉。

瑞典"维斯比"隐身护卫舰利用各种技术进行综合隐身，激光散射截面大大减小。从外形上看，其表面光滑而平整，除了一座平顺圆滑的锥形塔台和一座隐身火炮外，甲板上几乎无任何多余的设施。导弹、反潜武器及反水雷设备均安装在上甲板以下部位，并加有遮盖装置。这就使上层建筑的激光波反射大大降低，达到了很好的隐身效果。另外，该舰整体呈光滑的流线型结构，各个部位均由不规则的倾斜面体组成，每个棱角均采用平滑过渡，加上表面敷有吸收材料，很大程度上降低了激光散射信号特征。

2. 材料技术

激光吸收材料（LAM）的作用在于对激光有强烈吸收从而减小激光反射信号或改变激光频率。吸收材料按材料的成型工艺和承载能力分为涂覆型和结构型[45]。

1）涂覆型

降低目标对激光的后向散射，如利用涂料降低目标表面的光洁度，或在目标表面涂覆吸收材料，使目标反射信号强度减弱；或在网上涂覆吸收激光的涂料，制成激光伪装隐身网。对于涂覆型吸收材料，主要从两方面降低目标材料的漫反射：

（1）研究对激光具有高吸收的材料；

（2）研究涂层的表面形态，以构造漫反射表面，使入射的激光能量以散射的形式传输到其他方向上，同时进行多层结构设计，波长匹配层导入激光信号，吸收层消耗激光能量[45]。

据报道[46]，国内激光隐身涂料对 1.06 μm 波长的激光吸收率已高达 95%以上，可以使激光测距机的测距能力降低近 70%，起到了激光隐身的作用。

2）结构型

将结构设计成吸收型的多层夹芯，或把复合材料制成蜂窝状，在蜂窝另一端返回，这样既降低了反射激光信号的强度，又延长了反射光的到达时间。结构型吸波材料的研制起始于 20 世纪 60 年代，其在武器装备上的应用是 70 年代末和 80 年代初，应用较为广泛的是在隐身飞机上。目前结构吸波材料正积极地朝着宽频吸收的方向发展。

3．减小"猫眼效应"

兵器上各种光学孔径（如红外前视热像仪、微光夜视仪、各种光学观瞄器材等）的激光雷达散射截面比背景要大几个数量级。如国外车载式激光致盲武器（Stingray）、"灵巧红外对抗系统"都利用了光学观瞄设备和光电设备的"猫眼效应"而进行激光侦察、目标搜索定位。减小"猫眼效应"的主要措施有：适当调整离焦量，当离焦量达到 100 μm 时，光学系统回波强度比无离焦时至少降低两个数量级；减小入射透镜、探测器或分划板表面反射率，在其表面镀增透膜；还可以在光电设备中采用无"猫眼效应"的结构，Defuans 和 Jean-Louis 所设计的目镜组的入射透镜前表面为平面，避免了入射表面为曲面时造成的"猫眼效应"。

有机高分子材料、纳米材料有着许多独特的性能，国内外许多研究机构都在积极从中寻找在可见光、红外、雷达、激光波段兼容，并且均能达到良好隐身性能的多功能材料。有些已经取得初步进展。红外与激光复合隐身中红外隐身需要低发射率的材料，激光隐身需要低反射率的材料，这两者的复合隐身是矛盾的[47]。对于材料在某些波段（1.06 μm 和 10.6 μm 附近）的特性进行研究和调整，可在降低目标红外可视性的同时也降低目标的激光可视性，实现红外与激光隐身较好结合。

7.3.4 毫米波隐身

毫米波隐身包括外源毫米波的隐身和内源毫米波的隐身，其中内源毫米波是目标自身产生的毫米波辐射。

1．外源毫米波的隐身[48]

1）毫米波箔条与箔片

毫米波箔条的尺寸比微波箔条小得多，因此在制造与布放上困难得多。而且，要达到相同的干扰效果，所需的毫米波箔条数量比微波箔条高出几倍甚至几十倍，这在战场上是难以忍受的。现在提出的替代方案有两种：一是气溶胶，二是与金属箔片混用。

箔条在毫米波段的散射没有改变，仍属谐振散射，为线散射体特性，其单根最大雷达散射截面为 $\sigma_{\max}=0.86f^2$，其中 f 为谐振频率。可以看出，由于毫米波波长较小，要实现一定的雷达截面，箔条的需要量较大。金属箔片的散射基于惠更斯的波动光学，为面散射体特性，其单片雷达散射截面为 $\sigma_{\max}=4\pi S^2/f^2$，其中 f 为入射频率，S 为箔片的几何面积。从公式可以看出，随着 λ 的减小，雷达散射截面 $\sigma_{\max}$ 以 f^{-2} 倍增加，即箔片具有较大的雷达截面。性能测试及外场试验表明，经计算和优化配方，两种材料相掺杂使用，可获得较好的干扰效果[49]。

毫米波雷达波束窄、作用距离近，干扰物能否快速散开直接影响对抗效果。因此，快速散开是实现干扰的关键。空气动力学表明：箔片在投放时，立刻出现不规则运动和湍流状态，箔片横向取向尺寸比箔条大，可产生大自转角，利于快速散开。

此外，毫米波角反射器可用于模拟地面和空中的目标，使对方的制导雷达难辨真假，从而减小对方毫米波制导武器的命中率，达到对抗的目的。

2）毫米波伪装

毫米波等离子体、毫米波吸收层、毫米波防护网可形成良好的毫米波伪装。

毫米波吸收层就是利用涂在被保护目标上材料的电导损耗、高频介质损耗、磁滞损耗来吸收毫米波能量，以减少反射；或者利用材料的干涉和散射特性使反射消失或减少，以达到隐身目的。

毫米波防护网采用散射或吸收的机理降低探测雷达回波信号的强度，以达到隐蔽真实目标的目的。散射型防护网就是在基布中编织金属片、铁氧体等，或者基布上镀金属层，粘接在基网上并对基布进行切花、翻花加工成三维立体状，可以强烈地散射入射电磁波，使入射电磁波很少一部分反射回电磁波发射点，达到隐蔽目标的目的。吸收型防护网是在基布夹层中充填或编织一定厚度的吸波材料，将其粘接在基网上，并对基布进行孔、洞的处理，以吸收电磁波，达到防毫米波制导系统探测和识别的目的。

3）毫米波隐身

毫米波隐身技术是利用特殊的目标外形设计、反雷达涂层或采用非金属材料及复数加载等多项技术来最大限度地减小目标的有效散射面积，以使制导雷达根本发现不了目标，或推迟发现目标的时间。

2. 内源毫米波的隐身

以单个地面目标的探测为例，毫米波雷达的探测距离与目标毫米波段的 RCS（目标辐射截面）的 1/4 次方成正比，应用于末制导的毫米波辐射计探测距离则与目标的毫米波 RCS 的 1/2 次方成正比。将毫米波雷达与辐射计的探测距离以及毫米波段的目标雷达截面、目标辐射截面归一化，绘出关系曲线，如图 7.5 所示。

从图 7.5 可以看出，辐射计探测距离随目标辐射截面的变化，比雷达探测距离随目标雷达截面的变化迅速。当目标的雷达截面 σ 下降为原来的 1/2 时，辐射计探测距离 R 约下降为原来的 84%；而当目标的辐射截面 σ 下降为原来的 1/2 时，辐射计探测距离 R 下降为原来的 70.7%。因此，正如目标的雷达隐身实质上是目标雷达截面的缩减，目标被动毫米波隐身实质上也是目标的辐射截面的缩减[50]。

目标辐射截面为目标投影面积 A_T 与目标背景辐射温差 ΔT 的乘积。目标的辐射截面缩减有两条途径：（1）目标投影面积 A_T 的缩减；（2）目标背景辐射温差 ΔT 的缩减。

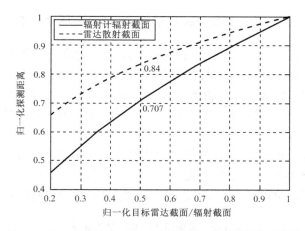

图 7.5 归一化距离与目标雷达截面/辐射截面的关系曲线

1) 投影面积 A_T 的缩减

在不影响性能的基础上,减小目标体积可以减小目标的投影面积,但这往往会影响目标的作战性能。在不减小目标体积时,经过形状改造,同样可以减小目标的投影面积。如图 7.6 所示,毫米波辐射计探测角为 θ,探测距离为 R,主波束立体角为 Ω_A,主波束的地面投影面积为 A。当目标从位置 2 转到位置 1 时,其所占波束角从 Ω_T 减小到 $\Omega_{T'}$,因此,目标的投影面积也从 $\Omega_T \times R^2$ 减小到 $\Omega_{T'} \times R^2$。从上述分析可以看出,针对主要威胁方向,只要适当地进行目标形状的改造,可以减小目标的投影面积,从而达到目标辐射截面缩减的目的。

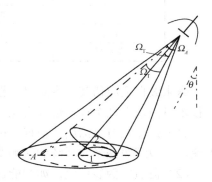

图 7.6 目标投影面积的缩减

2) 目标背景辐射温差 ΔT 的缩减

目标的毫米波辐射温度主要由两部分组成,即自身辐射温度和反射外界的辐射温度,则目标背景辐射温差 ΔT 为:

$$\Delta T = |T_{APB} - T_{APT}| = |(\varepsilon_B - \varepsilon_T) \cdot (T_s - T_{DN})| \tag{7-7}$$

目标反射的外界辐射包括两部分:天空辐射和周围环境背景的辐射,其值为目标上无数的小微元反射的辐射的数字积分,将目标表面反射天空的部分分为 n_1 个微元,将目标表面发射地面背景的部分分为 n_2 个微元,则

$$T_{DN} = \sum_{n_1} T_{sky} + \sum_{n_2} T_{bg} \tag{7-8}$$

通过式(7-7)及式(7-8)可知,要减小 ΔT 可从以下两方面入手:

(1) 减小目标和背景的发射率差异 $|\varepsilon_T - \varepsilon_B|$,使目标的发射率接近或等于背景的反射率。由于目标发射率和反射率的归一化关系,因此,减小发射率差异也归结为减小反射率的差异。例如,一般地物背景的发射率近似为 1,地面目标的金属表面发射率近似为 0,有必要提高目标表面的发射率,使其接近于地物发射率,从而达到目标与背景的融合。

（2）使 T_{DN} 接近于 T_s，即：增加 T_{DN} 中的 $\sum_{n_2} T_{bg}$ 部分（环境背景部分）的加权比例，减小 T_{sky}（冷源）的加权比例。不同形状的目标所反射的外界辐射中，天空和背景辐射的加权数不同：当更多地反射天空温度时，目标的视在温度较低，与背景温度的对比度（即温差）较大，容易识别；当更多地反射背景温度时，其视在温度较高，与背景温度的对比度较小，不易识别。这时需要考虑主要威胁方向的入射角 θ 和探测高度 H，从而对目标的几何外形进行改造。

理想情况下，最好的隐身方法是使目标和背景的温度相同、发射率相同，这样将实现完全隐身。这在实际上不可能，对于背景而言，不同背景的发射率不同，即使对于同一背景，发射率也随着季节、天气的变化而不断发生变化。常见背景和材料的发射率如表 7-2 所示。

表 7-2 常见背景和材料的发射率

背景或材料	发射率	背景或材料	发射率
沙子	0.90	茂密的植物	0.93
混凝土	0.83	平滑的岩石	0.75
沥青	0.76	干草地	0.91
耕地	0.92	干雪	0.88~0.76
粗砂砾	0.84	金属	0.0

毫米波自适应伪装技术是目标根据环境的变化而改变自身毫米波辐射特性的技术[51]。这种技术可由以下几个技术途径实现：

（1）改变发射率涂层，根据目标所处的具体环境，目标涂层的发射率可以在一定程度上改变，有效缩短毫米波系统的探测距离；

（2）自适应伪装系统，如智能伪装网等。

7.3.5 紫外隐身

紫外隐身是 20 世纪 90 年代末国外兴起的新的隐身技术研究[52]，曾研究使用诱饵干扰弹，干扰导引头为紫外凝视的空空导弹偏离目标，研究成果曾经在 F/E18 电子对抗机上使用过。白色伪装网（或白色斑点）近紫外光谱反射率不小于 0.5，具有一定的紫外隐身效果[53]。在涂料研究方面[54]，发现两种纳米氧化锌粉体均能有效地屏蔽紫外光中的 UVB 和 UVC，但在屏蔽 UVA 方面，使用聚乙二醇-400 为改性剂得到的纳米氧化锌效果要好一些。

7.3.6 引射技术

1. 引射器装置及其原理

战斗系统的动力系统是红外探测的主要热源，而排气系统的温度最高，红外辐射信号最强。红外隐身主要是通过降低动力系统排出的废气温度，以达到红外隐身的目的。目前在红外隐身中大多都采用了引射外界冷空气技术[55, 56]。引射器是一种输送流体的装置，它主要由工作喷嘴、接收室、混合室及扩散室等部件组成，如图 7.7 所示。由动力装置排出的废气，经过喷嘴提速、降压后进入接收室形成射流。由于射流的紊动扩散作用，卷吸周围的流体而发生动量、能量的交换。被吸入接收室的引射流体大多是环境大气，工作流体与引射流体进入混合室，在流动过程中速度场和温度场渐渐均衡[57]。这期间，伴随着压力的升高。混合后的流体再经过扩散室的压力恢复后排出，工作流体温度大幅降低，从而达到降低红外强度的效果。为了提高掺混效率，更好地提高红外抑制效果，多采用复合管结构。

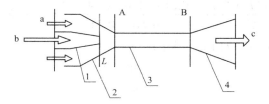

图 7.7 引射器装置原理结构图[58]

1——喷嘴；2——接收室；3——混合室；4——扩散管；a——引射流体；b——工作流体；c——混合流体

理论上描述引射器工作原理主要有以下三个基本定律。

1）质量守恒定律

流场中工作流体与引射流体不发生化学反应，进入装置的流体质量流量等于出处流体的质量流量。

$$M_c = M_p + M_m \quad (7\text{-}9)$$

式中，M_p、M_m、M_c 分别工作流体、引射流体及混合流体的质量。可定义引射系数

$$\mu = \frac{\text{工作流体质量}}{\text{引射流体质量}} = \frac{M_p}{M_m} \quad (7\text{-}10)$$

2）能量守恒定律

$$i_p + \mu i_m = (1+\mu) i_c \quad (7\text{-}11)$$

式中，i_p、i_m 分别是混合前工作流体和引射流体的熵；i_c 是混合后流体的熵。熵的单位取 kJ/kg。

3）动量守恒定律

记喷嘴出口截面、混合室入口截面、混合室出口截面分别为平面 L、A、B，并假定工作流体、引射流体在混合室进行了充分的热交换并混合均匀，则动量守恒方程为

$$K(M_p \upsilon_{pA} + M_m \upsilon_{mA}) - (M_p + M_m) \upsilon_{mA} = (P_B - P_{pA}) S_{pA} + (P_B - P_{mA}) S_{mB} \quad (7\text{-}12)$$

式中，K 为混合室中的速度系数；υ_{pA}、υ_{mA} 分别为工作流体、引射流体通过截面 A 的速度；υ_B 为混合流体通过截面 B 的速度；P_{pA}、P_{mA} 分别为工作流体、引射流体在截面 A 的静压力；P_B 为截面 B 的静压力；S_{pA}、S_{mA} 为工作流体、引射流体在截面 A 的面积。

2. 引射装置带来的红外辐射变化

设废气出口温度为 $T_1 = 480$℃，环境空气温度为 $T_2 = 30$℃，混合气体在混合室的出口的平衡温为 T，则

$$Q_{吸} = C_1 M_1 (T - T_2) \quad (7\text{-}13)$$

$$Q_{放} = C_2 M_2 (T_1 - T) \quad (7\text{-}14)$$

$Q_{吸}$=引射气体上升到平衡温度时吸收的热量；$Q_{放}$=工作气体降温至平衡温度时释放的热量；C_1=0.216 cal/(g·℃)，为高温工作气体的比热；C_2=0.24 cal/(g·℃)，为低温引射气体的比热。M_1、M_2 分别为引射气体、工作气体的质量。

假定引射系数为1:1，温度平衡时，$Q_{吸}=Q_{放}$，于是

$$T = \frac{C_1 T_1 + C_2 T_2}{C_1 + C_2} = \frac{0.216 \times 480 + 0.24 \times 30}{0.216 + 0.24} = 243.16 \text{ °C} \tag{7-15}$$

由此导致的红外辐射总量下降为 $1/n$，其中：

$$n = \frac{\sigma \varepsilon_1 T_1^4 S_1}{\sigma \varepsilon_2 T^4 S_2} \tag{7-16}$$

假设 $\varepsilon_1 = \varepsilon_2$，$S_1 = S_2$，则 $n = 15.2$。

导弹工作在 3~5 μm 波段，引射后该波段 3~5 μm 能量降至 $1/m$，其中

$$m = \frac{\int_3^5 f(T_1 + 273) d\lambda}{\int_3^5 f(T + 273) d\lambda} = 9.02 \tag{7-17}$$

理论上导弹的作用距离至少减小为原来的 $1/\sqrt{m} \approx 1/3$。

引射技术对目标的毫米波辐射也有影响。温度降低 ΔT，则目标的谱亮度 B_f 变为原来的

$$n = \frac{\Delta T}{T} = \frac{243.16 + 273}{480 + 273} \approx 0.68 \tag{7-18}$$

倍。

7.3.7 外形隐身

外形隐身技术主要有以下几个方面。

1. 仿生学隐身技术

在自然界中，许多动物都有天生的隐身本领，为隐身研究提出了一些有趣的课题。比如燕八哥与海鸥的大小相近，但其雷达截面只是海鸥的 1/200；蜜蜂的体积远小于麻雀，但雷达截面反而比麻雀大 16 倍。科学家们正在研究这些现象，以寻求新的隐身机理和技术。

2. 等离子体隐身技术

实验证明，飞机、舰船、卫星等兵器的表面形成等离子体层后，雷达波会被吸收或折射，从而使反射到雷达接收机的能量减少[59]。等离子体不仅可吸收雷达波，还能吸收红外辐射，具有吸收频带宽、吸收率高、使用简单、寿命长等优点。等离子体隐身技术已在俄罗斯部分战斗机上使用，隐身效果可与美军目前的隐身战斗机相媲美，解决了隐身性能与气动系统的矛盾，为飞机隐身开辟了一条新途径。

电磁波可以在等离子体中传播，但在自由空间与等离子体分界处或等离子体内部电子密度不均匀处，电磁波要产生折射，从而改变电磁波的传播方向。事实上大多数情况下产生的等离子体都是非均匀的，且越靠近内层电子密度越高，当到达某一深度时电子密度 $\omega_{pe}=\omega_0$，将导致 $n=0$，出现反射。经过一去一回的两次折射电磁波已经严重偏离原方向，导致雷达的接收信号很小，很难发现目标[60]。

电磁波在等离子体中传播的过程中，被折射而改变方向的同时要被等离子体吸收而逐渐衰减。等离子体对电磁波的吸收分为正常吸收和反常吸收。正常吸收指碰撞吸收，即电磁波的电场对电子做功，电子获得动能，在通过碰撞将所吸收的能量传给离子或中性分子。反常吸收指电磁波与等离子体集体相互作用，在等离子体中形成波动，从而导致电磁波的能量减小。理论分析证明，碰撞吸收是主要的，是等离子体隐身研究的主要方面[61]。

产生等离子体主要有热致电离、气体放电、放射性同位素、激光照射、高功率微波激励等方法[62]。而目前机载条件下最常用的方法主要是气体放电法和涂抹放射性同位素法两种。

3. 微波传播指示技术

这种技术是利用计算机预测雷达波在不同大气中的传播特点来实现的。大气层的湿度、温度等环境因素的变化能够改变雷达波的作用距离，使雷达波在传播过程中发生畸变，以致在雷达覆盖范围内产生"空隙"，即盲区。同时，雷达波在大气中以"波道"形式传播，能量集中于"波道"内，"波道"外几乎没有能量。如果掌握了不同天气条件下的微波传播规律，通过计算和预测，使突防兵器在"走廊"内或"波道"外通过，就可以避开敌方雷达的探测，达到隐身目的。美国海军航空系统司令部和英国费兰蒂计算机有限公司对微波指示技术进行了深入的研究[63]。

7.4 光电假目标

光电假目标是利用各种器材或材料仿制成的，在光电探测、跟踪、导引的电磁波段中与真目标具有相同特征的各种假设施、假兵器、假诱饵等。在真目标周围设置一定数量的形体假目标或目标模拟器，主要为降低光电侦察、探测、识别系统对真目标的发现概率，并增加光电系统的误判率（示假），进而吸引敌方精确制导武器的攻击，大量地分散和消耗敌方精确制导武器，提高真目标的生存概率，故也有人把目标模拟器称为干扰伪装。随着光电侦察和制导武器效能的日益提高，假目标的作用愈加显得突出[12]。

在科索沃停战后，北约报道摧毁南联盟120辆坦克、220辆装甲车、超过450门火炮和迫击炮，而实际摧毁数量仅为14辆坦克、18辆装甲车和20门火炮。可见，假目标的作战效能再一次得到印证[64]，光电假目标真正成了战场目标的"挡箭牌"。

7.4.1 光电假目标的分类

通常光电假目标按照其与真目标的相似特征的不同可分为形体假目标，热目标模拟器和诱饵类假目标。形体假目标就是制作成与真目标的外形、尺寸等光学特征相同的模型，如假飞机、假导弹、假坦克、假军事设施等，主要用于对抗可见光、近红外侦察及制导武器。光电假目标的另外一种应用是己方导弹打靶。

热目标模拟器就是与真目标的外形、尺寸具有一定相似性的模型，且与真目标具有极为相似的电磁波辐射特征，特别在中远红外波段，主要用于对抗热成像类探测、识别及制导武器系统。诱饵类假目标就是仅求与真目标的反射、辐射光电频段电磁波的特征相同，而不求外形、尺寸等外部特征相似的假目标，如光箔条诱饵、红外箔条诱饵、气球诱饵、激光假目标、角反射体等，主要用于对抗非成像类探测和制导武器系统。

此外，光电假目标按照选材和制作成形可分为制式假目标和就便材料假目标。制式假目标就是按统一规格定型生产，列入部队装备体制的伪装器材，不但轻便牢固、架设撤收方便、外形逼真，而且通常加装反射、辐射配件，以求与真武器装备一样的雷达、红外特性，如现装备的充气式假目标、骨架结构假目标、泡沫塑料假目标、木制假目标等形体假目标和由带有热源的一些材料组成的热目标模拟器等。

激光假目标可配合隐蔽的激光源产生距离欺骗干扰、角度欺骗干扰和激光近炸引信干扰等干扰模式。

就便材料假目标就是就地征集的或利用就便材料加工制作的假目标，作为制式假目标的补充，具有取材方便、经济实用，能适应战时和平时大量及时设置假目标的需要，在制作好的假目标中用角反射体和其他金属材料可模拟真目标的雷达波反射特性，用发热材料可模拟真目标热辐射特性。

7.4.2 光电假目标的工作原理

形体假目标现已发展为利用多种材料制作的防可见光、近红外、中远红外及雷达的综合波段的假目标，主要有薄膜充气式、膨胀泡沫塑料式和构件装配式。

薄膜充气式假目标即目标模拟气球，如海湾战争中伊拉克使用的充气橡胶战车，就是用高强橡胶，内部敷设电热线，外部涂敷铁氧体或镀铝膜，最外层喷涂伪装漆而制成的。

膨胀泡沫塑料式假目标是可压缩的泡沫塑料式模型，解除压缩可自行膨胀成假目标，如美国的可膨胀式泡沫塑料系列假目标，配有热源和角反射体，装载时可将体积压缩得很小，取出时迅速膨胀展开成形，并且不需要专门工具，具有体积小、质量轻、造型逼真的特点，同样具有模拟全波谱段特性的性能。

构件装配式假目标（如积木）可根据需要临时组合装配，如瑞典的装配式假目标是将涂聚乙烯的织物蒙在可拆装的钢骨架上制作的，用以模拟假飞机、假坦克、假火炮等。

也有的用玻璃钢做表层并在内部贴敷不锈钢片金属布（或在玻璃钢表面镀金属膜）制成壳体，壳体内用燃油喷灯在发动机等发热部位加高热，最外层喷涂伪装涂料制作的导弹、飞机、坦克等假目标系列；还有的用聚氨酯发泡材料做外形，内贴金属丝防雷达布，并敷设由电热丝加热或燃油喷灯加热的假目标。此外，使用胶合板、塑料板、泡沫板、橡胶、铝皮、铁皮等就便材料制作各类假目标，并在内部安装角反射体、热源、无线电回答器，也具有较好的宽波段性能。图 7.8 所示为不同区域具有不同温度的军车模型。

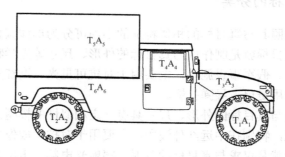

图 7.8 不同区域具有不同温度的军车模型[33]

由于在毫米波段的介质损耗增大，所以毫米波段基本上不使用龙伯透镜，而采用角反射器[58]。角反射体是由金属薄片构成的二面立体角状物,它的最重要的特点是三个面互相严格垂直,那么入射的雷达电磁波经平面的折射绝大部分沿原方向反射回去。这种特性使得实际体积不大的反射器产生的回波效果可以和外形轮廓比它大得多的目标相比。例如一个边长为 1 m 的方形角反射体,对于波长 10 cm 的雷达,理想情况产生的有效反射面积达到 3700 m^2,相当于一艘小型舰艇。在第二次世界大战期间,就曾经在大型军事目标例如重要桥梁的附近布置一条角反射体阵地,当敌方飞机用轰炸瞄准雷达选择投弹点时。角反射体形成的强反射使投弹手误认为是目标,把炸弹投向角反射体的方向。由于激光或毫米波导引头的特殊性,角反射体作为假目标是非常合适的。不过,在现代作战条件下,由于电视、红外等多种传感器的综合使用,以及卫星侦察的情报支持,这样简单地布置角反射体是难以收效的,还需要配合其他的伪装手段,来增强模拟的效果。

7.4.3 光电假目标的现状和发展趋势

为适应战场的需要,国外已研制和装备了大量不同类型的形体假目标,如瑞典巴拉居达公司生产的假飞机、假坦克、假炮、假桥等装配式假目标,美军研制的 40 自行高炮、105 自行榴弹炮、155 野战加农炮、2.5 t 卡车等薄膜充气假目标及 Ml14 装甲输送车等可膨胀泡沫塑料假目标。海湾战争中伊拉克使用胶合板、铝皮、塑料等就便材料制作的假目标,大量地消耗了多国部队的精确制导武器,并保存了自身的军事实力,显示了假目标在现代战争中的重要地位和作用。此外,为对抗红外前视系统和红外成像制导系统的威胁,国外正加紧研制为目标设计的专用热模拟器,如美国研制的"吉普车热红外模拟器"、"热红外假目标"等多种热目标模拟器。未来光电假目标的发展重点是如下:

(1)进一步改进完善形体假目标,增加制式假目标的种类,并配装模拟目标热特征的热源及角反射体、无线电回答器等装置,使其具有光学、红外及雷达等多波段欺骗性能;重视就便式假目标在未来战争中的作用。

(2)加速发展热红外模拟器的研制,使其能对真目标的热图像进行"全周日"的逼真模拟。

(3)由于新型干扰物的不断涌现,以及干扰机理的不同,需要对干扰物的投放技术及各种假目标的布设技术进行研究,以有效地分配干扰资源。针对毫米波制导系统的特点,要从投放速度、散开时间、投放布放方位、条件等因素综合考虑,优化设计,最大程度地发挥干扰效能。

7.4.4 激光欺骗性干扰

以激光技术为代表的高技术兵器在战场上的广泛应用是现代战争的重要标志。随着激光技术的发展,大量激光装置被应用到军事领域,作为武器辅助手段甚至作为直接攻击手段在现代战争中大出风头。战场上日趋严重的激光威胁,强烈刺激了激光对抗技术的发展。激光欺骗干扰是用于对抗激光制导武器较为常用和有效的方式之一。

激光欺骗干扰设备能有效对抗激光测距机、激光制导武器等激光威胁源,确保军事平台的安全,所以是各国开发的热点。激光欺骗性干扰分为无源欺骗干扰和有源欺骗干扰[65]。本章介绍无源欺骗干扰,有源欺骗干扰将在第 8 章中介绍。

激光欺骗干扰技术包括激光距离欺骗干扰、角度欺骗干扰和激光近炸引信干扰技术。根据欺骗干扰形式的不同，激光测距欺骗干扰技术可分为产生测距正偏差和产生测距负偏差两类。但是，无源欺骗干扰只能提供测距正偏差干扰[66]。

1. 激光测距的无源距离欺骗干扰技术

产生测距正偏差可分为无源型和有源型两种。无源型采用光纤二次延迟技术，即在平台受到敌方激光测距信号照射后，由光纤经极短的二次延迟后原路反射回去。同时，对所保护的目标（如坦克）采用喷涂隐身涂料等激光隐身技术，使激光回波极小。这样，在敌方测距机设定的距离选通范围内探测到的只是产生测距正偏差的干扰信号，造成敌方错误判断，从而成功地进行激光干扰。

德国研制的一种干扰设备[67]（如图 7.9 所示），在平台四周均匀分布许多会聚透镜，每个会聚透镜的焦平面与一根光纤相耦合，光纤的另一端通过光学耦合元件，与延迟光纤相连。在延迟光纤的尾端设有反射镜。这样一来，在任一方向入射的激光信号都会被一个透镜所接收，并由延迟光纤两次延迟，按原路反射回去，产生一个正偏差（远距离）的错误测距脉冲。由于这个欺骗干扰脉冲的作用，原来介于测距机与平台之间的真实距离被掩盖，敌方所得到的是一个正偏差的虚假测距数据，从而造成判断失误，丧失战机。延迟时间是由延迟光纤的长度所决定的，其长度选择应使反射回去的激光干扰脉冲能落入测距机所设定的距离选通范围之内。

图 7.10 所示是这种光纤二次延迟干扰装置的俯视图。图中的阴影部分表示会聚透镜各自的光轴干扰区域。由于许多会聚透镜均匀地分布在平台的四周，所以这种干扰装置能对任一方向激光测距信号进行对抗。这种干扰方法不需要激光器，能自动产生正偏差测距干扰脉冲，结构简单、成本低，可方便地安装在各种需要保护的平台上。

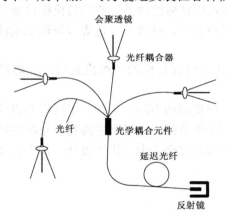 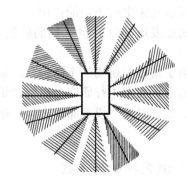

图 7.9 光纤二次延迟干扰装置　　图 7.10 光纤二次延迟干扰装置俯视图

2. 漫反射假目标

据报道，在海湾战争中，伊拉克已经使用了漫反射假目标。战争的实践证明，凡具有多波段漫反射特性的假目标全被攻击命中，具有一般漫反射特性的假目标被击中 95%。战后总结发现，具有多波段漫反射特性的假目标比伪装后的真目标还容易被敌方导弹寻的器锁定，即出现平常所笑谈的情况——假的比真的还"真"。

美国用 F4 材料制作了大量多波段漫反射靶标和假目标，其有效波段包括：0.38 μm，

0.53 μm，1.06 μm，1.54 μm，3.8 μm，10.6 μm，1~3 μm，3~5 μm，8~14 μm。他们曾在白沙靶场对多波段漫反射假目标做过多次试验。1999年的打靶试验选用了8种激光波长和4种靶标，试验结果如表7-3所示。其中，4种靶标为真目标、多波段漫反射假目标、一般假目标、地形/地物目标，8种激光波长如下：

- 高精度测距用的氮分子激光，波长λ=0.38 μm；
- 测距、探潜、致盲用Nd:YAG倍频光，λ=0.53 μm；
- 驾束制导和测距用GaAs半导体激光，λ=0.84 μm；
- 目标指示、测距、致盲用Nd:YAG激光，λ=1.06 μm；
- 侦察、测距用Nd:YAG拉曼移频激光，λ=1.54 μm；
- 测距、侦察用Ho:YLF激光，λ=2.06 μm；
- 致盲用DF激光，λ=3.80 μm；
- 测距、制导、致盲、目标指示用CO_2激光，λ=10.6 μm。

表7-3 美国1999年的打靶试验结果

发射次数	击中次数			
	真目标	多波段漫反射假目标	一般假目标	地形/地物目标
10	2	8	0	0
50	11	38	1	0
100	28	70	2	0

7.5 其他无源光电对抗措施

7.5.1 红外动态变形伪装[68]

传统的红外防护措施，如红外迷彩服、红外隐身、红外遮障和红外伪装网技术，大都是非动态的，当环境温度变化时，由于目标和伪装二者的红外辐射率随温度的变化未必一致，伪装后的目标和背景的差异可能会随着温度的变化而变得非常明显。目标与背景的融合，早期是通过红外伪装网或者喷涂红外伪装涂料来实现的，这种方法有局限性[69]。对于各种地面固定的常备目标（如指挥、通信中心、导弹发射井等），其伪装一旦被揭露，则伪装器材本身成为新的打击目标，不具备对抗成像制导打击的能力。另外，对于机动的军事目标，如导弹发射车、坦克等，其背景红外辐射是不断变化的。传统的伪装材料由于红外发射率固定，在背景辐射不断变化的条件下很容易被敌方探测，而且很难摆脱跟踪。

动态变形伪装是传统伪装技术的延伸和发展，动态变形伪装系统可以根据被保护目标周围的红外辐射特征，动态改变目标的红外辐射特征。从一种伪装状态迅速变化到另外一种伪装状态时，各种伪装状态下的图像特征相关性很弱，可使敌方光学侦察和跟踪、制导系统难以掌握目标真实的红外特征，无法完成对目标的侦察与打击，从而提高各类目标的战场生存能力[42]。因此，动态变形伪装可作为重要军事经济目标防精确制导武器打击系统中的重要防护环节，配合其他的主动或被动防护措施，提高目标对付红外成像侦察和防成像制导武器打击的能力。

1. 红外动态变形伪装对抗的基本系统结构

红外动态变形伪装系统的结构如图 7.11 所示[68]。该系统的关键部件是电致变温器件、电致变发射率器件和用于产生辐射控制信号的中心计算机。多个电致变温器件、电致变发射率器件组成平面密集阵,在辐射控制计算机的指挥下独立改变温度、发射率,系统整体上就能实现红外动态变形效果。

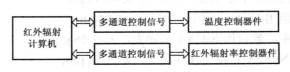

图 7.11 红外动态变形伪装系统的结构

2. 电致变温器件

就现有温度控制技术而言,主要有压缩机制冷技术和半导体制冷技术。压缩制冷技术是机械式的,体积大,要求功率大,制冷制热的速度慢,不宜在该系统上实施。而半导体制冷器件体积小,易控制,可制冷制热。系统的电致变温器件采用半导体制冷技术。

半导体温度控制器件的控制信号是直流电流,通过改变直流电流的极性来决定在同一制冷器上实现制冷或加热。图 7.12 所示是单片的半导体制冷器件,由两片陶瓷片组成,中间有 N 型和 P 型的半导体材料(碲化铋),这个半导体元件在电路上用串联形式联结组成。

半导体制冷器的工作原理是:当一块 N 型半导体材料和一块 P 型半导体材料联结成电偶对时,在这个电路中接通直流电流后,就能产生能量的转移,电流由 N 型元件流向 P 型元件的接头吸收热量,成为冷端;由 P 型元件流向 N 型元件的接头释放热量,成为热端。吸热和放热的大小是通过电流的大小以及半导体材料 N 型、P 型的元件对数决定的。

3. 红外电致变发射率器件

红外电致变发射率器件的主体结构是一种多层复合薄膜,其结构如图 7.13 所示。基体上由 5 层薄膜构成,其中电致变发射率层起着决定作用。对于特定材料的薄膜,在外加电场的作用下,阳离子(如 H^+、Li^+、Na^+、K^+ 等)和电子(e^-)成对地注入到膜层中,或者从膜层中成对地被抽取出来,薄膜会发生电化学反应,从而引起薄膜物理化学性质的改变,宏观上的表现之一就是红外发射率的改变。在图 7.13 中,对电极薄膜存储着电致变发射率层电化学反应所需阳离子,离子导体为这些离子进出电致变发射率层提供传输通道。当对透明导电层施加电压时,两个导电层之间建立了电场。对电极中的离子在电场作用下,进出电致变发射率层,同时电子也相应进出电致变发射率层和对电极层,保持各层的电中性。

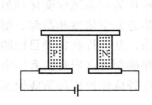
图 7.12 单片半导体制冷器件

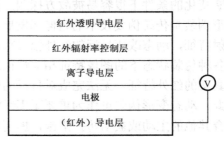
图 7.13 红外电致变发射率器件结构

对于电致变发射率器件的制备，电致变发射率层薄膜材料的选取和制备是关键问题之一。图 7.14 所示为单晶态氧化钨薄膜在质子（H+）注入和抽取状态下的光学常数。在 3～5 μm 和 8～14 μm 两个波段，其消光系数和折射率均有较大的可调范围。因此，选取单晶态氧化钨薄膜作为电致变发射率层的材料。

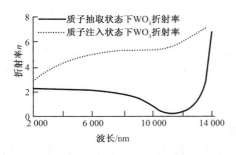
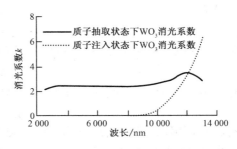

图 7.14 单晶态氧化钨薄膜在质子（H+）注入和抽取状态下的光学常数

红外电致变发射率器件研制的另一个难点是复合薄膜最上面一层的透明导电薄膜。目前，红外波段的透明导电薄膜没有现成的技术和产品，是课题后续研究的重点。因此，采用金属薄膜栅格（如图 7.15 所示）作为红外透明导电薄膜的替代品[70]。一方面，栅格采用金属材料，电导率高，能够为器件提供所需的电势和电场；另一方面，栅格结构保证大部分电致变发射率薄膜暴露在外面，不至于遮挡电致变发射率层的变发射率现象。

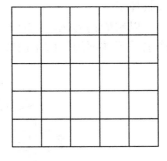

图 7.15 金属薄膜栅格

4．系统工作原理

系统工作时，首先由辐射控制计算机通过所有控制单元，向所有电致变温器件和所有电致变发射率器件分别发出一个最低温度和最小发射率产生信号，系统在最小红外辐射条件下开始工作，计算并存储此时系统的红外辐射亮度分布 $S(u, v)$，作为系统的红外热图像。此后，辐射控制计算机按照一定的算法搜索计算出与系统当前图像 $S(u, v)$ 相关度小于红外成像导弹探测极限的红外辐射亮度分布 $T(u, v)$，并以合适的时间步长按照 $T(u, v)$ 的要求向红外动态变形伪装系统的多路控制单元发出多路控制信号，控制电致变温、电致变发射率器件的温度和发射率，使得系统的红外辐射亮度分布变为 $T(u, v)$。将 $T(u, v)$ 作为系统新的红外热图像，再重复上述计算和控制过程。这样系统就可以动态地改变热图像，达到干扰敌方红外导弹成像跟踪的目的。

7.5.2 光谱变换[13]

任何一种物体在平衡温度下，都会辐射出该物体的特征光谱，如果通过采用一定的技术如在钢板上涂一层漆，使它的辐射光谱不是钢板的辐射光谱，而是表面漆的特征光谱，这种技术称为光谱转换技术。

为了对抗红外制导导弹，在较热部位上，涂覆一层几十微米厚的材料，这种材料在 3～5 μm 和 8～14 μm 波段上的辐射率很低而在其他波段上辐射率很高，这样使导弹工作波段上的辐射大大降低，而大量"热"从导弹不敏感波段上辐射出去，达到对抗红外制导导弹

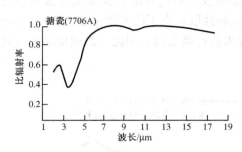

图 7.16 搪瓷（7706A）光谱辐射率曲线

的目的。

例如，机动军事平台的发动机罩或喷管外壳，温度往往在 4 000～7 000 ℃ 之间，红外辐射主要在 4～5 μm 波段上，红外点源制导导弹绝大多数工作在这一波段上。如果采用图 7.16 所示的搪瓷材料，它在 4～5 μm 波段的辐射率小于 0.5，在大于 5 μm 波段的辐射率大于 0.95，把大量的热从导弹不敏感波段辐射出去。对 4～5 μm 波段而言，它是光谱上的转换，大大降低了导弹敏感的 4～5 μm 波段辐射，达到对抗导弹的目的。

也有材料可用以实现光谱下转换，如碳酸钙，它在 8～12 μm 波段上平均辐射率小于 0.1，6～8 μm 波段上平均辐射率要大得多，在小于 6 μm 波段的辐射率约为 0.05，说明该材料主要通过 6～8 μm 波段辐射能量，而该波段正是大气不透明窗口，它辐射出再强的能量也被大气吸收掉了。

以碳酸钙为例，它的光谱吸收率曲线如图 7.17 所示。根据吸收率等于辐射率定律，该曲线也是碳酸钙的辐射率曲线。

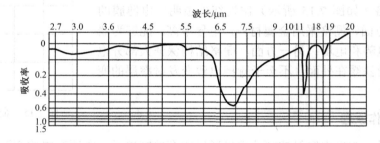

图 7.17 碳酸钙光谱吸收率曲线

选取光谱转换材料，有以下几个主要指标：
(1) 与对抗的波段相匹配；
(2) 波段辐射率差异越大越好；
(3) 材料的辐射率随温度变化而变化，要注意原辐射体工作温度下的辐射率曲线；
(4) 材料强度应符合使用要求；
(5) 材料的附着力要强；
(6) 效费比尽量高。

7.5.3 环境自适应伪装

环境自适应伪装可分为三个层次：外形调整、视觉隐身、多光谱或多模自适应。

所谓外形自适应调整，是指在信息化战争条件下，基于对周围地貌环境特征进行分析研究的基础上，对伪装支撑装置进行结构优化设计，并精确设定伪装区域外形，保证伪装变化后的地貌与周围地貌实现融合，且伪装外形能够根据地貌环境的不同进行适当的自动调整，以提高兵器装备的伪装效果。

文献[71]针对军事伪装领域中自适应变色伪装的迫切需求，研究了自然界变色生物变色龙的变色机理，并以加法混色及减法混色原理为基础，采用色点随机排列模拟、透明涂色玻片重叠法模拟以及计算机模拟细胞扩张的方法，对变色龙的皮肤表层结构及变色过程进行了模拟研究，模拟出了战场需要的森林草绿色、沙漠色和泥土的颜色，验证了变色龙的皮肤表层色素细胞的混色机理及其在军事伪装应用的可行性，对后续仿生工作提供了理论依据。具体可以通过热致色变、光致色变材料实现[72]。

多模成像化诱饵自适应技术的难点在于是否能对热成像装置以及毫米波探测器实施有效的欺骗。因为热成像能够通过红外探测手段较为准确地探知目标的热辐射特性和光谱特性；毫米波雷达也可进行图形分辨，迅速地与存储在记忆中的图片进行比较，给欺骗造成很大困难。关键技术在于：

（1）气囊形成的假目标与真实物体有一致的红外辐射和光谱特性，能与环境快速自适应成型并保持一定的时间。

（2）根据环境的变化而改变自身毫米波辐射特性的技术。这种技术可由以下几个技术途径实现：一是改变发射率涂层，根据目标所处的具体环境，目标涂层的发射率可以在一定程度上改变，有效缩短毫米波系统的探测距离；二是采用自适应伪装系统，如智能伪装网等[73]。

7.5.4 广谱自适应隐身

复合隐身是隐身技术中的一大热点和难点，因为现代战场上探测和制导手段具有多样化。一方面，多模制导和复合制导技术迅速发展，多模复合制导已成为目前制导技术抗干扰的重要手段之一[74]；另一方面，即使对付单一的探测或制导手段，由于对敌方探测手段的不可预知性，也要求自身具有多方面的隐身功能，即复合隐身功能。所以，复合隐身是隐身技术发展的趋势[47]。

目前，国外可见光、近红外伪装迷彩服用材料研究及应用技术较为成熟。因此热红外伪装服已发展成为单兵隐身的研究热点。而实现热红外隐身的技术途径有两种：一是控制表面发射率；二是控制表面温度。从目前国内外的文献来看，研究的重点为涂料型隐身材料。

文献[75]针对目前高科技作战中单兵行动的隐蔽性问题，结合人体红外辐射特征，制备了一种新型可见光/热红外兼容伪装复合材料，同时对材料的伪装效果、热发射率、热辐射性能、隔热性能以及表面形貌等进行了初步测试，结果表明：材料的有关性能均符合可见光与热红外伪装的要求，可用作单兵伪装织物面料，同时对多波段兼容伪装复合材料的研究有着一定的指导意义。

对于毫米波/红外成像复合制导来说，要实现从红外到毫米波段的电磁频谱全波段遮蔽[76]，应使用多种复合干扰技术，在选取材料时，应考虑材料对红外和毫米波都有一定的衰减，如对红外处于Mie氏散射的粒子，对毫米波则是瑞利散射。该材料可以具有良好的红外活性，同时又是对毫米波散射特性的良导体。为了实现遮障现代化，美国已经研制出防红外防毫米波战场烟幕，这种烟幕人眼看不见，但对热像仪观察却有效，可遮挡红外传感器的探测。德国研制的"NG"烟幕弹1997年进行了外场试验，它是一种以石墨为主要原料的烟幕弹，可用于干扰可见光、红外和毫米波各种频谱。

7.5.5 毫米波无源干扰技术

毫米波无源干扰技术是随着毫米波制导武器的产生而产生的，必将随着毫米波制导技术的发展而发展。经过几十年的发展，特别是近几年毫米波器件的突破，使毫米波制导技术更趋于完善，这要求毫米波无源干扰技术必须适应这种趋势，才能在未来战争中立于不败之地。目前，毫米波制导武器的发展有如下特点：①工作频率从 Ka 波段向 w 波段发展；②从单纯的窗口频率向非窗口频率发展，因为一些末敏弹的子弹作用距离只有几百米，在这样短的距离时，大气衰减影响已很小；③从单一模式向复合模式发展，形成毫米波主动/被动、毫米波/红外、微波/毫米波、激光/毫米波、毫米波不同波段复合等多种形式并存的局面。

为适应毫米波制导技术的发展，毫米波无源干扰技术应用的开展研究趋势如下[74]：

（1）新的干扰机理。传统的质心式干扰方式已不适应对毫米波末制导雷达的干扰，为适应毫米波末制导引头波束窄、作用距离近的特点，应使用冲淡式干扰或遮蔽式干扰。

（2）毫米波干扰物。传统的箔条要适应毫米波段的干扰，也面临着一系列难题。如要达到一定的雷达反射截面，要增加装填量，从而带来体积上的增加，散开的困难，等等。所以要从箔条的涂层厚度、箔条自身的直径、剪切精度等方面进行研究。在新型干扰物方面，应开展对面散射体、体目标的研究。

（3）毫米波干扰物控制投放技术。由于新型干扰物的不断涌现，以及干扰机理的不同，需要对干扰物的投放技术及各种假目标的布设技术进行研究，以有效地分配干扰资源。

7.6 飞行器无源光电隐身

7.6.1 飞机隐身[77]

飞机的光电隐身是减小飞机的各种被探测光电特征，使敌方探测设备难以发现或使其探测能力降低的综合技术。光电隐身技术具体可分为可见光隐身技术、红外隐身技术和激光隐身技术三大类。可见光隐身就是要消除或减小飞机与背景之间在可见光波段的亮度与色度差别。红外隐身就是利用屏蔽、低发射率涂料、热抑制等措施，降低飞机的红外辐射强度与特性。激光隐身就是消除或削弱飞机表面反射激光的能力。图 7.18 所示为美军 B2 隐身轰炸机。

1. 可见光隐身

可见光探测、跟踪、瞄准设备是利用飞机反射的可见光进行侦察，通过飞机与背景间的亮度对比来识别目标。

可见光的探测精度高于红外探测系统，且通常都有成像能力，所以可见光隐身要比红外隐身复杂，难度也更大。飞机的可见光隐身措施主要有：

（1）改变飞机外形的光反射特征。例如，飞机和直升机的座舱罩设计成多面体，用小水平面的多星散射取代大曲面反射，从而将太阳光向四周散射开去。

（2）控制飞机的亮度和色度。例如，在飞机表面涂覆迷彩涂料，目前已为飞机研制和采用了数十种涂料。正在研制的一种涂料能随环境亮度变化而改变自身亮度与色度，以保证飞机与背景随时处于一致状态，如图 7.19 所示。

（3）控制飞机发动机喷口和烟迹信号。例如，采用不对称喷口降低喷焰温度，从而降低喷焰光强；采用转向喷口或进行遮挡，以使飞机在探测方向上减小发光暴露区；改进燃烧室设计，使燃料充分燃烧；飞机战术运用上不进入拉烟层等。

（4）控制飞机照明和信标灯光。例如，对飞机照明和信标灯光进行管制，对必要的灯光在一定范围进行遮挡。

图 7.18　美军 B2 隐身轰炸机

图 7.19　一幅可见光隐身图片

（5）控制飞机运动构件的闪光信号。试验表明，飞机二叶旋桨的闪烁信号要高于四叶或多叶旋桨；高于 16 Hz 的旋桨频率可避免桨叶的明显闪光信号。

意大利 Agusta 公司制造的 A-129 武装直升机所采用的可见光隐身技术，很有代表性：
- 采取细、长、窄的机身结构布局，使直升机正面与底部的特征面积缩小；
- 采用低反光桨叶和低反光玻璃；
- 旋翼的桨叶数目与转速的大小相匹配，使转动的旋翼对光的反射效应最小；
- 机身上涂有暗绿色涂层，座舱挡风玻璃改为平面形，以减少太阳光的反射作用；
- 发动机排气采用内、外涵道设计，使得在夜间也难看到排气口处的火焰。

2. 红外隐身

飞机的热辐射，主要产生于发动机、发动机喷口、排气气流和机身加热等。

红外隐身技术就是降低或改变飞机的红外辐射特征，从而实现飞机的低可探测性。目标的红外隐身应包括三方面内容：一是改变目标的红外辐射特性，即改变目标表面各处的辐射率分布；二是降低目标的红外辐射强度，即通常所说的热抑制技术；三是调节红外辐射的传播途径（包括光谱转换技术）。

1）改变飞机红外辐射特性技术

（1）改变红外辐射波段：使飞机的红外辐射波段处于红外探测器的响应波段之外；或者使飞机的红外辐射避开大气窗口而在大气层中被吸收和散射掉，具体技术手段可采用可变红外辐射波长的异型喷管，或者在燃料中加入特殊的添加剂来改变红外辐射波长。

（2）调节红外辐射的传输过程。通常采用在结构上改变红外辐射的辐射方向技术。对于直升机来说，由于发动机排气并不产生推力，故其排气方向可任意改变，从而能有效抑制红外威胁方向的红外辐射特征。对于高超声速飞机来说，机体与大气摩擦生热是主要问题之一，可采用冷却的方法，吸收飞机下表面热，再使热向上辐射。

（3）模拟背景的红外辐射特征技术。模拟背景红外辐射特征是通过改变飞机的红外辐射分布状态，使飞机与背景的红外辐射分布状态相协调，从而使飞机的红外图像成为整个背景红外辐射图像的部分。

（4）红外辐射变形技术。红外辐射变形技术就是通过改变飞机各部分红外辐射的相对值和相对位置，来改变飞机易被红外成像系统所识别的特定红外图像特征，从而使敌方难以识别。目前主要采用的是涂料。

2）降低飞机红外辐射强度技术

降低飞机红外辐射强度也就是降低飞机与背景的热对比度，使敌方红外探测器接收不到足够的能量，减小飞机被发现识别和跟踪的概率。它主要是通过降低辐射体的温度和采用有效的涂料来降低飞机的辐射功率。其原理主要包括减热、隔热、吸热、散热和降热，等等。主要可采用以下技术手段。

（1）改进飞机发动机喷口的结构和形状。例如，将飞机发动机喷口改为二元喷管。对涡扇发动机，可使主气流与旁通气流有效地加以混合；对其他类型发动机，则利用外界空气在主排气周围提供一个冷的屏蔽。将喷口构造成椭圆形或矩形，增加排气流的截面积或周界，可滤掉90%的红外辐射，这相当于使对方红外探测器距离缩短30%～45%，同时，可使目标受对方红外探测器跟踪的角度范围大大缩小；在燃料中加入添加剂，以抑制和改变喷焰的红外辐射频带，使之处于导弹工作波段之外。如国外采用的一种特殊燃料，使飞机尾焰辐射移到$5\sim 8\ \mu m$的大气强损耗波段。

（2）减小发动机的红外辐射强度和噪声强度。因为发动机排出的高热尾气具有非常明显的红外辐射特征，为了减弱红外辐射特征，可采用隔离、主动或被动冷却及采用特殊材料和吸收材料。对于反射、吸收或耗散红外辐射能量都能收到很好的效果。由于隐身飞机大多采用涡轮风扇发动机，它与涡轮喷气发动机相比，飞机的平均排气温度降低200℃～250℃，从而使飞机的红外隐身性能得到大大改善。所以，涡轮风扇发动机是隐身飞机优选的发动机。如美国B22隐身轰炸机采用50%～60%的降温隔热复合材料；F-117A则采用了超过30%的新型降温隔热复合材料。

（3）机身涂敷技术。按照作用原理，红外隐身材料可分为控制比辐射率和控制温度两类。

控制比辐射率的红外隐身材料主要有涂料和薄膜两类。涂料一般采用具有较低发射率的涂料，以降低飞机的红外辐射能量，且涂料还应具有较低的太阳能吸收率和一定隔热能力，以避免飞机表面吸热升温，并防止飞机有过多热红外波段能量辐射出去。涂料通常由颜料和黏结剂配制而成。颜料有金属、半导体和着色颜料三种。其中，金属颜料对降低涂料的红外比辐射率效果最好；掺杂半导体作为颜料，可使涂料同时具有红外隐身和雷达隐身两种功能；着色颜料用来改善涂料的可见光隐身特性。黏结剂除要求高的技术性能外，主要应是红外透明的。辐射能量与比辐射率仅为一次方关系，而与绝对温度为四次方关系。红外隐身薄膜的优点是红外比辐射率低、厚度小、质量轻。一般采用真空镀膜方法，膜层厚度小于$1\ \mu m$，分为金属膜、半导体膜、电介质膜、金属多层膜、类金刚石膜五种。

控制温度的红外隐身材料包括隔热材料、吸热材料和高比辐射率聚合物。隔热材料用来阻隔装备发出的热量使之难于外传，从而降低装备的红外辐射强度，有微孔结构材料和多层结构材料两类。隔热材料可由泡沫塑料、粉末、镀金属塑料膜等组成。泡沫塑料能储存飞机发出的热量，镀金属塑料薄膜能有效地反射飞机发出的红外辐射。隔热材料的表面还可涂各种涂料以达到其他波段的隐身效果。吸热材料利用高焓值、高熔融热、高相变热储热材料的可逆过程，把热辐射源的温度–时间曲线拉平，有利于减少升温所引起的红外辐射增强。高比辐射率聚合物涂层施加在气动加热升温的飞行器表面上。这种涂层应当在气动加热达到的温度范围内具有高的比辐射率，使飞行器具有最大的辐射散热能力，使表面温度能迅速降下来，而在室温则具有低的比辐射率。

3. 激光隐身

目前用于激光测距和激光雷达的军用激光器多为 1.06 μm，而 10.6 μm 长波红外的 CO_2 激光器，将是未来军用激光器主要波长。激光隐身涂料主要对抗这两个波长，其原理是吸收或散射激光，降低飞机反射率，使入射的激光能量被吸收或散射到其他方向，而反射的激光能量很小，从而大大降低激光侦察和激光制导的作用距离。

激光隐身采用的方法大致与雷达隐身相同，对飞机的激光隐身技术主要有以下几种。

1）外形技术

（1）消除可产生角反射体效应的外形组合。如飞机的机翼、机尾和机身之间的结合都是能产生角反射体效应的部位，可采取翼身融合体结构，V 形尾翼或倾斜式双立尾结构等方法。

（2）变后向散射为非后向散射。采用倾斜式双立尾对付正侧向入射光，采用后掠翼和三角翼结构对付正前方入射光。

（3）用边缘衍射代替镜面反射。尽量造成镜面反射的部分平滑，使之形成边缘衍射而无强反射。

（4）用平板外形代替曲面外形。激光散射截面的大小与目标的几何面积直接有关。对两个投影面积相同的物体，平板的散射面积比球体要小四个数量级。因此可将飞机的机身、短舱等处向扁平方向压缩，或做成近似三角形的机身。

（5）减少散射源数量。可采用柔性薄膜将舱壳周围、浮动表面与固定表面之间的缝隙遮挡起来，利用某一部件遮挡另一部件，其目的仍是减少散射源。或者使飞机机翼尺寸尽量接近最低限度的气动布局。

（6）设计时尽量减小整个目标的外形尺寸。

上述措施可起到减小雷达散射截面与激光散射截面的双重作用。

2）吸收材料技术

激光隐身吸收材料是利用材料对于 10.6 μm 或 1.06 μm 波长红外辐射的选择性吸收来减弱反射特征信号强度。目前较为有希望的激光隐身材料是将半导体和电介质材料通过掺杂改变能带结构，造成新的电子跃迁，在特定波长上形成新的吸收峰。吸收材料一般只能对付单一或波段范围很窄的激光。

吸收材料的吸收能力取决于材料的磁导率和介电常数，吸收波长取决于材料厚度。吸收材料从工作机制上可分为两类，即谐振（干涉）型与非谐振型，谐振型材料中有吸收激光的物质，且其厚度为吸收波长的 1/4，使表层反射波与干涉相消。非谐振型材料是一种介电常数、磁导率随厚度变化的介质，最外层介质的磁导率接近于空气，最内层介质的磁导率接近于金属，由此使材料内部较少寄生反射。

吸收材料从使用方法上可分为涂料方法与结构型方法两大类。涂料可涂覆在飞机表面，但在高速气流下易脱落，且工作频带窄。结构型方法是将一些非金属基质材料制成蜂窝状、波纹状、层状、棱锥状或泡沫状等，然后涂吸收材料或将吸波纤维复合到这些结构中去。

3）激光隐身涂料

激光隐身涂料能够降低飞机表面的反射系数，减小装备的回波功率，它的优点主要有：
- 应用广，使用方便，经济；

- 可制成各种迷彩色，从而达到隐身的目的；
- 可涂在织物上，制成特殊的隐身罩等。

激光隐身涂料最主要的要求是在激光工作波长范围内的低反射率，另外还要求有良好的物理化学性能，如耐一定温度范围的温度变化，耐风雨侵蚀，耐剧烈震动和具有强烈的附着力等。

4）其他激光隐身技术

（1）采用光致变色材料。利用某些介质的化学特性，使入射激光穿透或反射后变为另一波长的激光。

（2）采用透射材料。透射材料能让光透射而无反射，但从原理上讲，透光材料应有一光束终止材料，否则仍会有反射或散射光存在。

（3）采用导光材料。使入射到飞机表面的激光能够通过某些渠道传输到另一些方面或方向上去，以减少直接反射回波。

（4）改变激光反射回波的偏振度。激光雷达为提高信噪比，在接收通路中一般设置有检偏器，即只允许与发射激光偏振方向相同的回波进入。因此，可设法在被探测飞机上，采取适当的外形措施，改变飞机反射光偏振方向，降低偏振度，从而达到减少飞机反射回波的目的。

（5）利用激光的散斑效应。激光是一种高度相干光，在激光成像侦察中，常常由于飞机散射光的相互干涉而在目标图像上产生一些亮暗相间随机分布光斑，致使图像分辨率降低。而从激光隐身考虑，可利用这一散斑效应，如在飞机的光滑表面涂覆无光泽涂层，或使光滑表面变粗糙，当其粗糙程度达到表面相邻点之间的起伏与入射激光波长可以比拟时，散斑效果最佳，从而能有效干扰激光成像侦察。

4．毫米波隐身

毫米波隐身主要有外形技术、涂料伪装技术等。

7.6.2 导弹隐身[63]

众所周知，导弹在现代战争中的地位和作用越来越重要，导弹具有飞行高度低、突防能力强、命中精度高、威力大等特点，但随着军事高技术的迅猛发展，世界各国防御体系的探测、跟踪、攻击能力越来越强，不仅给陆、海、空各种兵种和地面军事目标的生存能力带来了威胁，而且也给导弹的生存能力带来了严重的威胁。在立体化、多维化的现代战场上，如果不能有效地隐身自己，就可能出现先遭难的结局。隐身导弹将是未来导弹的一个发展方向，如何发展隐身导弹已成为各国军方高度重视的重大课题。

以美国为首的各军事强国都在积极研究以减小导弹的雷达散射截面（RCS）、降低导弹的红外辐射等为目标的导弹隐身技术，并取得了突破性进展，相继研制出了各种类型的隐身导弹（如 AGM-86B、AGM-109、AGM-129A 等巡航导弹）。

因此，导弹的隐身技术主要从三个方面考虑：一是避免对方雷达的有效探测；二是避免对方的红外探测设备的有效探测；三是避免导弹发射的电磁波被对方有效探测。

1. 导弹的外形隐身技术

在常规的隐身技术中，导弹外形隐身技术是迄今降低 RCS 和导弹的红外辐射从而降低被敌方雷达和红外探测器的发现概率的最为有效的方法之一。外形隐身技术发展十分迅速，应用十分广泛，目前已成为导弹隐身技术中最重要的技术途径。它的实质就是改进导弹的几何外形达到两个目的，一是将照射到导弹上的雷达波反射到其他方向，使其不能返回，从而使雷达接收机接收不到导弹反射的回波信号；二是遮蔽红外辐射或改变红外辐射方向，大大抑制其红外辐射程度。

1) 低 RCS 的外形隐身技术

众所周知，要使目标具有雷达隐身能力，就必须减弱雷达所接收的目标反射波的强度，即减小导弹的雷达散射截面积（RCS），外形隐身技术可以采取多种措施来合理设计导弹外形，以减小、控制或尽可能消除各种增大目标 RCS 的强反射效应，具体做法如下。

多面体头锥：隐身导弹的隐身特征主要集中在最可能被探测到的前部和上部，前部为多面体头锥或者尖点棱锥形。美国隐身巡航导弹 AGM-129 前部为多面体头锥，由 4 个共点的大后掠面组成；法国的 APTGD 导弹头部采用尖点棱锥形。由于雷达探测范围一般在导弹水平面上下 30°内，所以采用大后掠多面体能保证把大量的雷达辐射能量从前部和左部偏转到其他方向，而不是反射回到敌方雷达，从而避开了辐射源；而增大后掠将增加从前面扇形区偏离出去的辐射能量，降低了敌方雷达接收机的探测概率；尖点弹头可以减弱仰视和俯视雷达回波。

方截面弹体：隐身导弹通常采用方截面弹体的外形，例如美国的 AGM-129、法国的 AITGD 和英国的"风暴前兆"。平板在雷达照射下，具有曲面所没有的特性，即在平板的法向左右各偏 10°~15°的很窄范围内，有一很强的镜面后向散射的高峰，而在其余广阔的姿态角范围内，后向散射变得很弱，其 RCS 值只有高峰时的百分之几或千分之几。根据平板外形对雷达散射这一重要特性，只要用倾斜的平板组合，使其在重要的姿态角下避开平板的后向散射峰值，就可获得低的 RCS 外形，达到隐身的目的。

大后掠弹翼：根据外形隐身的机理，如果一个平面与雷达波束成 90°，它就会产生极大的 RCS，但当它倾斜偏离雷达波束 1°时，RCS 就会明显减小，如果偏斜 30°，反射率就减小到 1/1000（30 dB）。如果在同样的平面对角轴上偏斜雷达波束，也就是使这个平面既倾斜又后掠，那么其 RCS 就缩减得更多，以致偏离 8°就能减小 30 dB。这说明大后掠多面体具有极好的隐身效果。AGM-129 按照"气动–隐形–结构"设计一体化原则，采用全新的气动外形设计，选择了光滑大曲率半径流线型弹体和外表光滑尺寸较小的翼身融合体。导弹弹体下部扁平，侧面为圆形。这种形状可避免直角反射体引起的强散射，可消除常规导弹外形存在的弹身、弹翼、弹翼-平尾间的角反射体效应，因而可大幅度减小导弹的侧向散射强度，使弹体不会形成较集中的后向散射雷达信号。尾部三个控制面可折叠成埋入的低阻构形。AGM-129 的这种气动外形，是依靠弹身的升力效应来增加导弹升力，提高低空飞行能力的，前掠式弹翼和大的下垂尾舵面可使导弹具有更高的低空机动性和复杂地形的规避飞行能力。

2) 红外外形隐身技术

红外外形隐身技术是指通过目标的外形设计来遮蔽红外辐射或改变红外辐射方向，在采用低辐射发动机的同时，改变发动机及其喷管的外形结构，利用兼顾低辐射与动力要求的外形，来大大抑制其红外辐射程度[2, 4, 5]。它包括利用尾翼遮挡目标尾喷口，在尾喷口安装鱼鳞门与旁路散热器，在尾喷管的扩散段安装空气冷却导流板等措施。对于弹道导弹，在其再入大气层时，因剧烈气动加热、头部烧蚀及周围空气电离而形成的电离层尾迹能产生很强的电磁辐射，所以再入段气动加热是其红外隐身的重点。为减小辐射，美、俄等国都研制了采用添加易电离材料的推进剂的小型固体火箭发动机，通过控制推进剂配方，使发动机喷焰产生的电离尾迹的电磁辐射强度与真弹头的相近，以保护真弹头突防。另据报道，美国在核弹头上还采用了球形隐身罩和灰体涂层，使弹头在中段和再入段具有多种隐身功能。

2．导弹的材料隐身技术

导弹外形隐身技术通过改变导弹的 RCS 和红外辐射的空间分布，使之只能在重要的威胁方向达到隐身的目的。而导弹的材料隐身技术是指有效地吸收入射雷达波和有效地抑制导弹的红外辐射，从而使得总的回波强度显著降低和导弹辐射的红外线不能穿透，在所有方向上达到同时减小 RCS 和缩小导弹与背景的红外辐射差别，起到隐身的效果。

1）雷达吸波材料隐身技术

吸波材料隐身技术是雷达隐身的关键技术，也是实现导弹隐身的重要措施之一。所谓的吸波材料隐身技术是指雷达吸波涂料、吸波结构材料、透波材料等的应用技术。利用这些材料的特殊特性，可以将入射的电磁波能量转化为热能而耗损掉，以减小导弹某些关键部位的雷达回波强度，从而达到隐身的目的。

雷达吸波材料是对雷达波吸收能力很强的新型材料。它主要有两种：涂敷型雷达吸波材料和雷达吸波结构材料，其应用形式有：索尔慈波里屏蔽层、蜂窝和开放式网状结构、梯度多层吸波、达伦巴奇层、电路模拟吸波、乔曼希波和导电高分子吸波等。技术比较成熟的是涂敷型雷达吸波材料，它是一种涂在弹体表面的雷达吸波材料，可分为磁性吸波材料和介电吸波材料两类。

雷达透射材料是能够透过雷达波的一类材料。碳纤维玻璃钢就是一种良好的透波材料。透波材料主要用于制造导弹的某些结构简单、内部没有金属构件设备的组件或部件，以保证雷达波能从整个导弹上透射过去。

2）红外隐身涂料技术

红外隐身涂料具有很高的表面反射和体积反射，它能有效地抑制目标（如导弹的弹身）的红外辐射，使目标辐射的红外线不能穿透，从而有效地缩小目标与背景的红外辐射差别，实现目标红外隐身。

另外，每一种导弹在不同的状态下，都具有特定的红外辐射图像特征，特别是对于红外成像探测器，它主要是通过比对所探测目标的红外辐射图像特征来识别目标。因此改变目标的红外辐射图像特征就可以使敌方探测器难以识别。光谱转换技术就是使导弹辐射的红外峰值波长处于红外探测器的工作波段之外，减小导弹被发现的概率。但光谱转换技术还停留在理论研究阶段，技术并否完全成熟，有待进一步研究。

3．导弹的其他隐身技术

新一代的美国隐身导弹（如 AGM-129，AGM-109 等）均采用了涡扇发动机。此外还可通过在发动机附近用隔热材料（如钛）制造、在燃油中加入某些添加剂等途径来抑制发动机的红外辐射。在燃油中掺入添加剂，在喷焰中加入吸收剂和冷却剂，一方面改变红外辐射频段,另一方面通过尾气与大气的迅速混合及冷却剂的作用,达到快速降温而降低辐射强度的目的。采用波瓣混合喷管或二元喷管,可以降低排气温度,改善温度分布。

4. 导弹的电磁隐身技术

电磁隐身主要包括三个方面:一是抑制导弹内部电子元器件向外辐射电磁波的可能性;二是采用比较隐蔽的制导方式(如红外制导、被动雷达制导、电视制导等),尽量减小导弹的电磁波辐射能量;三是减少末制导雷达开机暴露的时间。

5. 新型隐身技术

(1)智能隐身技术。智能隐身技术是在功能材料(如纳米材料)技术和在使用电子技术的基础上发展起来的新型技术[6, 7]。它所采用的隐身材料是同时具有感知功能(信号感受功能或传感器功能)、信号处理功能(处理器功能)、对信号作出最佳响应的功能(动作器功能或执行功能)的材料。它具有自动适应环境变化的特点。

(2)多频谱隐身材料技术。迄今为止的隐身材料都是针对厘米波雷达(2~18 GHz)的,而先进的红外探测器、米波雷达、毫米波雷达等先进探测设备的问世,要求隐身材料在不久的将来发展成为能够兼容米波、厘米波、毫米波、红外、激光等多波段电磁隐身的多频谱隐身材料。

(3)离子体隐身。等离子体隐身就是在目标的周围形成一种特殊的等离子云团,对方探测雷达辐射的电磁波照射到等离子云团后主要产生吸收和绕射现象,这将极大减小反射的电磁波信号,使雷达难以发现隐蔽在等离子云团中的目标。

参 考 文 献

[1] 战场目标生存的"法宝":光电无源干扰(组图). http://mil.news.sina.com.cn/2005-07-20/0650307378.html.
[2] 时家明,王峰. 国外陆军光电对抗装备综述[J]. 现代军事, 2005(10): 40-42.
[3] 王英立. 烟幕全遮蔽能力的理论与实验研究[D]. 哈尔滨工业大学博士学位论文, 2008.
[4] 罗雄文. 烟幕干扰技术的现状与发展趋势[J]. 光电对抗与无源干扰, 2001(4): 15-19.
[5] 余勇. 现代战争中烟幕的应用及发展趋势[J]. 光电技术应用, 2003, 18(3): 29-31, 61.
[6] 付伟. 防空体系中的光电对抗技术[J]. 现代防御技术, 1999, 27(1): 10-16.
[7] 海面上的激光对抗. http://info.laser.hc360.com/2005/11/25090822856-2.shtml.
[8] 百度百科发烟剂. baike.baidu.com/view/1517041.htm.
[9] 潘功配,杨硕. 烟火学(第1版)[M]. 北京:北京理工大学出版社, 1997.
[10] 周遵宁. 燃烧型抗红外发烟剂配方设计及应用研究[D]. 南京理工大学博士学位论文, 2003.
[11] 沈涛,宋建社. 烟雾干扰的效果评价方法与测试研究[J]. 红外与毫米波学报, 2007(26): 157-160.
[12] 李云霞,蒙文,马丽华,等. 光电对抗原理与应用[M]. 西安:西安电子科技大学出版社, 2009.
[13] 王永仲. 现代军用光学技术[M]. 北京:科学出版社, 2003-01.
[14] 李素芳,陈宗璋,焦永昌,等. 可干扰可见光和红外及毫米波的复合烟幕材料[P]. 中国专利, 200710303449.
[15] 郑晨,侯文学. 水幕对红外、激光传输的影响[J]. 光电技术应用, 2007, 22(3): 24-26, 42.
[16] [美]理查特·丹尼斯. 气溶胶手册[M]. 北京:原子能出版社, 1988: 23-38.

[17] 王家寅, 吕相银. 水雾在舰艇防御光学制导导弹中的应用[J]. 舰船电子对抗, 2004, 27(2): 15-23.
[18] 韩海玉, 杨绍清. 红外隐身技术在水面舰艇防护中的应用[J]. 水雷战与舰船防护, 2007, 15(1): 24-27.
[19] 陈晔, 刘晋楠, 吴志飞. 水面舰艇的红外辐射及红外隐身技术分析[J]. 四川兵工学报, 2007(5): 23-25.
[20] 刘保华, 陈洁. 细水雾的灭火有效性分析[J]. 安防科技, 2006(12): 8-11.
[21] 潘功配, 朱长江, 王昭群. 红外（诱饵）/箔条干扰性能研究[J]. 南京理工大学学报, 1994(5): 12-16, 65.
[22] 张领军, 韩卫国, 刘摘, 等. 箔条云回波的功率损失率研究[J]. 西安电子科技大学学报, 2007, 34(5): 844-848.
[23] 曾勇虎, 张伟, 秦卫东, 等. 箔条云散射特性测量与分析[J]. 电光与控制, 2010, 17(1): 51-53.
[24] 崔凯, 鲍红权. 雷达无源干扰材料—箔条的现状与发展趋势[J]. 中国建材科技, 2004, 131(6): 23-26.
[25] 李敬. 箔条弹干扰原理与形成机理[J]. 舰船电子对抗, 2003, 26(3): 15-19.
[26] 谭宇. 箔条和箔片的发展、特性及其军用前景[J]. 航天电子对抗, 2000(1): 40-45.
[27] 赵恩起. 毫米波制导弹的箔条干扰技术[J]. 雷达与电子战, 2007(2): 56-61.
[28] 吴振森, 田金光, 杨瑞科. 激光在沙尘暴中的衰减特性研究[J]. 中国激光, 2004, 31(9): 1075-1080.
[29] 李曙光, 刘晓东, 侯蓝田. 沙尘暴对低层大气红外辐射的吸收和衰减[J]. 电波科学学报, 2003, 18(1): 43-47.
[30] 吴德怀. 宽范围 MIE 散射系数的快速算法研究[D]. 西安电子科技大学硕士研究生论文, 2009(3): 44-50.
[31] 李学彬, 徐青山, 魏合理, 等. 1 次沙尘暴天气的消光特性研究[J]. 激光技术, 2008, 32(6): 566-567, 575.
[32] 周兆先, 胡大璋. 战场沙尘环境中三毫米波通信的研究[J]. 电波科学学报, 1994, 9(4): 57-63.
[33] Holst G C. Electro-optical Imaging System Performance[M]. Jcd Publishing, 2008-12.
[34] 刘波. 光电隐身技术发展研究[J], 舰船电子对抗, 2002, 25(6): 44-47.
[35] 党芬, 王敏芳, 汪银辉. 武器装备中的红外隐身技术[J]. 红外技术, 2006(1)：50-53.
[36] 胡传斯. 隐身涂层技术[M]. 北京: 化学工业出版社, 2004.
[37] 朱长纯, 邓宁. 碳纳米管薄膜对电磁波吸收特性的研究[J]. 西安交通大学学报, 2000, 34(12): 19-23.
[38] 张辉. 红外迷彩伪装物研究与实践[D]. 东华大学硕士学位论文, 2006 年.
[39] 时家明, 王峰. 国外陆军光电对抗装备综述, http://51ar.net/magazine/html/322/322351.htm.
[40] 周梁, 田武. 隐身技术的发展趋势[J]. 中国科教创新导刊, 2001(2): 27-29.
[41] 隐身技术的发展趋势. http://military.china.com/xdjs/.
[42] 付伟. 红外隐身原理及其应用技术[J]. 红外与激光工程, 2002, 31 (1): 88-93.
[43] 谢国华. 红外隐身材料的现状与展望[J]. 宇航材料工艺, 2001(4): 5-9.
[44] 孙晓泉, 吕越广. 激光对抗原理与技术[M]. 北京：解放军出版社, 2000.
[45] 胡传炘. 隐身涂层技术[M]. 北京: 化学工业出版社, 2004.
[46] 张晶, 李会利, 张其土. 激光隐身技术的现状和发展趋势[J]. 材料导报, 2007, 21(Ⅷ): 316-318, 324.
[47] 王自荣, 余大斌, 孙晓泉, 等. 激光与红外复合隐身涂料初步研究[J]. 激光与红外, 2001(5).
[48] 付伟. 毫米波无源干扰技术的发展现状[J]. 火控雷达技术, 2001, 30(1): 22-25.
[49] 侯振宁. 毫米波无源干扰技术发展综述[J]. 情报指挥控制系统与仿真技术, 2003(3): 34-36.
[50] 时翔, 娄国伟, 李兴国. 地面目标辐射截面的建模与分析[J]. 科学通报, 2007, 52(18): 2206-2210.
[51] 路远, 凌永顺, 时家明. 毫米波无源干扰研究[J]. 光电对抗与无源干扰, 2002(3): 13-16.
[52] 现代的隐身技术. http://bbs.chinaunix.net/thread-1845500-1-1.html.
[53] 陈怀杰. 溶胶—凝胶法制备纳米氧化锌粉体及纳米氧化锌粉体的表征[D]. 重庆大学硕士学位论文, 2006.

[54] 供应伪装网. http://china.makepolo.com/product-detail/100022649393.html.
[55] 唐正府, 张靖周. 利用喷管引射和旋翼下洗的红外抑制器特性研究[J]. 南京航空航天大学学报, 2007, 39(3): 288-292.
[56] 王建, 张迪超, 蒲元远, 等. 舰艇的红外隐身技术[J]. 舰船电子工程, 2008, 28(3): 37-40.
[57] 李立国, 张靖周. 航空用引射混合器[M]. 北京：国防工业出版社，2007.
[58] 李弥异, 王利生. 武器装备排气系统红外抑制器技术综述[J]. 现代防御技术, 2003, 31(5): 51-55.
[59] Petrin A B. Transmission of microwaves through magneto active plasma [J]. IEEE transactions on Plasma Science, 2001, 29(1): 471-478.
[60] 詹康生，胡萍，刘少斌. 自由电子密度对等离子体的影响[J]. 石河子大学学报（自然科学版），2005, 33(4): 405-408.
[61] 袁敬闳, 莫怀德. 等离子体中的波[M]. 成都：电子科技大学出版社，1990.
[62] 夏新仁, 邓发升. 等离子体隐身技术的特点及应用[J]. 雷达与对抗, 2002(1): 17-21.
[63] 夏新仁, 冯金平. 导弹隐身技术的现在与将来[J]. 电子对抗, 2007(4): 43-49.
[64] 战场目标生存的"法宝"：光电无源干扰. http://www.cma-lpinfo.gov.cn/servlet/News?Node=13676.
[65] 张继勇. 激光欺骗干扰技术研究//全国光电技术学术交流会论文集，2002年9月.
[66] 牛燕雄. 激光制导武器的对抗系统研究. 激光技术，1998年2月.
[67] Wilmot D W, et al. The Infrared and Electro-Optical Systems Handbook [M]. USA, 1993(7).
[68] 乔亚. 红外动态变形伪装技术研究[J]. 红外与激光工程, 2006, 35(2): 204-207.
[69] 赵霜, 方有培. 红外成像制导及其干扰技术[J]. 红外与激光工程. 2006, 35(z1): 197-201.
[70] Halt J S, Woollom J A. Prospects for IR emissivity control using electrochromic structures[J]. Thin Solid Films,1999, 339(1): 174-180.
[71] 田甜. 生物变色机制及仿生薄膜研究[C]. 国防科学技术大学，2006.
[72] 杨丽, 乔亚. 光学动态伪装技术研究[J]. 红外, 2006(11).
[73] 路远, 凌永顺, 时家明. 毫米波无源干扰研究[J]. 光电对抗与无源干扰，2002(3).
[74] 豆正伟, 李晓霞, 樊祥. 抗红外/毫米波复合制导的无源干扰技术发展现状[J]. 红外技术, 2009, 31(3).
[75] 吴春, 刘祥萱, 吴友朋. 可见光/热红外伪装复合材料的制备与性能研究[J]. 红外技术, 2009, 31(10).
[76] 方有培, 汪立萍. 红外成像制导武器现状及其对抗[J]. 航天电子对抗. 2004(2).
[77] 付伟. 飞机的光电隐身技术[J]. 航空兵器, 2001(4): 9-13.

第8章 光电有源干扰技术

光电有源干扰技术是光电对抗的重要组成部分，又称为光电主动干扰，它采用发射或转发光电干扰信号的方法，对敌方光电设备实施压制或欺骗。光电有源干扰可以分为可见光有源干扰、红外有源干扰、紫外有源干扰、毫米波有源干扰、激光有源干扰、GPS有源干扰等。对可见光的干扰，除了前一章讲过的烟雾弹，还可采用眩光弹；红外有源干扰则包括红外干扰弹、红外有源干扰机；毫米波有源干扰、GPS有源干扰则有相应的干扰机；激光有源干扰分为激光欺骗干扰和强激光干扰等技术。

8.1 红外干扰弹

红外干扰弹又称为红外诱饵弹或红外曳光弹。1973年，在越南战场上，美军为了对付 SA-7 型单兵肩扛式地空红外制导导弹，在战机上装备了红外干扰弹，起到了立竿见影的效果：几十美元的红外诱饵弹，往往能使几万、十几万美元的红外点源制导导弹失效。从此，展开了红外制导与红外干扰之间的对抗与反对抗。红外干扰弹是目前应用最广泛的红外干扰器材之一。

8.1.1 红外干扰弹的分类和组成

红外干扰弹按其装备的作战平台可分为机载红外干扰弹和舰载红外干扰弹。按功能来分，又可分为普通红外干扰弹、气动红外干扰弹、微波和红外复合干扰弹、可燃箔条弹、无可见光红外干扰弹、红外和紫外双色干扰弹、快速充气的红外干扰气囊等具有特定或针对性干扰功能的红外干扰弹，等等。

红外干扰弹由弹壳、抛射管、活塞、药柱、安全点火装置和端盖等零部件组成[1]。弹壳起到发射管的作用并在发射前对红外干扰弹提供环境保护。抛射管内装有火药，由电点火起爆，产生燃气压力以抛射红外诱饵。活塞用来密封火药气体，防止药柱被过早点燃。安全点火装置用于适时点燃药柱，并保证在膛内不被点燃。

8.1.2 红外干扰弹的干扰原理

红外干扰弹是一种具有一定辐射能量和红外光谱特性的干扰器材，用来欺骗或诱惑敌方的红外侦测系统或红外制导系统。投放后的红外干扰弹可使红外制导武器在锁定目标之前锁定红外干扰弹，致使其制导系统跟踪精度下降或被引离攻击目标。图 8.1 所示为 AH-64 阿帕奇攻击直升机高难度动作施放红外干扰弹的图片。

红外干扰弹被抛射后，点燃红外药柱，燃烧产生高温火焰，并在规定的光谱范围内产生强的红外辐射。普通红外干扰弹的药柱由镁粉、聚四氟乙烯树脂和黏合剂等组成，通过化学反应使化学能转变为辐射能，反应生成物主要有氟化镁、碳和氧化镁等，其燃烧反应温度高达 2 000～2 200 K。典型红外干扰弹配方的辐射波段为 1～5 μm，在真空中燃烧时产生的热量大约是 7 500 J/g。

红外诱饵弹大多数为投掷式燃烧型，燃烧时，能在红外寻的装置工作的 1～3 μm 和 3～5 μm 波段范围内产生强烈的红外辐射，其有效辐射强度比被保护目标的红外辐射至少大 2 倍[1]。由于大多数红外制导导弹采用点源探测、质心跟踪的制导体制，当在其导引头视场内出现多个红外目标时，它将跟踪这些目标的等效辐射中心（质心）。被保护目标（对应于光点 A）与红外诱饵（对应

图 8.1　AH-64 阿帕奇攻击直升机高难度动作施放红外干扰弹

的光点为 C 点）同时处在来袭导弹的红外导引头视场内，如图 8.2 所示，诱饵的有效红外辐射强度比被保护目标的红外辐射强得多，故等效辐射矩心 B 偏向诱饵一边，导弹的跟踪也偏向诱饵。随着诱饵与目标之间距离的逐渐增大，目标越来越处于导引头视场的边缘，直至脱离导引头视场，导弹则丢失目标转为只跟踪诱饵。

1. 采用"旭日升"调制盘的干扰机理

当导引头已经跟踪上目标时，对应于已被跟踪的飞机的光点 A，在调制盘上应为一个直流信号；假设视场里只有红外诱饵，对应的光点 C 在调制盘上是一个梯形

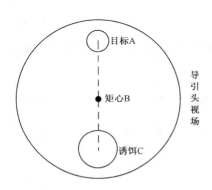

图 8.2　红外干扰弹干扰示意图[2]

波信号。由于导弹传感器只有一个，因此传感器的实际输出波形为两个辐射透过调制盘的能量总和。当 C 点进调制盘不透明区时，传感器的输出只有 A 点直流信号。当 C 点进入调制盘透明区时，传感器的输出在直流信号的基础上叠加梯形波信号。此时导弹要立即调整姿态，让系统回到"跟踪"状态，显然破坏了原来真正的跟踪状态。这样导弹就脱离了原来已跟踪飞机的方向，转而偏向红外诱饵一侧[2]。

在导弹导引头的视场里同时出现飞机和红外诱饵两个信号源时，探测器探测到的辐射变化函数可写为：

$$P_d(t) = Am_{rt}(t) + Bm_{rf}(t) \tag{8-1}$$

其中，

$$m_{rt}(t) = \frac{1}{2}[1 + \alpha m_t(t)\sin(\omega_c t)] \tag{8-2}$$

$$m_{rf}(t) = \frac{1}{2}[1 + \beta m_j(t)\sin(\omega_c t)] \tag{8-3}$$

式中，A 为目标在导弹响应波段内的辐射功率；B 为诱饵在导弹响应波段内的辐射功率；α 为对调制盘目标像点位置或（跟踪误差）范围的比率；β 为对调制盘诱饵像点位置或（跟踪误差）范围的比率；$m_t(t)$ 为目标选通函数；$m_j(t)$ 为诱饵选通函数；ω_c 为载波频率。

$m_t(t)$ 和 $m_j(t)$ 的傅里叶展开式为

$$m_t(t) = \frac{1}{2} + \frac{2}{\pi}\sum_{n=0}^{\infty}\sin[(2n+1)\omega_m t] \tag{8-4}$$

$$m_j(t) = \frac{1}{2} + \frac{2}{\pi}\sum_{n=0}^{\infty}\sin[(2n+1)\omega_m t + \phi_j] \tag{8-5}$$

其中，ϕ_j 是 $m_j(t)$ 相对于 $m_t(t)$ 的相位差。把式（8-2）、式（8-3）代入式（8-1）得

$$P_d(t) = \left[\frac{A}{2} + \frac{\alpha A}{2}m_t(t)\sin(\omega_c t)\right] + \left[\frac{B}{2} + \frac{\beta B}{2}m_j(t)\sin(\omega_c t)\right] \tag{8-6}$$

载频放大器为带通选频放大器，它的输出可近似地表示为

$$S_c(t) = \left[\frac{\alpha A}{2}m_t(t)\sin(\omega_c t)\right] + \left[\frac{\beta B}{2}m_j(t)\sin(\omega_c t)\right] \tag{8-7}$$

载频调制的包络为

$$S_c(t) = \frac{\alpha A}{2}m_t(t) + \frac{\beta B}{2}m_j(t) \tag{8-8}$$

包络信号由导引头中进动放大器作放大处理。信号包络以角频率 $\omega_m t$ 旋转，所以导引头驱动信号可表示为

$$P(t) = \left[\frac{\alpha A}{2}m_t(t)\sin(\omega_m t)\right] + \left[\frac{\beta B}{2}m_j(t)\sin(\omega_m t + \phi_j)\right] \tag{8-9}$$

如果在相位函数中取信号 $\sin(\omega_m t)$ 为参考信号，且水平方向上 $\phi_j = 0$，则在相位函数中得到探测器误差信号的输出功率相函数为

$$P(t) = \frac{\alpha A}{2} + \frac{\beta B}{2}\exp(\phi_j) \tag{8-10}$$

式（8-10）表明，当视场里有红外诱饵时，中心不再是平衡点，导弹不再跟踪目标，跟踪误差变化取决于目标在导弹响应波段内的辐射功率 A 与诱饵在导弹响应波段内的辐射功率 B 的比值以及红外诱饵与目标的相位差 ϕ_j。由于红外诱饵不断地远离目标，该误差变化率也变得越来越大。

2. 采用圆锥扫描调制盘的干扰机理

对幅度为 A 的辐射信号，通过调制盘调制输出的大小记为 $Am(t)$，这里

$$m(t) = \sum_{n=-\infty}^{\infty} d_n \exp[jn\omega_m(t-T_s)] \tag{8-11}$$

式中，T_s 代表导弹到达干扰弹与到达目标的时差；

$$d_n = \frac{1}{T_m}\int_0^{T_m} m(t)\exp(-jn\omega_m t^*)dt, \quad t^* = (T_r/T_m)t \tag{8-12}$$

其中，T_r 为调制盘的时间，T_m 为扫描周期，$\omega_m = 2\pi/T_m$。

假定被保护目标的辐射功率 A 为常数，且红外干扰弹的功率 B 也是常数，那么，红外寻的器上所接收到的总能量可以用功率函数 $P_d(t)$ 来表示：

$$P_d(t) = A\{\sum_{n=-\infty}^{\infty} d_n \exp(jn\omega_n t)\} + B\{\sum_{n=-\infty}^{\infty} d_n \exp(jn\omega_n (t-T_s))\} \tag{8-13}$$

可以得出红外干扰弹和目标信号间的相互干扰函数

$$P_d(t) = A[d_0 + d_1\exp(j\omega t) + d_{-1}\exp(-j\omega t)] + B\{d_0 + d_1\exp[j\omega(t-T_s)] + d_{-1}\exp[-j\omega(t-T_s)]\} \tag{8-14}$$

所以，当进入寻的器调制盘的红外干扰辐射功率 B 较小时，$P_d(t)$ 较小，对导弹跟踪误差率的影响也会较小；当进入寻的器调制盘的红外干扰辐射功率 B 较大时，导弹的跟踪误差率也将增加，当跟踪误差率足够大之后，红外干扰弹便能成功地干扰红外导弹。

由 $P_d(t)$ 函数可知，当红外干扰弹离开目标时，它产生的跟踪误差将使寻的器重新计算其位置，这会使寻的器沿着错误的方向跟踪，从而造成红外导弹脱靶。因此，红外干扰弹是能够成功干扰圆锥调制盘系统的[3]。

8.1.3 红外干扰弹的技术要求

红外干扰弹能有效地干扰红外导引头，它的性能要满足以下技术要求[2]。

1. 辐射特性

目前红外导引头的工作波段一般为 1.8～3.5 μm 和 2.5～5.5 μm，舰载红外干扰弹的光谱可以达到 8～14 μm。表 8-1 示出了国外几种红外点源制导防空导弹的工作波段。

表 8-1 国外几种红外点源制导防空导弹的工作波段

序 号	型 号	工作波段/μm
1	AIM 9B（美）	1.8～3.2
2	AIM 9E（美）	2.2～3.4
3	AIM 9D（美）	2.8～4.0
4	MATRA-R-530（法）	3.5～5.3
5	RED-TOP	3.0～5.3
6	SRAAM	4.1～4.9

理想的红外诱饵弹红外光谱辐射特性应与被保护目标在这些导引头工作波段内有相似的光谱分布，但辐射强度应比目标的辐射强度大 K 倍以上。这一比率 K 称为压制系数，一般要求 $K>2$ 甚至 $K \geqslant 10$。

2. 起燃时间和燃烧持续时间

诱饵弹从引爆至达到额定辐射强度的一半所需时间称为起燃时间。为保证诱饵形成时能处在导引头视场内而吸引着导引头，一般要求起燃时间为 0.5～1 s。

燃烧持续时间，即保持诱饵的额定红外辐射强度的时间，对单发诱饵来说，必须大于敌方红外导引头的制导时间。目前红外空空导弹在其常用的射程内飞行时间为 10～20 s，因此红外诱饵弹的燃烧持续时间应为 8 s 以上。舰艇用诱饵弹燃烧持续时间需 40～60 s。

3. 诱饵弹射出速度和方向

诱饵弹射出速度和方向的选择，应使敌方导弹在击中诱饵或诱饵燃完时，导弹不能伤及目标或重新跟踪目标。投放速度也不能过大，速度过大则可能超出导引头的跟踪能力，使导引头无法跟踪诱饵，起不到诱骗的作用，投放速度一般取 15～30 m/s。

对机载干扰弹，在投放、特别是设计中应考虑干扰弹的弹道特性。由于干扰弹很快烧蚀而质量迅速变化，烧蚀时温度高达 2 000 K 以上，其周围空气加热的对流对它的影响，以及飞机尤其是喷气飞机的气流对弹的影响等，使它的运动方程变得很复杂。

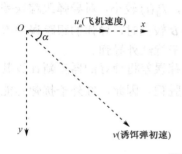

图 8.3　干扰弹投掷方向示意图[4]

实际工程中，干扰弹相对载机的抛出角 α 和抛离速度 v_0 这两个参数非常重要，如图 8.3 所示。如果 α 和 v_0 过小，由于靠近飞机下表面一定厚度的空气密度很大，若红外干扰弹不能穿过这个厚度的空气，就有可能造成干扰弹贴在机尾而酿成事故；如果 α 和 v_0 过大，则由于导引头视场很小，很可能在诱饵尚未形成干扰时就飞出视场而使干扰无效。

目前，红外空空导弹一般跟踪角速度为每秒 $10°$ 左右，杀伤半径约为 10 m，所以红外诱饵弹以 23～30 m/s 的速度向下投放为宜。

4．投放时刻和时间间隔

如果机上有准确可靠的红外报警设备，则一旦发现导弹来袭便可尽快投放诱饵弹。如果机上无报警设备，则为了安全起见一旦发现敌机占据攻击位置，便可投放红外诱饵弹，这时需多发定时投放。如果带弹量允许，飞机进入战区后，为了抑制敌方发射红外导弹，也可盲目定时投放诱饵弹。在前面给出的燃烧时间和投放速度条件下，投放时间间隔取为 5～10 s 已足够了。定时多发投放可以对付敌方连续发射的红外导弹。

美国 B-52 轰炸机机载红外诱饵弹的战术技术指标实测结果如表 8-2 所示。

表 8-2　美国 B-52 轰炸机载红外干扰弹的战术技术指标实测结果[2]

指标名称	尺寸	起燃时间/s	等效温度/℃	燃烧时间/s	辐射强度/（W/sr）	
					1.8～3.3 μm	3～3.5 μm
实测结果	$\Phi 60$ mm×120 mm	0.5～1	2300～2500	8～10	60 000	38 000

红外诱饵弹的投放装置种类很多，但大多数机载红外诱饵弹的投放装置是与箔条干扰弹公用的，两种弹可以混装，以对付不同的导弹和不同的战术应用。所以红外诱饵弹的外形多与箔条干扰弹的外形相同。

8.1.4　新型红外诱饵

"道高一尺，魔高一丈"，这是对抗与反对抗永恒的法则。红外制导导弹为了不受红外干扰弹干扰，采取了变视场等方法。例如北大西洋公约组织装备的一种红外点源制导导弹，它具有以下功能：一旦导弹视场中出现两个光点（目标和干扰弹），立即从原来的 $1.6°$ 视场变为 $0.8°$ 视场。根据红外诱饵受初速和重力影响而向下方运动的特点，对视场内两个光点移动作一下判断，确定对准哪个目标。即使飞机也作向下俯冲运动，但由于两者轨迹差别很大，也容易判别目标和诱饵。为了有效干扰新型红外点源制导导弹，近年来又发展了新型红外干扰弹。

1．拖曳式红外干扰弹

拖曳式红外干扰弹由控制器、发射器和诱饵三部分组成。飞行员通过控制器控制诱饵发射。诱饵发射后，拖曳电缆一头连着控制器，另一头拖曳着红外诱饵载荷。诱饵由许多 1.5 mm 厚的环状筒组成，筒中装有由燃烧材料做成的薄片。当薄片与空气中的氧气相遇时就发生自燃。薄片分层叠放于装有螺旋释放器和步进电机的燃烧室内。诱饵工作时，圆筒顶端的盖帽被弹出，步进电机启动，活塞控制螺杆推动薄片陆续进入气流之中。诱饵产生的红外辐射强度由电机转速来调节——转速越高，则单位时间内暴露在气流中的自燃材料就越多，红外辐射就越强，反之亦然。由于战术飞机发动机的红外特征是已知的（例如，在 3~5 μm 波段的辐射强度约为 1 500 W/sr），故不难通过电机转速的控制产生与之相近的辐射。在面对两个目标时，有的导引头跟踪其中较"亮"者，而有的则借助于门限作用跟踪其中较"暗"者。针对这点，诱饵被设计成以"亮—暗—亮—暗"的调制方式工作，以确保其功效。薄片的释放快慢还与载机飞行高度、速度等有关，其响应数据已被存储在计算机内，供作战时调用。

"彗星"拖曳式诱饵是由雷声公司开发出的一种新型面源红外诱饵，代表了目前最先进的机载红外诱饵技术。与此前的红外诱饵（如 ALE-50V）相比，该系统具有如下显著特点：

- 采用可调谐投放技术，对不同的飞机、环境情况投放速度可调；
- 无须导弹告警接收机引导提示，可先行投放以干扰红外制导导弹的发射；
- 增加了多光谱热源、动态轨迹、面燃烧以及双色热源等技术，对红外制导导弹实施宽频段干扰；
- 可施放人眼无法看见的特殊干扰材料。

2．气动红外干扰弹

针对先进的红外制导导弹能区分诱饵和目标的特点，红外干扰弹增加了气动或推进系统，就构成了一种新型的气动红外干扰弹。气动红外干扰弹投放后可在一段时间内与飞机并行飞行，使红外制导导弹的反诱饵措施失效。气动红外干扰弹通过对常规红外诱饵的结构的改动，来改进其空气动力特性，进而改变红外诱饵发射后的弹道。图 8.4 示出了一种改进后的气动红外干扰弹的结构。

如图所示，药剂在一个多边形柱腔内燃烧，燃烧产物由壳体送出。该壳体上带有鳍板，它们可调整药柱的方向，使其与飞行方向平行，从而减小阻力，达到改善干扰弹弹道性能的目的。同时，燃烧产物是向干扰弹后部排出的，这也有利于弹道性能的改善。另外，还可以通过增加壳体金属构件的质量来改善弹道性能。

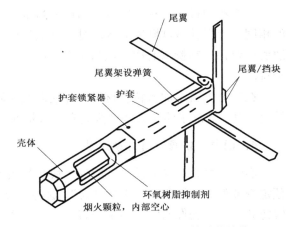

图 8.4 改进后气动红外干扰弹的结构

如果在干扰弹上另外再加一个固体发动机来增加推力，则可有效地改善其弹道性能。如果推力足够大，甚至可使干扰弹飞向飞机前方。这种气动红外诱饵飞行轨迹可与飞机相仿，导弹很难区分真伪。

3．喷射式红外干扰诱饵[2]

喷射式红外干扰诱饵当前主要有"热砖"诱饵和等离子体喷射式诱饵两种。

1)"热砖"诱饵

"热砖"是喷油延燃技术的俗称。以机载情况为例，当飞机受到红外导弹威胁时，突然从发动机喷口喷出一团燃油,并使之延迟一段时间后燃烧。燃烧时产生与飞机发动机及其排气相似的红外辐射(但强度更高),似乎形成了一块由飞机上抛出的热砖,它引诱来袭导弹偏离飞机。"热砖"的形成燃料可能就是被保护体发动机本身使用的燃油,也可能是专门配制的油料。美国的 AN/ALE-32、AN/ALQ-147 就是产生这种诱饵的机载装备。

2)等离子体喷射式诱饵

1998 年俄罗斯展示了等离子体喷射式诱饵,用于歼击机自卫。它可对付来袭红外制导、激光制导和雷达制导导弹。

机载导弹告警识别系统感知敌方导弹的辐射、外形等特征,大致识别其类型,自行启动专用喷射系统(亦可在告警器发出警报时就直接启动),将燃料喷射到载机的尾喷气流中。燃料在高温热气流中蒸发并与空气中氧气混合,在机后一定距离上迅速燃烧形成一个燃烧区。随着飞机前行,不断向燃烧区喷射燃料,就产生一个与载机保持一定距离但具有相同运动状态的燃烧区。燃烧区的红外辐射光谱与载机尾喷焰相同或相近,但强度可能更高。这就是一个很好的"伴飞"诱饵。它将把敌方红外导弹引向由燃烧区和尾喷焰二者形成的等效能量中心。

在燃料中掺进一种细粉末,当这种粉末在燃烧区中时,其对来袭激光的散射特性与载机的相同,而当其越过燃烧区冷却时,又辐射出波长与来袭激光相同的光波,且功率与载机的散射一致。控制粉末的掺入量和配方,可调节散射和辐射的功率,以确保对激光制导武器的干扰。

在喷射燃料中加入特制材料,并使之在高温燃烧区发生电离,形成有高浓度自由电子的等离子体,等离子体在某些频段具有金属特性,对来袭雷达波产生全反射,即成为雷达诱饵。

4. 面源(仿真)红外诱饵[2]

面源(仿真)红外诱饵一般形为块状并系有配重,通过依序发射或一次齐射多发,能在预定空域形成大面积红外干扰"云"。这种"云"不仅能模仿被保护体的红外辐射光谱,还能模仿其空间热图像轮廓和能量分布,造成一个假目标,以欺骗敌方成像寻的器。面源红外诱饵相比于传统的红外诱饵,在燃烧速率、扩散范围、干扰效能等方面具有显著的优越性[34]。

面源红外诱饵系统应满足以下技术条件:

(1)辐射光谱与被保护目标相同或相近。例如,用于舰艇、坦克的此类诱饵必须在 3~5 μm、8~14 μm 波段具有与舰艇、坦克相同或相近的热图,如图 8.5 所示。

图 8.5 面源诱饵防护下的坦克队列

(2)在主要成像波段的辐射强度比被保护目标高若干倍,以形成更强的图像。

(3)有足够的燃烧时间,使敌方导弹不能重新锁定目标;若燃烧时间不够,可以连续发射。

(4)由高精度方向系统引导发射,使诱饵完全位于敌方成像寻的器的视场内。

当面源诱饵与被保护目标的热图像同时出现在敌方寻的器视场时,二者的合成图像共同形成"目标"信息。无论敌方传感器采用中心跟踪(形心或矩心跟踪)、边缘跟踪、特征序列匹配或相关跟踪算法,都是针对合成图像进行计算的。由于面源诱饵与被保护体在空间的分离,二者图像不可能完全重合,这就必然造成跟踪计算的错误,加之诱饵图像的辐射强度比被保护目标图像更强,致使不管用哪种算法提供的跟踪指令都更偏向于诱饵。由于相对运动,诱饵与被保护目标必定逐渐远离,综合效果是导引头渐渐把导弹引向诱饵,而被保护目标却逐渐被挤向导引头视场边缘,最终从视场中消失,使导弹完全跟踪诱饵。

德国巴克公司研制的 DM19 "巨人"红外诱饵代表了当前红外诱饵技术的先进水平。作战时,口径 130 mm 的发射器依次将 5 发诱饵弹发射至预定距离处(诱饵弹之间的间距经预先设定),每发弹可产生 8～14 μm 波段的热烟、3～5 μm 波段的发光颗粒和 4.1～4.5 μm 波段的热辐射气体,可以逼真地模仿船体、烟囱等部位的红外辐射信号特征。这样,敌方基于成像导引的反舰导弹无论采用哪种跟踪机制(边缘检测、矩心检测、相关匹配),都会得到错误信息。"巨人"已经通过对多种红外制导导弹("点"源寻的和"成像"寻的)的干扰试验,取得了预期的效果。

8.2 红外有源干扰机

红外有源干扰机是针对导弹寻的器的工作原理而采取相应措施的有源干扰设备,其干扰机理与红外制导导弹的导引机理密切相关,其主要干扰对象为红外制导导弹。红外有源干扰机常安装在被保护平台上,使其免受红外制导导弹攻击,既可单独使用,又可与告警设备或其他设备一起构成光电自卫系统。

8.2.1 红外有源干扰机的分类和组成

根据分类方法的不同,红外有源干扰机可分为许多种类。

按其干扰对象来分,可分为干扰红外侦察设备的干扰机和干扰红外制导导弹的干扰机两类。目前各国装备的大都是干扰红外制导导弹的干扰机。

按其采用的红外光源来分,可分为燃油加热陶瓷、电加热陶瓷、金属蒸气放电光源和激光器等几类。燃油加热陶瓷和电加热陶瓷光源干扰机一般都有很好的光谱特性,适合于干扰工作在 1～3 μm 和 3～5 μm 波段的红外制导导弹;而在载机电源功率有限的情况下,采用燃油加热可大大降低电力消耗。金属蒸气放电光源主要有氙灯、铯灯等,这种光源可以工作在脉冲方式下,在重新装定控制程序后能干扰更多新型的红外制导导弹。激光器光源的红外干扰机也称相干光源干扰机或定向干扰机,这种干扰机干扰功率大,干扰区域(或称发散角)在 10°以内,因而必须在引导系统作用下对目标进行定向辐射,形成压制性或摧毁性干扰。

按干扰光源的调制方式来分,可分为热光源机械调制和电调制放电光源红外干扰机两种典型形式。前者采用电热光源或燃油加热陶瓷光源,红外辐射是连续的;而后者的光源通过高压脉冲来驱动。

1. 热光源机械调制红外干扰机

热光源机械调制红外干扰机由红外源、光学增强系统、机械调制式高速旋转部件等组成。红外光源发出能干扰红外点源导引头的红外辐射（4～5 μm 波长）；热光源机械调制红外干扰机的光源是电热光源或燃油加热陶瓷光源，其红外辐射是连续的。由干扰机理得知，要想起到干扰作用，必须将这些连续的红外辐射变成闪烁、调制的红外辐射。能起到这种断续透光作用的装置，就叫作调制器，它由控制机构、斩波控制、旋转机构、红外光源和斩波圆筒构成。可控调制器有多种形式，较为典型的是开了纵向格的圆柱体，它以角频率 ω_j 绕轴旋转，辐射出特定的调制函数的红外辐射。图 8.6 所示为该类型干扰机的一般结构。

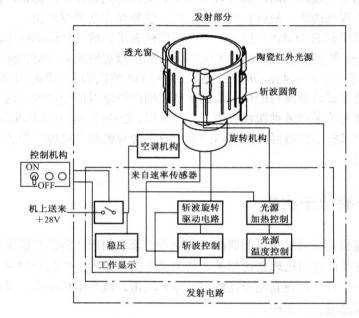

图 8.6 热光源机械调制红外干扰机的一般结构[2]

2. 电调制放电光源红外干扰机[5]

电调制放电光源红外干扰机由显示控制器、光源驱动电源和辐射器三部分构成。其光源是通过高压脉冲来驱动的，它本身就能辐射脉冲式的红外能量，因此不必像热光源机械调制干扰机那样需加调制器，而只需通过显示控制器控制光源驱动电源改变脉冲的频率和脉宽便可达到理想的调制目的。这种干扰机的编码和频率调制灵活，如用微处理器在编码数据库中进行编码选择，可更有效地对多种导弹起到理想的干扰作用。这种干扰机的缺点是大功率光源驱动电源体积、质量较大，而且与辐射部分的结构相关性较小。

这种类型红外干扰机常选择超高压短弧氙灯（如图 8.7 所示）、铯灯、蓝宝石灯等强光灯作为光源[6]。典型产品如 AN／ALQ-204 斗牛士（Matador）干扰机，由洛拉尔公司研制，已装备在美国总统专机、英女王座机和其他国家的首脑级重要人士专机上，它采用脉冲调制灯和复合干扰码。基本系统包括：能够同步工作的多部发射机和控制器单元，每部发射机具有 4～12 kW 的红外辐射能力[7]。

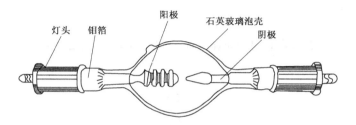

图 8.7 超高压短弧氙灯的结构示意图[5]

8.2.2 红外有源干扰机的干扰原理

对于带有调制盘的红外寻的器，目标通过光学系统在焦平面上形成"热点"，调制盘和"热点"作相对运动，使热点在调制盘上扫描而被调制，目标视线与光轴的偏角信息就包含于通过调制盘后的红外辐射能量之中。经过调制盘调制的目标红外能量被导弹的探测器接收，形成电信号，再经过信号处理后得出目标与寻的器光轴线的夹角偏差或该偏差的角速度变化量，作为制导修正依据。当干扰机介入后，其干扰信号也聚集在"热点"附近，并随"热点"一起被调制，同时被探测器接收。

对寻的器为同心旋转调制盘寻的系统的干扰，由于干扰机与红外导弹所攻击的目标配置在一起，所以寻的器将对同一方向观察到的假目标和真目标成像。我们必须考虑干扰机的效率和调制频率。当干扰频率与寻的器的频率相同时，那么相位延迟就是非常重要的参数了。为了更有效地打破寻的器的锁定，我们必须控制干扰调制频率和干扰机功率。

对圆锥扫描调制盘系统的干扰，当干扰调制频率与目标调整频率相同，且跟踪误差输出信号竭力使其在平衡点上时，它将不仅调整在调制盘上的时间，而且也调整相位延迟。所以，对于干扰效率来说，相位延迟将是一个重要的参数[8]。

当所保卫的飞机等目标装有红外有源干扰机时，红外导引头的寻的器既收到了飞机的红外辐射（直流辐射），又收到了红外有源干扰机发出的调制后的红外辐射，可以表示为

$$P_d(t) = [A + P_j(t)]m_r(t) \tag{8-15}$$

式中，$P_d(t)$ 为导引头调制盘收到的辐射功率；A 为寻的导引头调制盘收到的飞机辐射功率；$P_j(t)$ 为导引头的调制盘收到的随时间调制的红外有源干扰机的辐射功率；$m_r(t)$ 为导引头调制盘的调制函数。

$m_r(t)$ 是以角频率 ω_m 为周期的函数，用傅里叶展开式可表示为

$$m_r(t) = \sum_{n=-\infty}^{\infty} C_n \exp(jn\omega_m t) \tag{8-16}$$

式中，

$$C_n = \frac{1}{T_m} \int_0^{T_m} m_r(t) \exp(-jn\omega_m t) dt \quad (n = 0, \pm 1, \pm 2, \cdots) \tag{8-17}$$

其中 $T_m = 2\pi/\omega_m$。

因为红外有源干扰机的角频率为 ω_j，所以 $P_j(t)$ 可表示为

$$P_j(t) = \sum_{k=-\infty}^{\infty} d_k \exp(jk\omega_j t) \tag{8-18}$$

式中，
$$d_k = \frac{1}{T_j} \int_0^{T_j} P_j(t) \exp(-jk\omega_j t) dt \quad (k = 0 \pm 1, \pm 2, \cdots) \tag{8-19}$$

其中
$$T_j = \frac{2\pi}{\omega_j} \tag{8-20}$$

把式（8-16）和式（8-18）代入式（8-15），得
$$P_d(t) = [A + \sum_{k=-\infty}^{\infty} d_k \exp(jk\omega_j t)] \sum_{n=-\infty}^{\infty} C_n \exp(jn\omega_m t) \tag{8-21}$$

为了更清楚和更直观地了解干扰原理，对两个调制函数作一些合理简化。假定导引头调制盘的调制函数简化为
$$m_r(t) = \frac{1}{2}[1 + am_t(t)\sin(\omega_c t)] \tag{8-22}$$

式中，a 为调制效率函数，是像点直径和调制盘有效直径比（$0 < a < 1$）；$m_t(t)$ 为载波方波门函数；ω_c 为载波频率。

$m_t(t)$ 的傅里叶展开式为
$$m_t(t) = \frac{1}{2} + \frac{2}{\pi} \sum_{n=0}^{\infty} \frac{(-1)^n}{2n+1} \sin[(2n+1)\omega_m t] \tag{8-23}$$

假定红外有源干扰机的 $P_j(t)$ 以 ω_c 为载频，ω_j 为门限值进行调制，则
$$P_j(t) = \frac{B}{2} m_j(t)[1 + \sin(\omega_c t)] \tag{8-24}$$

式中，B 是红外有源干扰机的峰值功率。$m_j(t)$ 的傅里叶展开式为
$$m_j(t) = \frac{1}{2} + \frac{2}{\pi} \sum_{k=0}^{\infty} \frac{(-1)^k}{2k+1} \sin[(2k+1)\omega_j t + \phi_j] \tag{8-25}$$

式中，ϕ_j 为相对于 $m_j(t)$ 的一个随机相位角。因此式（8-21）变为
$$P_d(t) = \left\{\frac{1}{2}A + \frac{1}{2}Bm_j(t)[1 + \sin(\omega_c t)]\right\}[1 + am_t(t)\sin(\omega_c t)] \tag{8-26}$$

载波频率放大器的输出可近似表示为
$$S_c(t) = a[A + \frac{1}{2}Bm_j(t)m_t(t)\sin(\omega_c t) + \frac{1}{2}Bm_j(t)\sin(\omega_c t)] \tag{8-27}$$

式（8-27）中载频调制包络为
$$S_c(t) = aAm_t(t) + \frac{1}{2}Bm_j(t)[1 + am_t(t)] \tag{8-28}$$

包络信号进一步被放大和处理。假定 ω_m 和 ω_j 相近，则导引头的驱动信号应为
$$P_d(t) \approx a(A + \frac{B}{4})\sin(\omega_m t) + \frac{1}{2}B(1 + \frac{a}{2})\sin[\omega_j t + \phi_j] \tag{8-29}$$

驱动信号驱动旋转陀螺：旋转陀螺和导引头转动力矩相互作用，使进动率正比于这两个矢量之和。陀螺对缓慢变化的交流分量有很好的响应，跟踪误差正比于
$$P_d(t) \approx a(A + \frac{B}{4}) + \frac{1}{2}B(1 + a)\exp[j\beta(t)] \tag{8-30}$$

式中，$\beta(t) = (\omega_m - \omega_j)t - \phi_j$。没有干扰信号时，则

$$P_{d,0}(t) = Am_r(t) = \frac{A}{2}[1 + am_t(t)\sin(\omega_c t)] \quad (8\text{-}31)$$

没有干扰时，目标的像点沿着相位角方向向调制盘中心移动，直到到达中心平衡点为止。干扰信号进入之后，在常矢量基础上加了干扰信号，则中心不再是系统的平衡点。当干扰功率 B 大于 $2aA$ 时，目标像点被拉离中心。如果 ω_m 和 ω_j 很接近，目标像点就可能被拉出调制盘，从而达到干扰的目的。

红外有源干扰机的两个重要参数是有效干信比和调制频率[7]。

1．有效干信比

干扰发射机的有效干信比 J/S 定义为：

$$J/S = \frac{I_P}{I_{ac} + I_I} \quad (8\text{-}32)$$

式中，I_P 为波段内辐射强度的峰值，I_{ac} 为目标的辐射强度，I_I 为脉冲间的波段内辐射强度。当有效干信比较小时，由于调频系统具有抑制弱干扰的能力，此时导引头的误差信号基本上没有干扰项的影响，所以，干扰机辐射的红外能量必须足够大，才能保证实施有效干扰。

2．调制频率的选择

干扰机的载频 ω_j 应该位于导弹载频 ω 附近，这样才可通过导引头的第一选放带宽。角频率 Ω_j 要处于导引头第二选放带宽内，但又不能等于在第二选放带宽中的陀螺转子的旋转频率 Ω_0，否则有可能起到增强目标红外辐射特征的反作用。设导引头跟踪回路的带宽为 ΔF，Ω_j 的变化范围应控制在如下范围：

$$\Omega_0 - 2\pi \cdot \Delta F < \Omega_j < \Omega_0 + 2\pi \cdot \Delta F \quad (8\text{-}33)$$

ΔF 可以设计成随机变化，可以使导引头误差信号电压的幅值和相位都在随机跳变，致使导引头错乱跟踪。

8.2.3 定向红外干扰机

人们从红外对抗的实践中得出规律：红外干扰机产生的光辐射越强，导弹偏离飞机的距离就越大。而随着更先进导弹的不断问世，也迫使人们加大干扰机的输出功率。但是干扰机的输出功率不能无限增大，它受到干扰机体积、输出孔径尺寸和基本功率消耗的限制。这就促使人们开发出定向红外对抗（DIRCM）技术，即将红外干扰能量集中到狭窄的光束中，当红外导弹逼近时，导弹逼近报警系统（MAWS）将光束引向来袭导弹方向，使导弹导引头工作混乱而脱靶。

定向红外对抗是以系统的复杂性为代价的。为使红外干扰光束及时准确指向来袭导弹，必须跟踪导弹并给出导弹的方位数据。这项功能是由导弹逼近报警系统完成的。一般采用无源红外或紫外探测的导弹逼近报警系统，它具有 360°覆盖范围。由于导弹逼近报警系统无源探测，且红外干扰能量定向发射，所以大大提高了载机的隐蔽性[9]。最典型的定向红外对抗装备是"复仇女神（DIRCM）"。

DIRCM 系统第一代采用弧光灯作为干扰机，对工作于 3～5 μm 波段的新一代红外制导导弹则无能为力；第二代采用激光干扰机，以替代现有型号上使用的氙灯干扰机。定向红外

对抗系统现已交付使用，每架大型飞机安装两部干扰机，机身两侧一边一部。用于直升机上时，采用一部干扰机即可满足要求。DIRCM 系统为模块化结构，重 123 磅（1 磅=0.4536 kg），可组合成各种形式来保护约 14 种不同类型的飞机。"复仇女神"的告警系统是 AN/AAR-54PMAWS 导弹逼近紫外告警系统[4]，可无源探测导弹尾焰的紫外能量，跟踪多重能源并按照杀伤导弹、非杀伤导弹或杂波对辐射源进行分类。它的探测距离是现 MAWS 的两倍，虚警率也大大降低。该系统使用宽视场传感器和小型的处理器。根据覆盖范围要求的不同，可以使用 1～6 个传感器。

当导弹来袭时，告警系统确定导弹对所保护目标是否构成威胁，跟踪并启动以大功率弧光灯为主的对抗措施以干扰导弹。四轴炮塔可方便地与激光器相结合。而用于固定翼飞机和直升机上的定向红外对抗发射机已经开发出来。该发射机包括带有准确跟踪传感器（FTS）和红外干扰机的指示炮塔。Rockwell 公司正在生产位于方位轴上的准确跟踪传感器。这种传感器采用高灵敏度的碲镉汞中波焦平面阵列技术。当导弹告警系统告警时，发射机跟踪来袭导弹，并向导弹发射高强度红外光束。其跟踪系统是四轴的。在导弹威胁情况下，FTS 处理来袭导弹图像，供"复仇女神"系统使用，发射机锁定并跟踪目标，持续干扰来袭导弹。

8.3 强激光干扰技术

强激光干扰通过发射强激光能量，破坏敌方光电传感器或光学系统，使之饱和、迷盲，以致彻底失效，从而极大地降低敌方武器系统的作战效能。强激光能量足够强时，也可以作为武器击毁来袭的导弹、飞机等武器系统。因而，从广义上讲，强激光干扰也包括战术和战略激光武器。

强激光干扰的主要特点如下：

（1）定向精度高。激光束具有方向性强的特点，实施强激光干扰时，激光束的发散角只有几十个微弧度，能将强激光束精确地对准某一个方向，选择杀伤来袭目标群中的某一个目标或目标上的某一部位。

（2）响应速度快。光的传播速度极快，干扰系统一经瞄准干扰目标，发射即中，不需要设置提前量。这对于干扰快速运动的光学制导武器导引头上的光学系统或光电传感器以及机载光学测距和观瞄系统等，是一种最为有效的干扰手段。

（3）应用范围广。强激光干扰的激光波长从可见光到红外波段都能覆盖，而且作用距离可达几十千米。根据作战目标的不同，强激光干扰可用于机载、车载、舰载及单兵携带等多种形式。强激光干扰的作战宗旨是破坏敌方光电传感器或光学系统，干扰敌方激光测距机和来袭的光电精确制导武器，其最高目标是直接摧毁任何来袭的威胁目标。

8.3.1 强激光干扰的分类和组成

强激光干扰有很多种类。按照激光器类型来划分，有 Nd:YAG 激光干扰设备（波长为 1.06 μm）、倍频 Nd:YAG 激光干扰设备（波长为 0.53 μm）、CO_2 激光干扰设备（波长为 10.6 μm）和 DF（氟化氘）化学激光干扰设备（波长为 3.8 μm）等。

按照装载方式来划分，有机载、车载、舰载及单兵携带等多种形式。

按作战使命来划分，有饱和致眩式、损坏致盲式、直接摧毁式等形式。

强激光干扰系统根据类型的不同，其组成也大不相同，但都包括激光器和目标瞄准控制器两个主要部分。如单兵便携式激光眩目器，一般用来干扰地面静止或慢速运动目标，主要由激光器和瞄准器组成。而以干扰光电制导武器为目的的干扰设备最为复杂，通常由侦察设备、精密跟踪瞄准设备、强激光发射天线、高能激光器和指挥控制系统等组成。

8.3.2 强激光毁伤效果

1. 激光致盲

空中目标，如飞机、导弹，通常配备精密光学元件，如瞄准镜、夜视仪、前视红外装置、测距机、跟踪器、传感器、目标指示器、光学引信等。针对脆弱的光学元件，激光致盲是重要的光电攻击手段，它所需平均功率仅为几瓦至几万瓦[2]，即可达到干扰、致盲敌方光学器件，破坏敌方侦察、制导、火控、导航、指挥、控制和通信等系统的目的。激光致盲武器主要用来致盲敌方各类光电装置中的光电探测器。为了有效地实现致盲，往往采用可调谐的激光波长，用来应对对方用反射膜、滤光片之类的简单的对抗措施，并采用重复频率可调的脉冲激光，其脉冲峰值功率可达百万瓦级。

1) 光电探测器的致盲[4]

在飞机和导弹的光电装置中，整流罩、滤光片、物镜、场镜、调制盘和光电探测器等都易受激光损伤。由于光学系统的聚焦作用，探测器与调制盘更易损坏，因此只需相对小的功率就可以使光电传感器损毁，从而达到"致盲"的效果。据测试[10]，碲镉汞（HgCdTe）、硫化铅（PbS）、锑化铟（InSb）等光电探测器的破坏阈值为 $100 \sim 3 \times 10^4 \text{ W/cm}^2$（0.1 s 照射时间），而光学玻璃在 300 W/cm^2 照度下，0.1 s 即可以熔化。所以一般作战要求高能激光器平均功率达到 $2 \times 10^4 \text{ W}$，或脉冲能最达 $3 \times 10^4 \text{ J}$ 以上。假如仅仅产生致盲效果，仅需用平均功率为几瓦至万瓦水平的光辐射。激光器工作介质的不同，决定了其适合致盲的目标的不同。表 8-3 示出了它们适合致盲的目标[2]。

表 8-3 不同种类的激光束适合致盲的传感器类型

激光器种类	工作波长/μm	目标传感器
氩离子	0.514	微光电视
倍频 Nd: YAG	0.532	像增强器
红宝石	0.694	测距机传感器
掺钛蓝宝石	0.66～1.16	人眼
氢翠绿宝石	0.70～0.815	人眼
Nd: YAG	1.064	激光制导传感器
自由电子	1.0～10.0	红外制导和热制导传感器
DF	3.6～5.0	红外制导和热制导传感器
CO	6.0	红外制导和热制导传感器
CO_2	10.6	夜视系统中的热探测器

德国 MBB 公司研制的"高能激光武器系统"产生的激光波束直径为 10 cm，脉冲功率为

1 MW，在 20 km 远处（23 km 能见度）照射 0.1 s，就可使光电探测器致盲，10 km 远处可烧穿机身。

1983 年美国一台 400 kW 的 CO_2 激光器，成功地拦截了 5 枚 AIM-9 "响尾蛇"空对空导弹。该激光器使制导系统失效，5 枚导弹全部偏离了方向。射到导引头上的激光功率 P_e 可由下式来计算：

$$P_e = P_1 \tau_a \tau_o A_c / (\Omega_1 R) \tag{8-34}$$

式中，P_1 为激光功率；Ω_1 为激光束的张角；τ_a 为大气传输系数；τ_o 为光学传输系数；A_c 为导引头的有效集光面积；R 为从激光器到导引头的距离。

红外探测器受破坏的阈值与下列因素有关：破坏机制、辐照时间、束径、集光波长、探测器结构材料的热学性质与散热器耦合品质等。美国海军研究实验室的研究表明，当辐照时间很短（$\tau < 0.1 \times 10^{-4}$ s）时，激光辐射阈值 E_0（单位为 W/cm²）的变化与 τ 成反比。在中等辐照时间（0.1×10^{-4} s $< \tau < 0.01$ s）时，E_0 的变化与脉冲时间的方根成反比。当 $\tau > 0.01$ s 时，E_0 不变。当辐照时间很短时，为使探测器的表面温度升至其熔点，所需的能量密度必须与材料的吸收系数成反比，与比热及使探测器材料熔化而必需的表面温度增量成正比[9]。

2）人眼致盲

激光武器用于防空时不可避免地要对有人驾驶飞机进行辐照，此时飞行员的眼睛容易受损。人眼是一个光学系统，它的透过率与波长的关系曲线如图 8.8 所示。可以看出，人眼对 0.4～1.4 μm 之间的光辐射的透过率 τ 比较高。例如，对 0.53 μm（Nd:YAG 激光的倍频）光的透过率约为 88%，而对 10.6 μm（CO_2 激光）的透过率极低。

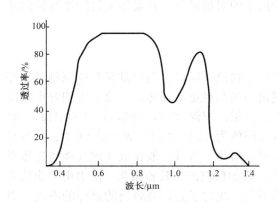

图 8.8　人眼光学系统的透过率与波长的关系曲线

能透过人眼光学系统而抵达视网膜上的激光，它对视网膜的伤害还与视网膜对光的吸收率 α 密切相关。吸收率 α 越大，视网膜损伤越严重，否则越轻微。所以，视网膜受损程度是由人眼光学系统的透射率 τ 与视网膜吸收率 α 的乘积，即视网膜有效吸收率 T 来决定的。图 8.9 所示为视网膜有效吸收率 T 与光波长的关系。从该曲线可以看出，波长为 0.53 μm（Nd:YAG 倍频光）、0.6943 μm（红宝石激光）和 0.488 μm（氩离子激光）的三种激光的 T 值分别为 65.1%、53.7% 和 56%，所以这三种激光都会对人眼的视网膜造成严重损伤。由于血红蛋白吸收峰是 0.542～0.576 μm，因此，0.53 μm 激光对人眼视网膜的损伤最严重[11]。一个脉冲能量为 2 J，脉宽为 25 ns，发射角为 0.5 mrad 的软杀伤激光束能够软破坏 6 km 以内的光电仪器，损伤 11 km 以内的敌方操纵手或飞行员的眼睛。

对于中远红外激光，它们的能量主要被角膜吸收，所以会造成角膜部位的损伤。

人眼光学系统的光学增益高达 10^5 倍左右，若在角膜入射处的光功率密度为 0.05 mW/mm²，则到达视网膜上时会剧增至 25 W/mm²。如果入射光先经过光学系统（望远镜、潜望镜等），然后进入人眼，则光学系统的聚焦作用使人眼的损伤更大[12]。

除此之外，激光还可能使人眼引起病变，如角膜发生凝固水肿和坏死溃疡、晶状体混浊、视网膜损伤等。角膜吸收激光能量后会被灼伤，轻者出现浅层上皮细胞凝固、核固缩及胞浆浓染或角膜增厚、基质水肿，重者出现溃疡脱落或全层崩解，甚至角膜穿孔。有的激光沿晶状体纤维方向向中心区扩展，致使晶状体混浊而变得不透明，甚至烧焦致残。视网膜对光的吸收能力最强，很容易被烧伤，其上的黄斑处更易遭到损害。可对视网膜产生损伤的激光能量密度阈值约为 0.5~5 μJ/cm²。

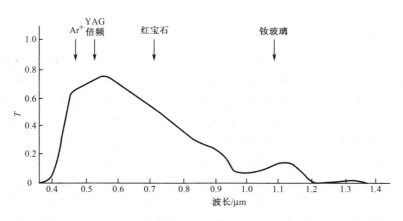

图 8.9　视网膜有效吸收率与波长的关系

考虑到激光对人眼致盲的非人道伤害，目前国际上已经有禁止使用专使人眼致盲的激光武器的公约[13]，但并不禁止使用其他的激光武器系统，如导致闪光盲的激光武器。明亮的闪光引起短时间的视觉功能障碍称为闪光盲。眼睛受到激光辐照时，即使视网膜上光斑的功率密度低于损伤阈值，也会使人眼在相当长的一段时间内看不见东西。测试表明，当人眼瞳孔直径为 6 mm，受到能量为 3.25×10^5 lm·s 的闪光辐照时，虽不造成任何损伤，但会严重地影响视觉功能，直到 9~11 s 以后才能看清照度约为 11 lx 的仪表读数。闪光盲的持续时间不但与激光辐照的能量有关，而且与被观察的空间频率和反差有关。

2. 激光摧毁[2]

随着上靶激光能量的增加，对目标的破坏由致盲加剧到摧毁。激光摧毁主要靠三种破坏效应：热破坏效应、激波破坏效应和辐射破坏效应[14]。下面将对这三大破坏效应的毁伤机理进行初步分析。

1）热破坏

目标被一定能量（或功率）密度的激光辐照后，其受照部位表层材料吸收光能而变热，出现软化、熔融、汽化现象甚至电离，由此形成的蒸气将以很高速度向外膨胀喷溅，同时把熔融材料液滴和固态颗粒冲走，在目标上造成凹坑甚至穿孔。这种主要出现在表层的热破坏效应叫作"热烧蚀"，是连续波激光武器的主要破坏效应。有时目标表面下层的温度比表面更高，致使下层材料以更快的速度汽化；或者下层材料汽化温度较低而先行汽化或化学反应。这两种情况都会在材料内部产生强大的冲击压力，以致发生爆炸。这种热破坏效应叫作"热爆炸"。它使目标外壳出现裂纹或穿孔。由于结构应力向裂纹、穿孔部位强烈地集中，使破坏作用急剧强化。对于运动目标，这种"强化"会被倍增，从而加剧了目标的受损。目标速度越高，则被损毁程度越甚。"热爆炸"现象多出现于采用脉冲式激光武器的情况。由于其形成比"热烧蚀"要难，故不常出现。

高能激光武器的热烧蚀效应对导弹、飞机、卫星等飞行器的破坏主要表现为直接烧蚀破坏、结构力学破坏和对光电器件的破坏。导弹、飞机、卫星的壳体一般都是熔点在 1 500 ℃ 左右的合金材料，功率为 2～3 MW 的脉冲高能激光只要在其壳体表面某固定部位辐照 3～5 s 就可将其烧蚀熔融甚至汽化，使目标内部的燃料燃烧爆炸或元器件损伤遭毁。这种破坏称为直接烧蚀破坏。

2）激波破坏效应（力破坏）

激波破坏效应是脉冲高能激光特有的物理效应，指目标的表层材料吸收脉冲射线能量，产生高温高压后在材料中形成的冲击波对目标的破坏作用。由于高空空气稀薄，对射线的传输吸收很少，在反导弹系统中可以利用强激光或高空核爆炸产生的 X 射线照射来袭导弹，造成热激波效应，破坏对方来袭导弹壳体。核爆炸产生的 X 射线，其脉冲宽度约为 10^{-9} s，强度随距爆心距离的平方减弱。当 X 射线照射固体表面时，大部分能量在表面薄层内被吸收，并使压力升高，形成具有陡峭阵面的热激波。热激波的超压与表面层吸收的能量成正比，其波阵面陡峭程度与 X 射线能量和材料性质、厚度有关。热激波生成后在靶材中传播，强度随传播距离增加而减弱。当热激波超压大于靶材的抗压强度时，靶材产生碎裂破坏。如对于铝合金材料，X 射线的能注量超过约 2 kJ/cm 时，将造成层裂破坏。热激波在靶材与空气（或真空）之间的界面被反射时，反射波为稀疏波，即压力为负值的拉伸波。如果界面反射的拉伸波的拉应力大于靶材的抗拉强度，靶材表层也将出现层裂破坏，其破坏形体类似于不同厚度的片状结构。因此，当飞行器受到一定强度的脉冲射线照射时，其壳体将出现层裂和应力集中所造成的断裂，而使飞行器解体。在非核脉冲型的定向能武器（如激光武器等）对靶材的破坏过程中，热激波的破坏也起重要作用。

3）辐射破坏

目标受强激光辐照后形成的高温等离子体有可能引发紫外线、X 射线等，这些次级辐射可能损伤或破坏目标的本体结构及其内部的电子线路、光学元件、光电转换器件等，这就是辐射破坏效应。

相对于热破坏和力学破坏而言，辐射破坏效应是次要的。

以反坦克装甲为例：高能激光聚焦于装甲表面，使被辐照区域的装甲材料由固态熔为液态，进一步的激光辐照使之达到沸点而汽化。汽化物因高温、高压和高速膨胀作用强烈地向表面外喷射（因为其他方向受阻，只有向外喷射最为容易）。喷射冲走熔融材料和部分固态颗粒，形成热烧蚀凹坑。与此同时，喷射对坦克本体形成很强的反冲作用力，使其内部生成应力波，造成力学破坏，并把这种破坏向坦克装甲内层推进。由于表层的汽化溅射，表层升温速率降低，而浅表下层区域急剧升温形成过热层。过热层的急骤膨胀产生很大压强，于是形成热爆炸。爆炸伴随着大量汽化或液化颗粒的喷射，喷射又带走周围的物质……后续辐照的激光使上述过程逐层深入，直至把坦克装甲打穿成洞。

有资料报道，欲在 0.1 s 内使 10～20 km 处的光学及电子传感系统失灵，激光发射功率约需 10^6 W；要在 1 s 内穿透 10 km 高空的飞机蒙皮，发射激光功率约需 10^7 W；而在 1 s 内击穿 1～5 km 远处 100 mm 厚的坦克装甲，约需 10^9 W；1 s 内摧毁 20～50 km 高的来袭导弹，则需约 10^{10} W（这里考虑了传输损失）。

从以上对激光武器杀伤破坏机理的 3 个主要破坏效应的分析中可以得出结论：热烧蚀破坏效应是激光对导弹、飞机、卫星等空中目标毁伤的主要手段，激波破坏效应只对飞行器上很薄的金属壳体部位构成物理性损伤威胁，辐射破坏效应只对滞留空中时间较长的卫星构成多方面的严重威胁。不同飞行器防御高能激光武器的毁伤，应根据激光的破坏机理采取不同的相应措施。

8.3.3 强激光干扰的关键技术

影响激光干扰武器作战性能的因素很多，如跟瞄精度和环境适应性等，但最关键的因素还是到达目标上的远场激光功率及其密度，这是对目标实施干扰或损伤的基础。因此，在设计、改进激光对抗武器系统时，一切都是从计算与分析到达远场目标之上的激光功率密度为基本出发点[14]。会聚到空间远场某一光学系统中的激光功率密度计算公式为：

$$P_0 = 0.21 \left[\tau_0 \left(\frac{D}{d} \right)^2 \right] \left[\tau_0' \left(\frac{D_0}{n\lambda} \right)^2 E \right] \tau_a \frac{1}{L^2} \tag{8-35}$$

式中，D 为对方光学系统接收口径；d 为对方光电探测器光敏面直径；D_0 为激光光学发射系统望远镜口径；τ_0 为对方光学接收系统总透过率；τ_0' 为激光光学系统总透过率；τ_a 为大气平均透过率；n 为干扰激光束衍射极限倍数；λ 为干扰激光波长；E 为干扰激光功率；L 为有效激光干扰距离。

对式（8-35）进行分析可以看出，到达目标传感器上的激光功率密度与三个方面的因素有关：第一个括号内参与对方光学系统与探测器的技术参数相关；第二个括号内参数与激光对抗武器采用的激光器和光学系统的参数相关；其余参数与大气传输情况和作用距离有关。因此，强激光干扰的主要关键技术有以下几方面[15]。

1. 高能量、高光束质量激光器技术

强激光致盲干扰系统通过激光器发射强激光实现对目标的干扰与致盲。远场情况下，激光远场处的激光能量密度与距离和光束发散角乘积的平方成反比，与激光器的初始输出能量成正比。因此，高能量、高光束质量激光器是强激光致盲干扰系统的核心。战场适用的小型、中等功率、高光束质量的短波长激光器的新兴技术有：

（1）短波长固体激光器的二极管泵浦技术。该技术已经证实了能够显著提高效率和大大减小激光器热负载。在未来 20 年内，按常规技术进展应能实现 60% 的二极管效率和 15% 的电激光净转换效率。二极管的成本应降至二极管光学功率每瓦低于 1 美元，用于 40 kW 激光器的二极管泵浦阵列的成本应少于 16 万美元[16]。

（2）固体激光器的热容量运行技术。该技术使得激光器能够在短暂的交战期内根据需要产生高输出功率。发展得当的话，在不采用冷却措施的运行中，这种方法应能实现每立方厘米激光材料产生高于 500 J 的激光输出。在每次交战所需能量为 40 kJ 及热弹仓允许进行 10 次交战（400 kJ 的激光输出）的情况下，所需激光材料的体积将是 800 cm³，质量小于 4 kg。这 10 次交战中每两次之间的冷却时间将为 1~2 min。

（3）激光武器内或激光武器与目标之间的相位共轭技术。该技术用于对光程畸变进行补偿并产生近衍射限光束。在机载激光器计划中得到的经验，在这里同样适用。

（4）非冷却光学系统技术。该技术可降低光束定向器的成本和质量。随着超低吸收率反射镜镀层的发展，非冷却光学系统将成为可能。

（5）高能光纤激光组束技术。由于双包层高功率光纤激光器和激光组束技术的高速发展，高性价比的激光器应用于激光武器的研究也取得了突破性进展。光纤激光器组束技术可以满足机载激光的各项条件。随着光纤激光器的发展以及包层多模并行泵浦技术的采用，光纤激光器的输出功率大幅度提高，从原有的毫瓦量级提高到瓦量级水平，并且已有千瓦输出功率的成品问世，发丝般粗细的光纤使得光纤激光器能获得极高的光功率密度（可达 560 MW/cm^2），并且在同样的输出光功率下，高功率光纤激光器相对传统激光器具有效率高、光束质量好、工作寿命长、发热量小、结构紧凑、稳定性强、易于保障等优点，这使得高能光纤激光器完全有能力替代传统的大功率激光器而用于激光武器。

2．精密跟踪瞄准技术

激光干扰设备用强激光束直接照射目标使其致盲或损坏，这要求设备具有很高的跟踪瞄准精度。对于空对地导弹等运动较快的光电威胁目标，强激光干扰设备的跟踪瞄准系统还应具有较高的跟踪角速度和跟踪角加速度。强激光致盲干扰设备所要求的跟踪瞄准精度高达微弧度量级，需采用红外跟踪、电视跟踪、激光角跟踪等综合措施实现精密跟踪瞄准。

要进行目标跟踪，首先需要发现目标，即完成对目标的侦察/定位。目前对目标的侦察/定位概括起来主要有两种方法：一是利用小型微光雷达、无线电雷达等扫描搜索的主动侦察技术；二是采用红外、激光报警装置等来探测的被动侦察技术。目前，在反传感器低能红外激光武器所使用的侦察/定位技术中，以被动侦察技术发展得最快。致盲型激光武器发射的激光能量一般都较低，因此，激光照射到目标传感器上以后，并不能立即产生致盲或破坏效应。若要产生一定的致盲或破坏效应，照射激光还必须持续辐照一段时间（1 s 至数秒）。据估算，要使激光光斑在运动目标的某确定部位停留数秒，要求跟踪瞄准系统的跟踪角误差不低于 10 μrad 量级。这一要求比一般的大型光电跟踪系统的跟踪角误差至少要高出一个数量级。为实现这一跟踪精度，目前已采用的跟踪体制及关键技术主要有：

（1）采用高性能的光电跟踪传感器技术，如采用红外焦平面阵列凝视成像跟踪体制、电视跟踪器及激光雷达等。

（2）采用复合轴跟踪支架技术。该技术使跟踪处理器对主轴和子轴分别控制，并使两者的作用叠加，可获得动态范围宽、响应速度快且跟踪精度高的系统。

（3）采用复合控制与共轴跟踪技术。在闭环反馈控制系统中增加一个开环支路，或借助于计算机构成前馈控制系统，可以构成更加完善的复合控制共轴跟踪系统。

3．质量轻、抗辐射激光束控制发射技术

强激光发射天线是干扰设备中的关键部件，它起到将激光束聚焦到目标上的作用。发射天线通常采用折返式结构，反射镜的孔径越大，出射光束的发散角越小。但是，孔径过大使制造工艺困难也不易控制。因此，制作反射镜时还应考虑质量轻、耐强激光辐射等问题。

4．激光大气传输效应研究及自适应光学技术[17]

大气对激光会产生吸收、散射和湍流效应，湍流会使激光束发生扩展、漂移、抖动和闪烁，使激光束能量损耗，偏离目标。对于强激光，大气对激光的非线性作用会使其发生漂移、扩展、畸变或弯曲。自适应光学技术采用信标激光系统实时探测大气参数，波前传感器用以分析信标回波，估算大气抖动，通过一个可变形的反射镜纠正即将发射的激光束波前，使激光束以最佳方式聚焦在干扰或打击目标上。

8.4 激光欺骗干扰技术

激光欺骗干扰通过发射、转发或反射激光辐射信号,形成具有欺骗功能的激光干扰信号,扰乱或欺骗敌方激光测距、观瞄、跟踪或制导系统,使其得出错误的方位或距离信息,从而极大地降低了光电武器系统的作战效能。

激光有源欺骗式干扰的价值体现在其相关性和低消耗性上。为实现有效的欺骗干扰,要求干扰信号必须与被干扰目标的工作信号具有多重相关性,这些相关性包括:

(1)特征相关性。激光干扰信号与被干扰目标的工作信号在特征上必须完全相同,这是实现欺骗干扰的最基本条件。信号特征包括激光信号的频谱、体制(连续或脉冲)、脉宽、能量等级等激光特征参数。

(2)时间相关性。激光干扰信号与被干扰目标的工作信号在时间上相关。这要求干扰信号与被干扰目标的工作信号在时间上同步或包含与其同步的成分,这是实现欺骗干扰的一个必要条件。

(3)空间相关性。激光干扰信号与被干扰目标的工作信号在空间上相关。干扰信号必须进入被干扰目标的信号接收视场,才能达到有效的干扰目的,这是实现欺骗干扰的另一个必要条件。

此外,激光欺骗式干扰以激光信号为诱饵,除消耗少量电能外,几乎不消耗任何其他资源,干扰设备可长期重复使用,因而具有低消耗性。

8.4.1 激光欺骗干扰的分类和组成

按照原理和作用效果的不同,激光欺骗干扰可分为角度欺骗干扰和距离欺骗干扰两种类型。其中,角度欺骗干扰应用较多,干扰激光制导武器时多采用有源方式;距离欺骗干扰目前主要用于干扰激光测距机。

8.4.2 角度欺骗干扰

对制导武器的干扰通常是角度欺骗干扰。干扰系统通常由激光告警、信息识别与控制、激光干扰机和漫反射假目标等设备组成,如图 8.10 所示。

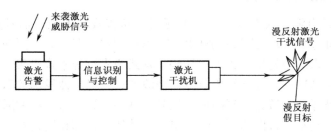

图 8.10 激光欺骗干扰系统的组成框图

系统的工作过程是:激光告警设备对来袭的激光威胁信号进行截获,信息识别与控制设备对该信号进行识别处理并形成与之相关的干扰信号,输出至激光干扰机,发射出受调制的激光干扰信号,照射在漫反射假目标上,即形成激光欺骗干扰信号,从而诱骗激光制导武器偏离方向。图 8.11 所示为激光欺骗干扰过程示意图。

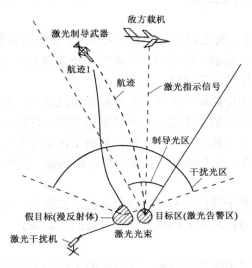

图 8.11　激光欺骗干扰过程示意图[2]

激光有源欺骗干扰可分为转发式和编码识别式两种。

1. 转发式激光有源干扰

半主动激光制导武器要想精确击中目标,激光指示器必须向目标发出足够强的激光编码脉冲。该激光脉冲信号被设置在目标上的激光有源干扰系统中的激光接收机接收到,经实时放大后立即由己方激光干扰机进行转发,让波长相同、编码一致、光强一定的激光通过设置的漫反射假目标射向导引头,并被导引头接收。此时导引头收到两个相同的编码信号:一个是己方激光指示器发出的被目标反射回来的信号,另一个是干扰激光经过漫反射体反射过来的信号。两个信号的特征除光强上有差异之外,其他参数一致。一般半主动激光制导武器采用比例导引体制,因此它受干扰后的弹轴指向目标和漫反射板之间的比例点,从而达到把激光半主动制导武器引开的目的。转发式干扰不仅要求干扰激光器的重频高,而且要求出光延迟时间尽量短。

2. 编码识别式激光有源干扰

由于转发式激光有源干扰存在着一定的延时(从接收敌方激光信号到发出激光干扰脉冲,有一个较长时间的延时),因此这种干扰方式很容易被对抗掉,只要在导引头上采取简单波门技术就可把转发来的激光信号去掉。编码识别式激光有源干扰克服了上述不足。它在敌方照射目标的头几个脉冲中,经计算机解算,把敌方激光指示器发出的激光编码参数完全破译出来,并按照已破译的参数完全复制成干扰激光脉冲,让该激光脉冲通过假目标射向导引头,使导引头同时收到不同方向的两个除辐出值外其他参数都相同的激光信号。导弹仍按比例导引体制制导,使导弹偏离原弹道,达到干扰目的。这种干扰只要使两个脉冲同时进入导引头波门,理论上导引头就很难区分真伪。

实际的激光有源欺骗式干扰系统常将转发式干扰和编码识别式干扰组合使用。

典型的激光欺骗干扰系统有美国的 AN/GLQ-13 车载式激光对抗系统和英德联合研制的

GLDOS 激光对抗系统。AN/GLQ-13 系统采用转发式激光有源干扰模式,通过对激光威胁信号有关参数的识别与判断,实施相应对抗。GLDOS 系统具有对来袭威胁目标的方位分辨能力和威胁光谱的识别能力,可测定激光威胁信号的重复频率和脉冲编码,并可自动实施干扰。

8.4.3 距离欺骗干扰

根据欺骗干扰形式的不同,激光测距欺骗干扰技术可分为产生测距正偏差和产生测距负偏差两类。

1. 产生测距偏差原理

激光测距机是当前装备得最为广泛的一种军用激光装置,其测距原理是利用发射激光和回波激光的时间差值与光速的乘积来推算目标的距离对激光测距机实施欺骗干扰,通常采用高频激光器作为欺骗干扰机,具体干扰过程如下。

为了降低虚警率,激光测距机都设有距离波门。测距机距离波门的工作方式如下。一开始当测距机测得目标回波后,系统就从大距离范围(300 m~10 km)的搜索状态自动转到窄距离选通的跟踪波门状态。如图 8.12(a)所示,τ 为波门宽,它的大小与目标的相对运动速度有关,实际 τ 的大小就体现了波门的距离大小。此时测距机与目标之间的距离 $R_0 = cT/2$,T 为发出激光与收到回波之间的时间间隔,c 为光速。此时测距机以反码形式存储 R_0,用作下一次测距跟踪波门的参考。现有一个高重频激光干扰机向测距机发射激光脉冲,如图 8.12(b)所示,干扰脉冲在真实回

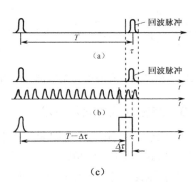

图 8.12 干扰测距机原理示意图

波到来之前已被测距机接收,测距机以该干扰脉冲为基础生成下一次测距的波门跟踪基础。显然波门在时间轴上受干扰脉冲影响而提早出现,每测一次提前 $\Delta\tau$,如图 8.12(c)所示,相当于比真实距离缩短了 $r = c\Delta\tau/2$,因此实现了距离欺骗。

高重频激光的干扰频率与测距机的性能指标有关。设测距机的测距范围为 $R_1 \sim R_2$,根据测距公式,测量时间为 $t = 2R/c$,所以测量时间为 $t_1 = 2R_1/c$,$t_2 = 2R_2/c$。干扰机发出的干扰脉冲至少在测距机波门内进去 2~3 个脉冲。由于敌方测距机的波门宽并不知道,因此考虑保险系数取 3,这样干扰频率 f 应为:

$$f \geq 3\frac{1}{t_1} = \frac{3c}{2R_1} \tag{8-36}$$

激光干扰的最小功率不但与干扰距离有关,而且还与干扰激光光束的发散角、敌方测距机参数和气象条件等有关。由于激光干扰机与被保卫目标放在一起,因此干扰激光的视场无须做得很大,一般等于或略大于测距机视场即可。可列出干扰方程如下:

$$P_{\min} = \frac{\pi P_s \theta^2 R^2 e^{\sigma R}}{4 A \tau_0} \tag{8-37}$$

式中,P_s 为激光测距机的最小可探测功率;θ 为干扰激光光束发散角;σ 为传输路径激光大气平均衰减系数;A 为激光测距机的光学有效接收口径;τ_0 为激光测距机的光学系统透过率;R 为最远干扰距离。

激光测距机的参数往往可以估算。例如 P_s 约为 10^{-8} W，因而激光干扰的最小功率为 10 mW 左右。

2. 产生测距正偏差技术

有源型采用电子延迟和激光器，在受到敌方激光测距信号照射后，经极短的电子延迟，照原路发射一个同敌方测距信号同波长且同脉宽的信号，有效地对敌方进行干扰。

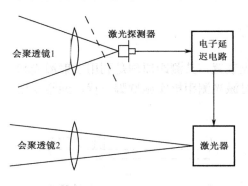

图 8.13 激光测距有源干扰装置部分电路

德国研制的一种激光测距干扰设备是将延迟光纤由电子延迟线路代替，反射镜由激光器代替，如图 8.13 所示。干扰激光器可采用固体激光器，半导体激光二极管产生的激光干扰脉冲信号强，延迟时间精确可调，所以能非常有效地干扰敌方激光测距机。

这种激光测距有源干扰装置的激光探测器置于会聚透镜的焦平面上，以便有效地接收激光能量。激光探测器的输出端接电子延迟线路的输入端，电子延迟线路的输出端接激光探测器的触发器，激光器的光轴应平行于会聚透镜的光轴，以使激光欺骗干扰脉冲能按原方向发射回去。

3. 产生测距负偏差技术

产生测距负偏差，主要是平台向四周预先发射高重频激光脉冲使敌方测距机接收到一个负偏差/短距离的虚假测距信号，从而有效地隐蔽真目标。

产生测距负偏差的干扰原理是，向警戒空域连续不断地发射高重复频率的激光干扰脉冲，使敌方激光测距机不管在何时开机对我方测距时都会收到干扰脉冲，造成敌方测距错误。设干扰机输出峰值功率为 P_f，其输出束散角为 θ 应该远远大于测距机的接收视场角，并能覆盖所需最低限度的警戒空域，这样处于 θ 角度范围内的测距机对我方开机测距时都将有干扰光束进入测距机视场内。

德国研制的这种激光干扰装置示意图如图 8.14 所示[18]。在平台的四周均匀地设置许多会聚透镜，每个会聚透镜与光纤 1 相耦合，而所有光纤 1 的另一端接光纤耦合元件，通过光纤 2 与高重频脉冲激光器相耦合。要求激光器重频高，可采用固体激光器，也可采用半导体二极管激光器。

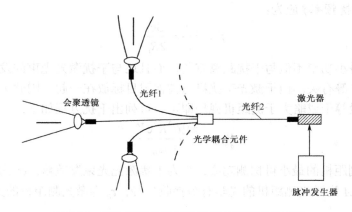

图 8.14 产生测距负偏差的激光干扰装置示意图

4．激光制导有源欺骗式干扰技术

1）激光制导有源欺骗干扰原理及其特点

对激光制导武器有源欺骗式干扰的预期效果是产生假目标，以假乱真，欺骗或迷惑激光制导武器。激光有源欺骗干扰技术可分为转发式和回答式两种。转发式干扰是将激光告警器接收到的激光脉冲信号自动地进行放大并由激光干扰机进行转发，从而产生激光欺骗干扰信号；回答式干扰是将接收到的激光脉冲信号记忆下来，并精确地复制出来，从而产生激光欺骗干扰信号。实际的激光有源欺骗干扰系统往往将转发式干扰和回答式干扰综合应用。

激光制导有源欺骗干扰技术的一个重要特点就是相关性。激光欺骗干扰的宗旨就是通过实施干扰，诱骗敌方光电设备产生错误的指挥实施干扰，诱骗敌方光电设备产生错误的指挥、控制指令，使其达不到预期的作战效能。为实现有效的欺骗干扰，要求干扰信号必须与被干扰目标的工作信号具有多重相关性。

2）激光制导有源欺骗干扰的关键技术

激光制导有源欺骗干扰的技术难度很大，其前提条件是灵敏度佳、角精度高、虚警率低、探测波长范围宽及动态范围大的性能先进的激光告警技术，并将向工作频段日益拓宽、角精度愈益增高、设备日益紧凑及体制更为多样化的方向发展。其关键技术主要有[19]：

（1）不同方位多激光威胁源信号分选与信号识别技术。为有效地实现欺骗干扰，要求干扰信号与指示信号相同或相关；相同指干扰信号与指示信号在波长、脉宽、重复频率及能量等级上皆相同，而且在时间上亦同步。相关指干扰信号与指示信号虽不能在时间上完全同步，但却含有与指示信号在时间上同步的成分。

（2）来袭激光编码（3位码、4位码、5位码、6位码及伪随机码）与光谱识别技术。激光制导信号频率较低，一般每秒还不足20次，通常还采用编码方式。为实现实时性干扰，要求干扰系统要在很短的时间内完成信息识别与处理，采用激光威胁信息时空相关综合处理技术，能有效地解决这一难题。

（3）同方位多威胁源重频分选技术。

（4）高精度测定脉冲重复频率技术。

（5）延迟补偿及同步转发技术。

（6）自适应有源干扰技术，以适应半主动激光制导的变码、伪随机码、变波长等反对抗技术。

（7）激光漫反射假目标技术。这类假目标应具有标准的朗伯漫射特性，并具有耐风吹、耐雨淋、耐日晒、耐旱冻等全天候工作特性，还应具有廉价、可更换的功能。

8.4.4 激光近炸引信干扰技术

1．激光近炸引信概述

激光近炸引信能够准确确定导弹的起爆点，最大限度地发挥导弹的杀伤力，同时具有良好的抗电磁干扰能力，受到各国军界的广泛关注。20世纪20年代末至70年代初，激光近炸引信开始逐步取代无线电引信，大量装备于各种攻击性武器，大大提高了作战性能[20]。例如，美国的"响尾蛇"系列空空导弹改装了激光近炸引信后，该导弹的命中率大幅度提高，在中东战争中首次应用就击落多架前苏制米格等喷气式战斗机。新型反辐射导弹都采用激光近炸引信，在高技术局部战争中显示出强大的威力，鉴于激光近炸引信威胁的日趋严重，激光近炸引信干扰技术就是在这种趋势下发展起来的一种新型光电对抗技术，其目的在于使来袭导弹在攻击过程中失效或早炸，达到保护被攻击目标的目的。

激光近炸引信主要有主动式激光引信和半主动式激光引信两种[21]。由于半主动式激光近炸引信需要另配光源来指示目标，因此这种激光近炸引信的机动性能及抗干扰性能较差，已很少使用。目前，广泛使用并已大量装备部队的激光近炸引信大多是主动型的激光近炸引信，其敏感装置主要由激光器、激励电源、发射光学系统、接收光学系统和光电探测器组成。主动式激光近炸引信内一般采用半导体激光器，通过光学系统发射一定形状的激光束，如圆锥形、圆盘形、扇形激光束。当目标在预定距离内时，目标反射的激光能量被接收光学系统接收，驱动电子系统产生起爆信号。激光近炸引信的基本原理可归结为通过用特定幅值和时域、空域特性的激光对目标照射，同时对目标的反射回波进行定向光学探测，再对接收信号进行识别和鉴别，在最佳炸点位置输出起爆弹药战斗部的执行信号。如今的主动型激光近炸引信基本上采用距离选通和几何距离截断这两种方式，实现在预定距离上产生起爆信号。对于距离选通型激光引信，其控制近炸距离的主件是脉冲选通器。由距离选通门限的宽度来控制起爆距离，同时实现对目标回波信号的实时鉴别。只有在预定距离以内出现的目标回波信号方能通过脉冲选通器，到达点火线路，形成引爆信号。几何距离截断型激光引信是通过引信发射光学系统与接收光学系统的光轴交叉交会角构成几何测距，以光路交叉中心点为中心，形成一个适当范围的探测区。当目标进入目标探测区时，接收系统开始探测目标反射的回波信号的选通，以理想的定距精度输出起爆执行信号。

调制器产生的电脉冲激励激光器，激光器发射激光脉冲照射目标后，一部分激光能量反射回来，经光学系统汇聚到光电探测器上，光电探测器输出的信号经放大后馈送到选通器。调制器产生的调制脉冲反馈到延迟器，经过适当的延迟后驱动选通器。选择适当的选通时间，可以使预定距离的目标反射的激光脉冲到达点火线路，而在此距离之外目标产生的信号不能通过选通器实现在预定距离内起爆。

从激光引信的近炸机理中可以看出，控制激光引信起爆距离的主体是引信的信号鉴别及选通系统。该选通系统的判断依据是目标反射的激光回波信号，这就为激光引信干扰提供了良好的条件。激光近炸引信的干扰原理是对激光近炸引信实施有源干扰，一般采用转发式距离欺骗干扰方式。由激光干扰机对来袭目标发射激光干扰信号，使激光干扰信号在远距离上提前进入引信的接收视场，以压制真正的目标回波信号，形成有效的距离欺骗，使引信的信号鉴别与选通系统产生误判，提前输出起爆信号引起导弹早炸，达到保护被攻击目标的目的。

一般有源干扰需要与无源干扰配合使用。对激光近炸引信的无源干扰可采用阻断式目标欺骗干扰方式。在目标警戒系统的引导下，发射烟幕、气溶胶或高反射材料等，形成空中假目标来阻断激光引信与目标之间的光路传输，以压制真正的目标回波信号；当装备有激光引信的导弹进入目标警戒区域时，激光近炸引信干扰系统的目标识别单元首先对来袭目标的威胁方位、激光原码信息激光引信的发射视场及接收视场进行相关识别，并将来袭目标的方位信息和视场相关信息传送给干扰实施控制单元；同时，将激光威胁的原码信息输送至信息处理单元，干扰实施控制单元通过对威胁方位信息和视场相关信息的信息解算，准确识别出激光引信信号选通系统的工作方式；完成方位控制信息转换形成干扰方位选通控制信号，同时生成干扰触发控制信息，完成对激光有源干扰机的触发控制和无源干扰设备的发射控制。

2. 激光近炸引信干扰中的关键技术

1）目标识别技术

该项技术主要包括对来袭威胁目标的定向探测和激光引信发射信号的综合告警两个部分。威胁目标的定向探测是通过目标逼近告警技术和方位定向探测技术实现对来袭目标的威胁定位。激光引信发射信号的综合告警是通过光电探测技术实现对激光威胁信号的原码识别，以及激光引信发射视场和接收视场的相关识别，引导激光有源干扰机的信号输出方位和发射频率。

2）信息处理技术

该项技术主要采用脉冲时序相关特性分析等信息处理方式，实现对激光威胁信号发射规律的分析判断和激光引信信号鉴别及选通系统工作方式的相关识别，确定激光干扰信号的干扰频率和发射方式，并生成干扰触发控制信息，驱动激光干扰发射机输出激光干扰脉冲。

3）定向干扰技术

该项技术主要通过威胁方位信息的全向相关解算技术及干扰、方位匹配控制技术，完成对激光干扰信号输出方位和发射视场，以及无源干扰设备的发射方式和空中假目标遮蔽范围的定向控制。

4）大功率激光干扰源

为保证激光有源干扰的有效实施，必须提高激光干扰机的发射功率，使激光引信的接收系统在远距离能够保持对激光干扰信号的正常接收，以压制其对目标回波信号的正常接收，形成有效的距离欺骗。

8.4.5 激光欺骗干扰的关键技术和发展趋势

激光有源欺骗式干扰的关键技术主要有以下几方面。

1. 多波长激光威胁信号识别技术

随着激光制导技术的发展，激光目标指示信号能将频谱不断拓宽，只具有单一激光波长对抗能力的激光干扰系统将难以适应战场的需要，而激光威胁光谱识别技术是实现多频谱对抗的先决条件。采用多传感器综合告警技术可对激光威胁进行光谱识别。

2. 来袭激光信息识别处理技术

为实现有效的激光欺骗干扰，需对来袭激光威胁信号的形式进行识别和处理。激光制导信号频率较低，不足 20 个/s，采用编码形式，用于识别信息量十分有限。为实现实时性干扰，采用激光威胁信息时空相关综合处理技术。

3. 激光欺骗干扰光源技术

半主动激光制导武器为了不受对方干扰，往往采用反对抗措施，例如变码、伪随机码或变波长等。这就给对抗一方提出了更高要求，于是就出现了自适应激光有源干扰技术。1988 年英国报道一个干扰系统同时具备三种波长激光器，供干扰时选择。另外还出现了一种可调谐激光器，其波长在一定范围内连续可变，以对抗变波长激光指示器。

4. 漫反射假目标技术

激光漫反射假目标应具有耐风吹、耐雨淋、耐日晒、耐寒冷等全天候工作特性，而且具有标准的朗伯漫反射特性。同时，它还应具有廉价、可更换使用的功能。

理想的漫反射假目标为朗伯余弦体材料做成的漫反射板。然而从实战角度出发，往往应采用更实际的方法。

（1）地面上任意岩石、土堆为假目标。即使是朗伯余弦体假目标，它也具有方向性，如果敌方导弹从另一方向来袭，就要换角度或换一块板。用地面地物做反射体反而克服了上述困难。实际上粗糙地面对激光的平均反射率在 0.3～0.45 之间。当导弹还比较远时，干扰激光照在目标附近的地面上，随着时间的推延，干扰激光照射点以一定速度不断地离开目标，直到一定远处为止。这样把导弹一点一点地引开，效果也比较理想。

（2）水面假目标。地面上对抗设备的假目标布设以地面地物为假目标，相对来说比较方便，然而对水面舰艇而言，假目标是个问题。如果用四周海水做假目标，尽管海水的反射系数有时较高，但它往往会是镜面反射，方向性很强，不能做漫反射假目标。军舰前进时，螺旋桨激起的水花在舰后留下一条长长的水花航迹，利用杂乱无章的海水水花对激光的反射特性，把干扰激光照射在舰后几十米远处的水花上，从水花表面反射出去的激光充满了半球空间，实际效果并不比陆地上使用的地面漫反射假目标差。

（3）空中假目标。空中激光假目标也称空中激光陷阱。它实际上由激光高反射材料做成的轻而小的薄片组成，每个小薄片就是激光反射中心。大量的这种片状材料填装在炮弹内，一旦发现激光威胁，就以一定射速、射角抛向空中，炸后形成一个半径一定的云团悬浮在空中并随风飘动。干扰激光经高反射材料组成的云团反射，充满整个球空间，而且由近及远慢慢离开，导引头也随着逐渐偏离原弹道。

多光谱综合干扰技术是激光欺骗干扰技术发展的必然趋势。另外，国内外正在积极研究激光驾束制导、激光主动制导的欺骗干扰技术。

8.5 毫米波有源干扰

毫米波有源干扰分为压制式干扰和欺骗式干扰两类。

8.5.1 毫米波有源干扰的原理与实现

压制式干扰是目前广泛采用的有源干扰形式。根据实施干扰方法的不同，这种干扰又分为扫频式干扰、阻塞式干扰和瞄准式干扰。扫频式干扰发射等幅或调制的射频信号，其载频以一定速率在很宽的频率范围内按一定规律作周期性变化，当频率扫过雷达引信通带时，就可以使其"早炸"。阻塞式干扰发射宽频带的干扰信号，因此可对频带内的雷达引信同时进行干扰。瞄准式干扰是在接收机雷达引信辐射信号的基础上，将干扰频率对准雷达引信工作频率，并将其功率集中在一个略大于雷达引信工作频带的频率范围内。

对于阻塞式干扰、瞄准式干扰，可以由随机信号通过调频的方式得到。随机信号 $f(t)$ 是均值为零的高斯随机信号，其幅度概率密度可以表示为：

$$p[f(t)] = \frac{1}{\sqrt{2\pi}\sigma} \exp\left[-\frac{f^2(t)}{2\sigma^2}\right] \tag{8-38}$$

由随机信号 $f(t)$ 调频得到的调频信号 $\Psi(t)$ 的功率谱密度为 $\Psi_{FM}(\omega)$，其表达式为：

$$\Psi_{FM}(\omega) = \frac{A^2 \pi}{2K_{FM}} \left[p\left(\frac{\omega - \omega_c}{K_{FM}}\right) + p\left(\frac{-\omega - \omega_c}{K_{FM}}\right) \right] \quad (8\text{-}39)$$

式中，ω_c 为载波频率；$K_{FM}\sigma$ 为调频的有效频偏 $\Delta\omega_{gc}$，有

$$\Delta\omega_g = 2\sqrt{2\ln 2}\, K_{FM}\sigma \approx 2.3\Delta\omega_{gc} \quad (8\text{-}40)$$

在 $\Delta\omega_g$ 内，形成了一个噪声干扰带，对在这个频带内的信号可以起到干扰作用。

干扰模拟器的扫频式干扰可以通过函数扫频的方式得到。其中载频为某一频率的正弦波，调制波形为各种函数波形，如正弦波、矩形波、三角波等。叠加上一定带宽的瞬时噪声，从而形成函数扫频式干扰。通过选择不同的扫频率函数，可以模拟不同扫频状态下噪声对雷达引信的干扰。不失一般性，下面以线性调频波为例分析。线性调频波的产生方式是一个锯齿波加到压控振荡器（VCO）上形成的，在理想情况下，VCO 的频率倾斜度为一直线，对 VCO 施加一线性电压，其输出信号的频率应随时间呈线性变化。

线性调频波是在周期 T 内，形成一个带宽为 B 的扫频信号。线性调频波在数学上可表示为

$$f(t) = \frac{1}{\sqrt{T}} \text{rect}\left(\frac{t}{T}\right) \cos\left(2\pi f_0 t + \pi \frac{B}{T} t^2\right) \quad (8\text{-}41)$$

线性调频波的瞬时频率就是式（8-41）中相位的微分，即

$$f_t = \frac{1}{2\pi}\frac{d\Phi}{dt} = f_0 + \frac{B}{T}t \quad (8\text{-}42)$$

如果扫频的过程中叠加上瞬时噪声，则在带宽 B 内干扰信号以速率为 $1/T$ 作周期性的变化，可以形成一个干扰带，对频带内的雷达引信同时进行干扰。

文献[22]给出了一种倍频方案实现的压制式干扰器，其结构如图 8.15 所示。基带白噪声和函数波形通过信号合成器加到 VCO 上，通过调频的方式得到在中频频段的阻塞、瞄准和扫频噪声。该中频噪声通过一次混频到 Ku 段，再二倍频到 Ka 段，实现毫米波段的干扰噪声。

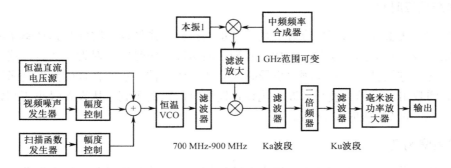

图 8.15 倍频方案压制式干扰器结构

考虑到有效瞄准毫米波雷达频率，使干扰信号进入毫米波雷达是干扰机能否有效干扰的前提。按照 1%的频率漂移计算，毫米波雷达的漂移频率范围达到几百兆赫。这对干扰机的干扰带宽设计增加了难度。带宽过宽造成干扰能量的极大损失，或带宽太窄不能有效瞄准毫米波雷达频率，都可能不能有效实施有源干扰[2]。文献[23]认为采用欺骗干扰是必须的，欺骗干扰包括频率欺骗和角度欺骗。

对毫米波雷达实施有源干扰，干扰源应立足于毫米波雷达自身。如采用存储转发技术，对毫米波雷达自身信号进行存储、复制来实施频率欺骗干扰，能精确地瞄准毫米波雷达的频

率，同时解决了干扰机的快速反应能力问题。

毫米波雷达较多采用单脉冲跟踪体制，主瓣干扰不能有效地对毫米波雷达实施方位上的欺骗。要对毫米波雷达实施有效的方位欺骗，最现实的办法是采用两（多）站干扰机对毫米波雷达实施闪烁干扰技术，破坏毫米波雷达的跟踪系统，使其不能建立稳定的角跟踪。

8.5.2 毫米波有源干扰的关键技术

1. 告警灵敏度

毫米波干扰机的告警距离应大于雷达的跟踪距离。设干扰设备与雷达间的距离为 R，雷达信号在干扰设备处的功率密度为：

$$S = \frac{PG_r\lambda^2}{(4\pi)^2 R^2 (\alpha R)} \tag{8-43}$$

式中，P 为雷达峰值功率，G_r 为雷达天线增益，α 为大气衰减，λ 为雷达信号波长。需要的系统灵敏度 $S_i \leqslant S$。

2. 最小压制距离

最小压制距离是有源干扰设备的一项重要指标。雷达干扰方程式为

$$K_n = 4\pi R^2 \cdot \frac{P_j G_j}{P_r G_r} \cdot \frac{r_j}{\sigma D} \cdot \frac{\Delta f_r}{\Delta f_j} \tag{8-44}$$

式中，K_n 是干信比，$P_r G_r$ 是雷达的等效辐射功率，$P_j G_j$ 是毫米波干扰设备的等效辐射功率，σ 是雷达有效反射面积，r_j 是天线极化系数，D 是雷达其他积累系数，$\Delta f_r / \Delta f_j$ 是雷达中频带宽与干扰信号带宽比。一般来说，要实施有效干扰，干信比 K_n 要大于或等于3，取干扰比为3即可得到干扰的最小压制距离 R。

3. 系统反应时间

对毫米波干扰设备，系统反应时间是一个重要指标。系统反应时间是指从毫米波信号进入系统接收天线，到干扰天线发出干扰信号为止的这段反应时间。对设备而言，这一时间是告警反应时间、方位引导时间和频率引导时间之和。假设被保护的目标受到以毫米波雷达为末制导的导弹攻击，导弹从被毫米波干扰设备发现时的距离飞到干扰设备最小压制距离时所用的时间为 t_r，系统反应时间 $t \ll t_r$。

4. 收发隔离度

为达到机动灵活、随作战部队运动作战的目的，毫米波干扰设备应采用告警、干扰一体化设计。系统要可靠、稳定工作，必须解决收发隔离问题。这可从以下三方面加以考虑：

（1）空间隔离。天线的安装位置，直接影响到系统的收发隔离度。系统要求实现全向告警和干扰，天线的安装设计，必须在考虑提高隔离度的同时，不能出现彼此遮挡的现象。

（2）合理选择天线形式。依靠天线自身的隔离来提高设备的收发隔离度，要选择主波瓣增益高、副波瓣增益低的天线。

（3）采取附加吸波材料等隔离措施来提高设备的收发隔离度。

5. 窄脉冲技术

毫米波雷达的一个显著特点是窄脉冲。干扰机必须保证能有效接收、处理、复制出毫米波雷达的窄脉冲信号。

8.6 GPS 干扰机[24]

GPS 干扰机用于干扰 GPS 制导武器或敌方通信网络的同步。

8.6.1 GPS 易受干扰性

GPS 的设计者最初仅仅把它作为战争环境下一种导航辅助手段,设计时没有特别考虑该系统在干扰环境下的工作能力,GPS 导航星离地面很远(2 万多千米),发射功率不大(30 W),因此对电子干扰比较敏感。

美国国防科学部的有关研究报告指出:"GPS接收器即使受到远距离低能干扰器的干扰,也是很脆弱的,而受到中距离干扰器的适度干扰时,便会丧失跟踪能力。"

英国防御研究局的试验证明:"使用干扰功率比为 1 的干扰机实施调频噪声干扰,就能使 GPS 接收机在 22 km 范围内不能工作。发射功率何增加 6 dB,有效干扰距离就增加 1 倍。"

另有报道:"飞行试验证明,飞机上的 GPS 接收机在干扰信号为-125~130 dBW 时,就会丢失卫星信号的码元和载波,从而失去定位能力。"

1994 年 9 月,约翰·霍普金斯大学应用物理实验室首次公开展示了一种烟盒大小的自制干扰机。据称,该装置足以干扰半径 16 km 范围内的任何采用 CA 编码的 GPS 接收机。

俄罗斯组织的航空展览上出售一种 GPS 的干扰机,其质量为 8~12 kg,可用于对付 GPS 和 GLONESS,这种设备价格低于 4 000 美元/台。据说俄罗斯设计的廉价 GPS 干扰机现在很容易买到,甚至可通过因特网采购。

8.6.2 GPS 干扰的原理

对 GPS 实施干扰的方法主要有如下几种[25]。

1. 压制式干扰

用干扰机发射足够强度的某种调制方式的射频干扰信号,遮蔽敌方信号频谱,使敌方 GPS 接收机降低或完全失去正常工作能力,称为压制性干扰。研究结果表明:在所有对 GPS 信号潜在威胁中,压制式干扰是最大的威胁。GPS 信号的特点给压制式干扰提供可以施展的用武之地。而压制式干扰又可分为:C/A 码瞄准式干扰、C/A 码阻塞式干扰和相关干扰。

(1) C/A 码瞄准式干扰。GPS 卫星信号有其独特的码型,采用频谱瞄准技术,使干扰频谱精确对准信号频谱,针对特定码的卫星信号实施干扰,使该信号在一定区域内失效。有实验证明:飞机上的 GPS 信号在干扰信号为-125~130 dBW 时就会丢失锁定卫星信号的码元和载波,从而丧失定位能力。

(2) C/A 码阻塞式干扰。这种干扰的特点是针对 GPS 信号载频而采用一部干扰机扰乱一定地域出现的所有 C/A 码卫星信号。码阻塞式干扰存在多种干扰体制,干扰效果不尽相同,其中干扰效果比较好的是宽带均匀频谱干扰体制。在此体制下，干扰机产生的干扰信号大部分能够通过接收机窄带滤波器而不被过滤掉，因而可以产生比较理想的干扰效果。

（3）相关干扰。相关干扰是利用干扰信号的伪码序列与 GPS 信号的伪码序列有较大的相关性这一特点对 GPS 信号实施干扰。与不相关干扰相比，它有较多的能量可以通过接收机窄带滤波器。因而，可以以较小的功率实现与其他方式相当的有效干扰。

2．欺骗式干扰

欺骗式干扰是针对 GPS 系统的工作原理、GPS 接收机工作特性以及存在的薄弱环节采取的较隐蔽的方式进行干扰的，可以有多种变化形式，目前主要为转发式干扰和产生式干扰。

转发式干扰就是将接收到的 GPS 信号重新广播出去，从而构成一个虚假的 GPS 卫星信号，使接收机出现错误解码。这种干扰方式技术实现也相对容易。对转发式干扰来说，首先要研究解决收发隔离度的问题，而且要从 −20～−30 dB 的信噪比中提取、放大信号并尽量减小信号畸变，提高信号信噪比，将来还要求转发式干扰机更加智能化能够向被干扰目标提供任意的假位置。例如，使用高增益、低噪声的天线阵列来跟踪 GPS 星座，分别处理各个卫星信号的传播时延，这可能使被干扰的接收机测得的位置发生各种变化。

产生式干扰是指由干扰机发射与 GPS 卫星信号相同的无线信号来欺骗接收机，使其出现错误解码。当前，C/A 码是公开的，而 P 码也已处于半公开状态，对它们的干扰可以实现，但对 P 码加密后形成的 Y 码，要从侦收中破译 P 码从而产生能被 GPS 接收的高逼真欺骗信号，技术难度非常大，目前还难以实现。

8.7 紫外干扰源

8.7.1 紫外光源与紫外干扰源

紫外光源指以产生紫外辐射为主要目的的非照明用电光源。紫外辐射是波长小于紫色光波长的一定范围的电磁辐射，波长为 1～380 nm，可划分为长波（代号 UV-A，波长 315～380 nm）、中波（UV-B，280～315 nm）、短波（UV-C，200～280 nm）、真空（UV-D，1～200 nm）4 个波段，相应的紫外光源分别称之为长波、中波、短波和真空紫外光源。紫外光源具有荧光效应、生物效应、光化学效应和光电效应，适用于工业、农业、国防和医疗等领域[26]。

能够用来对敌方紫外探测器进行干扰的大功率紫外光源，就是紫外干扰源。

8.7.2 紫外光源的分类

（1）长波紫外光源：主要有长波紫外线灯、紫外线高压汞灯、紫外线氙灯和紫外线金属卤化物灯。长波紫外光源广泛应用于重氮复印、静电复印、印刷制版；机械工业中的荧光探伤；化学工业中的光合成、光固化、光氧化；农业上的捕鱼诱虫；公安方面的检查、鉴别，以及某些皮肤病的治疗等方面。此外，在装饰照明、广告照明、舞台效果方面，长波紫外光源也日益受到重视。

电源调制[27]的紫外线氙灯或氪灯可制成紫外干扰源，用于军事目的。

紫外光通信发射机主要由电光转换电路、低压汞气放电灯与反射镜等组成，如图 8.16 所示。电光转换电路把话音或数字数据信号转换成曼彻斯特自同步脉冲数据编码流，输出给放电灯管，环状低压汞气放电灯把 20%的电能转换成 253.6 nm 的辐射光，加上反射镜后可提高发射光信号的方向性[28]。

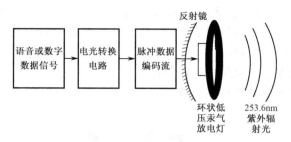

图 8.16 紫外光通信发射机组成

（2）中波紫外光源：主要指紫外线荧光灯。它具有红斑效应和保健作用，适用于医疗保健。

（3）短波紫外光源：主要指冷阴极低压汞灯和热阴极低压汞灯（医用消毒灭菌灯）。冷阴极低压汞灯结构形式多样，主要用于荧光分析、医疗和光化学反应等方面。热阴极低压汞灯于 1936 年问世，是世界上最早使用的紫外光源。

（4）真空紫外光源：主要用作光电子能谱仪的激发源、臭氧发生源和真空紫外波长标准。

8.7.3 紫外干扰

对敌方紫外通信进行干扰，一般采用欺骗式干扰、压制式干扰和削弱信号传输效率等方法干扰敌方接收机的接收效果，从而影响敌方通信活动[28]。

（1）欺骗式干扰。可以在获知敌方紫外通信频段的基础上，采用施放高能虚假紫外信号的方法。但由于紫外信号在大气中衰减很快，要进行远距离干扰很困难，可以使用侦察、干扰一体化投放设备或搭载强紫外发射机的无人机进行中近距离干扰，通过转发敌方通信内容或编制虚假命令的方式，使敌方接收机无法辨明接收信号的真伪。

（2）压制式干扰。使用侦察、干扰一体化投放设备或搭载强紫外发射机的无人机进行中近距离干扰，向敌方有效通信区域发射由噪声信号调制出的高功率紫外光信号，阻塞敌方有用信号通道，压制其正常通信。

8.8 有源干扰的发展趋势

有源干扰技术的总的发展趋势为综合化、立体化[29]。为了达到综合化的对抗效果，将面源红外诱饵与其他对抗手段（如射频无源诱饵等）相结合，构成多波段、多制式的复合对抗系统；立体化指星载、机载、车载、舰载多平台立体交织覆盖。

对于具体的干扰技术，其发展各有侧重。例如，为了有效对抗先进的红外导弹，要求红外诱饵弹能更逼真地模拟目标。有源干扰技术的发展趋势可归纳如下[30]：

（1）采用新材料。通过改进诱饵材料或开发新材料，使诱饵弹频谱特性更加接近载机。

（2）覆盖宽频谱。随着制导系统的发展，要求面源红外诱饵的覆盖波段越来越宽。例如，英国"鸡尾"多光谱诱饵，复合了可见光、表面多孔合金材料（SMD）和气动多光谱三种诱饵材料。

（3）控制燃烧过程。控制红外诱饵弹的点燃和初始燃烧过程，以干扰红外寻的器对上升时间的判断。

对于强激光定向红外干扰技术而言，除了综合化、立体化，其主要发展趋势还有：
（1）采用大功率激光器作为新型干扰源，发展一击致命的能力[31, 32]；
（2）采用精确时序同步控制；
（3）增加旋转阵列窗定向成像与干扰[33]；
（4）开放系统结构可承受性和多功能[32]。

参 考 文 献

[1] 王永仲. 现代军用光学技术[M]. 北京：科学出版社, 2003.
[2] 美国红外与光电系统手册编辑组. The Infrared and Electro Optical System Handbook，1993(7).
[3] 付伟. 红外干扰弹的工作原理[J]. 电光与控制, 2001(1): 37-40.
[4] 李云霞, 蒙文, 马丽华, 等. 光电对抗原理与应用[M]. 西安：西安电子科技大学出版社, 2009.
[5] 张伟. 电子对抗装备[M]. 北京：航空工业出版社, 2009.
[6] 曹春, 卢权华. 坦克和装甲车载红外干扰机的研究[J]. 红外, 2009, 30(7): 18-21.
[7] 吴丹, 马超杰. 红外有源干扰机干扰原理及相关技术[J]. 舰船电子对抗. 2006, 29(3): 6-10.
[8] 付伟. 红外有源干扰机作用机理分析[J]. 红外技术. 2000, 22(4): 19-24.
[9] 付伟. 红外有源干扰技术发展综述[J]. 导弹与航天运载技术, 2001, 1(1): 23-27.
[10] 钟海荣, 刘天华. 光电探测器的激光破坏（损伤）阈值分析[J]. 激光杂志, 2001, 22(4): 1-5.
[11] 关效贤, 朴贤卿, 孙晶, 等. 软杀伤战术激光武器及作用机理的研究[J]. 红外与激光工程, 2004, 33(2): 118-120, 132.
[12] 胥杰, 赵尚弘, 占生宝, 等. 高能激光视网膜损伤及致盲应用研究[J]. 激光杂志, 2006 (06): 13-14.
[13] 特定常规武器公约. http://baike.baidu.com/view/1072687.htm.
[14] 苗用新, 陈兆兵, 林洪沂, 等. 激光有源干扰设备概述[J]. 红外与激光工程, 2008, 37(S1): 707-710.
[15] 侯振宁. 激光有源干扰原理及技术[J]. 光机电信息，2002(3): 22-26.
[16] Perram G P, Marciniak M A, Goda M. High-energy laser weapons: technology overview[C]. Proc. SPIE 5414, 1 (2004); doi:10.1117/12.544529.
[17] 付小宁, 牛建军, 陈靖. 光电探测技术与系统[M]. 北京：电子工业出版社, 2010.
[18] 周治伟, 孙晓泉, 樊祥. 激光测距干扰与反干扰技术研究[J]. 红外与激光工程, 2005, 34(6): 646-650.
[19] 蒋庆全. 21 世纪舰载激光有源干扰技术探析[J]. 舰船电子工程, 2002(1): 2-10.
[20] 付伟. 激光有源对抗发展. 激光集锦, 1996, 6(2): 14-17.
[21] Pollock D H. Countermeasure Systems[G]. //Accetta J S, Shumaker D L. The Infrared and Electro-Optical Systems Handbook, Volume 7. IRIA & SPIE, 1993.
[22] 洪韬, 王超, 张学斌. 压制式毫米波干扰模拟器设计 [EB/OL]. http://www.chinaaet.com/article/index.aspx?id=11875.
[23] 施中明, 兰杨茂. 毫米波有源干扰技术[J]. 电子对抗技术, 2005, 20(6): 24-25, 29.
[24] EW 资料. GPS 制导与干扰[J]. 电子对抗技术, 2003, 18(2): 31-32.
[25] 丁志国, 魏本杰, 杨志强. GPS 制导技术浅析及对抗策略[J]. 全球定位系统, 2006(3): 46-48.
[26] 石中玉. 紫外线光源及其应用[M]. 北京：轻工业出版社, 1984.
[27] 复旦大学电光源实验室. 电光源原理[M]. 上海：上海人民出版社, 1977.

[28] 刘新勇，鞠明. 紫外光通信及其对抗措施初探[J]. 光电技术应用. 2005(10): 7-9，36.
[29] 淦元柳，蒋冲，刘玉杰，等. 国外机载红外诱饵技术的发展[J]. 光电技术应用, 2013, 28(6): 13-17.
[30] 王鹏，黄烽，王刚，等. 国外机载面源红外诱饵技术发展分析[J]. 航天电子对抗, 2016, 32(3): 49-52.
[31] 王玺. 美军定向红外对抗技术研究综述[J]. 飞航导弹, 2014 (7): 57-60.
[32] 范晋祥，李亮，李文军. 定向红外对抗系统与技术的发展[J]. 红外与激光工程, 2015, 44(3): 789-794.
[33] 李海刚，张洁. 激光红外干扰技术的发展动向与分析[J]. 舰船电子工程, 2014, 34(6): 9-13, 45.
[34] 李韬锐，童中翔，黄鹤松，等. 空战对抗中面源红外诱饵干扰效能仿真[J]. 红外与激光工程, 2017, 46(9): 904002-0904002 (8).

第 9 章　光电对抗的评估与仿真研究

光电对抗效果的评估是指选择光电对抗方式、调整对抗参量、研制与鉴定装备，以及发展光电对抗技术所必须探讨的问题。同时，仿真是缩短系统研制与试验鉴定周期、降低效能评估成本的主要手段。

在任何一个武器系统的装备和发展过程中，作战效能评估都是一个基本问题，光电对抗也不例外。仿真实验是完成武器装备作战效能评估的有效手段，只有通过仿真，才能模拟出与作战对象相适应的战术指标和近似的战场环境。世界一些先进国家都非常重视仿真技术在武器系统研制与试验鉴定中的作用，美国、德国、以色列、南非、俄罗斯等军事强国都建立了仿真试验系统，用于武器装备的研制及试验鉴定。在光电对抗仿真领域，美国发展得较快、也较全面。

从发展现状看，光电对抗系统功能多种多样，组成复杂，体制新特，难以用传统的攻击武器模型或雷达电子战模型进行效能分析[1]。因此，尽管几乎每个研制设备的单位都各自建立了一套完整的效果评估系统，但有关光电对抗效果评估的理论和标准尚未完全统一和规范化。

9.1　国内外光电对抗效能评估技术现状

9.1.1　美国主要光电对抗效能评估系统[2]

美国最早于 1929 年将仿真技术应用于试验与训练。近年来，随着数字信息技术的发展，高新武器不断出现，缩短研制周期、提高效能比的需求越发强烈。

1995 年美国国防部发布了针对建模与仿真领域的通用技术框架，该框架由任务空间概念模型（CMMS，Conceptual Model of Mission Space）、高层体系结构 HLA（High Level Architecture）和一系列的数据标准三部分组成，其中高层体系结构是通用框架的核心内容。HLA 能提供更大规模的，将构造仿真、虚拟仿真、实况仿真集成在一起的综合环境，实现各类仿真系统间的互操作、动态管理，一点对多点的通信，系统和部件的重用，并建立不同层次和不同粒度的对象模型。美国国防部已宣布不再支持非 HLA 标准的仿真系统，HLA 已经成为目前分布交互仿真系统普遍采用的标准。

1997 年，美国研究与开发联合会的建模与仿真界及国防部门共同提出了"基于仿真的采办（SBA）"，其目的是将建模和仿真应用于整个采办过程。在这种大的环境下，美国空军、陆军和海军各自建立了自己的光电试验与鉴定仿真设施，主要包括位于得克萨斯州福特沃思的空军电子战评估系统（AFEWES）、亚拉巴马州红石兵工厂的陆军导弹指挥部先进仿真中心（ASC）的半实物（HIL，hardware-in-loop）仿真系统以及加州中国湖的海军仿真实验室（SIMLAB）。这些系统采用的技术和设备都是世界一流的，可以说它们代表了世界光电仿真和效能评估技术的最高水平。

美国空军电子战评估系统（AFEWES）的光电仿真设施主要包括两个独立的红外试验室。这两个实验室提供了红外地对空及空对空导弹的闭环仿真，可对红外对抗进行评估。它同时支持两种不同类型的试验用户，不仅可以完成红外对抗评估，还可以试验被动导弹告警系统。先进仿真中心（ASC）红外半实物（HIL）仿真设施的基本组成包括组合投影仪、动态仿真器、数据采集/显示、分布式仿真。先进仿真中心使用了宽波段红外影像投影仪、多光谱影像投影仪的电阻阵投影仪及多类动态实时三维红外影像生成器，导弹仿真实验室的红外实验室使用红外目标设计系统叶片组Ⅱ（JAWSⅡ）进行红外试验，JAWSⅡ利用 3～5 μm、8～2 μm 的红外准直镜加多个目标源来模拟导引头中所呈现的真实热目标，目标、热背景和多至 3 个的曳光弹都可以进行独立的控制以产生不同辐射、轨道、速度和加速度，在准直的出射光束中进行合成。

从上面的介绍来看，美国目前所使用的光电仿真器可以分为两种类型：一种是光学机械式（以下简称光机式）；另一种是计算机生成图像仿真系统。光机式仿真器的基本原理是利用光学视角等效原理，模拟目标随距离的变化，模拟目标二维尺寸的变化。计算机生成图像仿真，特别是红外成像仿真系统是目前的发展趋势。一个完整的红外成像仿真系统应当包括计算机系统、运动仿真器（3 轴或 5 轴伺服转台）、气压调节及低温室、红外影像部分。它要把计算机影像产生器生产的代表红外影像的视频信号，转换成相应谱段具有高逼真度的红外动态图像。

9.1.2 国内发展现状

在光电对抗技术发展的推动下，我国在试验、研究领域也建立了一些光电仿真系统，用于验证光电对抗武器装备的设计思想、设计原理、设计方案的合理性以及对抗效果的准确度与可信度评估[3]。目前，国内对雷达电子战的效能评估理论研发较多，建模与仿真试验发展相对较快。光电对抗虽然在概念上属于综合电子战的范畴，但其效能评估建模与仿真实验具有特殊性，无法全面借鉴雷达电子战的效能评估体系的方法。与国外相比，尽管我国光电对抗仿真系统依然缺少体系完整的大平台，但在一些方面还是取得了较好的成绩。

1. 红外目标探测系统仿真

大气的衰减系数可以由各部分影响因素的衰减系数相加而得，即

$$\mu(\lambda) = \mu_{H_2O}(\lambda) + \mu_{CO_2}(\lambda) + \mu_S(\lambda) + \mu_C(\lambda) \tag{9-1}$$

式中，$\mu_{H_2O}(\lambda)$、$\mu_{CO_2}(\lambda)$、$\mu_S(\lambda)$、$\mu_C(\lambda)$ 分别为水蒸气吸收所引起的光谱衰减系数、CO_2 吸收所引起的光谱衰减系数、大气分子与气溶胶的光谱散射衰减系数、大气气象条件（云、雾、雨、雪）所引起的衰减系数。文献[4]由此出发，在对各个衰减系数分析的基础上，借助于等效海平面距离的计算，得出温度为 T、相对湿度为 r、降雨强度为 J_r、降雪强度为 J_s 的气象条件下，红外辐射在倾斜路程（距离为 S，仰角为 θ，海拔高度为 H）的大气透过率 $\tau_a(\lambda)$ 的计算公式为

$$\tau_a(\lambda, S) = \exp[-\frac{r \cdot f}{6.67} \cdot \mu_{0,H_2O} \cdot \frac{e^{-0.0654H}}{0.0654\sin\theta} \cdot$$
$$(1-e^{-0.0654S\sin\theta}) - \mu_{0,CO_2} \cdot \frac{e^{-0.19H}}{0.19\sin\theta}(1-e^{-0.19S\sin\theta}) - \qquad (9\text{-}2)$$
$$\frac{3.91}{V_m} \cdot (\frac{0.55}{\lambda})^q - 0.66 J_r^{0.66} \cdot S - 6.5 J_s^{0.7} \cdot S]$$

式中，μ_{0,H_2O}、μ_{0,CO_2} 分别为在大气温度为 5℃、相对湿度为 100%时水蒸气和二氧化碳的光谱吸收系数；f 为温度为 T 时饱和空气中的水蒸气质量。

文献[5]则利用大气修正因子修正大气透过率来提高测量目标红外辐射特性的精度，以改善单纯 MODTRAN 计算仿真水土不服的问题。

2．强光（激光）对红外成像系统的干扰

文献[6]实现了特定目标与场景的合成仿真。文献[7]则在 15 km 距离上对某型中波红外相机进行了远距离光电干扰实验研究。文献[8]给出了红外成像制导武器干扰效果的静态模拟仿真系统实例。

文献[9]通过提取图像的压缩感知特征，计算干扰前后图像压缩感知特征的失效程度，实现激光干扰效果的客观评价。该方法能够克服不同探测角度对评估结果的影响，且对不同干扰功率的敏感度更高。

3．对复杂场景或更加贴近实际场景的仿真评估

文献[10]利用了舰载和机载诱饵弹空时域分布特性及红外辐射模型，分析了诱饵弹在红外波段的工作特点；根据诱饵弹与海洋环境的辐射能量作用机理，利用双向反射率分布函数建立了海面面元的散射特性模型；构建了基于 GPU 并行运算的海上诱饵弹干扰场景渲染框架，实现了复杂海洋环境中舰载和机载诱饵弹干扰结果的实时计算；评估了舰载和机载诱饵弹对舰船成像结果的影响，并定量分析了舰船对比度随诱饵弹发射角度和观察高度的影响。

文献[11]则通过电视导引头外场烟幕干扰试验，获得了烟幕对电视导引头干扰效应的实测数据，通过分析实测数据发现了烟幕对电视导引头的干扰机理以及干扰效应的基本规律，并据此建立了电视导引头烟幕干扰效应模型。

9.2 光电对抗的评估准则

光电对抗包括光电攻击、光电防务和光电支援三大模式，每种模式的作战效果应有不同的评价原则。由于光电干扰效果评估是指对各种干扰手段作用于被干扰对象所产生的效果进行评价，因此要考虑干扰手段、被干扰对象、被实施干扰的环境和评估准则三方面的要素。

被干扰对象受到干扰后所产生的影响将主要表现在以下几方面[12]：

（1）被干扰对象因受到干扰使其系统的信息流发生恶化，例如信噪比的下降、虚假信号产生、信号中断等。

（2）被干扰对象技术指标的恶化，如跟踪精度、跟踪角速度、速度等的指标下降，脱靶量增加，命中率降低等。

（3）从干扰效果的评估角度来看，若用上述三种干扰后果来评估效果，可以通过使用不

同的评估置信度区分出不同的评估层次。

在雷达电子干扰效果评估中,根据干扰信号样式和被干扰对象种类,曾提出过多种类型的干扰效果评估准则,如功率准则、概率准则和效率准则等。这些评估准则作为一般准则,对其他类型干扰的效果评估也是适用的。

9.2.1 功率准则

功率准则有时也称为能量准则或信息损失准则,通常适用于对光电系统的压制性干扰,一般用压制系数表征,即对光电装备实施有效压制干扰或使被压制干扰的光电装备产生指定的信息损失时,在光电装备接收机输入端所需要的最小干扰信号与光信号的功率(或能量)比。

由于干扰信号的作用,造成的信息损失表现在对光信号的遮盖、模拟或产生误差,甚至中断信息进入,等等。信息损失的特性取决于干扰信号和被干扰对象的特性。光电装备类型不同,有效干扰的含义不同。

对于目标搜索指示光电装备(如导引头、预警系统),有效干扰指的是使光电装备的发现概率下降到某一数值。对于跟踪光电装备,有效干扰指的是使其跟踪误差增大到一定程度,或使其误差信号的频谱特性变坏,使光电导引头失去跟踪能力。有效干扰也可利用受干扰覆盖住的光电导引头观测空间体积(或面积),或利用受干扰覆盖住的空间体积(或面积)与整个观测空间体积(或面积)之比来量度。

功率准则存在的主要问题有:

(1)功率准则回答的问题是对被干扰对象的干扰效果达到一定程度时,所需要的最小干扰/信号比,因此更适用于评估被干扰对象的抗干扰能力。如果用于评估对被干扰对象的干扰效果,则显得比较抽象,不够直观。

(2)在工程上,干信比的测量比较困难,功率准则在应用上不很方便。

(3)功率准则通常只适用于对光电系统的压制性干扰。

9.2.2 概率准则

概率准则有时也被称为战术运用准则或效能准则,是从被干扰对象(光电装备或无线电制导导弹武器系统)在电子干扰条件下,完成给定任务的概率出发来评估干扰效果。一般是通过比较被干扰对象在有无干扰条件下,完成同一任务(或性能指标)的概率来评估干扰效果。比较的基准值是无干扰条件下,被干扰对象完成同一任务的概率。

对于目标搜索指示光电装备,可以采用目标发现概率作为干扰效果评估指标,以光电装备发现概率的下降程度来评估干扰效果。一般情况下,压制性干扰主要用于对目标搜索指示光电导引头的干扰。压制性干扰通常以各种调制的噪声干扰为基本样式,强干扰作用于光电接收机后,可使接收机通道中的信噪比降低,造成光电装备的信号检测系统无法提取出目标信息。因此,压制性干扰的本质是降低搜索光电装备对目标的发现概率。一般情况下,当搜索光电装备的发现概率下降到小于 0.2 时,即可判定干扰有效;当发现概率大于 0.8 时,干扰无效;而当发现概率介于 0.2~0.8 之间时,可采用 Monte Carlo 法,取随机数决定干扰是否有效。

对于无线电制导导弹武器系统,其战术技术指标中以对目标的杀伤概率为一级指标,所有性能指标受干扰后最终都会反映到杀伤概率的变化上,所以可以选杀伤概率作为干扰效果评估指标,依据导弹武器系统在有无干扰条件下对目标的杀伤概率之比评估电子干扰对导弹武器系统的干扰效果。

例如,1966年在越南战场上,越南军队的地空导弹武器系统在美军的电子干扰下,杀伤概率下降到0.7%,而在正常情况下可达90%,有无干扰条件下导弹武器系统杀伤概率的比值为0.077。此后,当越军采取了反干扰措施后,导弹的杀伤概率又上升到30%,有无干扰条件下导弹杀伤概率的比值上升到0.33。

杀伤概率直接反映了导弹武器系统攻击目标的有效程度,概率准则将电子干扰对导弹武器系统的干扰效果和导弹的作战使命联系起来,通过比较导弹武器系统在有无干扰条件下的杀伤概率,可以直观反映电子干扰的战术效果。因此,概率准则也被称为战术运用准则或效能准则,被认为是一种比较理想的干扰效果评估准则。

应用概率准则存在的主要问题有:

(1)在被干扰对象的各项会受电子干扰影响的性能指标中,除了上述目标搜索指示光电导引头的发现概率、导弹武器系统的杀伤概率等本来就是以概率形式给出的少数指标外,大多数指标都不是以概率形式表征的。如果将这些指标改用完成给定任务的概率来表征,显然就很不直观。如果把这些概率变化量再转化为原来指标的变化量,即使可行,也可能存在相当大的数据处理难度和工作量,倒不如直接采用这些指标来得简单方便、直观明了。因此,对于这些性能指标,就不适合应用概率准则来评估干扰效果。

(2)概率指标是统计指标,必须建立在大量的统计数据的基础上,因此需要在相同条件下,进行多次重复试验才能获得。然而,在许多情况下,由于试验环境不可控制,或者试验条件、试验费用以及时间所限等各种因素,不可能实现多次重复试验,所以也就不能应用概率准则。

由此可见,不是在任何情况下,都可以应用概率准则来评估干扰效果的。概率准则的应用需要考虑具体的评估试验条件。

9.2.3 效率准则

效率准则通过比较被干扰对象在有无干扰条件下同一性能指标的变化来评估干扰效果。一般可以采用有无干扰条件下同一性能指标的比值表征干扰效果。因此,效率准则的比较基准是被干扰对象在无干扰条件下同一性能指标的值。

例如,对于光电装备,可以依据受干扰后光电装备对目标的探测距离相对于无干扰条件下的探测距离下降的程度,来评估干扰机对光电装备的干扰效果。

电子干扰的目的是使被干扰对象的工作性能下降,所以应用效率准则评估干扰效果具有直观明了的显著特点。利用效率准则,通过直接比较被干扰对象在有无干扰条件下同一性能指标的检测数据,就可得出对干扰效能的评估结果。因此,效率准则还具有简便、工程易行的优点。效率准则采用的干扰效果评估指标可以是被干扰对象的任何一项会受电子干扰影响的战术技术性能指标,而不论其是否具有概率特性。在这些性能指标中,不具有概率特性的指标不需要特地变换为概率形式,所以也就不需要通过大量重复试验去检测,或经过复杂的数据处理而得到。因此,与概率准则相比,采用效率准则评估干扰效果更为直观、简单和方便。

如果效率准则采用的干扰效果评估指标是具有概率特性的性能指标,则这种效率准则同时也属概率准则。因此,概率准则可以看作效率准则的一种特例,故而有时也将概率准则称为效率准则。

9.3 光电对抗效能评估的技术途径

本节介绍光电对抗效能评估的组织和技术途径。

9.3.1 效能评估的层次

效能评估分工程评估、综合评估和广义评估3个等级,构成了三级评估体系[13]。

工程评估是对光电对抗能力的直观检验。以光电制导干扰为例,根据系统的观点有两种方法:一种是视对方制导系统为灰色系统,从分析干扰机理、干扰过程及其影响因素出发来建立模型,通过提取导引头一至数个表现参数对干扰的反应来进行,适合技术资料缺乏、数据不全或对新型光电武器的干扰效果评估;另一种基本上视导引系统为白色系统,通过导引系统跟踪主回路中的敏感参数(如制导控制信号)对干扰的响应进行评估。后一种方式直观、精确,要求熟悉导引机理,由于军事情报获取困难或对制导机理认识有限,实际操作难度大。

综合评估扩大了评估范围,引入目标(己方)在战场中的存活率,联系干扰能力、侦察告警、导弹杀伤能力等因素,构成综合评估系统。作战是一随机过程,组成因素为随机量,采用Monte Carlo仿真试验方法,以概率予以量化。

广义评估内容多,信息不完整,模糊度高,需要寻求完善的评估方法。广义评估很大程度上是从决策问题的观点出发的。基于模糊数学、灰色系统、物元科学的模糊灰色物元决策系统(FHW)及扩展FHW系统和情报分析决策系统(IDA)很适合于广义评估。

9.3.2 系统层次分析及指标体系

武器装备单元、武器装备子体系和武器装备体系的作战目标(功能、任务)呈现出层次性,因而武器装备的作战能力也呈现出层次特性,并且上一级系统层次的作战能力由下一级系统层次的作战能力及武器装备性能参数/战技指标聚合而成[14]。光电对抗装备体系结构复杂,作战能力指标体系也呈现出多层次结构,任一层次的作战能力可能由其多个下层能力指标聚合而成。

效能评估指标体系是评估系统的一个重要组成部分,它是指一套能够全面反映所评估对象的总体目标和特征,并且具有内在联系、起互补作用指标的集合。在建立评估指标体系的过程中,要兼顾指标体系的完备性、独立性、明确性、可比性、可测性、协调性、简练性和层次性。

9.3.3 常用的军事装备效能评估方法

目前军事装备效能评估方法分为两大类:系统评估法和作战评估法。系统评估法用来评估军事装备的系统效能或单项效能。按评估的主客观程度,系统评估法可分为主观评估法、客观评估法和综合评估法。其中,主观评估法主要包括层次分析法、德尔菲法、专家调查法和直接给出法等；客观评估法主要包括主成分分析法、回归分析法、因子分析法和理想点法等；综合评估主要包括模糊综合判断法、灰色评估法以及神经网络评估法等[15]。

上述的评估方法各有其优缺点，下面就几种常用的方法加以评述。

1. 层次分析法（AHP）

当前用解析法评估武器装备作战效能时，多采用层次分析方法（AHP）进行指标聚合[16]。AHP法强调了思维方式层次结构的特点，可以将复杂的问题分解成低阶分层的有序结构，通过构造两两比较矩阵计算各子指标层的相对权重，从而得到系统的效能值，起到了化繁为简的作用。同时，用专家评分或调查的办法构造判断矩阵来确定权重的方式，既有效地综合了专家的经验，也体现了定性和定量相结合的特点。但是其主要缺陷是：过分简化了指标体系各层次之间的聚合关系，指标聚合方式太过单一，只考虑了加权求和方式。显然，一些作战能力的指标聚合并不能用AHP法中采用的加权求和的方式来进行。某些下层指标以"与"关系聚合到上层指标，即对于上层作战能力而言，每个下层作战能力都是关键因素，只要其中一个为零则上层作战能力为零。

2. Lanchester方程法

Lanchester（兰彻斯特）方程法是基于兰切斯特战斗理论的一种效能评估方法[17]。它在一些简化的假设前提下，建立了一系列描述交战过程中双方兵力变化数量关系的微分方程组，通过战斗效能比和交换比等指标的计算得出效能评估结果。Lanchester方程法主要用于作战效能评估领域，其优点是将战斗过程中的因素量化，并用确定性的解析方程描述客观约束条件。但是现代战争具有复杂多变等特点，该方法只考虑了理想情况下战场因素，所以难以反映出随机因素和模糊因素的影响。

3. 模糊综合判断法[18]

模糊综合判断法是在模糊集理论的基础上，应用模糊关系合成原理，对被评判对象隶属等级状况进行综合评判的一种方法[19]。其优点是可以较好地解决包含难以精确定量表达的评价因素的评估问题，而且无须通过参照其他评估对象的评估结果的相对排序来确定评估等级。其缺点是不能给出明确物理意义的定量评估结果，并且隶属函数的建立在很大程度上依靠经验，需要在实践中反复修正，才能得出适合具体问题的隶属函数。

4. SEA法

SEA（System Effectiveness Analysis）即系统效能分析方法[20]。它把系统能力和使命要求在同一公共属性空间进行比较，得到有效评定的若干参量，适当地组合这些分量，最终获得对装备的总体评价。SEA法的优点是能够充分体现出系统结构、组织和战术的变化对系统效能的影响，具有较高的有效性和广泛的适用性。该方法的不足是缺乏可操作性，细节表现能力差，很难反映出众多复杂因素对系统的影响。

5. 指数法

指数法是多种指标的平均综合反映，且指数的量是相对的，可以用来衡量武器装备的效能。指数法是一种静态的定量分析方法，反映的是一种平均的潜在作战效能。其优点是采用简单的效能类比方法，既与传统的量度方法接近，又弥补了传统方法的不足。不足之处是该方法只考虑主要敏感因素,且对专家经验的依赖性较大,具有一定的主观性。也有人采用指数–兰彻斯特方法[21]。

6. 神经网络评估法[22]

其基本原理是将系统基本效能指标的量化值作为神经网络的输入矢量,将系统的效能值作为神经网络的输出量,用足够多的经过专家认可的样本训练该网络,经过自适应学习,使其实际输出逼近期望输出,经测试满足要求后,该网络确定的整套权值与阈值就编码在网络内部,这时,网络就成为一个智能的"黑箱",能对该类型的其他装备系统进行效能评估[7]。该方法的优点是具有较强的自适应和学习能力,且精度高。主要缺点是没有给出学习样本获取的明确途径,而且评估结果建立在学习样本基础之上,具有一定的主观性。

9.3.4 计算机仿真

计算机仿真基于数学建模,其优点是经济、参数易调、灵活性强,缺点是不够直观。计算机仿真的精确性和可行性依赖于数学模型的完善和复杂程度。随评估范围的扩大,对计算机仿真的依赖程度也相应增加,因为半实物和实物实验的成本随系统级别的上升而急剧提高。

由于光电对抗系统在战争中的重要性及需要大量的投入,需要通过仿真评估来保证装备研制的正确、实用和经济。仿真的最佳做法是计算机仿真与物理仿真的结合、补充,在物理仿真的基础上,通过修改与完善数学模型逐步过渡到精确计算机仿真,同时优化算法,以保证其可行和高效。

近年来,建模与仿真方法学致力于更自然地抽取事物的特征、属性和实现其更直观的映射描述,寻求使模型研究者更自然地参与仿真活动的方法。现阶段依托包括网络、多媒体等在内的计算机技术、通信技术等科技手段,通过友好的人机界面构造完整的计算机仿真系统,提供强有力的、具有丰富功能的软硬件营造的仿真环境,使开放复杂巨系统的模型研究,从单纯处理数学符号映射的计算机辅助仿真(CAS),强化包括研究主体(人)在内的具有多维信息空间的映射与处理能力,逐步创建人、信息、计算机融合的智能化、集成化、协调化高度一体的仿真环境[23]。

目前,美、英、法、日、印度等国投入了大量的资金来改造仿真实验室,综合计算机仿真与物理仿真技术就是很好的佐证。

9.3.5 半实物仿真

半实物仿真试验与外场试验相比具有灵活性、可控性、保密性强、节省资源(包括经费、时间)、效费比高、重复性好等优势,为解决外场试验不能鉴定和评估的问题提供了有效的方法,并且可以克服外场试验的一些制约条件,生成外场试验难以生成的可修改的信号条件。与计算机仿真相比,半实物仿真以物理试验为基础,结果精确、直观,能为计算机仿真提供数据支持,有助于仿真模型优化和调整。因此,半实物仿真在光电对抗效能评估体系中具有举足轻重的作用,也是发达国家不遗余力投入巨大财力的关键领域[2]。

9.3.6 光电对抗系统中的实验评估法

用试验方法对干扰效果进行评估,离不开效果的测试和评估两个基本过程,如图 9.1

所示。

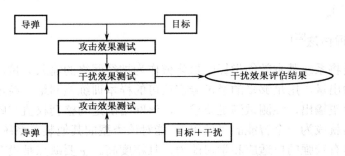

图 9.1　干扰效果的测试和评估框图

　　试验在有、无干扰两种情况下分别从相应的干扰效果测试中获得数据。但是由于试验目的、手段、方法的不同，最终得到的干扰效果评估结果的可信度差别很大。针对光电制导的对抗，下面就几种干扰效果的试验方法作一介绍[12]。

　　(1) 实弹打靶法。实弹打靶法无疑是评估干扰效果最准确、最可信的方法。最理想的状态当然是投入战场使用，从战场上取回数据，给出干扰效果评估结果。但模拟战场环境往往是很难的，因此其运动速度较慢，对导弹的攻击效果影响较小，可采用不动的靶模拟，以减少费用，通过发射实弹进行试验，并根据实验数据，给出干扰效果评估结果。这种方法虽然真实，但费用昂贵，适用于产品定型试验。

　　(2) 实物动态测试法。实物动态测试法把导弹的飞行过程和目标的机动过程用某种经济可行的方法来代替，但仍然能体现或基本体现实弹攻击过程。可通过对导弹进行改装，除去战斗部，加装记录设备来获得大量的实验数据，可把它们作为科研过程中的一项试验，为设备研制提供参考。

　　(3) 实物静态测试法。实物静态测试法把导弹目标的机动过程忽略，只对导弹的寻的器进行测试，并依据评估准则给出干扰效果评估结果。该方法是在不具备前两种试验条件时可以采用的试验方法，可在外场或实验室内进行。

　　(4) 全过程仿真法。全过程仿真法是指在建立导弹、目标、干扰的数学模型的基础上，在计算机上对导弹的整个攻击过程（包括目标的机动过程）进行仿真，并根据各自状态下多系统仿真的结果，按一定的评估准则、评价干扰效果作为计算机仿真修正的依据。该方法有很多优点，数学模型的建立是至关重要的。

　　(5) 全过程半实物仿真法。在具备一定实物（或模拟实物）的条件下，可用实物代替全过程仿真的某些计算机仿真环节，其余环节仍采用计算机仿真，以此软硬结合的方法来实现对干扰效能的评估。我们称之为全过程半实物仿真。由于此方法有实物的参与，因此关键在于仿真软件的实时性。

　　(6) 寻的器的干扰效果仿真法。从干扰对象方面看，干扰效果评估的层次可分为寻的器级和导弹级。该方法依然采用计算机仿真的方法，从寻的器的层次给出干扰效果评估结果。它所需条件较低，一般只需了解寻的器的物理量模拟和参数，从理论上说，它就是对事物静态测试整个过程的仿真，因此其评估准则与实物静态测试方法相同。如果数字模型建立得很好，可使评估的置信度接近实物静态测试方法的水平。表 9-1 示出了几种试验方法的特点。

表 9-1 几种试验方法的特点[24]

特点	实弹打靶法	实物动态测试法	实物静态测试法	全过程仿真法	半实物仿真法	寻的器干扰效果仿真法
评估置信度	≈100%	较高	一般	一般	一般	较低
条件	局部的战场条件或靶场条件;足够多的实弹可以使用	至少有一枚样弹;有一套干扰设备;有形成导弹和目标相对运动的条件	至少有一枚该导弹的导引头;有实际目标或模拟目标;外场或试验条件;有一套干扰设备	了解导弹的各种制导机理和参数;对目标和背景的特性要掌握;了解干扰设备的模型和参数;了解导弹的攻击过程和干扰手段实施方法	在全过程仿真法的基础上,将一种或几种环节用硬件来替代	寻的器的模型和参数;目标和背景的特性和参数;干扰设备的模型和参数
技术实现难度	容易	容易	比较容易	极大	较大	适中
经费投入	极大	较大	适中	小	适中	最小
场地及实验室要求	战场或靶场	靶场或实验室	外场或实验室	具有小型机或工作站的机房	专用试验室	具有工作站和微机的计算机房
评估周期	可长可短,但要用足够的次数来统计	较短	最短	最长	较长	适中
评估的层次	全要素全过程	全要素全过程	寻的器级	全要素全过程	全要素全过程	寻的器级

9.4 光电对抗系统中的半实物仿真

半实物仿真兼顾了外场试验的可靠和计算机仿真的灵活。在方案论证阶段,可先行开展基于原理的半实物仿真试验;在光电系统各部分研制完成以后,用半实物仿真来验证系统的性能。用分系统取代已建立的数学模型中相应的模块,在更逼真的环境下来检验系统的功能和性能;在整个系统研制完成后,同样可以通过半实物仿真,对各分系统之间的联系、系统的总体性能以及系统技术成熟性进行鉴定,以优化系统设计参数,提高系统性能,确定整个系统的完整性。采用半实物仿真技术不仅能在光电系统研究工作中节省大量的人力、物力和财力,缩短系统的研制周期,而且最大限度地提高了光电系统的性能。

9.4.1 光电半实物仿真系统组成

光电半实物仿真系统主要由光电系统仿真运行控制系统、战术环境仿真系统、载体运动与姿态仿真系统、光电系统、数据记录和性能评估系统等组成。光电半实物仿真系统组成框图如图 9.2 所示[25]。

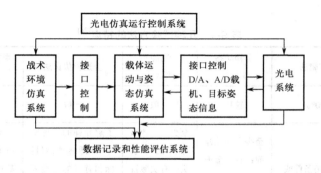

图9.2 光电半实物仿真系统组成框图

（1）光电仿真运行控制系统：实现系统仿真的运行控制、监视显示、系统内部和外部各设备之间的信息传输、数据管理等。由实时性较强的仿真计算机、监视器、电源等组成。

（2）战术环境仿真系统：主要实现光电目标、背景信息的生成。包括图形工作站、大气辐射传输软件、航迹信息、数据关联计算仿真机、图像数据库管理系统、目标背景生成系统、红外动态目标模拟器、可见光动态场景投影仪和多波段准直光学系统等。

（3）载体运动与姿态仿真系统：实现载体三自由度、目标二自由度的运动姿态模拟，并生成对应的运动和姿态参数。

（4）光电系统：实现探测器的输入与输出信息处理、目标检测与跟踪等关键算法的验证。光电系统可以用光电产品或者红外系统及相关激励代替。

（5）数据记录和性能评估系统：实时采集和录取各个系统的数据，并进行管理。根据战术环境生成的信息数据进行理论结果的计算，对实际采集录取到的各种数据、状态信息和有关参数作必要的处理，再按照系统预定准则进行数据处理与系统分析，对光电系统的功能与技术性能作出评定。该系统由数据记录系统及性能评估软件、计算机等组成。

半实物仿真的灵活性体现在它可以是针对操作训练的仿真、目标特性的仿真，或原理验证的仿真。

9.4.2 针对操作的半实物仿真

针对操作的半实物仿真提供实景模拟训练环境，对培养操作人员很重要，下面以激光干扰器操作手的训练为例说明这个问题。

1. 实景仿真训练的必要性

激光干扰器多用于现代战争光电对抗中，执行任务时由操作手操纵激光干扰仪器捕获跟踪目标。如何以最快的速度捕获目标，并实现干扰，提供高精度的外测数据，是激光干扰器在执行任务中的难点。为此，操作使用激光干扰器对设备操作手的要求越来越高：心理素质要稳，身体素质要好，反应能力要快，操作纯熟。

回顾光测设备执行任务的历史，激光干扰器在环境条件满足时能完成任务，但也都先后出现过因操作手的训练少、操作水平低、心理压力大而影响任务质量的问题。如何有效地提高操作手的操作水平及其心理素质，在一定程度上制约了激光干扰器完成试验任务的能力。为培养符合要求的操作手，必须对操作手进行经常性的动态训练，包括跟踪技能训练、心理素质训练、熟悉目标弹道与特性、真假目标区分训练等。操作手的技能训练就集中在对高速运动目标的快速捕获、持续干扰能力的训练上。以往激光干扰器训练操作手的方法十分匮乏，通过实弹演练或者执行任务进行实战训练，但这些方法都存在许多不足：

（1）受环境条件限制；
（2）不能进行针对性训练；
（3）真实感不强；
（4）目标运动不能由人为进行控制，更不能进行重复训练；
（5）常规训练方法消耗大，弹药消耗量非常惊人，工作协调面很广，组织难度大，且经费投入多，耗资巨大。

综上所述，采用常规的方法训练操作手存在诸多不便，训练缺乏真实感，难以达到理想的训练效果。为此，提出利用现代仿真技术设计的激光干扰器动态仿真训练系统的方案，即激光干扰系统半实物仿真训练机。该训练机的重点是要达到感觉相似，主要是视觉、听觉、触觉和运动感觉相似。这是仿真训练系统对操作手进行训练的依据，也是设计训练系统的基础。

训练的主要内容如下：

（1）研究导弹再入时弹头运动轨迹的仿真，模拟导弹再入发光至落地的目标运动弹道；
（2）研究多目标模拟技术，仿真训练系统能提供从单一目标到多达10个目标的模拟，由指挥员进行现场选择；
（3）研究天空景象匹配模拟，进行各种不同的天气现象的模拟；
（4）研究目标及场景的显示技术；
（5）研究现场环境的模拟；
（6）引导数据的生成与发送，实时数据的记录、事后回放及训练效果评估。

2．激光干扰器仿真训练器总体设计[26]

作为激光干扰器动态仿真训练系统，设计要达到的目的是操作手在此系统中得到与实物同等感觉的近乎真实的训练，人是该系统回路中的一部分。为达到真实的效果，可采用半实物仿真，即把激光干扰设备的单杆与瞄准镜乃至整台激光干扰设备作为此仿真回路系统中的一个环节，再用计算机实现光学动态目标物理效应，达到训练的目的。人在该系统回路中的训练就是操作手进入训练系统内的仿真。

激光干扰器原理框图如图9.3所示。

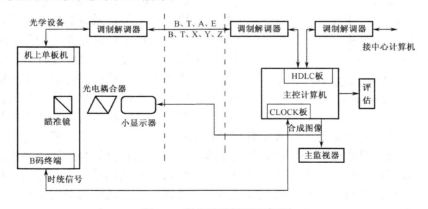

图9.3 激光干扰器原理框图

该系统的工作原理是：主控计算机与光学设备采用同一个时钟源进行时间统一并取得时间同步，在统一时钟条件下，操作手操纵单杆，驱动光学设备转动，轴角编码器输出变化的位置检测数据（A、E），通过机上单板机与主控计算机相连的 MODEM 送到主控计算机。主控计算机接收编码器数据 A、E 的同时，把编码器数据 A、E 与引导弹道数据比较，得出跟踪误差。主控计算机根据激光干扰器的跟踪位置，按照给定的弹道数据和相匹配的运动目标景象及背景图像，把运动的目标及背景合成的图像送到小显示器进行显示，小显示器显示图像经过变焦光学镜片组，再经光学镜头耦合器，由瞄准镜反聚焦到瞄准镜后的人眼上。操作手根据观察所得目标偏离显示器中心的位置来操纵单杆，控制激光干扰器去跟踪、干扰目标，构成了人机跟踪闭环控制训练系统。在主控计算机发出图像信息给小显示器的同时，同时将图像信息送往主监视器，供指挥员和其他人员监视跟踪情况。

9.4.3 针对目标特性的半实物仿真

本节以红外制导导弹的半实物仿真为例，说明目标特性的半实物仿真。

1. 红外制导半实物仿真系统

在各国使用的精确制导武器中，有 60%采用红外寻的制导。在海湾战争中，被美国击落的飞机中有 40%是被红外制导空空导弹击落的。这些都是红外制导导弹的研究成果。

红外制导半实物仿真系统由仿真设备、参试实物、各种接口设备、试验控制台和支持服务系统（包括显示、记录等）5 部分组成。

在实验室条件下，红外制导控制部分的参试实物主要是导弹制导舱，包括红外导引头及导弹制导控制部分，是仿真系统的主体。红外导引头接收目标模拟器产生的目标及干扰信号，红外探测器能分辨出目标红外光源和定位十字丝之间的偏差，经过处理，由导弹制导部分产生制导信号，仿真系统拾取这些位标器控制信号和制导信号，由此检测导弹的各种战斗性能，同时这些控制信号通过网络传送到仿真主控计算机，构成仿真闭环。

红外制导导弹的半实物仿真系统原理示意图如图 9.4 所示。

在图 9.4 中，横滚转台接收测控中心计算机的控制，控制导弹进行横滚运动，模拟导弹姿态变化。转台是半实物仿真试验系统中的一项重要设备，也是一项性能要求较高、比较复杂的机电一体化设备；主控计算机是整个仿真系统的控制中枢，用于求解全部数学模型（包括计算导弹动力学、运动学、目标运动学以及导弹与目标的相对运动方程）、发送控制指令给测控中心计算机控制导弹制导舱及横滚转台；测控中心主要用于导弹工作状态的控制、仿真系统工作状态的管理和仿真运行状态的管理，提供

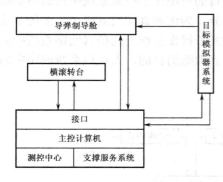

图 9.4 红外制导导弹的半实物仿真系统原理示意图[27]

系统的时统、同步、参加试验的仿真设备和被测系统的初始设定额工作状态的实时监控和故障报警等功能；接口装置按照制导控制仿真系统的需要，将仿真机与外围仿真设备、实物及仿真设备之间作相应的连接；在不同的仿真设备间完成正常的信号传输和通信，保证仿真系统的正常工作。接口通信方式有 A/D、D/A、D/D、TTL，为了适应日益发展起来的多台数字机和智能化设备的需要，D/D 接口逐渐得到广泛的应用；目标模拟器系统用于红外目标及干

扰运动信息的仿真。目标和干扰模拟器是整个仿真系统的关键部分，模拟目标及干扰模型的质量直接影响仿真系统的逼真度。针对点源、面源两种不同的制导形式，红外目标模拟器也相应地分为点源红外目标模拟器和面源（成像）红外目标模拟器。

2. 红外目标模拟器系统

红外目标模拟器系统可为导引头性能测试提供一种方便、可行、价廉、可重复的实验手段，可提供不同气象条件、不同背景下的不同目标的红外特征，以便较全面地测试导引头的各种性能，并可节省大量的实验经费[27]。据国外资料的不完全统计，采用仿真技术可以使导弹飞行试验的次数减少 30%～50%，研制经费节省 10%～40%，研制周期缩短 30%～40%。这里介绍一种带一个目标和两个干扰的红外目标模拟器的设计原理及实现。其中，目标模拟器的规模、成本以及研制周期居于红外制导半实物仿真系统之首。目标模拟器的主要作用是为导引头提供一个逼真的目标，即复现目标的大小、光谱及运动等特性。

仿真要求：红外目标模拟器要为红外导引头提供一个模拟目标，这个模拟目标应该能够模拟真实目标和干扰的红外特性（波段和能量），以及真实目标相对导弹的空间运动特性（方位角、俯仰角和距离）。

为了给被测系统提供不同温度、不同尺寸的红外光源，采用一个或多个独立温控的黑体模拟红外目标（干扰）辐射源，采用离轴抛物面反射式平行光管系统产生模拟源。另外，光学系统还包括了多挡固定光阑和连续可调的可变光阑，可改变红外模拟目标（干扰）的光斑大小和不同的红外辐射能量阈值倍数，用于模拟不同远近和不同大小的干扰及目标，配合目标（干扰）快门的动作，可为红外制导导弹模拟出多种状态下的红外目标（干扰）辐射特性。带一个目标和两个干扰的红外目标模拟器光学系统原理示意图如图 9.5 所示[27]。

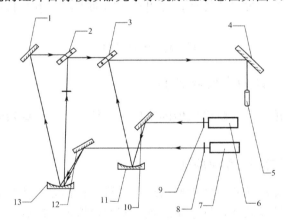

图 9.5 光学系统原理示意图

1——反射式摆镜；2——分光式摆镜；3——合成镜；4——主反射镜；5——红外导引头；6——黑体 2；7——黑体 1；8——光阑 2；9——光阑 1；10——反射镜；11——抛物面镜 2；12——反射镜 1；13——抛物面镜 1

1）系统工作原理及实现

由目标干扰黑体（温度可调，可改变辐射能量大小）发出红外辐射光通过光阑 1（改变辐射能量与光斑大小），由反射镜 1 射向抛物面镜 1 后出射一束平行光，通过与光轴成 45°放置的干扰摆镜分成两路，一路到分光式干扰摆镜后反射，另一路到反射式干扰摆镜后通过分光式摆镜出射,再与红外目标射出的一束平行光在合成镜上合成在一起聚焦到主反射镜上，然后反射到红外导引头接收器焦平面上,达到两个干扰目标和红外目标以不同方向、不同速度、不同能量在导引头视场里运动。主反射镜可在方位及俯仰方向单独运动或作复合运动,主要用来模拟目标相对于导弹的各种运动情况;衰减片可实现一路干扰通过摆镜后有不同能量;离轴抛物面镜可产生平行光,模拟无穷远目标。

为了模拟仿真目标相对导弹的空间运动特性,利用二自由度伺服控制电机驱动目标源(干扰源)光路中的摆镜,通过参数设定,可在水平、俯仰两个方向上独立运动,配合快门的开关及光阑大小的变化,模拟出各种目标(干扰)运动轨迹及诱饵释放情况。

2)实际目标对导引头入瞳面上的照度计算公式

导弹在制导过程中绝大部分时间目标离导弹很远,可以当成点目标来看,如图9.6所示[28]。

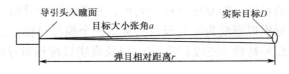

图9.6 实际目标对导引头入瞳面的辐射关系

如果目标辐射强度为 I,忽略大气影响,那么导引头入瞳面上的照度 E 可表示为:

$$E = I / r^2 \tag{9-3}$$

用目标张角来表示,则有:

$$E = I / \left\{ D / \left[2\tan(\alpha/2) \right] \right\}^2 = (4I/D^2)\tan^2(\alpha/2) \tag{9-4}$$

由于实际目标的辐射强度是不变的,导引头入瞳面上的照度与目标张角的正切平方成正比,即

$$E = k_1 \tan^2(\alpha/2) \tag{9-5}$$

9.4.4 针对原理验证的半实物仿真

原理验证是在系统论证阶段就必须做的工作,包括物理原理或数学模型的验证。下面给出两个有关的例子。

1. 激光引信信息处理算法仿真验证

激光引信信息处理算法仿真系统主要由动态滑轨、目标姿态控制装置、引信姿态控制装置、目标及背景反射特性及状态数据采集装置、回波模拟器、FPGA开发系统、仿真计算机网络、总控计算机、作为半实物仿真中实物部分的激光引信样机、背景干扰模拟装置、目标模拟装置、试验过程监视、记录设备等组成[29,30]。其原理框图如图9.7所示。

图9.7所示系统的功能是:激光近炸引信弹目交会动态缩比仿真及启动特性测试试验,典型目标及背景激光散射特性模拟,回波信号的采集存储及回波特性数据库的建立,回波特性分析,回波模拟输出,引信信息处理仿真算法研究,引信数字仿真[31]。

涉及设计的关键技术包括:

(1)高速数据采集存储的实现;
(2)激光引信仿真系统和数学模型的建立;

（3）激光回波模拟器设计。

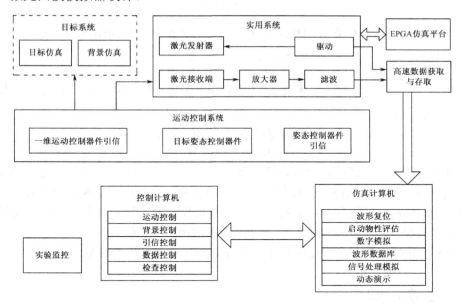

图 9.7 激光引信信息处理算法仿真系统原理框图

目前，国内在激光目标模拟器方面尚无成熟的技术和相关产品。在现有的技术条件下，激光近炸引信的半实物仿真及启动特性测试中采用了动态滑轨。可以采用在 1～7.5 m/s 范围内多挡调速的动态滑轨、滑车作为模拟引信空间运动的载体，用缩比验证的方法模拟不同速度的弹目交会过程。利用安装在滑车上的三维电控转台实现引信实物的角运动模拟。

2．室内缩比模型验证外场长焦模型的成像性能

要用室内缩比模型验证外场长焦模型的成像性能时，必须注意对等原则，即成像像素个数对等[32]。

图 9.8 示出了半实物仿真系统与实际红外光学系统的关系，其中，距离镜头 x_1 处的缩比模型仿真距离 X_1 处的实物原型，相应于实际红外光学系统的距离为 X_2。

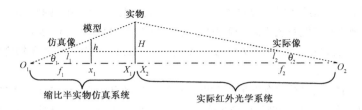

图 9.8 半实物仿真系统与实际长焦红外光学系统的关系

根据图 9.8，易知存在比例关系：

$$\frac{X_1}{H} = \frac{x_1}{h} \tag{9-6}$$

$$\frac{H}{X_1} = \frac{l_1}{f_1} = \tan\theta_1 \tag{9-7}$$

$$\frac{H}{X_2} = \frac{l_2}{f_2} = \tan\theta_2 \qquad (9\text{-}8)$$

联解以上三式，可得仿真系统相应于实际长焦红外光学系统的距离为：

$$X_2 = \frac{l_1}{l_2} \cdot \frac{f_2}{f_1} \cdot X_1 = \frac{l_1}{l_2} \cdot \frac{f_2}{f_1} \cdot \frac{x_1}{h} H \qquad (9\text{-}9)$$

设实际长焦红外光学系统基本像元尺寸为 u_2，实物仿真系统基本像元尺寸为 u_1，则式（9-9）可改写为

$$X_2 = \frac{l_1}{l_2} \cdot \frac{f_2}{f_1} \cdot X_1 = \frac{u_1}{u_2} \cdot \frac{f_2}{f_1} \cdot \frac{x_1}{h} H \qquad (9\text{-}10)$$

根据式（9-10），若实物 $H = 6$ m，模型 $h = 18$ cm；半实物仿真系统焦距为 10 mm，CCD 基本像元尺寸为 10 μm，实际长焦红外光学系统的焦距为 2 m，基本像元尺寸为 40 μm，当 $x_1 = 2$ m 时，对应 $X_2 = 2555.56$ m。这时，可确定缩比模型的比例为 1∶1277.77。更换不同尺寸的模型，或者采用不同焦距的 CCD，可获得不同的缩比比例。

对图 9.8 系统的图片增加对比度修正，可逼真地体现红外成像效果。

9.5 本章小结

光电系统对抗效果评估是一项复杂的系统工程，它不仅仅是对光电系统本身的认知问题，而且是对光电干扰空间、环境空间、战术使用空间、目标特征空间、光电系统本身空间的一个动态的认知问题，因此评估的不确定因素很多[33]。要使评估有实际的意义，从宏观上讲，就要从光电系统作战使用的高度对各种因素有一个全面系统的认识；从微观上讲，就要对光电系统的抗干扰性能、光电干扰设备的干扰效果有深刻的认识。

参 考 文 献

[1] 潘志丽，张宏科，等．电子干扰效果与效能评估的研究．北京交通大学学报，2006, 26 (6).

[2] 马书磊．光电对抗效能评估技术与发展思路[J]．电光系统，2006 (1): 36-40.

[3] 张继勇，董印权．光电对抗仿真测试系统综述．系统仿真学报，2006 (18): 987-988.

[4] 马韬，耿敏．红外目标探测系统的仿真模拟[J]．光电技术应用，2017, 32(2): 62-67.

[5] 郭立红，郭汉洲，杨词银，等．利用大气修正因子提高目标红外辐射特性测量精度[J]．光学精密工程，2016, 24(8): 1871-1877.

[6] 尚举邦，何大龙．强光对红外图像质量的干扰分析研究[J]．光电技术应用，2017, 32(15504): 46-52.

[7] 陈兆兵，曹立华，王兵，等．中波红外激光器远距离干扰红外探测器的外场实验研究[J]．红外与激光工程，2013, 42(22507): 1700-1705, 1753.

[8] 刘志敬．光电干扰技术及干扰效果评估研究[D]．长春理工大学，2012.

[9] 罗晓琳，唐建凤，曾献芳．基于压缩感知的激光干扰效果评价方法[J]．激光与红外，2016, 46(45609): 1133-1138.

[10] 柴国贝，张建奇，刘德连，等．海洋环境对红外诱饵弹干扰特性建模及仿真[J]．红外与激光工程，2016, 45(3): 304009-0304009 (8).

[11] 高卫，孙奕帆，危艳玲．基于外场试验的电视导引头烟幕干扰效应模型构建[J]．系统仿真技术，

2014(1003): 245-249.
- [12] 高卫, 黄惠明, 李军. 光电干扰效果评估方法[M]. 北京：国防工业出版社, 2006.
- [13] 王伟. 装备保障系统效能综合评估方法研究[D]. 国防科技大学硕士研究生论文, 2009-05.
- [14] 陈国社, 马亚平. 武器装备作战能力量化体系. 火力与指挥控制, 2011, 36(4): 46-49.
- [15] 牛作成, 吴德伟, 雷磊. 军事装备效能评估方法探究. 光电与控制, 2006, 13(5): 98-101.
- [16] 罗鹏程, 傅攀峰, 周经伦. 武器装备体系作战能力评估框架[J], 系统工程与电子技术, 2005, 27(1): 72-75.
- [17] 张卓. 作战效能评估[M]. 北京：军事科学出版社, 1996.
- [18] 段立波, 王凤山, 庄瑾. 一种防空自动化系统效能的模糊综合评估方法[J]. 指挥控制与仿真, 2008, 30(1): 67-68, 80.
- [19] 毕文豪, 张安, 王安丽. 基于模糊综合评价的光电对抗装备效能评估[J]. 火力与指挥控制, 2013, 38(4): 60-63.
- [20] 包卫东, 武云鹏, 黄金才. SEA 方法计算模型在 C4ISR 系统效能分析中的应用[J]. 火力与指挥控制, 2007, 32(9): 10-12, 16.
- [21] 车进喜, 李钟敏, 高博, 等. 联合作战中光电对抗系统作战效能评估[J]. 光学与光电技术, 2013, 11(5): 52-55.
- [22] 郭豹, 李忠华, 杨寿佳, 等. 神经网络在光电干扰效能预测中的应用[J]. 电光与控制, 2015, 22(9): 60-63.
- [23] 陈宗海. 系统仿真技术及其应用（第 8 卷）[M]. 合肥：中国科学技术大学出版社, 2006.
- [24] 李云霞, 蒙文, 马丽华, 等. 光电对抗原理与应用[M]. 西安：西安电子科技大学出版社, 2009.
- [25] 李艳晓, 胡磊力, 陈洪亮. 光电系统半实物仿真技术研究. 测控技术, 2008, 27（增刊）：117-120.
- [26] 卜正明. 光学经纬仪动态仿真训练系统设计. 国防科学技术大学工学硕士学位论, 2004.
- [27] 马丽华, 乔卫东, 赵尚弘, 等. 红外制导半实物仿真及目标模拟器研究. 计算机仿真, 2007(24): 42-44.
- [28] 虞红, 何秋茹, 陶渝辉. 用目标模拟器仿真真实目标能量的计算方法. 红外与激光工程, 2006, 35（增刊）：323-326.
- [29] 夏红娟. 电容引信半实物高速仿真研究. 上海铁道大学学报, 1998(15): 92-98.
- [30] 许士文, 张正辉. 激光近炸引信目标特性测试方法分析. 红外与激光工程, 2007(36): 64-68.
- [31] 张浩, 贾晓东, 于伟新, 等. 激光近炸引信半实物仿真与性能验证系统. 红外与激光工程, 2008(37): 1010-1014.
- [32] 付小宁. 红外单站被动定位技术研究[D]. 西安电子科技大学博士学位论文, 2005-10.
- [33] 余宁, 李俊山, 王新增, 等. 光电对抗仿真评估系统研究[J]. 四川兵工学报, 2011, 32(5): 5-7, 10.

第 10 章 光电对抗的典型系统

10.1 机载光电对抗系统介绍

在第四代战机 F-22 和 F35（JSF）的研制中，采用了真正的综合航空电子系统[1]。F-22 按常规共需要 60 多根天线，现在已经优化综合成十几根天线。其中的"综合传感器系统（ISS）"计划，天线孔径，射频、图像、信号处理均采用共用概念；"综合孔径传感器系统"（IASS），用一块红外焦平面阵（IRFPA）就能完成前视红外（FLIR）、红外搜索跟踪（IRST）、电视摄像（TCS）功能；"分布孔径红外系统"（DAIRS）把导弹接近告警装置（MWS）和 IRST、FLIR 等功能综合成一个系统；"综合红外对抗系统"（SIIRCM）、"综合射频对抗系统"（SIRFC），将定向红外对抗和紫外线导弹告警结合起来。飞机上的机电系统（燃油、液压、环控、电源等）也在朝着综合化的方向发展。

10.1.1 第四代战机机载光电侦察告警系统

1. 分布式孔径红外系统（DAIRS）

DAIRS 首先是针对战斗机应用提出的[2]，它采用一组精心地布置在飞机上的传感器阵列实现全方位、全空间敏感，并采用各种信号处理算法实现空中目标远距离搜索跟踪、导弹威胁逼近告警、态势告警、地面/海面目标探测、跟踪、瞄准、作战效果评定、武器投放支持、夜间与恶劣气候条件下的辅助导航、着陆等多种功能，从而能够用一个单一的系统完成以前要用多个单独的专用红外传感器系统（如红外搜索跟踪系统、导弹逼近告警系统、前视红外成像跟踪系统、前视红外夜间导航系统）完成的功能。它可以显著地提高战斗机的作战效能和生存能力。在战斗机用分布孔径红外系统概念提出以后，美国海军也提出了将分布孔径红外系统概念用于海军舰载红外搜索与跟踪系统的设想。

DAIRS 包含 6 个红外传感器，单个传感器为 1024×1024 的平面阵列，可提供高分辨率的 90°×90°视场覆盖，而更为重要的是能够以满足战术要求的帧速处理连续画面，为飞行员实时显示战机周围全景视图。除状态感知外，DIRS 还为飞行员提供昼夜图像，这些图像被送到头盔显示器（HMD）显示。传感器装置质量轻且紧凑，每个传感器在飞机上的位置都经过严格选定，直接装在机身上，不需要吊舱，既可保证覆盖空域中一侧的 90°视场，又不会对飞机的雷达截面、气动阻力和气动操纵等造成影响。

分布孔径红外系统传感器主要集中在功能处理上，以确保传感器设计满足各功能需求。传感器分别完成红外搜索跟踪、导弹逼近告警、图像识别与跟踪功能，通过一个中央核心处理系统从数据库中抽取相关数据，得到分布孔径系统要求的各个功能算法，如可昼夜输出多个波段的高帧频图像用于导航系统，也可将数据用于识别飞行目标等。有些处理如运动补偿、标准栅格变换是由各功能算法共享的。在研究分布孔径红外系统的过程中解决了大面阵焦平面阵列输出的非均匀性校正（NUC）及时间帧积累问题，非均匀性校正与时间帧积累相结合可使灵敏度提高12倍，这是实现导弹逼近告警及IRST的最大距离性能的关键。

在波音的JSF战机中，装备了雷声公司的两个红外传感器系统，一个系统是分布式红外传感器（DIRS），用于对空目标探测、威胁告警和战场态势感知。第二个红外系统是瞄准前视红外系统（TFLIR），用于探测、识别和精确指示地面目标。TFLIR系统采用中波凝视焦平面传感器，并与一个激光指示/光斑跟踪器实现综合，可实现目前各类机载瞄准吊舱的功能。为实现隐身的目的，采用了可伸缩的光学窗口。当需要时，可伸缩的光学窗口从机腹下伸出，并迅速对目标进行探测和跟踪，还能对制导武器进行引导。使用完之后，光学窗口缩回，保护门关闭，对雷达截面没有影响。

2. 光电瞄准系统（EOTS）

DAIRS只能提供1.5 mrad的图像显示分辨率，不能完全满足对地攻击的性能要求，因此还需要一个更高精度的辅助瞄准系统——光电瞄准系统（EOTS）。

EOTS是在"狙击手"SniperXR高级瞄准吊舱基础上发展而来的。SniperXR是一个独立的传感器和激光指示器系统，用于目标探测和识别，能够为地面和海上目标昼夜24 h精确打击提供瞄准。吊舱内的传感器有前视红外系统、昼用电视摄像机、激光测距机指示器、激光光斑跟踪器和激光标识等。前视红外系统是一个640×512元锑化铟凝视探测器，探测中红外波段信号，采用微扫描工作方式，通过一个连续的电变焦透镜，可形成两个视场（4°和1°）。光源采用二极管泵浦固体激光器，工作波长为1.06 μm。

EOTS约有65%的硬件与SniperXR完全相同，只在软件上有一定改进。与SniperXR相比，EOTS在外形上也将原来的吊舱重新组装到机身内，唯一暴露在机身外的蓝宝石光学窗口设计成紧贴机身的低剖面多边形，固定在机头的雷达整流罩与前起落架之间，满足隐身与气动外形双重需求[3]。接收的红外信号通过光纤接口输入到中心计算机进行处理。

EOTS首次将前视红外系统与红外搜索和追踪系统综合在一起（见图10.1），为F-35飞行员提供远距离被动的空空、空地环境感知能力，并能够为其提供防区外的高清晰图像、自动目标追踪、红外搜索与追踪、激光指示与测距。EOTS能够在整个执行任务的过程中连续工作，而用于目标指示和跟踪的前视红外系统只有在武器投放时才会工作。同时，EOTS光电瞄准系统可与激光等其他光电传感器综合，完成目前各类机载瞄准吊舱的功能。

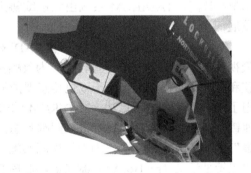

图10.1 F-35的集成EOTS系统

EOTS 2005年首飞，2007年装备F-35。2006年6月，整套EOTS在波音737联合航空试验台（CATS）上试验，其显著特点如下[4]：

- 低可探测性蓝宝石窗口；
- 具备高速光纤接口的中心计算机；
- 单口径设计；
- 基于成熟商业流行技术COTS（Commercial-off-the-shelf）的电子模块；
- 先进的三代红外3～5 μm焦面阵列器件；
- 空地前视红外（FLIR）跟踪器；

- 空空红外搜索与瞄准系统（IRST）；
- 自动的视线与机身对准技术；
- 高可靠性的人眼安全二极管泵浦激光测距/目标指示器；
- 激光光斑跟踪器；
- 被动/主动测距，增加满足对地攻击的高精度地理坐标，全重 74.6 kg（200 1h）；
- 德国物理与电子实验室（TNO-FEL）提供的最新研制 F-35 红外传感器修正算法（IRSC，2003 年 6 月），可增加红外图像清晰度；
- 英国 BAE 公司提供激光器。

10.1.2　第四代战机机载光电干扰系统

1．"彗星"拖曳式红外诱饵

"彗星"拖曳式诱饵是由雷声公司开发出的一种新型面源红外诱饵，代表了目前最先进的机载红外诱饵技术。"彗星"由 AN/ALE-52 对抗投放系统投放，施放时间增加至 30 min。与此前的红外诱饵（如 ALE-50V）相比，该系统具有如下显著特点：采用可调节投放技术，对不同的飞机、环境情况投放速度可调；无须导弹告警接收机引导提示，可先行投放以干扰红外制导导弹的发射；增加了多光谱热源、动态轨迹、面燃烧以及双色热源等技术，对红外制导导弹实施宽频段干扰；可施放人眼无法看见的特殊干扰材料。

2．战术定向红外（TADIRCM）系统

海军研究实验室（NRL）和 BAE 系统公司的桑德斯（Sunders）分部研制的 TADIRCM 系统包括 6 个双色红外凝视传感器、1 个信号处理器、1 个小型红外激光器以及 2 个紧凑型指示器/跟踪仪。TADIRCM 系统由先进威胁定向红外对抗/通用导弹告警系统（ATIRCM/CMWS）发展而来[5]。

为提高探测概率和降低虚警率，TADIRCM 系统采用双色凝视焦平面阵列代替 AAR-57(V) 凝视型紫外传感器实现导弹告警。为兼顾预警范围和跟踪精度，TADIRCM 系统具备宽视场捕获和窄视场跟踪功能。由于双色传感器能够有效鉴别地物干扰，抑制阳光及闪光干扰，加之采用了先进的信号处理算法，TADIRCM 的告警系统能在杂波环境中发现敌方发射的导弹，并迅速锁定目标。一旦锁定目标进入跟踪状态，TADIRCM 就利用桑德斯（Sanders）公司的"敏捷眼"红外多波段激光器作为干扰光源实施干扰。TADIRCM 所用"敏捷眼"红外激光器是一种二极管抽运的 Tm: Ho: YLF 激光器，能够在红外制导常用的 3 个波段同时输出激光，在波段 1、波段 2 和波段 4，干扰功率分别达到 5 W，0.5 W 和 5 W。TADIRCM 系统采用闭环的工作方式，能够大大增强干扰效果，总的干扰时间有 3～4 s，完全符合战斗机自卫系统干扰时间的要求。TADIRCM 的微型干扰头尺寸小，对飞机气动布局影响小。在干扰头上装有一个导电外壳，以降低表面不均匀性。这种设计同样是为了满足飞行气动性能和隐身性能方面的双重要求[6]。

1999 年进行的试验中，美国海军在白沙导弹靶场用 TADIRCM 系统成功干扰了空空导弹。海军使用的 TADIRCM 系统与空军的不同，它使用的是开环干扰模式。试验中导弹从 7 km 外的 F-15 上发射，受 TADIRCM 系统干扰的脱靶距离达到惊人的 5 km。在 2 s 的有效干扰时段内，导弹以螺旋飞行轨迹偏离目标。与海军开环工作模式相比，F-35 的闭环工作模式更能有效干扰红外/激光制导导弹，因此可以预测 F-35 搭载的 TADIRCM 实际性能会更好。

10.1.3 第四代战机光电隐身系统

由于飞机的发动机、尾喷管以及蒙皮等部位是红外辐射热量最强、最集中、最易遭到红外制导导弹攻击的薄弱环节,美军在第二代隐身飞机上就采取了有效的红外隐身措施,如采用散热量低的涡扇发动机和能够使排气系统的红外辐射快速消散在大气中的二元扁平式尾喷管,使 F-117A 和 B-2 第二代隐身飞机在实战中成功地躲避了敌方红外制导导弹的攻击。F-117 却因机动性受到很大影响而被淘汰[7],四代机的隐身性必须是在和另外几项硬指标进行平衡以后获得的。

F-22 基本上沿用了第二代较成熟的红外隐身技术。同时,为了提高飞机的机动作战性能,避免因增加加力燃烧室而造成发动机尾焰温度升高,F-22 还采用了矢量可调管壁来降低发动机及其尾焰的红外辐射强度,同时在发动机尾喷管里装设了液态氮槽来降低喷嘴的出口温度。在 F-22 的表面、发动机、后机身及排气系统等红外辐射集中的部位涂覆了工作在 $8\sim14~\mu m$ 波段的低辐射率红外涂料,使该机具有更好的红外隐身特性。此外,F-22 采用平板式外形和尖锐边缘以及翼身融合的隐身设计结构,并在其机翼尖锐边缘、机身及表面涂覆激光隐身吸波材料,以降低飞机的激光反射特性。

F-35 与 F-22 同为四代战机,其生产成本和隐身维护所需费用比 F-22 大幅度降低。它在推力损失仅有 2%~3%的情况下,将尾喷管 $3\sim5~\mu m$ 中波波段的红外辐射强度减弱了 80%~90%,同时使红外辐射波瓣的宽度变窄,减小了红外制导空空导弹的可攻击区[8]。

为适应对地攻击需求,F-35 更加注重可见光隐身技术的应用。目前,美国正致力于一种可见光隐身材料的研发工作[9]。这种用于 F-35 的电致变化材料,可有效降低飞机的可见光特性。这种电致变化材料是一种能发光的聚合物薄膜,在通电时薄膜可以发光并改变颜色,不同的电压会使薄膜发出蓝色、灰色、白色的光,必要时该薄膜可形成浓淡不同的色调。把这种薄膜贴在飞机表面,通过控制电压大小,便能使飞机的颜色与天空背景一致。美国佛罗里达大学已开发出一种具有这种功能的"电致变色"聚合物。

10.1.4 机载高能激光武器系统

高能激光武器不论用于防御还是进攻,都具有其他传统武器不可比拟的优势。高能激光武器以光速传输能量,攻击目标的速度与光速相同,传输时间可以忽略不计,因此在毁伤目标时无须计算提前量,瞬间即中。高能激光武器主要依靠红外探测器捕捉、跟踪目标,作战过程不受电磁波干扰,防御方难以利用电磁干扰手段降低其命中目标的概率。高能激光武器发射时无后坐力,转移火力快,可在 360°范围内调整火力,击中一个目标后只需调整一下角度即可攻击另一个目标,从而能在短时间内大批毁伤空中目标。美国军方正是看中了机载高能激光武器的这些优点,从 20 世纪 90 年代开始大力开展这方面的研究。

1. 机载高能激光系统组成

典型的高能激光系统,如机载激光(ABL)和战术机载激光(ATL)等,作战系统通常包括三个子系统[10],即目标捕获和跟踪系统、大气补偿系统和激光打击系统。目标捕获和跟踪系统引导光束跟踪打击目标;大气补偿系统发射并接收信标照明光,估算大气抖动,由自适应光学系统对高能打击光束提前补偿;而高能激光打击系统的作用不言自明。

图10.2为高能激光武器系统的组成及作战过程示意图。捕获到目标之后，为使集中到传感器上的激光能起到致盲、破坏作用，大气抖动的补偿必不可少。这一过程需要借助照明光束。通过接收信标照明光束反射信号估算传播路径中的大气效应，经自适应光学系统补偿，可达到最佳攻击效果。

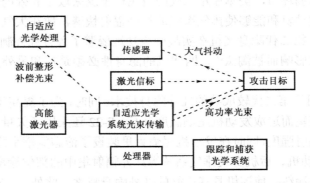

图10.2　高能激光武器系统的组成及作战过程示意图

2. ABL计划

ABL计划最早可追溯到20世纪70年代，当时的机载激光实验室（ALL）提出用高能激光摧毁弹道导弹的构想。1992～1996年是ABL计划的概念验证阶段，主要进行COIL的小规模试验、强激光大气传输特性和光束控制。1998年1月成功地完成了历时1个月的系列风洞试验。2002年，在ABL载机上安装了飞行转塔、控制计算机、火力，光束控制轻质主镜、满足飞行重量要求的激光模块等硬件，完成了飞机的改装工作[11]。ABL样机如图10.3所示。

图10.3　ABL样机（载机为波音747）

波音公司负责整个ABL项目的管理和系统的集成工作，还负责作战管理系统的改进和飞机的改装。TRW公司负责化学氧碘激光器的建造和地面支持子系统。洛克希德·马丁公司负责波束控制/开火控制系统。此外，雷声公司作为洛克希德马丁公司的子承包商负责该系统中四个重要的激光器之一的ABL跟踪照射激光器。

机载激光器系统的主要部件是[11]：传感器系统（被动红外传感器）；高能激光器装置（COIL激光器）；瞄准与跟踪系统（光束控制）。激光器主要有5部，即主动测距系统激光器（ARS）、跟踪照明激光器（TILL）、信标照明激光器（BILL）、替代高能激光器（SHEL）和高能COIL化学激光器。主动测距系统激光器是一部低功率CO_2激光器，其作用是捕获目标，测量ABL飞机到靶目标的距离。跟踪照明激光器是一部低功率二极管泵浦的固体激光器，作用是跟踪靶目标，利用反馈到机载激光飞机传感器上的光信号计算目标的速度、高度和方向，随后引导信标激光和杀伤主光束。信标照明激光器是一部低功率二极管泵浦固体激光器，信标照明激光束对杀伤光束所要经过的大气路径进行测量，收集飞机与目标之间的大气信息。高能COIL化学激光器在信标照明激光到达目标并返回后发射波长为1.3 μm的杀伤激光束，以摧毁目标，自适应光学系统根据信标照明激光收集到的信息进行大气补偿。

1）ARS

ARS 系统由二氧化碳激光器、主动和被动传感器、光学系统、万向节和各种灵敏的电子装置组成[12]。其功能是为任务处理器提供数据，而后者利用这些信息对敌方的弹道导弹进行跟踪，并对它们进行排序，以便由 ABL 系统中兆瓦级的化学氧碘激光器（COIL）实施攻击。COIL 在导弹的金属外壳上聚集足够的能量，使其裂开或变成碎片。

在跟踪过程中，ARS 可以为 ABL 战场管理系统提供 5 个组件状态矢量。而这些数据将用来计算导弹的轨迹参数，比如估计导弹的发射点和预计弹着点。即使导弹不宜采用 ABL 进行攻击，也可以由弹道导弹防御系统的其他部分利用这些数据，在中段或末段攻击目标。

2）TILL

跟踪照射激光器（TILL）是首台通过军用飞机机载飞行认证的二极管激发镱/钇铝石榴石激光器。TILL 是光束控制/火力控制系统中一个完整的部分，用于发射高速、高能脉冲激光射向处于助推段的导弹，随后激光被发射到一个非常敏感的照相机上，得到的反射激光数据被用来获取导弹的速度和高度信息。

雷声空间与机载系统公司的 TILL 将与光束转换透镜结合起来，用于 ABL 的光束控制/火力控制系统的终端对终端试验。

3）BILL

激光指示系统（BILL）已经由诺斯洛普·格鲁门空间技术开发完成，这种千瓦级的轻型激光系统只是用来指示目标，并测试当时当地的大气对激光的扭曲，并将扭曲的数据传给主控计算机，修正杀伤激光系统的发射。

到 2004 年，首架样机调试完成，被命名为 YAL-1A，其系统结构图如图 10.4 所示。它采用波音 747-400F 作为载机，由 6 个 COIL 高能激光模块、2 个低功率固体信标激光器、CO_2 激光测距系统、10.4 英寸（1 英寸=2.54 cm）鼻翼旋转激光炮塔和光束控制系统等组成。2004 年 12 月该样机成功进行了首次飞行。

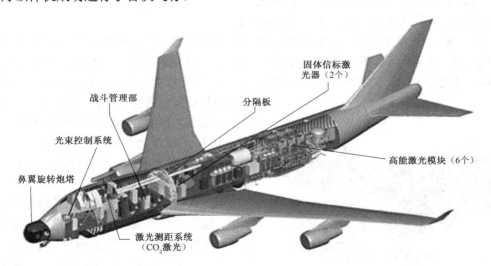

图 10.4 YAL-1A 系统结构图

在此后数年中，ABL 在实验中不断完善。2005 年，兆瓦级 COIL 激光器成功地完成了它在该年度的所有关键阶段测试,证明了它能在足够远的距离上保持足够的能量以摧毁处于助推段的弹道导弹能力。2007年7月,ABL完成了空中模拟攻击试验,通过跟踪、瞄准和模拟攻击空中目标,对机载激光器的战场管理系统以及束控–火控系统的性能进行了演示验证,并成功补偿了大气扰动。2009年8月,ABL系统成功模拟拦截了一枚带有试验用传感器的靶弹。这对ABL项目来说是具有里程碑意义的成功[13]。

2010年1月10日,ABL飞机在加利福尼亚海军空战中心武器分部对安装有导弹替代远程目标装置(MARTI)的靶目标进行了捕获、跟踪,交战演示试验。试验表明,ABL系统已可以成功捕获、跟踪并击中高速目标。

研究表明,由7架ABL载机组成的机群能对战区级冲突地区提供最佳的弹道导弹防御。初步作战方案是,由7架ABL飞机组成的作战机群中,至少应把5架部署在一个军事危急区域,可形成两条反导轨道,但要形成24 h的作战能力需要7架载机,携带足够进行200次发射所需的燃料。数百万瓦的激光通过2 m直径的发射望远镜发射出去,足以攻击远至600 km处的目标。

3. ATL 计划[14]

波音公司于20世纪90年代开始研发"先进战术激光"(ATL)概念,于1999年完成了封闭式20 kW COIL激光器原型机的论证,并于2002年获得武器系统研发合同,ATL被列入国防部先进概念技术演示计划(ACTD)。2006年1月,波音公司接收了一架C-130H,对该飞机进行必要改装,用于携带高能化学激光器以及作战管理/光束控制子系统。2006年9月,高功率COIL激光器进行了首次地面发射试验。10月,波音公司在经过改装的C-130H运输机上安装了一台50 W的低功率固态激光器作为替代品,并进行了跟踪地面固定和移动目标的飞行试验。2007年7月,高能COIL激光器已经在柯特兰空军基地的戴维斯先进激光厂房中进行了50多次实验室试验,以验证其可靠性。2008年5月,C-130H飞机上的高能激光器首次发射,展示了稳定的作战能力。8月,C-130H飞机通过其光束控制系统发射了高能化学激光,完成了ATL整个武器系统的首轮地面测试。2009年6月13日、9月19日,在飞行中成功发射大功率激光波束,烧毁了一个地面假目标。

当前,ATL系统主要用于防御巡航导弹,重点是精确打击地面目标[15]。安装的是高功率COIL激光器,总重约6 t,其输出功率为数百千瓦,激光作用距离为5~10 km,作战高度为0~1 500 m,可进行5~10次发射。作战过程中,激光器从飞机腹部的一个直径为127 cm的小孔向地面目标发射直径10 cm的激光束且能够控制对目标的破坏程度。ATL样机如图10.5所示。

ATL的试验历程表明,它有可能成为先于ABL部署的激光武器。尽管如此,ATL仍然面临一些局限和技术挑战:

(1) ATL的杀伤目标主要是油罐车、普通车辆、通信节点等战术目标,而这些目标在采取隐蔽、反射激光束等对抗措施后,高能激光打击效果将大打折扣。同时,ATL受通视距离、大气环境等条件影响比较严重。

(2) ATL的应用目的是实施精确打击,尽

图10.5 ATL样机(载机为C-130H)

量减少附带损伤，因此光束抖动控制、功率控制等技术至关重要。

10.1.5 机载光电定位系统

机载光电定位系统是搭载在飞机平台上的光电定位系统，借助于 GPS 对飞机平台的精确定位，可以有效地拓宽光电定位系统的作用空间。

机载光电定位系统中，以色列的 Toplite 光电系统比较典型[16]。Toplite 是以色列公司拉菲尔军械开发局在 Litening 机载导航和定位吊舱的基础上研制出的稳定多传感器光电定位和观测载荷，该系统既可用于舰载也可用于机载。海军型 Toplite 将用于攻击快艇和无人水面航行器（USV），可全天候使用。它的四轴长平架上可以根据用户的需求配置各种不同的传感器，包括一个具备 3 个视场的第 3 代 3.5 μm 焦平面阵列（FPA）（有 320×240 或 640×480 两种格式）。一个 8～12 μm 的 FPA（按第 2 代 240×2 配置或第 3 代的模式），一个黑白或彩色 CCD 电视摄像仪、人眼安全激光测距仪，一个 NVG 兼容的激光指示器和双波段激光标识器。具有手动操作、自动操作两种工作模式。

Toplite 系统已经与远程控制的"台风"舰炮（20～30 mm）系统集成，该舰炮由拉菲公司和美国通用动力公司的陆上系统分部联合生产。这两个系统已经出售给世界上一些国家的海军，包括皇家澳大利亚海军（安装在其新型 Armidale 级巡逻艇上）和美国海军。

10.1.6 无人机

早在越战时期，美国国防部就利用无人机（如 BQM-34A "火蜂"）和遥控飞行器，进行情报搜集、监视、侦察，以及目标探测等。用无人机平台承载相应多波段光电告警/探测设备，承担重要区域、重要目标等自卫防护的侦察/告警任务，具有覆盖范围大、探测距离远、使用灵活、平台自身稳定性较好、侦察时间长等优点。

在光电对抗中，无人机载小型激光武器可有效干扰或损伤敌方来袭兵器的多种光电制导导引头（电视/红外成像、激光制导及激光目标指示等），使其致盲。无人机可携带并发射精确制导导弹，直接攻击目标；或者携带多种无源遮蔽烟幕等材料，造成光电无源干扰。此外，无人机还用于光电对抗演习。

现代无人机在大小、质量及作业距离和高度上都有很大的区别[17]。有微型无人机、战术无人机、中空长航时、高空长航时之分。

微型无人机通常由手工发射，起飞质量从 10 g 到 100 kg 不等，用于排级的近程战术侦察。通常，微型无人机的总载重量为 50 g 左右。

战术无人机通常装备旅级或师级，用于战场监视和目标搜索，质量为 150～500 kg，任务设备的质量依无人机的大小从 20 kg 到 100 kg 不等。

中空长航时无人机执行战术或战略任务，最大飞行高度为 30 000 英尺（1 英尺=0.3048 m），续航时间可达 24 h。任务设备的质量通常为 250～500 kg。

高空长航时无人机如"全球鹰"，具有战略、高空监视的能力。最大飞行高度为 60 000 英尺，续航时间为 36 h 以上，这种重型无人机的载重量可达 1 000 kg。

美国陆军计划为未来战斗系统的无人机和后续设计的机型研制一种综合了激光测距机或激光指示器能力的新型光电/红外传感器。该系统收集的图像将在无人机上进行预处理，再由陆军分布式通用地面系统（DCGS-A）的地面处理部分处理。DCGS-A 是一种对战术数据的收集、处理和分析进行综合的系统。

有限的载重量意味着无人机的适用传感器只能是小型视频摄像机。例如，EADS 公司的微型飞行器（MAV）只有 500 g 重，装载的 512×582 像素摄像机的质量只有 50 g。将红外传感器压缩到这种轻型的装置中是很不容易的，不过红外传感器的质量也减轻了。热视公司的"μm"红外摄像仪（以前称为"欧米伽"）现已装备在美国陆军的"渡鸦"无人机（由 Aero Vironment 公司研制）和海军陆战队的"龙眼"无人机（由 Aero Vironment 公司和 BAI 航空公司研制上）。"μm"红外摄像仪以非制冷式辐射热测温器为基础，重仅 120 g，工作波段为 7.5～13.5 μm，视频输出为 160×120（RS 170A）或 160×128（CCIR）。

图 10.6 所示为 RQ-1"捕食者"无人机。

"2005～2030 年美国无人机系统发展路线图"指出[18]：无人机光电平台的关键技术主要有：高清晰度电视视频技术；焦面阵列和视轴稳定技术；传感器的自主控制/自我提示技术；多光谱/超光谱成像技术；光探测与距离成像技术。

图 10.6 RQ-1"捕食者"无人机

10.2 舰载光电对抗系统介绍

舰载光电对抗系统的作用是保护水面舰艇不受光电制导武器和激光武器袭击，同时确保己方光电设备能够正常工作。其功能包括：对敌方光电信号的侦察、识别和截获并及时告警；对敌方光电设备进行干扰，使其无法正常工作；针对敌我双方特点，实施反侦察、反干扰措施等[19]。

10.2.1 舰载光电告警系统

舰载光电告警系统主要有以下几种。

1. 潜艇光电桅杆

潜艇光电桅杆是一种多功能传感器系统，该系统内设置有热像仪、微光电视系统、电子支援 ESM 天线、通信及卫星导航接收天线、数据传输系统等[20]。它的出现提升了潜艇对空中、水面和海岸目标的探测、警戒性能[21]。

美国科尔摩根公司研制的 86 型潜艇光电桅杆，其主要特点是不用穿透潜艇耐压壳体（只有信息传输的光纤穿过耐压壳体），所以又称之为"非穿透型"潜艇光电潜望镜。国外光电桅杆已朝系列化、模块化方向发展（如法国出现的红外警戒光电桅杆），可适应不同类型潜艇的不同战术需求。德国泰利斯公司生产的 CM010 非穿透型光电桅杆的性能与 86 型光电桅杆相当，图 10.7 所示为 CM010 非穿透型光电桅杆。

86 型潜艇光电桅杆的热像仪工作波段为 8～12 μm，摄像机有 1 个 12°的宽视场和 1 个 4°的窄视场，景物的可见光能量可用高压窗和头部棱镜聚集，并使其入射到电视传感器。电视摄像机采用 CCD 器件，可在 6 s 内进行 360°成像扫描。同时装电视和红外摄像机的主要目的是综合利用其优点：电视图像直观，尤其在白天具有较好的分辨能力，而红外主要用于夜间工作。

2. 舰载红外搜索与跟踪系统[22]

舰载红外搜索和跟踪（IRST）系统与对空警戒雷达、对海警戒雷达一起组成警戒探测系统，对空中、水面目标进行警戒和搜索，还可用于夜间导航、水面救援、舰船编队等。20世纪80年代末以来，随着双波段焦平面阵列红外探测器和新型信号处理技术的使用，增强了水面舰艇对付掠海飞行反舰导弹的海面搜索能力；它可同时跟踪数百个目标，对掠海反舰导弹的探测距离为数十千米。典型系统有法国的"旺皮尔"（VAMPIR）系列产品和美国的"监视红外搜索跟踪"（SIRST）系统等。

图 10.7　CM010 非穿透型光电桅杆

1）VAMPIRMB 红外搜索与跟踪系统

VAMPIRMB 红外搜索与跟踪系统是法国 VAMPIR 系列产品中的最新产品，是一种模块化系统，能对掠海导弹、飞机、巡逻艇和水雷进行探测、定位，并向武器系统发出目标指示。对战斗机的作用距离为 18 km，对超声速导弹的作用距离为 27 km。DIBV-10 系统是 VAMPIR 系列的另一种红外搜索与跟踪系统，用于威胁源告警和目标指示。对直升机大小目标的探测距离为 20 km；通过探测反舰导弹的高温尾焰，可探测到水平线以外的来袭导弹。"VAMPIRML-II"系统是 DIBV-10 的改进型，体积减小、搜索和跟踪距离增大，提高了对超声速导弹和反舰掠海导弹的探测能力。SIRST 系统是美国海军为对付雷达散射面积极小的超声速掠海导弹而设计的。具有 360 (°)/s 连续扫描能力，可辅助雷达、电子支援措施和目视侦察系统，以边观察边扫描的工作方式对目标状态进行监视，提供准确的来袭目标信息。该系统还能对软杀伤防御的有效性进行准确评估。

2）AN/SAR-8 红外搜索与目标指示系统

AN/SAR-8 系统是由加拿大海军和美国海军联合研制的。第一个系统于 1989 年交付美国海军进行广泛的陆上试验；第二个系统于 1990 年交付，装载在舰艇上进行海上试验。1993 年该系统又进行了舰艇自防护系统的海上试验，已装备在美国和加拿大的 3 000 t 级以上的水面战舰和航空母舰上。

AN/SAR-8 系统用于补充舰载雷达警戒系统，用来探测和报警掠海飞行反舰导弹、飞机、舰船对己方舰艇的威胁。在电子对抗或反辐射导弹威胁的情况下，该系统根据威胁目标的不同红外特征，探测和报警目标对舰船的威胁。它用 2 s 时间扫描 360° 的全方位，自动指示目标，将目标精确的方位角、俯仰角及有关信息提供给舰载对抗系统或武器系统。该系统所采用的对目标边扫描边跟踪技术可以探测到新的目标。其技术指标：视场方位角为 360°，俯仰角为 20°，工作波段为 3～5 μm 和 8～14 μm，探测距离大于 10 km。

3）AN/AAR-44 机/舰载红外警戒系统

AN/AAR-44 机/舰载红外警戒系统是辛辛那提电子公司研制的一种对来袭导弹告警的红外接收机。该系统用于飞机和舰船自卫，能自动告警和发出指令控制红外干扰，现已装备到海军直升机和水面舰艇。该系统能连续地在半球空间进行边搜索边跟踪，同时验证导弹的发射，向飞行员发出导弹位置的告警和自动控制对抗措施，以遏制导弹威胁和增强飞机的生存能力。AN/AAR-44采用凝视传感器，能识别威胁并自动控制对付威胁的对抗措施，还能在太阳辐射、复杂地理背景、水和干扰的环境中进行多状态鉴别和对抗多个威胁。它主要用于防御地空和反舰导弹，可对付多枚SA7、SA9红外制导导弹。该系统由圆锥形检测器、处理机和显示控制器组成。检测器安装在飞机机身的后下方，连续搜索下半球空域，跟踪来袭导弹。在显示器上给出导弹的精确方位参数，并能发出命令及音响告警。该系统还能自动启动对抗装置，可引导定向红外对抗系统实施干扰等对抗手段。

3. 光纤激光告警系统

1994年，美国Varo公司系统部光电系统分部为美国海军研制了一套光纤激光告警系统。该系统可供飞机、舰船和陆基等多种作战平台装载使用。基本系统的探测波长为$0.4\sim1.0~\mu m$，使用模块后，探测波长的范围可扩大。系统配有6个传感器，每个传感器视场为90°。其传感器十分小巧，可平镶在平台上的任何地方。使用时将其中4个传感器安装在最大的平台上，以便提供激光束照射的全方位告警。该系统可测定威胁激光束的方向和波长，并显示在雷达告警接收机的显示器上。

此外，美国的AN/AVR-2相干型告警器已广泛装备水面舰艇和直升机，其成像型"高精度激光接收机"（HALWR）的测量精度接近1 mrad（0.06°），足以满足火炮或激光武器组成的半自动火力打击威胁目标的精度要求。俄罗斯的舰载Spektr-F激光告警系统能对付严重的背景干扰，单脉冲截获概率为95%，最大探测距离达$20\sim25~km$，可对舰艇任一边的4个威胁源同时进行告警。德国"通用激光探测系统"（COLDS）的工作波段为$0.4\sim1.7~\mu m$、$2.0\sim6.0~\mu m$和$5.0\sim12.0~\mu m$，可为所有海军平台提供可靠的多谱激光告警。

4. 紫外告警系统

紫外告警系统的探测器可对导弹尾焰的紫外辐射进行探测并按紫外光谱波段进行显示，利用先进的软件进行实时威胁告警，指明来袭导弹的方向和飞行时间。

海军装备的第一代典型紫外告警设备采用日盲型光电倍增管为探测器，如美国的AN/AAR-47、以色列的"吉他-300""吉他-320"和南非的MAW型。

第三代告警系统采用高性能凝视紫外成像探测器。如美国的"先进导弹逼近告警系统"（AMAWS）、AN/AAR-60，法德联合研制的MILDS-2，以及以色列的"吉他-350"型紫外告警设备。其中，MILDS告警系统用来探测超声速导弹，系统反应时间0.5 s、角分辨率为1°、探测距离为5 km。AMAWS系统是在德国系统的基础上，以面阵列器件对所警戒的空域进行成像探测，采用8个紫外成像增强器，其中6个紫外成像增强器单元就可覆盖全球空域。

10.2.2 舰载光电干扰系统

舰载光电干扰系统通常分为有源系统和无源系统两类，如红外干扰机、红外诱饵、激光干扰机、光电假目标及烟幕器材等。目前，这些光电干扰手段和器材已不同程度地装备各国海军。

1. 有源光电干扰设备

1）激光有源干扰设备

激光有源干扰设备包括激光致盲武器、激光干扰机和破坏性高能激光武器等。

（1）舰载激光致盲武器。美国在这方面的研制与发展已相当成熟，种类繁多、功能齐全。如 AN/PLQ-5 便携式激光致盲武器，可小型船载、车载或直升机载，组成中包括激光照射器和昼/夜瞄准具，采用灯泵钕玻璃激光器或变色宝石激光器，发射短波红外激光。

英国的舰载"激光眩目瞄准具"系统由激光发射器、双目测距仪、电视摄像机和电气机柜等几部分组成，装在舰艇船桥两侧。其第一代产品主要采用可致伤人眼的蓝绿激光器，眩目距离约为 2.75 km。第二代产品增加了发射 $0.7 \sim 1.4$ μm 近红外光的激光器，主要用于毁坏光学系统透镜保护膜、对抗飞行员佩戴的激光护目镜。据悉，俄罗斯也在研制先进的舰载激光致盲武器。

（2）激光干扰机。舰载激光干扰机包括舰上设备和舰外设备，舰上设备主要由激光器、光学发射系统、调制器和控制器几部分组成；舰外设备包括一个假目标激光反射体。激光干扰机用于实施激光距离欺骗干扰、激光角度欺骗干扰。

美国海军一直在积极开展舰用激光定向红外干扰机的开发研究。根据其"多频带反舰巡航导弹防御战术电子战系统（MATES）"计划，在下一代舰艇自卫系统中，将包括用中、远红外波段激光系统来对付光电制导反舰导弹。目前，美国海军研究所已为该项目研制出由闪光灯泵浦的高效率倍频钕钇铝石榴石（Nd：YAG）激光器，脉冲标准波长为 2.1 μm，输出效率高于 5%，每个脉冲的输出能量为 3 J，足可以对付红外制导导弹。

2）红外有源干扰设备

红外有源干扰设备包括红外诱饵和红外干扰机。

（1）红外诱饵。美、英、法、德、意等国针对不同的舰艇，相继研制了多代红外诱饵对抗系统。典型装备有英国的"海盗"和"超级路障"系统，俄罗斯的 TST-47 和 TST-60U 红外弹、SOM-50 红外/激光混合弹、SK-50 箔条/红外/激光混合弹，德国的"巨人"（Giant）、"热狗/银狗"（HotDog/SilverDog），以及美国和澳大利亚共同研制的"纳尔卡"等诱饵系统。其中，"超级路障"是一种以火箭发射箔条/红外诱饵，对付多种威胁的全自动快速反应对抗系统。它既能有效对抗射频、红外和射频/红外制导的反舰导弹，又能有效对抗声自导和线导鱼雷的攻击，是英国为适应 21 世纪海战研制的最新一代舰载诱饵系统。"热狗/银狗"诱饵系统用来对付射频寻的和红外寻的反舰导弹，模块化的结构使其能根据舰艇大小进行扩展。诱饵弹可手控单发发射、自动连射或遥控发射。"纳尔卡"舰载诱饵可以干扰复合制导和成像制导的反舰导弹。

（2）红外干扰机。红外干扰机多数用于机载和舰载，少数用于装甲车载；覆盖波段大多在 $1 \sim 3$ μm 和 $3 \sim 5$ μm；压制系数一般大于 3，少数大于 10；干扰视场一般大于 100°，且多数与告警系统对接，当出现威胁时，由控制系统自动实施或者由人工操作进行干扰。

LAIR（Lamp Augmented IR）舰载红外干扰机是洛拉尔公司根据该公司与美国海军研究实验室（NRL）签订的合同研制的，它是洛拉尔公司机载红外干扰机的改装型。改装后的干扰机尺寸增大，干扰源为铯灯。美国海军研究实验室重视发展舰载红外干扰机，其原因是廉价的双色或双调制红外寻的器广泛用于反舰导弹，它们能够有效地测出舰外红外曳光弹的温度，转而追踪真正需要打击的目标。美军在役的红外干扰机已形成一个系列：ALQ-132、ALQ-140、ALQ-144、ALQ-146、ALQ-147、ALQ-157，分别装备美国海军的特定机型。

俄罗斯的 L16681A 可装备舰载直升机，设计寿命长达 1 200 h，红外源寿命达 50 h，其舰用 TSHU-17 红外干扰机有多种干扰调制样式，能同时对抗几种制导模式的反舰导弹。

2．舰载无源干扰系统

国外较先进的典型无源电子对抗装备有美国的"超高速散开箔条诱饵系统"（SRBOC），英国的"盾牌"（SHIELD）战术诱饵系统；法国的"达盖"（DAGAIE）和"萨盖"（SAGAIE）舰载无源干扰发射系统，以及俄罗斯的 SOM-50 红外/激光复合对抗系统、SK-50 箔条/红外/激光复合对抗系统。

美国 MK36 SRBOC 舰载无源干扰发射系统适用于大型水面舰艇自卫，其固定射角迫击炮式发射装置可自动工作，现已成为美国海军标准的舰载无源干扰发射系统。英国的"盾牌"舰载无源干扰发射系统是一种箔条和红外干扰弹发射系统，可在远、中、近程以分散、转移质心方式，对抗主动雷达和红外制导的掠海和大角度俯冲反舰导弹。

法国的"萨盖"舰载无源干扰系统是一种大、中型舰载防御反舰导弹的全自动无源干扰发射系统。与"达盖"舰载无源干扰系统联用后，能以迷惑和冲淡方式对付敌方目标指示雷达，实现远程防御，以分散和引诱方式对付导弹导引头的截获和跟踪系统，实现近程防御，以便"达盖"系统完成质心干扰。英法联合研制的"女巫"（SIBYL）舰载诱饵发射系统采用迷惑、引诱、分散等方式，在近距或远距对抗多种方式制导的反舰导弹。它既适于配备小型巡逻舰，又可配备大型战舰。

3．海军直升机载光电对抗装备[19]

直升机载光电对抗系统具有导弹逼近告警、信息处理与决策、光电有源、无源干扰等功能，可综合运用激光告警和紫外告警手段实现导弹逼近告警，采用红外干扰机发射红外调制信号干扰红外制导导弹，投放红外/激光烟幕弹干扰来袭的激光威胁和红外制导导弹。

为使英国皇家海军现役的 EH101"小鹰 HM-1"直升机在全天候条件下，获取实时精确的信息和对难以探测的小型目标进行可靠的识别，2004 年洛克希德·马丁英国公司，在直升机右侧下方的现有武器悬挂架上，加装了 L-3 WESCAM 公司研制的 MX-15 光电瞄准吊舱。

MX-15 光电瞄准吊舱已装备美国海军的 P-3、美国海岸警卫队的 HU-25、英国皇家空军的"猎迷 MR 2"等固定翼巡逻飞机。该吊舱内装有高倍昼间摄像机和 3～5 μm 波长的第 3 代锑化铟凝视热成像器，吊舱的美军编号为 AN/AAQ-35。

10.2.3 舰艇光电隐身技术[23]

1．冷却

冷却是指降低 3～5 μm 波段的红外辐射，燃气轮机和柴油机排放的高温废气是舰艇在 3～5 μm 波段最强烈的红外辐射源，因此国外在舰艇红外隐身领域的工作，大都从降低废气温度，抑制红外辐射开始。对燃气轮机来说，由于其排气量大、排气流速高，普遍采用引射技术和烟囱喷水技术。在美国斯普鲁恩级驱逐舰采用此技术措施后，在 3～5 μm 波段降低了舰艇 90% 以上的红外辐射。对于柴油机排气的红外抑制，目前普遍采用烟道冷却和海水喷射技术。英国的舰艇采用烟道冷却后,舰艇红外辐射降低60%以上;德国海军采用海水喷射装置后,可使排气温度由500℃降低到60℃。

2. 屏蔽

降低 8～14 μm 波段的红外辐射,主要采用屏蔽的方法。可采用红外隐身材料,改变舰艇的红外辐射特征,使用隔热材料来阻止舰艇舱内的热源向外辐射;采用喷淋水幕技术,将舰艇笼罩起来,达到降温、屏蔽的效果。如俄罗斯现代级驱逐舰、美国的杜鲁门号航母和英国的海幽灵护卫舰等,都采用了喷淋水幕技术。

舰艇的红外隐身技术是一项刚刚兴起的技术。目前,为了降低水面舰艇的红外辐射,各国主要采用:

- 冷却上升烟道的可见部分;
- 冷却排烟,使它尽可能地接近环境温度;
- 选取隐身材料,吸收 3～5 μm 的红外辐射;
- 采用绝缘材料来限制机舱、排气管道及舱内外结构的发热部位;
- 对舰桥等上层建筑涂敷红外隐身涂料,这样不仅能减少红外辐射,而且能减少光反射;
- 应用红外隐身材料进行屏蔽,从而降低舰艇 8～14 μm 波段的红外辐射;
- 采用海水喷射技术,降低排气温度;
- 采用引射技术和烟囱喷水技术,使烟囱部位的红外辐射强度大大降低。

10.2.4 舰载高能激光武器

美国在战术高能激光武器,尤其是在舰载高能激光武器领域,研究成果丰硕[24],在多项关键技术方面取得了突破[25]。

1. 中红外先进化学激光器/海石光束定向器(MIRACL/SLBD)

1977 年,美国海军开始实施"海石(SeaLite)"计划,其目的就是建造更接近实用的舰载高能激光武器。1983 年初,美军在白沙导弹靶场建立了高能激光武器系统实验装置,作为舰载高能激光武器的试验平台。其中的主要部件包括氟化氘(DF)中波红外化学激光器功率(2.2 MW)和"海石"光束定向仪(孔径为 1.8 m)等。经 3 年时间组装起来的 MIRACL 高能激光武器于 1987—1989 年间,在白沙激光武器试验场进行了一系列打靶试验,其中包括摧毁一枚飞行中的 2.2 马赫的"旺达尔人"导弹的试验。

MIRACL 是 DF 连续波激光器,光学谐振腔长度为 9 m,输出光斑半径约为 10 cm,工作中心波长为 3.8 μm,从 3.6～4.0 μm 波段之间大约分布有 10 条受激发射谱线,输出功率最大可达 2.2 MW。截至 2006 年,MIRACL 共进行了 150 余次试验,总计 3 000 多秒的发光测试,其中有 70 s 在最大功率下运行,已充分证明其可靠性。图 10.8 所示是它的燃烧室和增益产生组件。

"海石"光束定向器(SLBD)是休斯公司为海军设计制造的光束定向装置,其外形如图 10.9 所示。SLBD 主反射安装在万向支架上,可以高速转向。主镜直径为 1.8 m,经扩束后高能光束直径为 1.5 m,主镜 0.3 m 的外径用于对目标跟踪,采用质心跟踪和相关跟踪算法,设定特定空间位置门限,以减小背景噪声的影响。

图 10.8 MIRACL 的燃烧室和增益产生组件

图 10.9 "海石"光束定向器外形

由于舰载激光武器系统的激光源装置质量较大，大约 1 000 kg，采用一级惯性稳定的两轴平台系统实现舰载激光武器系统的光轴稳定，难以达到 μrad 级的稳定精度。为此采用粗精组合式的二级稳定平台方案[25]。粗稳定机构（简称"粗平台"）采用基于二自由度挠性陀螺和加速度计的惯性稳定平台方式，由稳定回路（伺服系统）控制平台轴的转动，隔离舰船纵横摇摆动，实现精度在 0.05°～0.2°的稳定平台。精稳定机构（简称"精平台"）采用速率陀螺仪测速，机电式伺服驱动，实现速度反馈。通过光电仪器对跟踪目标进行采样，经图像处理获得脱靶量，实现位置闭环稳定，使其稳定精度达到 0.002°～0.005°。

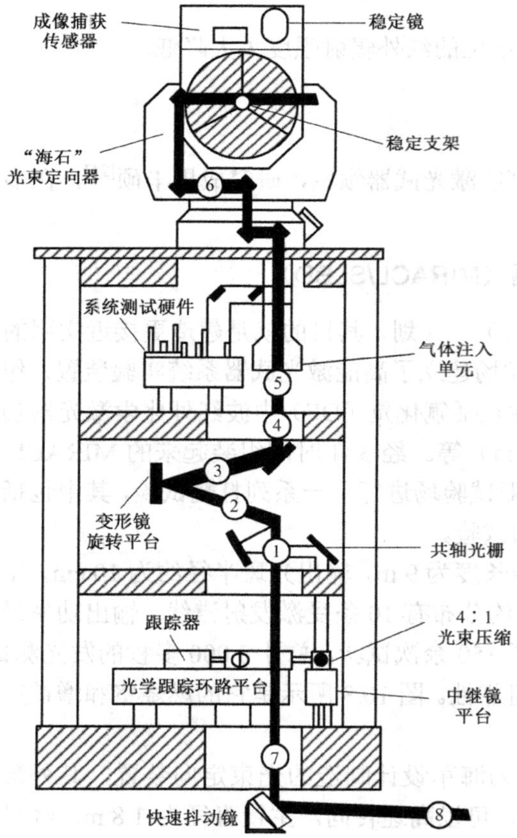

系统的主要技术指标如下：

- 最大跟踪角速度不低于 70(°)/s；
- 最大跟踪角加速度不低于 45(°)/s^2；
- 载体在周期 5 s、幅值 15°的正弦摇摆条件下，稳定精度不低于 0.2°(rms)。

图 10.10 是 MIRACL/SLBD 的光路和结构示意图。图中成像捕获传感器采用 40 cm 的红外成像望远镜，工作波长为 8～15 μm，跟踪视场为 4×5 mrad，用于目标初始捕获。采用陀螺仪稳定的稳定镜可提供一个相对固定的参考视轴。MIRACI 输出的高能激光束经中继镜到达快速抖动镜（Fast Steering Mirror），依照跟踪算法给出相对于稳定镜的偏移量，抖动镜进行快速偏转，使高能激光束通过主镜扩束后离轴发射，持续照射目标。由于只有抖动镜快速偏转，因此降低了对整个稳定系统和主镜的机动性要求，从而实现了对高速移动目标的跟踪打击。通过调节次级反射镜可以控制发射光

图 10.10 MIRACL/SLBD 的光路和结构示意图

束的聚焦点，使之落到攻击目标上，聚焦范围为 400 m 到无穷远（平行光）。除了主镜外，所有中继镜都采用水冷散热。主镜反射光束直径已经扩束到 1.5 m，功率密度较低，不需要水冷。

2．舰载自由电子激光器

美国海军于 1995 年 1 月宣布放弃进一步执行 MIRACL 计划，而重新启动一项高能自由电子激光武器计划。而此前的 MIRACL 高能激光器的 3.8 μm 波长激光在沿海环境下热晕效应较严重，所以应该找到一种热晕效应较小的波长代替它。经过研究，美国海军得出结论：在 1～13 μm 红外波长范围内，只有 1～2.5 μm 波长激光的大气传输性能优于 MIRACL 的 3.8 μm 波长激光的大气传输性能，最终倾向于选择 1.6 μm 波长为适于沿海环境下的最佳波长[24]，如图 10.11 所示。

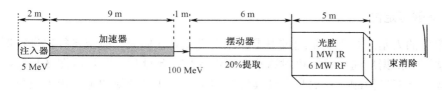

图 10.11　直线型自由电子激光器原理图

2010 年 12 月 20 日，新墨西哥州的洛斯阿拉莫斯国家实验室演示了一台能够生成海军新一代武器系统兆瓦级激光束所需电子的电子束注入器，标志着美国海军自由电子激光器项目上取得重大突破，图 10.12 所示为美国海军高能自由电子激光器样机[26]。

图 10.12　美国海军高能自由电子激光器样机

破坏性高能激光武器是一种破坏性（摧毁式）的硬杀伤武器，一旦投入使用，将会使海上光电对抗进一步升级，并使光电对抗与反对抗变得更加复杂。

10.2.5　基于舰艇的光电定位和对舰艇的定位

基于舰艇的光电定位是舰艇光电告警功能的扩展，指利用舰载设备实现对目标的方位和距离的估计，可利用本书第 5 章、第 6 章所述的相关原理来实现。这里，主要介绍对舰艇目标的定位。

对舰艇目标的定位按照实现原理来划分，可分为有源定位、无源定位两种[27]；按照实现途径来划分，可分为海基舰艇定位、天基舰艇定位、岸基舰艇定位。

1. 海基舰艇定位

舰载光电设备是舰船对敌舰目标定位跟踪的重要配套设备。在20世纪80年代，舰用光电设备主要是光电跟踪仪（并通过它形成光电火控系统），其使用特点是把昼光电视摄像机、红外热像仪和激光测距仪一并组装在经双轴稳定的指向仪上。甲板下的操纵手通过控制台控制传感器和跟踪器、图像显示、弹道预测并控制对接的火控系统。到了90年代，另一种重要光电设备——舰用红外搜索和跟踪系统（IRST）开始服役。这种设备的使用特点是利用扫描式红外探测器进行被动警戒，并向防御反舰导弹的武器和探测器系统提供目标指示信号。目前满足舰船上述作战要求的舰用光电设备均已小型化，这种"小光电"的基本特点是高效能、轻型、桅杆载。

2. 天基舰艇定位

舰艇定位的天基途径主要是通过卫星、无人机或其他航天、航空飞行器进行遥感探测。在获取遥感图像数据后通过计算机对这些图像进行高速预处理，将这些图像与数据库中的原始区域图像进行变换检测，获取具有判读价值的图像，通过图像的进一步处理分割目标、提取目标的识别特征，实现目标的自动识别，最终再通过判读人员进行补充判读。而通过遥感技术对舰艇目标进行跟踪定位的主要技术问题是影像中目标的分割与提取[28]。常见方法有：

（1）在SAR图像中利用形态滤波器来提取近岸船只的方法，通过选取合适的结构元素来提取船舶目标。

（2）基于曲率尺度空间的舰船侧面轮廓描述方式，并利用CSS刻画闭合轮廓的鲁棒性开发了一个舰船识别支持决策系统。

（3）针对图像运动舰船尾迹呈细长脊线的特点，提出一种通过对脊线的检测来提取舰船尾迹，进而检测舰船的方法。

3. 岸基舰艇定位

海岸对于舰艇的定位和跟踪主要依靠光电跟踪、雷达和红外监视。

岸基光电跟踪仪，可分为通用型和专用型，通用型是由舰载光电跟踪仪演变而来的，主要由电视摄像机和激光测距仪组成，还可以与跟踪仪、数字式火控计算机、显控装置以及火炮接口装置联用，组成一个完整的光电火控系统。专用型岸基光电跟踪仪采用微光电视视频跟踪器，作用距离约20 km，可对海警戒、监视，也可给岸炮提供水面目标跟踪数据。

岸基红外监视系统是以红外热像仪为主，有时还与电视摄像机或激光测距仪组合使用，不受强电磁干扰，能快速精确探测、跟踪多个远距离（约20 km）小目标，提供目标方位、距离、舰向和速度等信息，具备目标识别功能。岸基红外监视系统通常由数十个扫描探测站和1个中央控制站组成，各个扫描探测站采用微波通信线路与中央控制站联系，在中央站由计算机自动跟踪、处理多个目标，在大屏幕监视器上显示目标及其相对于海岸线的轨迹。

岸海警戒雷达由设置在岸边高山上的警戒雷达形成侦测网。其技术问题主要是需要定期进行标定以保证高的测量精度，受地形的限制目前尚缺乏有效的标定方法。现代技术常采用通过以舰艇为配合目标基于卫星定位技术的实时动态标校方法来探测目标。

21世纪的海战将呈现出为陆、海、空、天、电磁等多维空间的一体化作战行动。因此，先进国家海军在研制新一代海军装备时,特别注意其联合作战能力。多平台协同定位的过程包括本舰侦察处理、协同中数据关联、测量方位角时统、测向交叉定位。典型系统为美国海军的协同作战能力系统(CEC)。

数据融合能将多平台多类传感器对目标的测量数据与其他信息源所提供的情报信息智能地、自动地进行综合,以获得任何单一信息源所无法获得的裨益。其算法有卡尔曼滤波算法、神经网络原理、聚类分析法、最大似然函数法、模糊集合论、最小二乘法等[29]。

10.3 地基激光防空武器系统

激光武器用于防空的试验始于 20 世纪 70 年代,最初采用的激光器是 CO_2 激光器、HF 激光器和 DF 激光器等,后来发展到固体激光器。激光武器用于防空所具有的很多优点,是防空导弹所不具备的。激光武器以光速输送能量打击目标,不论是高速飞行的飞机还是导弹,都可以将它们视为静止目标,瞄准时不需要提前偏移量。考虑到辐照时间,激光武器一次作战的时间只有 1～2 s,并且激光发射时无后坐力,只需旋转镜面就能够照射新的目标,重复打击能力很强,能够防范传统意义上的饱和攻击。此外,激光武器对光学制导弹和灵巧炸弹有软、硬两种不同程度的杀伤效果。激光能足够高时可以将它们直接摧毁,即使能量降低几个数量级,同样可能对它们的制导系统造成一定的损伤,轻则短时致盲,重则永久损坏。无论如何,都可以使制导炸弹脱靶。并且,激光防空还具有发射成本低的特点。统计表明,激光单次射击的成本不足防空导弹 1/10,可以用来对付无人机、近程火箭弹等廉价目标。所以说激光武器是对付空中目标的有效武器之一,既可以单独作战,也可以配合其他防空武器进行区域防空。

10.3.1 "鹦鹉螺"计划

"鹦鹉螺"计划(Nautilus Project)的目的是要确定摧毁一特定目标——近程火箭需要多少能量,以及如何使目标遭到破坏或失去作用。另外还将确定激光系统的作用距离,反应速度以及该系统重新瞄准(转向另一个目标)所需的时间。试验所得到的信息将用于系统的方案设计,并将用于美国陆军的战术高能激光系统(Tactical High Energy Laser)的设计和战术确定[30]。

在美国陆军和以色列国防部资助下,1995 年进行了地面试验,1996 年在白沙导弹靶场进行了飞行试验。试验采用成熟的中红外先进化学激光器(MIRACL)和"海石"光束定向器(SLBD)。

1995 年以捆绑着的火箭弹为靶标进行了试验。试验中用 SLBD 发射激光照射靶标,成功地确定了摧毁这类目标所需的光束功率,并确定了在典型的防空范围内进行捕获、跟踪、瞄准以及照射和再瞄准的试验。为了模拟小型机动战术激光系统,试验只使用了中红外先进化学激光器的一小部分功率。

1996 年 2 月在白沙导弹靶场进行了打飞行目标的试验。确定了激光系统的作用距离、反应速度以及该系统重新瞄准(转向另一个目标)所需的时间。2 月 6 日,首先用惰性装药的俄制 BM-21 火箭弹作为靶弹进行试验,试验结果表明激光束与试验弹进行了成功的交会,并在 15 s 的时间内烧穿了靶弹弹头的厚钢外壳,使其在命中目标之前被摧毁。2 月 9 日高能激光系统试验选用两枚带真弹头的 BM-21 型火箭弹作为靶弹。试验表明，摧毁弹头仅需几秒钟时间，并且摧毁第一枚火箭弹后，在不到 1 s 的时间内又瞄准了第二个目标。

两次拦截 BM-21 火箭弹的破坏机理是不同的。第一次采用的惰性装药的火箭弹，激光破坏弹头只能是熔化外壳，钢质外壳的熔点在 1 500 ℃以上，所需的激光能量较高，所以激光辐照时间长。第二次试验拦截实弹，激光加热弹头外壳，热量传至弹头内的高能炸药，当温度升至高能炸药的爆发点（300～400℃）时，引爆炸药而使弹头爆炸，因此所需激光能量比第一次要低得多，激光照射时间相对要短。

试验最终表明，对从 32 km 远处发射的导弹，激光器可在 20 km 或更远处有效干扰并损伤导弹探测器；对无制导火箭可在 5 km 距离上将其摧毁。下一步将要发展能摧毁近程火箭的样机激光武器，这将是一个全系统样机，包括能探测近程火箭和迫击炮弹的高灵敏度、高精度雷达。由于像喀秋莎这样的小火箭弹横截面非常小（如 BM-21 火箭弹的直径为 122 mm），飞行时间又短，因此关键的问题是能否使其尽早地被雷达跟踪，使激光束有足够的时间照射并摧毁它。

10.3.2 移动战术高能激光

作为"鹦鹉螺"计划的产物，THEL 系统是典型的陆基型激光武器，由激光发射器、指示追踪仪、火控雷达及指挥中心等 4 个主要的子系统组成。系统的主机是一台 400 kW 的氟化氘化学激光器，其射击反应时间为 1 s，发射频率为 20～50 次/min，单次射击费用为 1000 美元。THEL 的射程为 7～10 km，从探测到击毁目标的时间为 7 s。在 2000～2002 年的发射试验中，该演示系统共击毁 28 枚"喀秋莎"火箭弹。但是，THEL-ACTD 需要装在 8 个集装箱内，由 6 辆拖车运输，机动性比较差。

于是，诺斯罗普·格鲁曼公司（Northrop Gnumman）自 2003 年开始研发机动战术高能激光系统[32]。

根据武器的设定，MTHEL 的组成精简为 3 个主要的子系统——"指挥、操控、通信和情报子系统（C^3I Subsystem, C^3IS）"，"指示追踪器子系统（Pointing and Tracking Subsystem, PTS）"和"激光发射器子系统（Laser Subsystem, LS）"。MTHEL 不仅体积、质量比 THEL 小得多、轻得多，非常机动灵活，更重要的是在射击精度上也有长足的进步。在测试过程中，MTHEL 能够准确命中长度仅为 0.6 m 的火炮炮弹，而 THEL 则只可击中长度达 3 m 的俄制 122 mm 口径喀秋莎（Katyusha）短程火箭。其指挥控制系统可以同时追踪 15 个目标，激光光束只要照射在标靶上数秒，即可予以摧毁，其有效射程为 10～20 km[33]。如果配以更强大而持续的能源供应，还可用于攻击巡航导弹和无人机（UAV）。图 10.13 所示是移动战术高能激光系统展开效果图。

2004 年 8 月 24 日，诺斯罗普·格鲁曼公司在白沙导弹靶场进行的实弹打靶试验中，使用战术高能激光武器试验台不但击落了单发迫击炮弹，而且还摧毁了齐射的迫击炮弹。这充分表明，激光武器可以用于战场打击多种常见目标。

2005 年年初，美国陆军决定重点研制固体战术激光武器系统。

图 10.13 移动战术高能激光（MTHEL）系统展开效果图

10.4 天基定位与光电对抗系统

10.4.1 星载告警

预警卫星是一种用于监视、发现和跟踪敌方战略弹道导弹的军用侦察卫星。自 20 世纪 60 年代以来，预警卫星作为战略防御系统的重要组成部分受到高度重视。美、苏/俄两国逐步建立了比较完善的天基预警系统。

1961 年 7 月 12 日，美国成功发射第一颗"迈达斯"（Missile Defense Alarm System, Midas）导弹预警卫星。而始于 1970 年的美国"国防支援计划"（DSP）由 5 颗卫星组成，其中 3 颗工作星、2 颗备用星，实时监测全球导弹发射、地下核试验和卫星发射情况，是 NORAD 北美防空中的一项卫星预警支援计划，它为美国及其盟国在全球的驻军提供导弹入侵预警服务。到 80 年代，DSP 地面站已建成 3 个固定站、1 个移动站和 1 个技术支持站。美国本土、澳洲和欧洲各 1 个固定站，接收、处理各自地区的 DSP 卫星数据。此外，还有一个美国陆军与海军的移动式联合战术地面站，直接接收 DSP 卫星信号，并与 DSP 地面处理中心相连，以实时获得导弹预警信息[34]。

苏联从 20 世纪 70 年代开始研制卫星预警系统，1976 年开始发射"眼睛"（Oko）预警卫星，运行在近地点 600 km、远地点 40 000 km 的大椭圆轨道，满编为 9 颗卫星。若要不间断地监视美国弹道导弹发射地域，在来袭导弹发射后 20 s 内捕捉到目标并通报防空反导部队，至少需要 4 颗卫星。目前，俄在轨工作的"眼睛"卫星尚有 4 颗，勉强能完成上述任务，但无法对美、英、法国的潜射导弹进行全面监视。1988 年苏联开始发射"预报"（Prognoz）地球同步轨道预警卫星，用来监视美国陆基洲际弹道导弹和海基潜射导弹的发射。

1. 星载红外告警

1995 年，美国决定研制"天基红外系统"（SBIRS）预警卫星（如图 10.14 所示），计划 2008 年完成[35]。

作为一项弹道导弹预警系统计划，SBIRS 是美国"国家导弹防御系统"（NMD）计划的核心。SBIRS 预警卫星将用于执行战略和战区导弹预警，还能对战区弹道导弹的攻击实施有效的预警与跟踪。

SBIRS 有空间段和地面段两部分，空间段由 3 种轨道高度的卫星星座组成，即低轨卫星星座（SBIRS—Low）、高轨卫星星座（SBIRS—High）和静止轨道卫星星座（SBIRS—GEO）。静止轨道卫星星座将沿用DSP已有的星座。低轨卫星星座由"空间和导弹跟踪系统（SMTS）"计划支持，高轨卫星星座由"战区高度区域防御（THAAD）"计划支持。

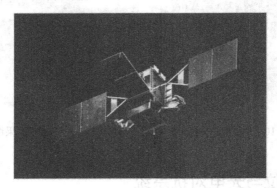

图10.14 美国"天基红外系统"预警卫星

SBIRS系统首先可借助DSP卫星对导弹发射实现粗查，然后由高低轨卫星作定点详查，对导弹弹头进行跟踪，并测出弹道轨迹参数。此外，它还包括ALERT计划、CB计划和"联合战术级地面站（JTAGS）"计划等。ALERT计划是为提高DSP卫星数据的处理速度服务的；CB计划是为研制高水平红外探测器而设置的；JTAGS计划是一项为SBIRS卫星系统（3种轨道高度）建造移动式地面站而制定的计划。

SBIRS预警卫星高轨道部分，包括4颗地球同步轨道卫星和2颗大椭圆轨道卫星。每颗卫星上装有高速扫描型探测器和与之互补的凝视型探测器。扫描型探测器用一个一维线阵扫掠地球的北半球和南半球，对导弹在发射时所喷出的尾焰进行初始探测。然后它将探测信息提供给凝视探测器，后者用一个精细的二维面阵将发射画面拉近放大，对目标进行跟踪。这些改进使SBIRS卫星对较小导弹发射的探测能力比DSP卫星强得多，它可在导弹发射后10～20 s内将警报信息传送给地面部队，而DSP卫星则需要40～50 s。

SBIRS预警卫星低轨道（SMTS），由21～30颗卫星组成一个覆盖全球的卫星网，主要用于跟踪在中段飞行的弹道导弹和弹头，并能引导拦截弹拦截目标。飞行在多个轨道面上的低轨道卫星将成对工作，以提供立体观测。每对卫星通过60 GHz的卫星间交联线路进行相互通信。

SBIRS—Low卫星为低费用小卫星。每颗卫星将有一台宽视场短波红外捕获探测器和一台窄视场凝视型多色（中波、中长波和长波红外及可见光）跟踪探测器。为使可见光遥感器能通过云层侦察，还装有原子谐振滤波器（ARF）。这些探测器将按"先看地平线以下后看地平线以上"的顺序工作，以捕获和跟踪目标导弹的排气尾焰及其发热弹体、助推级之后的尾焰和弹体以及最后的冷再入弹头。通过中段跟踪和对弹头与其他物体的辨别，卫星还能为地面防御系统提供指示性信息。SMTS使早期拦截弹道导弹成为可能，同现有系统相比，它可将防区范围扩大2～4倍。

2. 星载激光告警[36]

星载激光告警系统包括光学接收、光电传感器、信号判别处理、地面通信等。光学接收部分由一系列光学镜片组成，用于接收激光信号，限定探测空间。光电传感器采用常温

HgGdTe 器件（探测波长 8～12 μm），可以保证有效告警并降低系统组成的体积、质量。信号处理部分完成信号识别、信号接口处理等功能。地面通信系统为卫星有效载荷之共用系统，激光告警系统具备与其通信的接口。

激光告警系统的反应时间为毫秒量级。激光反卫星武器的照射时间一般在 1～100 s，而对星载光电传感器致盲需照射 1～10 s，对卫星上的太阳能电池板等造成永久性损伤需照射几百秒，因此，告警反应时间能满足激光防护系统的要求。

星载激光告警的作用是：当卫星受到激光攻击时及时给出告警威胁信号，以使卫星防护系统有足够的时间采取必要的防护与对抗措施，保护卫星免受破坏；同时将卫星受到激光威胁的信息传送到地面接收站，判断威胁程度及威胁来源，以采用必要的军事或外交手段与其对抗。

星载激光告警系统安装在卫星易于受到反卫星激光攻击的部位，其探测方向指向地面。由于激光反卫星武器受设备重量和能量补给等条件制约，目前还无法实现以天基平台装载，但作为一种潜在的对卫星攻击平台，天基反卫星技术正在迅速发展。因此，星载激光告警系统的探测范围不仅是地面，也要考虑天基目标。

由于反卫星激光武器均为强激光攻击，辐射强度大约为 1～10 W/cm^2，因此其可探测性不会成为问题，而且还需要采取一定的能量衰减措施，防止探测器件产生饱和现象。美国 1997 年 10 月 17 日前后进行了震惊世界的激光反卫星试验，试验结果证实未对卫星传感器造成损伤，但出人意料的是低功率激光却能使光电传感器饱和，所以在星载光电传感器上采取对抗保护措施非常必要。如使用光学开关型激光滤光镜来保护探测器，还可在探测器上安装一个快速光栅。

星载激光告警只需判断激光威胁的有无，不需要分辨激光来袭的方位，可采用固定视场、凝视型探测体制。由于激光告警部署在空间，要考虑宇宙射线对告警系统的损害。由于激光告警器长时间警戒整个空间，宇宙射线也是造成虚警的重要因素。为了降低虚警率，告警器必须采用多元相关探测技术。

10.4.2 卫星定位跟踪

当前，天基定位可分为 GPS 卫星星座辅助定位和无源定位等两种类型。

1. GPS 卫星星座辅助定位

卫星定位系统是 20 世纪 70 年代由美国陆海空三军联合研制的新一代空间导航定位系统。其主要目的是为陆、海、空三大领域提供实时、全天候和全球性的导航服务，并用于情报收集、核爆监测和应急通信等一些军事目的，是美国独霸全球战略的重要组成。经过 20 余年的研究实验，耗资 300 亿美元，最早应用于 1991 年的海湾战争时期。而到了 1994 年 3 月，全球覆盖率高达 98%的 24 颗 GPS 卫星星座已布设完成。类似的系统有欧洲的伽利略、中国的北斗等。

GPS 是英文 Global Positioning System（全球定位系统）的简称，而其中文简称为"球位系"。GPS 全球卫星定位系统由 3 部分组成：空间部分——GPS 星座；地面控制部分——地面监控系统；用户设备部分——GPS 信号接收机。

1）空间部分

GPS 的空间部分由 21 颗工作卫星组成，它位于距地表 20 200 km 的上空，均匀分布在 6 个轨道面上（每个轨道面 4 颗），轨道倾角为 55°。此外，还有 3 颗有源备份卫星在轨运行。卫星的分布使得在全球任何地方、任何时间都可观测到 4 颗以上的卫星，并能在卫星中预存导航信息。GPS 的卫星因为大气摩擦等问题，随着时间的推移，导航精度会逐渐降低[37]。

2）地面控制系统

地面控制系统由监测站（Monitor Station）、主控制站（Master Monitor Station）、地面天线（Ground Antenna）所组成，主控制站位于美国科罗拉多州春田市（Colorado Spring）。地面控制站负责收集由卫星传回的信息，并计算卫星星历、相对距离，大气校正等数据。

3）用户设备部分

用户设备部分即 GPS 信号接收机。其主要功能是能够捕获到按一定卫星截止角所选择的待测卫星，并跟踪这些卫星的运行。当接收机捕获到跟踪的卫星信号后，就可测量出接收天线至卫星的伪距离和距离的变化率，解调出卫星轨道参数等数据。根据这些数据，接收机中的微处理计算机就可按定位解算方法进行定位计算，计算出用户所在地理位置的经纬度、高度、速度、时间等信息。接收机硬件和机内软件以及 GPS 数据的后处理软件包构成完整的 GPS 用户设备。GPS 接收机的结构分为天线单元和接收单元两部分。接收机一般采用机内和机外两种直流电源。设置机内电源的目的在于更换外电源时不中断连续观测。在用机外电源时机内电池自动充电。关机后，机内电池为 RAM 存储器供电，以防止数据丢失。目前各种类型的接收机体积越来越小，质量越来越轻，便于野外观测使用。

卫星定位跟踪系统的基本原理是测量出已知位置的卫星到用户接收机之间的距离，然后综合多颗卫星的数据就可知道接收机的具体位置。要达到这一目的，卫星的位置可以根据星载时钟所记录的时间在卫星星历中查出。而用户到卫星的距离则通过纪录卫星信号传播到用户所经历的时间，再将其乘以光速得到。由于大气层电离层的干扰，这一距离并不是用户与卫星之间的真实距离，而是伪距（PR）：当 GPS 卫星正常工作时，会不断地用 1 和 0 二进制码元组成的伪随机码（简称伪码）发射导航电文。GPS 系统使用的伪码一共有两种，分别是民用的 C/A 码和军用的 P(Y) 码。C/A 码频率为 1.023 MHz，重复周期 1 ms，码间距为 1 μs，相当于 300 m；P 码频率为 10.23 MHz，重复周期为 266.4 天，码间距为 0.1 μs，相当于 30 m。而 Y 码是在 P 码的基础上形成的，保密性能更佳。导航电文包括卫星星历、工作状况、时钟改正、电离层时延修正、大气折射修正等信息。它是从卫星信号中解调制出来，以 50 b/s 调制在载频上发射的。导航电文每个主帧中包含 5 个子帧，每帧长 6 s，其中前 3 帧各 10 个字码，每 30 s 重复一次，每小时更新一次，后 2 帧共 15 000 b。导航电文中的内容主要有遥测码、转换码以及第 1、2、3 数据块，其中最重要的则为星历数据。当用户接收到导航电文时，提取出卫星时间并将其与自己的时钟作对比，便可得知卫星与用户的距离，再利用导航电文中的卫星星历数据推算出卫星发射电文时所处位置，用户在 WGS-84 大地坐标系中的位置速度等信息便可得知。

可见 GPS 导航系统卫星部分的作用就是不断地发射导航电文。然而，由于用户接收机使用的时钟与卫星星载时钟不可能总是同步，所以除了用户的三维坐标 x、y、z 外，还要引进一个 Δt 即卫星与接收机之间的时间差作为未知数，然后用 4 个方程将这 4 个未知数解出来。

所以如果想知道接收机所处的位置，至少要能接收到 4 个卫星的信号。

2．无源定位

天基无源定位系统以小卫星为平台对干扰源进行无源定位，不受国界、领空、领海和天气条件的限制，具有作用距离远、隐蔽接收的特点，能为准确、迅速、及时地发现目标提供重要保障。

天基无源定位系统有以下几个不同的技术发展层次。

1）单星定位

单星定位有瞬时测向定位和测向交叉定位两种方式，其中测向交叉定位是通过 2 次以上对同一辐射源进行测向，利用方向线的交点对辐射源定位；瞬时测向定位也即方位、俯仰角定位，它利用测向得到的指向辐射源的方向线与地球球面的交点来确定辐射源的位置。

单星定位的特点是成本低、质量轻、体积小、周期短、技术相对简单。

2）双星定位

TDOA 定位技术通过测量信号到达不同观测平台的时间差，形成双曲面相交对辐射源进行定位；FDOA 定位技术利用观测平台和目标之间相对运动所产生的多普勒频率差对辐射源进行定位。对于地面辐射源，通过 3 个观测平台之间的 TDOA 测量或 FDOA 测量均可确定辐射源的位置。但若同时测量 TDOA 和 FDOA，则通过 2 个观测平台就可确定辐射源的位置。因此，采用双星 TDOA-FDOA 定位方式，对于天基无源定位系统来说是一个非常有吸引力的方案。

由于双星定位的基线较长，而且小卫星的移动速度很快，产生的多普勒频移差大，因而有利于定位精度的提高。TDOA-FDOA 定位方式相对于多平台定位而言，减少了平台数量，降低了系统实现难度和发射成本，其实时性和定位精度又高于单平台定位方式。

双星定位的特点是定位精度较高、成本低、周期短、技术相对简单。

3）编队飞行

卫星编队的定位精度高、应用范围广、技术复杂，是未来很有前途的应用方式。

小卫星编队在无源定位上与单星比较具有很大的优势，主要体现在：长基线、大孔径、具有稳定的构形、实时性强几个方面。

卫星编队中卫星之间的距离可达几十千米，因此可提供很长的测量基线，有利于高精度无源定位。如文献[38] 提到：4 颗小卫星圆形编队飞行，圆中心有 1 颗主星，在圆周均匀分布 3 颗辅助星，并两两组成 3 组。通过测量地面辐射源到 3 组卫星的时间差，从而得出地面辐射源三维位置。当轨道高度为 1 000 km，倾角为 63.4° 编队圆形半径为 50 km 时，对地面侦察三维定位精度可望在 0.1～1 km。

对于卫星编队，有人[39] 主张采用 TDOA 或 FDOA 的定位方式，而不主张采用天基干涉仪方式。

4）星座

卫星星座的定位精度较高，地面覆盖范围大，重访周期短，技术比较复杂。

不同于卫星编队，卫星星座为稀疏分布，各卫星之间的距离与轨道半径具有相同的量级；而卫星编队为密集分布，卫星之间的距离为几十米至几十千米。星座卫星的轨道设计与单颗卫星相似，编队飞行主要研究卫星间的相对位置，相对轨道的变化和控制问题。

基于星座的无源定位系统较多的是采用时差定位方法。当卫星组成星座时，若有其中4颗卫星同时接收到来自同一辐射源的信号，则可获得3个时差观测方程，进行辐射源的三维定位。若已知辐射源在地球表面，则只需3颗卫星就可对其定位。影响定位精度的主要因素是星座的几何形状、辐射源相对于星座的位置及时差的测量误差和卫星位置的测量误差。目前，全球只有美国和俄罗斯的军用航天系统有星座应用模式。比较典型的有美国的NOSS星座，该星座由1颗主卫星（NOSS卫星）和3颗子卫星（SSU卫星）组成，其中SSU在空间成直角三角形排列。

10.4.3 反卫星武器系统

激光反卫星侦察始于苏联。早在20世纪70年代，苏联就成功用激光干扰美国侦察卫星，使卫星上的光学系统饱和。后来苏联又成功进行了十多次激光反卫星试验。美国在1989年1月9日通过了一项新的反卫星武器发展计划，将激光反卫星武器与动能反卫星武器放在同等重要的位置上，此举将激光反卫星武器推向了高速发展时期。

同防空和反导激光武器类似，激光反卫星武器也需要有强激光产生以及目标捕获、识别、跟踪、照明、光路补偿、光束控制等设施。配合不同C^3I系统，前面介绍的机载、舰载和陆基激光都可以作为独立的反卫星激光武器使用。此外，卫星本身也可以作为很好的反卫星平台，也就是天基激光武器。天基激光（Space Born Laser，SBL）武器有两大类：一类自身携带能源，能够独立作战；另一类只有大型中继镜，靠反射其他独立激光武器系统发射的激光作战。

1. 卫星易损性分析[40]

卫星是高价值侦察、通信工具，在获取和传递信息中起着至关重要的作用。然而卫星的轨道可以预先确定，暴露给反卫星武器攻击的时间较长（通常为100 s），并且受到攻击时只能作简单的规避或者根本不会主动规避，因此相对于反导和防空激光武器，用激光打击卫星具有更高的效费比。

据报道，地面反卫星激光武器典型的作用距离大约是500～2 000 km，交战时间为100 s左右。激光束要在这段时间内稳定工作，对卫星定点照射，达到干扰、破坏甚至摧毁卫星的目的。按照破坏程度的不同，反卫星激光武器对卫星的破坏分为以下几种：破坏卫星硬设施，如防护层、天线、太阳能电池板等；破坏卫星热平衡，烧毁光电探测系统，造成探测器饱和的暂时致盲等不同层面、不同程度的破坏。不同的破坏视作战目的而定，对激光武器的发射功率、光束质量、光束控制也有不同的要求。

从试验结果看，硬破坏需要的功率较高，要求上靶功率密度在每平方厘米百瓦量级甚至更高，可以迅速去除热控制材料，烧毁太阳能帆板，使高压容器破裂，毁坏卫星天线等，给卫星造成不可恢复的破坏。相应地，要求地面激光器能够有几兆瓦连续输出功率。考虑到大气传输窗口，目前满足这一输出功率的只有氟化氘（DF）激光器和化学氧碘激光器（COIL）。实施硬破坏的激光武器系统的复杂度、费用和工程管理难度都比较高，灵活性也低。相比之下，破坏卫星热平衡要容易得多。热管理是卫星设计中的一个关键因素，通常通过对表面材料的吸收率和辐射率的合理控制，让卫星总体吸收和辐射达到平衡，同时采用热交换设施，使卫星内部温度保持在很窄的范围内，保证卫星内部电子系统能正常工作。当激光在卫星表面形成每平方厘米一至几百焦耳的能量辐射时，就可以对卫星热管理表面造成一定损伤，从而打破卫星热平衡，导致破坏性的温度偏差，造成卫星故障。由于卫星上的光电传感器灵敏度高，仅需要数十瓦的功率就可以使之饱和而失去工作能力，使激光进入卫星成像传感器的视场，很有可能成为近期反卫星武器的重要发展方向。美国在1997年LPCL试验中即验证最后一种攻击的可行性。研究表明，地基激光反卫星系统也可以对中轨卫星（MEO）甚至同步轨道卫星（GEO）造成损害，因为卫星即使只接收到零点几瓦辐照度的激光照射，长时间（比如100 s）累积加热也可以造成太阳能电池帆板或者星体过热而引发故障。

2．地基激光反卫星试验

地基反卫星激光武器（GBL）可对卫星上的特定瞄准点进行精确的射击，并累计足够的能量使卫星上的关键部件由于热损伤而失效或被摧毁。当激光器与卫星上光学传感器工作波长相同，激光束位于传感器视场内时，传感器就可能由于饱和而遭破坏。地基反卫星激光武器的优势是其质量和主电源不受限制，并能用重型装甲加以保护。为了有效地通过地面附近的大气湍流，地基激光器必须测量湍流导致的畸变，并加以补偿。反卫星激光武器可以通过干扰、破坏卫星上的仪器或摧毁卫星平台，使敌方的指挥、控制、通信与情报系统瘫痪；也可通过攻击天基武器或激光武器的作战反射镜来破坏对方的空间防御系统[41]。由于卫星轨道一般已知，光电仪器设备的破坏阈值较低，因而相对于战略反导激光武器而言，其技术难度较小，费用较低。一般而言，地基反侦察卫星激光武器的作用距离为500～1 000 km，激光武器的平均功率最高需要上兆瓦。但根据美国的试验，几十瓦至几百瓦的激光功率，也能有效干扰军事侦察卫星。

从20世纪90年代初，美国陆军战略防御司令部用先进中红外化学激光器（MIRACL）和"海石"光束定向器（SLBD）进行了一系列试验。在1991年8月20日进行的试验中，激光束跟踪并击中了约14km高空飞行的无人靶机，达到了全部试验目的，解决了以往试验中所遇到的全部问题，证明MIRACL/SLBD已具备有限反卫星能力。

3．天基激光反卫星武器

由于天基激光武器对空间目标的拦截距离达数千千米，所以具有硬杀伤或软杀伤中低轨道和近地轨道卫星的能力。2000年2月，美国弹道导弹防御局与波音公司、洛克希德·马丁公司和TRW公司签订了18～24个月激光集成飞行试验（SBL-IFX）的合同，总金额1.27亿美元。

在一年多的试验中，SBL-IFX对Alpha激光器进行优化，使之适合于星载使用，并研制了大型先进反射镜。Alpha激光器是20世纪80年代中期设计的一种高功率HF激光器，由于受大气传输窗口限制，不适合于大气传输。经过改进之后输出的光束质量得到改善，输出光斑接近圆形，而且能量密度更均匀，非常适合于星载激光武器。SBL-IFX还进行了多次非冷却变形镜高能激光试验，完成了4 m的大型发射镜4.5 s的闭环波前和抖动控制试验。SBL-IFX也进行了星载激光的光束控制试验，主要采用了机载激光的光束控制技术。

预计未来天基激光武器可能采用的激光器有氧碘激光器、氟化氢泛频激光器、二极管泵浦固体激光器和相控阵二极管激光器，甚至有可能采用波长更短的X射线激光器。直径为15 m

的激光发射主镜、薄膜加工工艺制造的大型轻质的光学系统、高平均功率相位共轭补偿技术和相控激光二极管阵列等一系列高能激光相关技术，也会在天基激光武器系统中得到应用。

目前提出的天基激光武器构成方案有两种，一种是由约 20 个天基激光武器组成的系统，另一种是由 6 个天基激光武器及 12 个中继反射镜组成的系统。根据美国空军天基激光武器计划人员估算，部署由 6 个天基激光武器及 12 个中继反射镜组成的天基激光武器系统，所需费用为 700~800 亿美元。

4. 其他反卫星武器

当前，其他实现反卫星作战的技术途径主要有[42]：核能反卫星、卫星反卫星、动能武器反卫星、定向能武器反卫星和航天飞机反卫星。

1）核能反卫星

核能反卫星是通过核装置在目标卫星附近爆炸产生强烈的热、核辐射和电磁脉冲等效应，毁坏卫星的结构部件与电子设备，从而使其丧失工作能力的。由于核能反卫星武器的作用距离远，破坏范围大，在制导精度较差的情况下仍能达到破坏目标的战斗目的，因此被用作反卫星武器最早期的杀伤手段。例如，美国 20 世纪 60 年代研制的第一代"雷神"反卫星导弹就带有核弹头。但由于核能反卫星武器的附加破坏效应大，因此没有继续使用。

2）卫星反卫星

卫星反卫星武器实际上就是一种带有爆破装置的卫星。它在与目标卫星相同的轨道上利用自身携带的雷达红外寻的探测装置跟踪目标，然后靠近目标卫星，在距离目标数十米之内将载有高能炸药的战斗部引爆，产生大量碎片来击毁目标。卫星反卫星作战方式有两种：共轨和快速上升攻击。共轨攻击就是运载火箭将反卫星卫星射入与目标卫星的轨道平面和轨道高度均相近的轨道上，然后通过机动，逐渐接近目标，一般需要若干圈轨道飞行之后才能完成攻击任务。快速上升攻击就是先把反卫星卫星射入与目标卫星的轨道平面相同而高度较低的轨道，然后机动快速上升去接近并攻击目标。这种方式可在第一圈轨道内就完成拦截目标的任务。

3）动能武器反卫星

动能武器反卫星是通过高速运动物体来杀伤目标卫星的。动能反卫星武器通常利用火箭推进或电磁力驱动的方式把弹头加速到很高的速度，并通过直接碰撞击毁目标，也可以通过弹头携带的高能爆破装置在目标附近爆炸产生密集的金属碎片或霰弹击毁目标。动能反卫星武器要求高度精确的制导技术，例如 F-15 战斗机发射的反卫星导弹就必须直接命中目标。动能反卫星武器可以部署在地面、舰船、飞机甚至航天器上。目前美国正在大力发展这种技术。

4）定向能武器反卫星

除激光反卫星武器外，定向能反卫星武器通过从地面、空中或太空平台上发射高能粒子束、大功率微波射束，破坏目标卫星的结构或敏感元件。利用定向能杀伤手段摧毁空间目标具有速度快、攻击空域广的特点，但技术难度较大。

5）航天飞机反卫星

随着科技的进步，载人航天兵器将进入外空间战场，航天飞机和空间站也可以作为反卫星武器。航天飞机可以飞向目标卫星，向其开火或将其抓获。1984年和1992年美国航天飞机在轨道上修理和回收卫星的实践表明，航天飞机既能用来在轨道上捕捉、破坏目标卫星，又能装备反卫星武器。美国准备建立一支配有各种武器的航天机队，作为太空行之有效的作战力量。

10.5 巡飞器

巡飞器是无人机技术和弹药技术有机结合的产物，是飞行的传感和武器投掷系统（Sensors and Weapon Delivery Systems）[43]，有时被简称为"巡飞弹"。1994年，美国首次提出巡飞弹的概念，引起了世界军事强国的广泛关注，先后有俄罗斯、以色列、英国、德国、意大利、法国等发达国家加入此类弹药的研究行列。通过在目标区上方进行"巡弋飞行"，巡飞器可"待机"执行多种作战任务，如：战场侦察、目标指示、情报搜集、毁伤评估、精确打击、通信中继、电子对抗、空中警戒、协同作战等[44]。

与常规弹药相比，巡飞器多出巡飞弹道，留空时间长，作用范围大，可发现并攻击隐蔽的时间敏感目标；与巡航导弹相比，巡飞器的成本不到其1/10，尺寸小，雷达散射截面小，隐身能力较强，能承受极高的过载；与制导炮弹相比，巡飞器能根据战场情况变化，自主或遥控改变飞行路线和任务，对目标形成较长时间的威胁，实施有选择的精确打击，并实现弹与弹之间的协同作战；与无人机相比，巡飞器像常规弹药一样，可由多种武器平台发射投放，能快速进入作战区域，突防能力强，战术使用灵活[45]。无论采用发射后不管，还是采用人在回路中的作战方式[46]，巡飞器作战性能主要取决于其控制技术和末端制导技术[47]。制导精度和作战效能不断提高是巡飞器的一个重要发展趋势[48]。

10.5.1 巡飞器分类

根据执行作战任务的侧重，巡飞器可主要分为侦察型巡飞器和攻击型巡飞智能弹两类。

1. 攻击型巡飞智能弹

美国是目前开展攻击型巡飞弹研究工作最多的国家，其攻击型巡飞弹以"洛卡斯"和"拉姆"最为典型；欧洲的典型代表则是火力阴影巡飞弹。

"洛卡斯"（LOCASS）是一种小型巡飞弹，长787.4 mm，重38.6 kg，铸铝机体，装有可折叠式塑料机翼，由微型涡轮喷气发动机驱动。LOCASS携带多模爆炸成型穿甲战斗部，根据目标的坚硬程度可以作为长探杆穿甲弹、空气金属芯或碎甲弹使用。图10.15所示为LOCASS巡飞弹的实物图。

火力阴影巡飞弹为间接火力精确打击（IFPA）项目的一部分，由MBDA等公司于2006年7月开始研制，图10.16所示是其实物图。火力阴影巡飞弹长约3.7 m，重200 kg，可携带23 kg战斗部，能够以51.4~68.8 m/s的速度巡飞10 h，作战半径为150 km，采用非制冷红外成像导引头，打击目标的圆概率误差小于 1 m。

图 10.15　LOCASS 巡飞弹实物图

图 10.16　火力阴影巡飞弹实物图

2. 侦察型巡飞器（巡飞弹）

"快看"（Quicklook）是美国自 1999 年开始研制的巡飞弹，该弹弹长 990 mm，弹重 36~41 kg，由战斗部、制导装置、推进系统、控制装置和稳定装置组成，采用了最新的复合材料技术、小型大功率发动机技术、信息传输技术、多模导引头、制导、导航和控制技术，以及充气式侧翼技术等。该弹通常在距离目标区 50 km 的地方巡飞，利用其传感器扫描 39 km^2 的区域。

"广域侦察弹"（WASP）由美国陆军发展与研究中心研制，弹长 500 mm，弹重 3.9 kg，弹上携带 GPS 导航系统、CCD 摄像机和双路数据链系统。该弹采用折叠式 V 形尾翼，叠式双叶螺旋桨位于机身前部，翼展为 1 220 mm。

俄罗斯研制的 R-90 巡飞弹（如图 10.17 所示），主要用于执行目标侦察和射击效果评估任务。该弹长 1.42 m，翼展 2.56 m，弹重 42 kg，由 M44D 脉冲喷气发动机推进，射程为 70 km，持续飞行时间为 30 min，飞行高度为 200 m~600 m。

在国内，中国航天科技集团公司研发的 WS-43 巡飞弹于 2014 年在珠海航展会上首次亮相，并引起了一些国家的关注[49]。

WS-43 巡飞弹如图 10.18 所示。它由中国产火箭炮发射，射程为 60 km，可以在战区上空停留 30 min，战斗部重量为 20 kg，配备有探测系统和战斗部，可以对时间敏感性目标、反斜面目标进行探测、定位和打击，并且将相关目标信息传递给后方指挥所。

图 10.17　俄罗斯的 R-90 巡飞弹

图 10.18　WS-43 巡飞弹

10.5.2 巡飞弹关键技术

一般认为,巡飞弹具有以下四大关键技术[50]:

1. 低推力长航时动力技术

根据工程经验,在总体设计方面,设计点的选取应保证较低的推力载荷与较高的机翼载荷[51],然后是高能效的推力技术。

电动机在巡飞弹上的运用由来已久,可采用非工作状态电量损耗比较小的电锂离子电池供电。此外,锂-铁磷酸盐电池、锂硫电池以及锂与其他物质混合得到的新型电池正处于试验阶段,未来可应用于巡飞弹动力装置的改装,以提高续航时间。美国的"弹簧刀"和WASP,以色列的"陨石A(B)"和乌克兰Sokil-2等巡飞弹,都采用了电动力推进、电池驱动,飞行时间也基本上能满足试验需要。

燃料电池在巡飞弹上的应用也是比较前沿的热门技术。燃料电池提供电能,电动机直接驱动螺旋桨,没有推力组件,因而噪声极小,大大提高了巡飞弹的突防能力与战场生存能力。

2. 目标图像的实时搜索跟踪技术

巡飞弹要完成侦察、监视和打击目标的作战任务,就必须具有优良的目标实时搜索跟踪技术。在进行目标搜索时,导引头的视场需足够大,要在尽可能大的侦察区域内搜索目标,提高导引头搜索目标的能力;在进行目标跟踪时,要求导引头的视场范围小、鲁棒性好,而且抗干扰能力强。导引头在搜索目标与跟踪目标时要在两种不同的视场要求下顺利完成转换,实时地进行搜索跟踪,并且向地面控制台传递导引头的实时图像,而大小视场转换时目标容易丢失,成像质量会下降,从而影响搜索跟踪的性能。可见,导引头成像及视场问题对巡飞弹的作战性能有很大影响。

由于战场背景环境复杂、太阳辐射角度变化等因素,会引起目标与背景对比度等特性的变化,采集的实时图像存在一定的几何畸变。目标图像的实时跟踪算法有以下研究难点:(1)背景的复杂多样性;(2)目标与背景的对比度等特性会随着天气情况、太阳辐射角度变化等因素而发生改变;(3)模板图与实时图存在一定的几何失真;(4)如何快速、实时地对信号进行处理。

3. 复杂导航制导控制技术

巡飞弹的导航制导控制采用复杂的分阶段变参控制[50]。在发射段,由于高发射过载,电子设备处于断电状态,弹体本身不受控制系统的控制;展开段是过渡段,完成弹翼与控制舵的展开,展开后控制弹体稳定,确保弹体能平稳地进入巡飞段;巡飞段的控制与无人机类似,巡飞弹进入目标区域后,采用巡航飞行控制技术,开始搜索侦察目标,发现目标后开始锁定目标并准备攻击;攻击段采用末端制导控制技术,末制导引入人在回路的捷联末制导,人工参与观察、识别、锁定目标等任务,目标锁定后转入弹上设备自动跟踪。巡飞弹在自动跟踪目标的过程中,一旦丢失目标,可通过人工参与重新进行目标搜索与识别,提高命中精度与干扰对抗能力,这在巡飞弹打击与毁伤目标的有效性等方面有重大意义,对复杂背景、复杂目标与伪装目标的识别以及非连续场景图像中的目标识别具有高效率、高性能。

巡飞弹的工作模式决定了导航制导技术的复杂性。如何在各个工作阶段实时解算目标的位置，引导巡飞弹追踪目标，保证导航定位的精度至关重要。巡飞弹的姿态稳定对于打击目标的命中精度具有重大意义。基于现代控制理论的制导控制方法，自动驾驶仪与导航制导和控制一体化设计，复合制导技术，多信息融合等先进技术，对巡飞弹的复杂导航制导与控制性能会有一定的提高。

4．多信息战场通信技术

巡飞弹有多路数据通信传输，接收链路负责接收地面控制台传递的控制指令，发送链路负责传输视频信息、视频跟踪状态、飞行参数等信息。在进行多弹协同作战、多武器平台网络化作战模式下，还必须具有很好地和其他巡飞弹或者武器系统进行信息交互，分享目标信息等战场通信功能。当采用组合制导方式时，要解决不同制导体系的制导数据兼容性问题；在进行数据交互时，来自不同系统的通信数据如何处理也需要解决。

10.6　单兵光电对抗装备

在当今的军事行动中，单兵作战比以往任何时候都显得重要，各国也愈加重视单兵装备系统的研发，一些新材料技术、光电技术、红外技术、夜视技术和信息技术等被综合应用到新型单兵装备中[52]。目前如美国的"陆地勇士"单兵作战系统、法国的 FELIN 未来士兵系统等已经发展成熟。

信息技术促进了国际新军事变革，单兵即个人或班组，已经作为与坦克装甲车辆、舰船、飞机、卫星并称的 5 大平台之一，单兵装备的信息化发展应当成为近期国内外装备研究的主要内容。

10.6.1　单兵系统的形成

国外从 20 世纪 90 年代开始发展"士兵系统"，也就是以单兵为基本单元，全面考虑防护、武器、信息等因素对单兵作战能力的改善，采用了各种先进的技术，以一个总体（即顶层设计）来发展体系化的单兵装备，使士兵、武器、信息装备构成有机的整体，以全面提高单兵的生存力、杀伤力和指挥控制能力[53]。

美国于 1989 年开始实施"单兵综合防护系统"计划，1992 年完成了先期技术演示；1993 年美国陆军、海军陆战队和特种作战部队又共同制定了"陆地勇士"计划。作为典型的"士兵系统"，"陆地勇士"包括综合头盔子系统、计算机/通信子系统、软件子系统、武器子系统、防护服与单兵装备子系统等 5 大部分。其中，头盔子系统为"关键技术"项目；武器子系统包括模块化步榴合一武器和光电火控系统。随后，美军还独立研究与"陆地勇士"集成的"单兵敌我识别"技术。上述研究成果在阿富汗战争中开始试用，在伊拉克战争中进一步得到验证并提出了可靠性等改进计划。在美军"螺旋"2 阶段，重点突破战术分队级别的态势感知能力，通过信息获取和数字地图，了解士兵个人和战友的位置。2004 年 10 月举行了工程试验，测试包括：含地图的态势感知能力；武器昼用视频瞄准具的性能（支持间接瞄准观察和射击）；全双路通信；在战争网络通信系统上进行同步语音和数据传输等。

英国的"未来步兵技术计划"开始于 1996 年，该计划包括武器、信息、供给、医疗、被服等子系统。武器子系统包括步榴合一武器，能够发射榴弹打击直升机、轻型装甲车辆等装甲目标。带防毒面具的智能头盔上装有与单兵计算机和火控装置连接的微型显示器；火控系统包括陀螺稳定机构、激光指示器、微光像增强器和热成像装置，使头盔能有效地了解信息，观测和瞄准目标，选择优化射击方案；综合系统针对不同士兵有多种配置，在2005年开始部署这些未来步兵技术系统。

法国于1992年制定了"先进战斗士兵系统计划"，SAGEM集团赢得法国国防部的研制合同。法国的士兵系统包括目标识别和火控子系统、地形情报子系统、指挥与控制子系统（连排长用）、单兵计算机子系统。头盔微型显示器与火控系统中的昼夜摄像机相连。法国士兵系统是根据经济性、实用性进行士兵系统设计的。该系统在其国防部所属的试验基地已开展了全面测试。

意大利陆军"未来士兵"项目的演示样机于2004年底开始试验。系统的指挥控制子系统和通信子系统含单兵计算机、安装战术分析、数字地图、GPS导航、通信管理和士兵健康状态监视等软件。未来士兵系统的电源最终将采用燃料电池。武器子系统是模块化的步榴合一系统，配备多功能综合步枪瞄准具（含非制冷热瞄准具、昼用摄像机、近红外激光指示器和可见红点指示器），瞄准图像可以无线传输给士兵，在头盔显示器上显示。自主式榴弹发射火控系统正在研制中，带有破片榴弹、双用途榴弹和烟幕弹等的射表、人眼安全激光测距仪、弹道计算机，采用单色十字瞄准显示。此外，班长使用手持式目标捕获装置（包括非制冷热像仪、昼用彩色摄像机、人眼安全激光测距仪、GPS接收器和数字罗盘、照相机）；目标数据和图像可以通过无线传输发送到系统计算机上；作战和防护服子系统为3层防护服；模块化头盔（包括话筒和耳机系统）可与防毒面具兼容。

此外，俄罗斯2000年的单兵军事装备计划包括武器弹药、防弹服、通信设备、野战服和保障设备等。加拿大耗资1.87亿加元实施士兵服装计划，该计划包括各种服装、防弹护目镜、背包、高级头盔等项目。澳大利亚1992年开始实施勇士徒步士兵现代化计划，包括多功能头盔、显示屏、微型通信台及制服，配装可编程引信榴弹。

上述"士兵系统"都考虑到了通过增强士兵对战场信息，包括敌方、我方信息的了解来提高生存、打击的能力。信息装备、新型武器和防护系统等已成为各国"士兵系统"的主要组成部分，并已考虑各种功能的装备如何有效地匹配，以减小装备体积和质量，提高实用性。光电技术、计算机、卫星定位和通信等信息化技术的应用，使士兵可随时通过显示器提供的图像和数字地图的信息了解局部战场敌我位置，掌握武器弹药状态。

10.6.2 单兵平台信息化及对抗

最近10年来，单兵信息技术取得了很大的进展，但目前待发展的领域还相当多[54]。从技术发展的角度看，轻武器领域的信息化所涵盖的信息采集、传输、处理、控制、显示和对抗等环节都需要加强发展。近期国内外单兵光电技术的重点发展方向是单兵信息化平台建设和关键技术攻关。

（1）单兵平台建设。目前的单兵电台传输数据量低，只能满足语音通话的要求。对信息量更大的图像来说，传递一幅有足够清晰度的图片需要20多分钟，即便是传递低分辨率的图像，也做不到连续，更谈不上实时性。目前，单兵系统已经集成夜视夜瞄、激光定位、弹道解算、敌我识别等功能，但实用性尚待进一步改进。

（2）单兵光电系统的轻量化。长期以来，由于坦克装甲车辆、舰船、飞机等武器平台的地位一直得到各国重视，相应的信息装备研究计划安排得较多，配套元器件也较为齐全。而单兵信息装备研制起步晚，大多从其他武器平台上移植过来，虽然功能要求同样多，但从原来相对庞大的装备变为轻巧型困难很大，目前研制的系统均不能满足士兵机动的要求。

（3）现有单兵光电系统的精度改善。基于同样的原因，对于原来大型武器平台的 10 km 作用距离，精度为 10 m 时，相对误差为 1‰；而对于单兵 1 km 的作用距离，10 m 误差却达到了 1%。又因为单兵弹药的作用半径小，系统绝对误差相同时，结果却大相径庭。因此，改善单兵定位定向和火控等系统的精度，便成为当前单兵信息装备技术研究的重要内容。

（4）现有单兵光电系统反应时间的改善。由于单兵常常处于战场的最前线，在城区等复杂环境下作战，对环境和目标的快速反应便成为生死攸关的问题。目前装备的单兵系统快速响应能力差，在研的系统反应时间也较差，不能保障单兵在前线作战的有效战斗力。

（5）单兵个人使用的信息武器。信息对抗或软杀伤武器是光电领域发展的重点，国内外均已开展了一些研究（如借鉴大型武器平台上曾采用的激光炫目武器），但目前的单兵装备中还缺少与信息一体化相符合的系统，现有对抗系统的性能亟待提高。

（6）新环境下的轻武器训练设施。对于城市作战，在有平民的环境下，采用轻武器作战训练已成为士兵适应武器系统、提高作战能力的主要措施，这就要求建设满足信息化作战要求的训练设施。通常以光电技术、计算机技术为手段，结合现行士兵训练条例，建设信息实时获取和监控的训练设施。

根据简氏年鉴，法军 Sirène 全景的红外搜索定位系统安装在固定位置的物体上（三脚架、天线杆），或者是车辆甲板上的万向支架上。单人可以通过 MMI 来操纵 Sirène 设备，MMI 在一个高分辨率的彩色屏幕上显示了战术形势和系统状态。此外，典型的单兵光电设备还有德国军山地部队使用的 Nestor 手持目标捕获系统，Sofradir Group 公司的夜视组件的 AstroScope。

在美国国防部的授权下，2008 年 Aerovironment 公司在炮射无人飞行器的基础上研发了轻型单兵巡飞弹弹簧刀（Switchblade），整套武器系统包括巡飞弹、发射筒、地面控制台和背包组成。以电池驱动电动马达及螺旋桨为动力，最大质量约 1.36 kg，装载定向战斗部，质量为 0.32 kg，机身全长 360 mm，射程 39 km，翼展 610 mm，最大飞行速度 37.5 m/s，巡飞平均速度 19.7 m/s，最大飞行高度 3 000 m，最大持续飞行时间 50 min，攻击目标时的精度为 1 m[55]。

图 10.15 所示为飞弩-6（FN-6）型单兵便携式防空导弹，它是我国列装单兵便携式防空导弹武器系统，飞弩-6 型防空导弹，采用被动红外寻的制导，具有全方位攻击目标和抗背景及地面干扰、红外诱饵、红外调制干扰能力。导弹采用了"＋"形及"×"形气动布局，采用全数字四元红外探测仪及脉冲式跟踪系统，增大了其探测范围并提高了跟踪准确性。

在未来数学化信息战场条件下，数学化单兵将不再是一个孤立的兵卒，而是战场信息网中的一个节点、一个终端、一个 C^4I 系统和一个火力凶猛的攻防点[56]。

图 10.19　飞弩-6 型单兵防空导弹[45]

参 考 文 献

[1] 金德琨. 21世纪航空电子面临的挑战（上、下）. bbs.81tech.com/read.php?tid-32815.html 2011-7-15.
[2] 张渊. 分布孔径红外系统及其新进展[J]. 科技咨询导报, 2007(14): 18.
[3] 美国洛马公司交付首批生产型EOTS光电瞄准系统. http://www.xdbq.net.cn/more518.htm.
[4] 刘洵, 王国华, 毛大鹏, 等. 军用飞机光电平台的研发趋势与技术剖析[J]. 中国光学与应用光学, 2009, 2(4): 269-288.
[5] 红外对抗系统发展现状与展望. http://www.defence.org.cn/article-13-31538.html.
[6] 信息技术与军事革命. http://www.redlib.cn/html/3569/2000/8458932.htm.
[7] 世界战机为何按四代划分？ http://www.360doc.com/content/11/0207/00/324586_91085857.shtml.
[8] 美国F-35"闪电II"战斗机的优势分析. http://apps.hi.baidu.com/share/detail/169213110.
[9] 金伟, 路远, 同武勤, 等. 可见光隐身技术的现状与研究动态[J]. 飞航导弹, 2007(8): 12-14.
[10] 激光武器将成为21世纪新一代主战武器. http://bbs.top81.cn/viewthread.php?tid=28534.
[11] 美军ABL激光战机. http://mil.huanqiu.com/weapon/2010-07/953384.html.
[12] 美国空军机载ABL激光反导弹系统. http://bbs.news.163.com/htmlfile/pdf/bbs_news/mil/75119138.pdf.
[13] ABL. http://baike.baidu.com/view/2710316.htm.
[14] 浅谈美国激光武器的研究与思索. http://www.jetlasers.com/blog/.
[15] 美高能激光武器地面试射成功[J]. 光机电信息, 2008(7): 24.
[16] 以色列Stalker装甲侦察车面世[J]. 世界航空航天博览：A版, 2006(1): 29.
[17] 吴晓鸥, 译；华菊仙, 校. 无人机载任务设备的发展[J]. 外军炮兵, 2005(2): 30-34.
[18] 刘洵, 王国华, 毛大鹏, 等. 军用飞机光电平台的研发趋势与技术剖析[J]. 中国光学与应用光学, 2009, 2(4): 269-288.
[19] 付伟. 海军光电对抗装备研究[J]. 舰船电子对抗, 2002, 25(5): 16-18.
[20] 美国86型潜艇光电桅杆. http://www.defence.org.cn/Article-1-63086.html.
[21] 潜艇光电桅杆的奥秘. http://gongxue.cn/xuexishequ/ShowArticle.asp?ArticleID=73708.
[22] 李晓霞. 国外海军光电对抗装备综述[J]. 现代军事, 2005(10): 30-35.
[23] 侯振宁. 舰艇的红外隐身技术[J]. 航天电子对抗, 2001(6): 26.
[24] 舰载激光武器. http://www.hudong.com/wiki/%E8%88%B0%E8%BD%BD%E6%BF%80%E5%85%89E6%AD%A6%E5%99%A8#11.
[25] 激光武器. http://lt.cjdby.net/thread-763143-1-1.html.
[26] 美国海军高能自由电子激光器样机测试成功（图）. http://www.chinareviewnews.com. 2011-01-27.
[27] 刘大东, 宋伟. 舰载光电探测作战使用与技术发展[J]. 红外与激光工程, 2006, 1007-2276（2006）增A-0073-03.
[28] 中国海军光电跟踪仪[EB/OL]. （2007-8-22）[2010-4-29]. http://top.jschina.com.cn/.
[29] 张韬. 基于多平台协同的辐射源目标定位与跟踪技术研究[D]. 江南大学, 2008.
[30] 鹦鹉螺计划. http://baike.baidu.com/item/鹦鹉螺计划/8804595.
[31] 杨艺. 美陆军新概念武器发展追踪[J]. 国外坦克, 2006(4): 9-11.
[32] 张景旭, 郭劲. 战术高能激光武器系统[J]. 光机电信息, 2000, 17(7): 1-3.
[33] 金友. 移动式战术高能激光器[J]. 光机电信息, 2004(9): 14-15.
[34] 太空哨兵：美、俄天基预警系统. http://www.cetin.net.cn/storage/journal/xdjs/xd2004/xd2004-02-2.htm.

[35] 美国天基红外系统（SBIRS）的发展现状. http://www.defence.org.cn/article-13-28627.html.

[36] 付伟. 星载激光告警技术[J]. 应用光学，2002(23)04.

[37] 李天文. GPS 原理及应用 [M]. 北京：科学出版社，2004.

[38] 林来兴. 小卫星编队飞行及其轨道构成[J]. 中国空间科学, 2001, 21(2):23-28.

[39] 黄振，陆建华.天基无源定位与现代小卫星技术[J]. 装备指挥技术学院学报,2003, 14(3): 24-210.

[40] 李云霞，蒙文，马丽华，等. 光电对抗原理与应用[M]. 西安：西安电子科技大学出版社, 2010.

[41] 付伟. 国外激光反卫星技术发展综述[J]. 激光技术，2001, 25(2).

[42] 凌永顺，万晓援. 卫星的克星[J]. 当代军事文摘, 2005(1).

[43] Siouris G M. Missile Guidance and Control Systems [M]. New York: Springer, 2004: 269-364.

[44] 解广华，邹丹. 巡飞弹发展看点[J]. 轻兵器, 2014, 21(5): 10-11.

[45] 张建生. 国外巡飞弹发展概述[J]. 飞航导弹, 2015 (6): 19-26.

[46] Steadman B, Finklea J, Kershaw J, et al. Advanced MicroObserver UGS integration with and cueing of the BattleHawk squad level loitering munition and UAV[C]//SPIE Defense+ Security. International Society for Optics and Photonics, 2014: 90790D-90790D-10.

[47] Gormley D M, Speier R. Controlling unmanned air vehicles: New challenges[J]. The Nonproliferation Review, 2003, 10(2): 66-79.

[48] 宋怡然，陈英硕，蒋琪，等. 国外典型巡飞弹发展动态与性能分析[J]. 飞航导弹, 2013 (2): 37-40.

[49] 简氏：印尼军方代表赴华参观 WS-43 巡飞弹或将采购[EB/OL]. http://military.people.com.cn/n1/2016/1014/ c1011-28778465.html.

[50] 黄瑞，高敏，陈建辉. 轻小型巡飞弹及其关键技术浅析[J]. 飞航导弹, 2015, (12): 16-19, 24.

[51] 卜贤冲，邵伏永. 高空长航时无人机/涡扇发动机的飞发一体化分析[J]. 战术导弹技术, 2016. (3): 65-70, 88.

[52] 东烨. 单兵便携式防空系统对抗装备与技术[J]. 兵工科技, 2006(6): 39-40.

[53] 飞弩-6 单兵便携式防空导弹. http://baike.baidu.com/view/1029790.htm.

[54] 刘宇. 单兵光电技术发展[J]. 应用光学, 2006, 27(2): 101-104.

[55] Aerovironment[EB/OL]. https://en.wikipedia.org/wiki/AeroVironment.

[56] "数字单兵"演绎未来. http://www.chinamil.com.cn/item/newar/wqzb/11.htm.